应用统计学系列教材 Texts in Applied Statistics

大数据分析：方法与应用

Big Data Analysis: Methods and Applications

王 星 等 编著

Wang Xing

清华大学出版社

北京

内容简介

本书介绍数据挖掘、统计学习和模式识别中与大数据分析相关的理论、方法及工具。理论学习的目标是使学生掌握复杂数据的分析与建模；方法学习的目标是使学生能够按照实证研究的规范和数据挖掘的步骤进行大数据研发，工具学习的目标是使学生熟练掌握一种数据分析的语言。本书内容由 10 章构成：大数据分析概述，数据挖掘流程，有指导的学习，无指导的学习，贝叶斯分类和因果学习，高维回归及变量选择，图模型，客户关系管理、社会网络分析、自然语言模型和文本挖掘。

本书可用做统计学、管理学、计算机科学等专业进行数据挖掘、机器学习、人工智能等相关课程的本科高年级、研究生教材或教学参考书。

图书在版编目(CIP)数据

大数据分析：方法与应用/王星等编著. –北京：清华大学出版社，2013(2022.12重印)

应用统计学系列教材

ISBN 978-7-302-33417-0

Ⅰ.①大… Ⅱ.①王… Ⅲ.①统计分析–高等学校–教材 Ⅳ.①O212.1

中国版本图书馆 CIP 数据核字(2013)第 182786 号

责任编辑：刘　颖
封面设计：常雪影
责任校对：王淑云
责任印制：沈　露

出版发行：清华大学出版社
网　　址：http://www.tup.com.cn, http://www.wqbook.com
地　　址：北京清华大学学研大厦 A 座　　邮　　编：100084
社 总 机：010-83470000　　邮　　购：010-62786544
投稿与读者服务：010-62776969, c-service@tup.tsinghua.edu.cn
质量反馈：010-62772015, zhiliang@tup.tsinghua.edu.cn
印 装 者：三河市龙大印装有限公司
经　　销：全国新华书店
开　　本：185mm×260mm　　**印　　张：**19　　**字　　数：**459 千字
（附光盘1张）
版　　次：2013 年 9 月第 1 版　　**印　　次：**2022 年12月第12次印刷
定　　价：55.00 元

产品编号：050949-04

序

大数据是今天这个时代的一个符号，几乎所有的领域都在寻找着来自大数据的灵感。

今年春天，美国国家科学基金会（NSF）数学科学部组织数学、统计学相关领域专家撰写并发布了《2025年的数学科学》报告，特别辟出一个专题来探讨大数据对数学和统计学科未来发展的驱动作用。报告中明确指出大数据给数学与统计学的发展带来了巨大的创新空间，呼吁加强方法的多样性和灵活性的研究。这些论断与2012年3月29日奥巴马在白宫网站上发布的《大数据研究和发展倡议》（Big Data Research and Development Initiative）遥相呼应。白宫科技政策办公室主任约翰·霍尔德伦在评论这份报告时敏锐地指出大数据的核心问题是大数据分析，他说“我们不打算强调数据本身所创造的价值。大数据的核心问题是从数据中产生新见解的能力，比如复杂关系的识别和做出越来越精准的预测。我们需要的是从数据中产生动力，获取知识和采取行动的能力”。这恰恰是本书作者想要回答的问题，作者在这本《大数据分析：方法与应用》中探讨了大数据分析的相关主题，从经典的机器学习数据挖掘方法到前沿的高维数据降维和图模型，都一一进行了深入浅出的讲解。

这是国内最早从统计学的视角阐述大数据分析问题的论著之一。书中不仅全面介绍了各种数据（噪声数据、不平衡数据、高维数据、文本数据、网络数据等）的建模方法、数据分析过程和评价方法，并将这些技术结合市场研究、知识发现、疾病诊断和舆情分析等应用领域进行了案例讨论。本书的独特之处在于以大数据分析为主线将统计学、计算机、机器学习、社会网络分析、市场营销等多学科的专业知识汇于一册，揭示了大数据研究所蕴含的跨界合作、协同创新的特质。本书为方兴未艾的大数据研究提供了及时的理论和方法支持，是一本适应科技创新发展形势，满足高层次、应用型、复合型人才培养需求的创新型教材。

总之，这不仅是一本大数据分析领域的优秀教材，而且也是一本各个领域了解大数据和大数据分析的理想参考书。

袁卫

2013年6月

前 言

信息技术推动了大众对数据的消费，大众对数据的消费热点经历了一个明晰的轨迹，20 世纪 80 年代是数学热，数字产生于数学模型，但数学模型对带有观测误差数据的解读能力有限，20 世纪 90 年代是信息热，信息为数字披上了外衣，然而技术的计算代价、适应能力和容错能力等还缺乏一个统一的分析标准。结果从 20 世纪 90 年代开始，统计开始成为大众消费数据的热点，这一消费的转变也将一度默默无闻、与世无争的统计学家从象牙塔带到真实世界，开始参与到从数据特点出发构建面向不同问题的统计模型的实践中来。在当今这个网络密布、数据激增的时代，统计建模为大数据分析提供了一套可扩展、可深化，并能高质高效地揭示有价值信息的方法，使透过微观数据视角洞察在"无尺度网络"中游走的人类行为成为可能。大数据分析方法已经在信用识别、垃圾过滤、过度开发、诱惑欺诈、轨迹寻踪等应用研究中显露手脚，其潜在的能量与应用前景无疑有着更为广阔的空间。

与传统的统计分析相比，大数据有着来源复杂、体量巨大、价值潜伏等特点，这使得大数据分析必然要依托计算机技术予以实现。这也逐渐演变出大数据分析的两个研究方向：第一个方向侧重于数据的处理与表示，主要强调采集、存取、加工和可视化数据的方法；第二个方向则研究数据的统计规律，侧重于对微观数据本质特征的提取和模式发现。经过多年的实践探索，业界已经越来越清晰的意识到只有在两个方向上的协同、均衡推进，才能保障大数据应用的稳健成长和可持续发展。因此，大数据分析的发展重心也逐渐由数据处理的技术向数据分析的科学倾斜，后者正是本书的焦点与重点。

相应的，我们所指的大数据分析方法主要取材于统计学习（Statistical Learning）、数据挖掘（Data Mining）和模式识别（Pattern Recognization）等领域，这些内容安排在第 3 章、第 4 章、第 5 章、第 6 章和第 7 章。第 2 章着重介绍数据挖掘流程与数据处理技术。大数据分析还是一门与应用结合很强的课程，我们精心挑选了三类典型的应用模型，内容安排在第 8 章、第 9 章和第 10 章。本书集方法与应用于一册，希望读者通过方法的学习掌握复杂数据的分析与建模；通过应用的学习能按照实证研究的规范和数据挖掘的流程开展大数据的研发。除此之外，大数据分析还有很强的实践性，为体现这一特点，我们强调了工具的作用。通过工具的学习希望读者能够熟练掌握一门数据分析语言。本书大部分方法将给出 R 软件的示范程序，R 软件是免费、开源、专业、前沿的统计分析软件，分析研究数据的功能强大，是实践和领会大数据建模的有效途径。另外，书中也使用了少量的 JMP 和 Statistica 等工具的分析结果。

本书既可用做培养应用统计专业硕士的教材，也适用于管理学、信息学、统计学等专业进行数据挖掘、机器学习、人工智能等相关领域的教学与研究。研究生或本科高年级的数据挖掘课程可通过基本原理的学习，了解不同的模型和算法的设计特点，并通过每章后面所列参考文献进行延伸阅读。

本书通过案例讲解算法，以提高读者实际解决问题的能力。书中的案例也可用做提高学生统计咨询能力的课堂训练。在习题练习中的一些题目可作为课堂案例，安排学生分组讨论，并鼓励学生演示分析思路和分享分析收获。使学生有机会诊断问题，并学会选用适当的方法和技术分析数据。通过案例教学的方式将对学生领会大数据分析方法和应用大有助益。

如上所述，本书内容由 10 章构成：大数据分析概述，数据挖掘流程，有指导的学习，无指导的学习，贝叶斯分类和因果学习，高维回归及变量选择，图模型，客户关系管理，社会网络分析，自然语言模型和文本挖掘。教学内容建议一学期 54 学时完成，其中至少应该安排 10 学时用于大数据分析项目的上机实验和讨论。

作者过去 6 年中一直在给高年级本科生和研究生讲授数据挖掘与机器学习课程，本书是作者结合多年授课的讲义与课题研究成果基础上汇编而成。全书由王星策划、统稿和校阅，其中第 1 章至第 5 章由王星主笔。贺诗源同学主要参与了第 2 章、第 6 章和第 7 章的部分编写工作，陈文同学主要参与了第 6 章和第 8 章的部分编写工作，以上两位同学还在软件实现和例题整理部分做出贡献；郑轶、李荣明、龚君泰、马璇、李沐雨对第 8 章至第 10 章做出贡献；彭非老师、张波、邱逸轩、颜娅婷、王晓航、王杰彪、陈之进和张望等同学参与了部分实验的讨论；特别感谢 SAS 软件 JMP 事业部曹建博士、周晧等在软件和相关资料方面给予的大力支持和技术解惑，他们还提供了可供学生免费试用的版本和网址（具体方法列在光盘中）；清华大学出版社责任编辑刘颖和他的同事们尽职尽责的努力，在此一并致以衷心的谢忱。写作本书是一个愉快的过程，在这个新的科研方向和应用领域上，这支由年轻人组成的团队激情澎湃、勇于探索，他们钻研探究的精神风貌为我留下诸多美好回忆，也凝聚了开拓未来前进的不竭动力。大数据分析方法和应用涉猎很广，很难一本书面面俱到，书中尚存不详不妥之处，敬请读者指正。

王 星
中国人民大学应用统计科学研究中心
中国人民大学统计学院
2013 年 7 月

目　录

第 1 章　大数据分析概述

本章内容

- ☐ 大数据基本概念
- ☐ 数据挖掘的产生与功能
- ☐ 数据挖掘与相关学科的关系
- ☐ 大数据研究方法

1.1　大数据概述

1.1.1　什么是大数据

20 世纪 90 年代后期，以信息技术、计算机和网络技术等高新技术发展为标志，人类社会迅速迈进一个崭新的数字时代。现代信息技术铺设了一条广阔的数据传输道路，将人类的感官延伸到广袤的世界中。政府和企业通过大力发展信息平台和网络建设，改善了对信息的交互、存储和管理的效率，从而提升了信息服务的水平；生物科学领域通过对分子基因数据的解读重新诠释了生物体中细胞、组织、器官的生理、病理、药理的变化过程，从而突破了人类在许多疑难杂症上的传统认识；市场研究人员通过谷歌住房搜索量的变化对住房市场趋势进行预测，已明显比不动产经济学家的预测更为准确也更有效率；手机、互联网、物联网，这些先进的信息传输平台，在生成-传播着大量数据的同时，也越来越多的改善了人们的生活。总之，政府、科学和社会等各个领域的每个细胞，都被快速发展的信息技术激活，畅游于信息海洋并获得认知效率的飞跃，沉浸于价值被认可的幸福与满足中。

精彩纷呈的数据也带来了利用数据的烦恼。日新月异的应用背后是数据量爆炸式增长带来的大数据分析的挑战，资料显示 2011 年全球数据规模约为 1.8ZB，预计 2020 年全球数据量将达 40ZB。互联网日数据生产量正在由 TB（$=10^{12}$B）向 PB（$=10^{15}$B）、EB（$=10^{18}$B）、ZB（$=10^{21}$B）甚至 YB（$=10^{24}$B）升级，数据量呈指数增长，大约每两年翻一番。大数据为全球视野下从人、机、物三元尺度中寻求模式构建和策略评价的新秩序提供素源。

大数据是一个新概念，英文中至少有三种名称：大数据（big data），大尺度数据（large scale data）和大规模数据（massive data），尚未形成统一定义，维基百科、数据科学家、研究机构和 IT 业界都曾经使用过大数据的概念，一致认为大数据具有四个基本特征：数据体量巨大；价值密度低；来源广泛，特征多样；增涨速度快。业界称为 4V 特征，取自 volume, value, variety 和 velocity 四个英文单词的首字母。由此可见，大数据的核心问题是如何在种类繁多、数量庞大的数据中快速获取有价值的信息。一方面，这种信息获取能力离不开优化的复杂大规模数据处理技术。另一方面是模式提取的程序、标准和规范。比如随着社交网络、语义 Web、云计算、生物信息网络、物联网等新兴应用的快速增长，在经济学、生物学和商务等众多领域中出现了成组数据、面板数据、空间数据、高维数据、多响应变量数据以及网络层次数据等结构复杂的数据形态，迫切需要强大的数据处理能力以实现批量信息的生产。而这种能力的一个关键问题是：对亿万个顶点级别的大规模数据进行高效分析的模型是什么？大数据不仅数据类型复杂，更重要的是数据中模式结构复杂，信噪比较低。优质数据与劣质信息的鉴别、操作便捷与垃圾信息有效过滤的平衡设计，信用危机的识别要素、稀有信息的发现、精准需求定位等问题更加突出。在数据泛滥的情况下，有价值的信息被淹没在巨大的数据海洋之中，有价值的见解和知识很难发现。而数据分析逻辑和规范的缺失必然导致垃圾信息和乱象丛生的信息环境。大数据认知在社会分析、科学发现和商业决策中的作用越来越重要。揭示数据背后的客观规律，识别信息的价值，评估信息之间的影响是合理开发数据资源和改善人类活动的重要组成部分。大数据技术已经成为科技大国的重要发展战略。数据与能源、货币一样，已成为一个国家的公共资源，金融市场上有“劣币驱逐良币”，能源开发中“并非缺乏能源，而是缺乏清洁能源”，数据的管理和再利用技术不能取代科学，在数据的结构与功能越来越复杂的客观现实面前，需要更多角度的模式探测和更可靠的模型构建，无论是运用模型生成规则还是运用结果都需要更规范的设计与分析。

系统分析方法是传统数据建模方法，在大数据分析建模设计中大有作为，然而大数据建模更为复杂，有两个鲜明的特色，首先模型不是主观设定的或普适性的，而是具体的，从数据的内部逻辑和外部关联中根据问题的需要梳理出来的。在这个过程中，基于无形数据的有形模式的探索、比较、估计、识别、确认、解释不可或缺。这在高性能计算领域的算法研究和开发中尤其迫切。在这些研究中，模型常常并非现成的，数据与模型的简单组合拼装并不总是能够切中要害。复杂问题的数据获取，大规模数据的组织、处理，模型与算法、理性决策、数据的展现方式等，都会影响到最终输出模式和结果的可用性。第二，强调建模过程中模式的变化和复杂的关系，因为数据的脉络和联系正是通过建模过程的模式发展而一一剖析出来的。数据的分布、数据的特征、数据的结构、数据的功能、数据的运动、数据在时空中的变化轨迹、数据的影响层次、不同数据变化层次之间的关系是统计科学的核心内容。总之，数据建模既不是统计理论的简单照搬，也不等同于数据的自动加工，建模的意义是更好地理解数据，增加洞见。于是，数据建模与算法技术联合，成为大数据深度认知的关键。

1.1.2 数据、信息与认知

大数据分析里的第一个问题是要明确分析的对象——即数据的概念。什么是数据呢？数据有哪些功能呢？从表象来看，数据可以理解为人类对所感兴趣的对象特性的记录，数据是用于描述事实的，它具有时间和空间属性。数据的一项重要的功能是对所立目标形成深刻理解，提供未成形概念存在的依据。其中这个未知的概念既存在于数据之中，又与数据本身有所区别，这就是新的知识。1994 年日本学者 Nonaka[17]等从人类理解与学习认知的角度给出知识的定义：知识是概念的诠释和表达，数据是揭示知识存在的模式与关系的重要素材。单一的数据记录一般并不独立形成概念，为了产生有价值的、可靠的新认知，需要将不同记录的数据进行有效的关联和组织，通过数据分析，把握体现数据共性和差异的关键线索，从而对在数据中的信息进行有序解读，实现对稳藏于数据中的知识的线索和联系的归纳与推理。没有数据则无法形成可靠的认识。

从知识形成过程的复杂性来看，知识可以分为显性知识（explicit knowledge）和隐性知识（tacit knowledge）。与显性知识相对应的是显数据，显数据是指按照某种规律或理论通过测量能够得到的数据，用以描述观察到的现象和对概念做出量化描述。比如植物叶子的颜色、疾病的血相特征、贫困的地理分布、事件的时间发展、网民参与社交媒体的程度等。在这类问题中，显知识常用参数表示，显数据是对参数的个体、部分或整体的观测。再比如：某一课题采用中国 51 个城市的居民微观调查数据，以与政府管制相关的企业娱乐和旅游花费来度量各城市的腐败水平，定量评估腐败对中国居民幸福感的影响。这类问题中使用哪些数据和哪些测量指标形成知识是预先确定的，数据的作用是客观真实地估计出整体的影响强度。除此之外，许多知识是不可直接量化获得的，其中又分为一部分可直接测量，另一部分无法直接测量，也有完全不能直接测量的问题。对于无法直接测量的知识，则需要通过模型辅助推断。用于未知概念推理建模的数据称为隐性数据，隐性数据的主要作用是揭示隐性知识成立的可靠依据。比如：区分两类植物的关键要素、用于疾病诊断的基本症候、贫困的成因、两个异性成年人经过交往是否能够组建家庭等问题。这类问题的特点是概念构成因素多样化、内外影响机制不确定等，常常涉及不同因素或群体之间的相互影响作用关系的发现和关系变化规律的揭示。例如，北京市北三环西向东每日早晚高峰期间桥面拥堵状况的智能预测就是一个典型的难于直接测得的问题，这个问题的关键是交通状态自动识别模型，用于建立模型的数据可以有几种选择，比如固定交通监视器的速度数据和车载 GPS 传递的车速数据，这些数据可以帮助建立速度预测模型。更进一步还需要考虑偶发拥堵和常规拥堵的区别，这两类又分别与相关路段的故障车辆数、周边教育机构的分布及天气情况有关系，这显然是一个复杂的建模问题，涉及很多变量和复杂的数据类型。再比如，新近的一项科学研究指出，科学家成功研究发现“贪食基因”，该基因的存在能够导致人即使在饱腹状态下也能吃更多的食物。科学家指出，通过抑制该基因可以有效地治疗人体肥胖现象，支持这个结论的理想数据是一组参加试验的肥胖人群食物摄入数据，以及服用抑制“贪食基因”药物前后体重变化的动态跟踪试验数据，这个实验设计比较复杂，成功的关键是如何实现双盲（double blind）设计，通过尝试有效的分销管理却有可能获得支持研究且质量不错的观察数据。再比如消费行为研究中指出：消费水平较高的人主要关注投资，消费水平较低的人关注储蓄，消费水平对于存款的影响构成了公允投资定价的法则，而这一理论到底在多大范围适用，还需要数据进一步验证，有人通过网上银行直接关联两部分数据，总结出理论成立的人群特征。在社会学研究中，观察指出人们预期在有往来的两个人之间建立恒定的友谊关系，而不会在一人对另一人的单向关系中存在友谊，这个理论在实际中如何求证？这个用于形成社会组织方向关系的认知如何衡量？

总而言之，许多问题的回答需要在显性数据的基础上形成稳定的隐性数据。今天许多存储于数据库中的大数据主要实现了事实的描述性功能，但其分析潜力没有得到深度开发。复杂的问题中，无论是已知概念的统计描述还是未知概念的统计推断常常同时被需要，显性数据和隐性数据都是不可或缺的。值得注意的是，以上侧重于从知识形成的复杂性上将数据分成显性数据和隐性数据，是一种逻辑上的区分而不必事先截然分开。比如年龄是贫困人口的重要特征表示，也可以是贫困成因分析中的一个重要变量。另一方面，降雨量在形成地区气候概念中是一个重要的数据，但对决定某篮球俱乐部是否盈利则作用微乎其微，不能用作显性数据。显性数据由于测量上的问题，常常需要增加辅助数据进行模型推断，隐性数据所构建的概念往往也需要描述性数据给予必要的解释。有的数据兼具两种知识发现功能，不仅可以反映概念特性，而且也蕴含着不同群体的特征规律。例如，心脏病患者的饮酒习惯是患者的行为变量，既是心脏病患者例行体检的特征指标，也可作为某类人群心脏病潜在风险的一个识别变量。大量待分析的规律隐藏于数据之下，必须经过科学的辨识和分析方能得以提炼，成为有别于原始数据可用于分类和预测的可靠依据。

数据不仅在认知过程中的功能不同，在对认知的理解上也有不同，这就需要对知识进行解释的数据，一般将其称为数据的语义。语义是对数据符号的解释，数据的含义就是语义。对于信息集成领域来说，数据往往是通过模式来组织，数据的访问也是通过作用于模式来获得的，这时语义就是指模式元素的含义，例如类、属性、约束等。与语义相近的另外一个概念是语法，语法是模式元素的结构，定义符号之间的组织规则和结构关系。对数据进行统一的比较和分析可以产生新的语义实体，认知同样也依赖于表示数据涵义的语义。例如在学生档案中存在着这样一条数据（王丽，女，22，1990，四川绵阳，统计学院，2008），对于这条学生记录，结合其数据含义，可以产生如下信息：王丽是位四川籍大学生，1990年出生，2008年考入统计学院。这就是这组数据的语义。在信息社会里，信息被使用就产生了价值，信息的价值随着所分析的目的不同而有所不同。比如统计了与王丽入学时间和原籍都是一样的30名学生，那么这个数据如果对应于地震灾区重建所需的委托培养人才库，其信息的价值就不可低估。地震灾区重建人才需求特征与其他地区的人才特征的区别则是语法分析中的核心内容。一般而言，单个信息的价值是不高的，多个信息组织在一起进行比较分析研究，可以提升信息的价值。

数据与其语义共同构成了具有时空效应、特定含义，有逻辑的数据，这就是信息。数据是客观事物及其量的记录，信息是以有意义的形式对数据加以排列和处理，以便于信息的传播。例如，政府通过个人贷款购买住房的数据来统计某区域当年居民贷款购买力，数据经格式化后，其中的购买面积、贷款年限等可以反映市场供应及其变化情况，这就构成了城市房地产消费市场的基础信息。从数据的组织方式看，信息是结构化的数据，数据则不必是结构化的。数据和信息既有联系又有区别，数据是信息的素材，又反过来表达信息，数据是信息的内容。知识的四个基本元素是系统、环境、步骤和主题。大数据分析关注以知识为导向的数据结构重组和整体分析，数据与信息共同参与有效知识的形成。数据本身并不自动生成认知，需要进行数据背景、模式和架构的系统分析，其中背景也称为语境（context），意指数据片段的上下关联。数据与其语境具有共生关系，分析数据不能离开数据产生的背景和相关语境。从知识加工的角度来看，数据的语境大致可分为情境关联和数据结构关联。比如 Pubmed 中基因注释信息提供了丰富的数据语义，属于情境关联数据。结构关联如推荐系统中的用户和物品之间的评分关系等。一般而言，单一个案观测信息价值往往比较单一，而发展一个有语义张力的知识体系则需要在大量数据和语境条件下进行包括同一性、相似性和差异性的分析。在我国台湾用“资料”表示数据，以示其作为知识加工素材的基础作用。大数据分析提供从复杂数据中产生认知的原则、方法和过程。

由于信息与通过结构化数据所定义的有意义的主题紧密相连，随着这些主题的时间效用失效后，信息本身的价值往往也会随之衰减，只有人们通过对信息按照新的主旨进行重整、归纳，比较和演绎，使其有价值的部分沉淀下来，并与已存在的人类知识体系相结合，这部分有价值的信息才会经历重生，实现价值的飞跃。例如，某地，某年 6 月 30 日，最高气温为 37 摄氏度。当年 12 月 5 日最高气温为 3 摄氏度。这些信息一般会在时效性消失后，失去被直接使用的价值。但当人们收集几年甚至几百年的气温变化信息进行归纳和对比时，就会发现此地每年 7 月气温会比较高，12 月气温比较低，于是总结出全年的气温变化规律。虽然季节概念形成的时间已无从考证，但新的知识以数据的形式再次被记录。在这个例子中，作为短期预报的信息具有直接价值，其间接价值是可以辅助人们做长期的规律分析。例如，50 年内强地震前后气温的变化规律与正常相比是怎样的，显然研究这一课题需要气温数据和对数据的相应的分析和新的处理。再比如：大学生本科成绩信息的直接价值是可作为评估学生专业水平的依据，但不容易对学生本科毕业后的就业情况做出预测。学生如果不能正常就业，从学生的学业成绩中追查出一些原因也是有可能的，因为成绩和学生就业中的专业要求存在一定的关联，这也体现了数据的间接价值。

计算机普及以前，人们关注的信息问题是客观事物的特征记录，数据特征的采集、创建、检测、简约、合成、编码、存储、发布、检索、提取、重建、概念、判断、问题解决和服务等，当时通过特征观察形成认知的过程主要是人脑的主观思维和手动完成的。信息时代，计算机采集、检测、提取、更新等技术的发展扩展了数据的传播范围，其中一项突出的贡献是丰富了数据的存储格式，其结果是数据具有了多种表现形式。常见的如文件、报告、资料、数字、音频、语言、图形、视频、Web 页面等。形式多样的大规模的数据不仅激发了人们开展富有创造性的数据分析实践活动，而且推动了从数据中发现新价值规律这一科学认知过程的设计和实践。这些活动包括对数据收集、分类、概括、组织、分析和解释的工具、算法和建模的研究。

今天，数据的另一个挑战是能够被结构化的数据是非常有限的，传统的关系数据库管理的结构化数据仅占数据信息总量的 15%。有统计显示，全世界结构化数据增长率每年大概是 32%，而非结构化数据增长则是 63%。截至 2012 年，非结构化数据将占互联网整个数据量的 85%以上，难以直接通过数据库进行有效的管理。用于形成智能的大数据，往往是非结构化数据，应用范围从企业信息化、媒体出版到垂直搜索、数字图书馆、电子商务等各个领域。未来的数据分析技术将向来源的异构化、应用的标准化、建模的流程化、表达的精炼化方向发展，并在面向对象、跨媒体数据、并行计算、分布式文件系统、异构数据的结合等领域展开更为深入的研究。

1.1.3 数据管理与数据库

从有文字记载开始，人类对自然和社会认识的进程就开始加快。认识提速的关键一步是对数据实施管理，即科学地组织和存储数据。20 世纪 30 年代，随着大工业生产和数据计算的需要，数据管理逐渐发展起来成为按照需要加工数据的一种技术。数据管理的核心问题是对数据实现分类、组织、编码、存储、检索和维护等任务。利用信息技术管理数据是近半个世纪以来的新鲜事物，数据管理技术经历了人工管理、文件管理和数据管理三个阶段：

20 世纪 50 年代以前称为早期的数据管理技术阶段，计算机的主要作用是科学计算。当时存储数据的工具只有纸带、卡片、磁带，没有磁盘等直接存储器，对数据的管理方式是人工管理，人工管理阶段的主要数据处理特点是：数据没有保存、应用程序独立、数据不共享和数据处理不独立等特点。很多业务管理是传统的纸质文件管理方式，这些文件不会长期保存，当有课题时将数据输入，用完就撤走。每一个不同的业务问题有相应的数据格式、应用程序、逻辑关系和存取方法。由于不同的文件具有独立的语义和逻辑，所以无法相互利用和互相参照。因此程序和程序之间，数据和数据之间都存有大量的冗余。

20世纪50年代至60年代，数据存储技术取得巨大进步，硬件方面有磁盘和硒鼓等直接存储设备，软件方面出现了文件系统作为统一的数据管理系统，实现了对数据的系统性联机实时处理。用操作系统管理数据具有数据可以长期储存、数据的文件系统统一管理、数据共享性差、数据冗余等特点。这个时期虽然有了统一的文件管理系统负责管理数据，由于文件是面向应用的，于是即便两个相同的文件针对不同的应用，也需要重复存储，各自管理，这造成了很大的数据冗余，不利于数据的一致性，数据版本更新和维护困难。这个时期文件管理的数据管理技术不对数据和信息的意义进行新的创造。

20世纪70年代以后，随着计算机参与社会管理的进程加快，为编制和维护系统软件和应用程序，所需要的成本相对增加，在处理方式上出现了对更多联机实时处理的需要和分布式管理的需要。于是专门负责数据管理的系统逐渐从文件系统中独立出来，形成数据库管理系统。数据库管理系统管理的数据具有高度的结构化、数据独立性高、冗余度低、数据由数据库管理系统统一管理和控制等特点，这些特点对于提高生产速度、增强准确性和降低成本方面起到了关键作用，有效地提高了生产力。数据库管理系统开始成为改善服务、共享信息和提高质量的支持平台，20世纪90年代，对数据库系统的要求已不再局限于快速、准确、低成本地处理数据，而是希望其在缩短空间和时间，增强系统的记忆性，联系组织、客户、供应商，促进业务流程优化等四方面有所作为，这四方面的要求是传统的数据库和联机事务性处理所不能企及的。为满足企业包括资源计划（ERP）、客户关系管理（CRM）、门户网站（EWP）和信息门户平台（EIP）以及内部网（intranet）在内的应用系统的一致性，底层的统一物理存储独立出来，其作用就是对企业数据实施统一调配和管理。传统的基于业务的系统虽然在了解业务流程中取得极大成功，但在辅助决策时却产生了极大的困难。传统的数据库管理与辅助决策不相适应性主要体现在以下四个方面：

1. 数据处理效率和质量

传统的数据库系统多用于事务性处理问题，如MIS（Management Information System）和OLTP（Online Transaction Processing），主要的特点是支持大量、简单、可重复使用的例行短事务处理，如插入、查询、修改和更新记录等服务，这些操作频率高，处理时间短，分时使用系统资源。在分析处理中，用户对系统和数据库的要求有新的需要，分析的特点是按主题编制、访问大量数据和处理复杂查询的长事务为主，遍历数据造成大量系统资源被消耗。

2. 数据访问和数据集成

在商业层面进行决策分析时，需要全面集成的数据，这些数据不仅包含企业内部各个部门的相关数据，而且也包含企业外部的甚至企业之间的情报数据。决策者所需的数据也不再局限于本部门、本企业，而是分布异构的多渠道数据源，如商业领域竞争对手的Web数据库、文件系统、HTML等非数据库系统等。现实中很多数据真实的存在状态是分散而非集成的，缺乏面向新主题的统一编码，数据的格式不统一。如果将这些集成问题交给决策系统程序解决，将极大地增加决策分析系统的负担，造成系统执行时间过长，极大降低系统的性能。为实现不同来源、格式、特性的数据在逻辑和物理上有机地集成，已经有一些成熟的集成模型。例如，联邦数据库系统、中间件模式和数据仓库模型，其技术核心是解决数据源语义的统一管理，以实现高效的统一访问。

3. 数据操作和数据分析

对数据库的操作方式上，业务处理系统的关键问题是确保数据一致性和功能稳定性，于是其主要支持多事务并行处理，加锁和日志并行控制和恢复机制，而在数据访问操作方面提供开放的权限是有限的，而数据挖掘人员则往往需要运用各种工具对数据的整体进行多种形式的统一操作，并希望将数据结果以商务智能的方式表达出来。于是，数据仓库与业务数据库分离是目前数据挖掘设计中的通常做法。联机分析处理强调与决策者的交互、快速响应以及多维可视化界面。但其分析是浅层的，传统所提供的标准化的报表方式业务处理提炼信息的内涵，在形式上和内容上很难满足决策管理的需要。

4. 数据的时限

一般情况下，数据库中只存储短期数据，不同数据的保存期限很不一样，即使一些历史数据被保存下来，但也经常被束之高阁，未能得到充分利用。而对于决策而言，决策环境是动态的，历史数据非常重要，许多分析结果有赖于大量宝贵的历史数据，存储历史数据，对历史数据进行有效说明的元数据都是决策数据所需要的基本条件。

1.1.4 数据仓库

今天大部分的数据库都是围绕着单一业务功能而展开的，综合分析能力较弱。基于复杂数据的知识发现，常常需要一个有结构的体系。其中至少包括四个基本的结构：系统、环境、步骤和主题。知识需要面向主题的表示，支持主题表示的新的数据结构就是数据仓库，美国著名信息工程专家 William H. Inmon 于 20 世纪 90 年代初在其著作《Building the Data Warehouse》提出了数据仓库概念的一个表述，认为数据仓库是一个面向主题的、集成的、相对稳定的、反映历史变化的数据集合，用于决策支持的知识管理。比如淘宝的商业数据库主要围绕着支付业务展开，但每一笔交易带来的对库存和分销的管理则需要借助数据仓库的周密计算进行规划和安排。数据仓库系统汇聚了淘宝几乎所有的商业数据，这些记录包括用户的访问路径、交易过程的海量数据。通过数据仓库的清洗、整理、过滤、排序等技术手段，这些海量数据能够产生具有商业价值的业务信息，并生成反映最新市场现状的统计分析数据报表。淘宝数据仓库将用户行为模式与最新的交易结合，为用户提供精准的个性化服务。用户使用数据仓库进行决策时所关心的重点内容构成了一些分析主题，如收入、客户、销售渠道等；数据仓库内的信息不是像业务支撑系统那样是按照业务功能进行组织的，而是根据分析主题进行组织的，称为面向主题的数据库。数据仓库中的集成性指信息不是从各个业务系统中简单抽取出来的，而是经过一系列加工、整理和汇总的过程，因此数据仓库中的信息是关于整个企业一致的全局信息。随时间变化体现在数据仓库内的信息并不只是反映一个组织当前的状态，而是记录了从过去某一时点到当前各个阶段的信息。通过这些信息，可以对企业的发展历程和未来趋势做出定量分析和预测。

在 William H. Inmon 的书中，数据仓库由数据仓库的数据库、数据抽取工具、元数据、访问工具和数据集市 5 方面构成。

1. 数据仓库的数据库

数据仓库的数据库是整个数据仓库环境的核心，是用于存放数据和提供对数据检索和交付的支持。一般数据仓库的设计采用的是与业务数据库相分离的数据库，它的作用是支持分析问题的解决，相对于操作型数据库来说其突出的特点是对海量数据分析的支持，具有强大的元数据管理和实现快速有效的检索。

2. 数据抽取工具

数据抽取工具将数据从各种各样的存储方式中提取出来，进行必要的转化、整理，再存放到数据仓库内。对各种不同数据存储方式的访问能力是数据抽取工具的关键，对抽取工具常见的一些要求，例如，应能生成 COBOL 程序、MVS 作业控制语言（JCL）、UNIX 脚本和 SQL 语句等，以访问不同的数据。数据转换工具一般包括：连接和合并数据，删除对分析应用无意义的数据段；对数据排序，转换到统一的数据名称和定义；汇总统计和产生衍生数据；将缺值数据赋给缺省值；把不同的数据定义方式统一，数据类型的转换等。

3. 元数据

元数据是描述数据仓库内数据的结构和建立方法的数据。一般按用途不同分为两类，技术元数据和主题元数据。技术元数据是数据仓库的设计和管理人员用于开发和日常管理数据仓库的数据。包括：数据源信息，即结构化数据和非结构化数据的来源信息，如数据源的位置及数据源的属性；确定从源数据到目标数据的对应规则，如数据字典；数据仓库内对象和数据结构的定义；数据清理相关的业务规则，如数据转换流程中的各种日志；源数据到目的数据的映射，建模和分析中工具或文档记录信息等；用户访问权限，数据备份历史记录，数据导入历史记录，信息发布历史记录等。主题元数据从功能的角度描述了数据仓库中的数据。包括：主题的描述，包含的数据、查询、报表；元数据为访问数据仓库提供了一个信息目录，该目录全面描述数据仓库中都有什么数据、这些数据怎么得到的和怎么访问这些数据。目录是数据仓库运行和维护的中心，数据仓库服务器利用目录存储和更新数据，用户通过目录了解和访问数据。许多数据挖掘分析中，需要误差分析、不确定性分析以及准确性评价方面的研究。元数据中的数据质量直接决定着能否正确地识别数据格局并将其与决策过程相联系的能力及有效性。

4. 访问工具

为用户访问数据仓库提供手段。有数据查询和报表工具；应用开发工具；经理信息系统（EIS）工具；联机分析处理（OLAP）工具；数据挖掘工具。

5. 数据集市

为了特定的应用目的或应用范围，而从数据仓库中独立出来的一部分数据，也可称为部门数据或主题数据（subject area）。在数据仓库的实施过程中往往可以从一个部门的数据集市（data marts）着手，以后再用几个数据集市组成一个完整的数据仓库。需要注意的就是在实施不同的数据集市时，同一含义的字段定义要满足相容性，这样在以后实施数据仓库时才不会造成大麻烦。除此之外，对数据集市的管理应满足数据仓库管理的基本规范，主要内容包括：安全和特权管理；跟踪数据的更新；数据质量检查；管理和更新元数据；审计和报告数据仓库的使用和状态；删除数据；复制、分割和分发数据；备份和恢复；存储管理。

数据仓库与数据库的联系是：数据仓库是数据库的一个分支。目前，大部分数据仓库还是用关系数据库管理系统来管理的。二者的区别体现在以下几点：

（1）出发点不同：数据库是面向事务的设计；数据仓库是面向主题设计的。

（2）存储的数据不同：数据库一般存储在线交易数据；数据仓库存储的一般是历史数据。

（3）设计原则不同：数据库设计是尽量避免冗余，一般采用符合范式的规则来设计；数据仓库在设计原则是有意引入冗余，采用反范式的方式来设计。

（4）提供的功能不同：数据库是为捕获数据而设计，数据仓库是为分析数据而设计。

（5）基本元素不同：数据库的基本元素是事实表，数据仓库的基本元素是维度表。

（6）容量不同：数据库在基本容量上要比数据仓库小的多。

（7）服务对象不同：数据库是为了高效的事务处理而设计的，服务对象为业务处理方面的工作人员；数据仓库是为了分析数据进行决策而设计的，服务对象为高层决策人员。

Gartner 2011 年在有关数据仓库市场的发展报告中指出数据仓库作为一个综合信息平台的数据服务支持深度是未来的发展方向，其中支持基于面向服务架构的数据交付与混合负载管理会成为数据仓库的首要需求。

1.1.5 数据挖掘的内涵和基本特征

一般认为，数据挖掘（data mining）概念最早是由 1995 年 Fayyad[18]在知识发现会议上所提出来的，他认为数据挖掘是一个自动或半自动化地从大量数据中发现有效的、有意义的、潜在有用的、易于理解的数据模式的复杂过程。

该定义强调了数据挖掘的工程特征，明确了数据挖掘是一种用于发现数据中存在的有价值的知识模式的学习机制。关于模式和规律的认识存在两种观点，第一种观点认为模式和规律是数据特征的一种客观存在的基本形式，数据挖掘研究者的工作是试图在缺少模型的情况下，设计一个满足暂时需求目的的程序，比如社区群提取、关联分组等问题，数据挖掘提供的是一种提炼特征的工具。第二种认识是将模式作为一种非均衡系统导致的相对运动的结果，在这类问题中，建模将固有关系通过大量数据估计并提炼出来，数据挖掘工作者不仅要发现这种存在，而且要对模式的产生机制进行分析和解释，成为复杂决策中可被利用的有效证据。比如潜在高价值用户的预测问题。

从技术的角度来看，数据挖掘是后网络时代必然的技术热点。互联网商业行为是数据挖掘概念产生的重要推手。以电子商务网站为例，消费者需求分析成为一项重要的分析主题源于用户一个点击鼠标的细微动作就决定了这个潜在用户从一家供货商转到另一家供货商名下。为了较早地预警到忠诚度的转变，分析的线索自然可以从信息库中跟踪并记录下的订货信息开始，继而扩展到大量访问过不同商品的用户信息。于是，将数以百万计前台访问网络文件、电话记录、销售订单和与业务代表的访谈记录转化成可用于预测和识别其未来行为变化的客户管理信息，再利用其后台数据库强大的分析功能使这一隐藏在数据背后的概念得以明示，而实现这一过程的技术和方法成为电子商务的核心竞争力，这个技术就是数据挖掘。数据挖掘是要解决以问题为出发点的数据分析过程，包括目标和进程。有价值的模式和规律是由问题驱动的，由问题选择合适的数据和数据组织方式，由问题和数据决定选择怎样的模型集，由数据对结果的适用性来评判和筛选模型。事实上，一个完整的模式建立进程中，模式的探测与诠释、模式之间的关系和模式的影响都是模式发现中必不可少的重要分析环节。而其中数据的探索又是较为基础的，大部分的问题需要对数据按照问题解决的逻辑进行加工、整理和分析后提炼出数据中的基本概念和特点。这些概念和特点是帮助认识问题和形成判断的基本依据，是延伸思考和形成可靠决策的依据，另一部分数据则用于分析模式的构成与模式的影响。

数据挖掘是不能完全依靠手动完成的，它是一个自动化或半自动化的非平凡的数据流程管理。过去，有人强调数据挖掘是一种自动化的工具。如果没有自动化的手段，就不可能挖掘和处理海量的数据；但是如果过于强调自动化的技术，也不一定就能够产生有价值的信息，因为从数据到结论的过程是一个非常复杂的人机互动比较和选择的过程，其复杂性取决于三个方面：一是对问题的开放性解决方案的选择；二是适用于具体数据的技术和方法的选择；三是对结果稳定性的检验。不能指望机器自动解决很多问题，机器能够辅助人们探索和分析数据中一些有启发性的结构，在很多情况下这些知识对思考和分析很有帮助，数据挖掘是一种工具，更是一项研究，需要练习和学习来积累经验。

在通过大量数据解决实际问题的过程中，复杂问题的解决并不是一两个模型的简单套用就能够完成的，常常需要很多步骤综合构成一个系统性的解决方案，因此一个精度高且效率高的系统常常需要几个模型协作完成，特别是结构复杂的海量数据，选择模型常常比应用模型更需要首先得到关注，比如，牺牲部分精度要求选择效率高的模型进行数据规律和模式探索与高精度高信噪比模型组合建模。数据挖掘不仅是对数据的概括和归纳，更是稳健关系的发现过程。

综上所述，数据挖掘是一项以发现数据中有价值的模式和规律为基本目标的独立的数据组织和协作的建模历程。数据挖掘是商务智能和决策支持的核心部分。自动化或半自动化程序是构成数据挖掘的核心技术。数据挖掘是为发现大规模数据中所隐藏的有意义的模式和规律而进行的探索、实验和分析。数据挖掘是一门需要结合各行业领域知识的交叉学科。

1.2 数据挖掘的产生与功能

1.2.1 数据挖掘的历史

通过一段时间对事物的观察，总结出事物发展变化的规律，生成行之有效的方法，这是我们人类适应社会的本能和智慧。数据挖掘则试图让数据处理器模仿人的观察、思考和判断的本能，从大量的数据中总结出规律，辅助对问题做出判断。从这种意义上来看，数据挖掘是通过计算机积累经验，一个数据挖掘的过程就是一个机器学习和判断决策水平提高的过程。

回顾信息利用技术的历史有助于理解数据挖掘的产生根源，因为从生产的角度来看：由于人工费用提升，产品和服务成本降低，管理和服务过程的信息化是必然的。以企业问题的需求成长为例来看数据挖掘概念的产生，20 世纪 60 年代，企业规模不大，企业对信息搜集的主要需求集中反映在企业整体规模状况的信息，比如企业一年的总收入，净利润，厂房数，我们称这个时期的信息技术为数据访问时期，所对应的技术主要是存储磁盘等。20 世纪 70 年代，企业规模进行扩张，大企业常常有很多分支机构，于是要求企业能够看到不同分支机构、不同侧面的信息，于是技术发展到不仅能够处理规模性的信息，也能访问一些分类汇总信息，比如：上海的企业年总收入，长春三月份的净利润等，这个时期访问数据技术盛行，1974 年诞生了 SQL 结构化标准查询语言，方便人们存取结构化数据。20 世纪 80 年代，随着问题的需要，经营者需要一些比较和综合性的查询信息，例如：去年 3 月深圳哪些产品销售得好？广州与之比较后可得出什么结论？从数据的管理和利用来看，在多数情况下，已经建立的数据库的信息采集方式并不总是为了分析或者为了建立决策问题比较而设计的，更多的业务数据流主要的作用是为了提高业务操作与信息交换的效率，这些以问题为导向的查询需要导致了数据仓库概念的提出。需要面向主题的、集成的、相对稳定的、反映历史变化（time variant）的数据集合，用于支持管理决策。这个时期的代表性技术是在线联机分析（OLAP）。20 世纪 90 年代，人们发现越来越多的问题很难通过投入建设一个统一的数据仓库就能够马上得到答案，虽然不可否认的是，数据仓库至少是进行数据挖掘的一个基本条件，但人们越来越认识到数据仓库的价值是完成了对主题数据的组织，更多的深层规律还有赖于对数据进行更为细致的分析，建立起数据与问题答案的逻辑关系才是决策者更为需要的。比如：为什么有些地区的销售量好，有些地区的销售量不好，影响到利润的关键因素是哪些？在哪些因素上控制就可能销售好。可能的控制方案有哪些，各方案的优缺点如何等问题，并非哪一种标准化查询语言或做一些简单的比较就能得到答案的。90 年代后期。金融行业率先推出内部模型法，规定机构运用内部的数据建立风险模型，这些举措大大推动了数据仓库和数据挖掘的运用。传统意义上的单纯存取、信息交换等功能已不再适应新的问题的表示，催生了数据挖掘概念的产生。

从方法的构成来看，数据挖掘着实是一个逐渐演变的过程，电子数据处理初期，人们就试图通过某些方法实现自动决策，当时机器学习成为人们关心的焦点。机器学习的过程就是将一些已知的并已被成功解决的问题作为范例输入计算机，比如：围棋和国际象棋中的人机对弈，就是机器学习的典型实验。机器通过学习常规棋谱的高手下法，通过投票的方式总结并生成相应的规则，这些规则具有通用性，使用这些规则可以解决某一类题式。20 世纪 70 年代，随着神经网络技术的形成和发展，非线性复杂结构被用于复杂关系的模型建立中。20 世纪 80 年代，人们的注意力转向知识工程，知识工程不同于机器学习那样给计算机输入范例，由它生成出规则，而是直接给计算机输入已被代码化的规则，计算机则通过使用规则解决某些问题，比如：专家系统就是这种方法所得到的成果，但它具有投资大、效果不甚理想等不足，困难主要体现在专家解决方案是静态的，而事务的发展和问题却是动态的，建立即时的模型是必要的。20 世纪 80 年代人们又在新的神经网络理论的指导下，重新回到机器学习的方法上，并将其成果应用于处理大型商业数据库。20 世纪 80 年代末出现了一个新的术语数据库中的知识发现，简称 KDD(Knowledge Discovery in Database)，概括了所有从源数据中发掘模式或联系的方法，人们逐渐接受了数据发掘的过程，包括最开始的制定目标到最终的结果应用。

1.2.2 数据挖掘的功能

数据挖掘的核心任务是对数据特征和关系的探索、建立。根据要探索的数据关系是有目标的还是没有目标的，又可以将数据挖掘的功能分为两大类。一类称为有指导的学习（supervised learning)。有指导的学习是对预设目标的概念学习和建模。主要由分类、估计和预测三方面的功能构成。其中分类是较为基础的，用于概念的识别，估计是对概念量的认识，预测则是对未知情况的推断，分类和估计常常是预测的基础，三者是从数据中提炼有目标模式的不可分割的整体。有指导的学习是对分析者预定义的概念，通过数据探索和建立模型实现由观察变量对目标概念解释的效果。另一类是无指导的学习（unsupervised learning)，无指导的学习旨在寻找和刻画数据的概念结构，主要由关联分组、聚类和可视化三方面的内容构成。在无指导的学习中，没有一个明确的标示变量用于表达目标概念，主要任务是提炼数据中潜在的模式，探索数据之间的联系和内在结构。现将上述6方面的内容要点汇集如下。

1. 分类: 获取一个概念区别于另一个概念的构成和表示，用可能的特征变量通过大量的数据分析和比较，提炼出可辨识类别显著不同的特征结构，以及由这些特征构成的类别定义规则。常见的数据挖掘分类问题有：

（1）医学诊断：区分心脏病人和正常人的特征；

（2）根据一篇文章的关键词判断一篇文章所属的学科类别；

（3）信用卡申请者风险按低、中和高分类后每类的用户特征；

（4）按照一些词汇和符号出现的频率对垃圾邮件和正常邮件进行区分；

（5）用属性特征刻画流失用户和忠诚用户之间的差异。

2. 估计: 描述由数据表达的未知概念的模型，给出模型参数的估计方法并计算，给出模型的可靠性范围等。例如，申请信用卡用户被判为高风险（0）或低风险（1）的线性模型，该模型中参数的估计、计算算法都是估计过程中需要考虑的问题。

3. 预测: 是对尚未发生、目前还不明确的事件或事物做出预先估计或表述，并推测事物未来的发展趋势，从而协助决策者掌握情况，选择对策。分类和估计都可用于预测，分类侧重于不同规律的差异解释，估计侧重于对未知规律由数据表达的机制研究，而预测则注重规律对未来的影响。比如影响天气预报准确性的因素很多，既有卫星云图显示的大气运动规律，也有预测点的地理环境等因素，到底哪些因素对准确性起到关键的作用，这是一个预测问题。而其中对不同云的分类是预测的基础，这里离不开对云特征的估计和识别。

4. 关联关系发现: 旨在发现和提取研究对象之间的相互关系。其中的组合关联规则是要确定哪些事物会一起出现。典型的例子是确定顾客在超市中同时购买的商品，即购物篮或购物车中都有哪些商品。零售连锁店应用组合关联规则来安排货架上的商品或商品目录，将常常同时被选购的商品放在一起以方便顾客。组合关联规则还可以被用来分析交叉购物（cross-selling）的机会，以设计有吸引力的商品和服务的组合。

5. 聚类分析: 主要提炼数据的相似性分组结构。聚类的任务是将相似的数据聚在一起，差异较大的数据分在不同的类中。与分类不同，聚类不要求数据有事先确定好的组别。在聚类中，没有事先确定好的组别，也没有样本。数据按照特征的相似性聚集在各自的类别中。数据分析不仅要完成相似个体的聚组，而且要决定各类是否有意义，意义是什么。例如，对某地区病症聚类后的某一特殊类别可能就是某种职业疾病。在音乐和录像带购买数据聚类中，不同类别购买者可能属于不同文化背景的群体，于是聚类的结果将启动一个新问题：文化背景是影响产品购买的一个关键因素吗？聚类通常也作为其他数据挖掘或建模过程的第一步工作。例如，聚类可以作为市场划分研究的第一步。对于“顾客们最喜欢什么样的促销方式？”这样的问题，不是简单地采取单一的办法，而是首先按照购买习惯进行聚类，于是相近购买习惯的分在一个类中，不同的类别表明不同的购买习惯，然后再针对每一类调查了解最喜欢的促销方式。

6. 可视化：强调数据便捷形象的展现方式。有时，数据挖掘的第一个工作目标往往是要增进对复杂数据库内容的了解，这些数据库包括顾客、产品和生产过程等内容。在开始时，对数据准确的描述就帮助我们找到了进一步研究和解释的途径。

在 ICDM2005 会议前夕，美国的吴信东（Xindong Wu）[7]教授等人收集了全世界数据挖掘方向顶级专家所认为的数据挖掘研究领域的 10 大挑战性问题：

（1）发展数据挖掘的规范理论；

（2）高速数据流或高维数据表示理论；

（3）序列和时序数据挖掘；

（4）复杂数据复杂知识的建模理论；

（5）网络环境下的建模理论；

（6）分布式数据挖掘和多代理数据建模；

（7）生物环境问题中的数据挖掘；

（8）数据挖掘过程相关问题：建模算法与模型评价；

（9）安全性、隐私性和数据整合；

（10）动态、不平衡和代价敏感性数据挖掘。

1.3 数据挖掘与相关领域之间的关系

数据挖掘并不专属于某一个学科门类，而是多学科交叉，相关学科包括数据库、统计学、模式识别、机器学习、领域知识等，各领域之间的关系如图 1.1 所示。

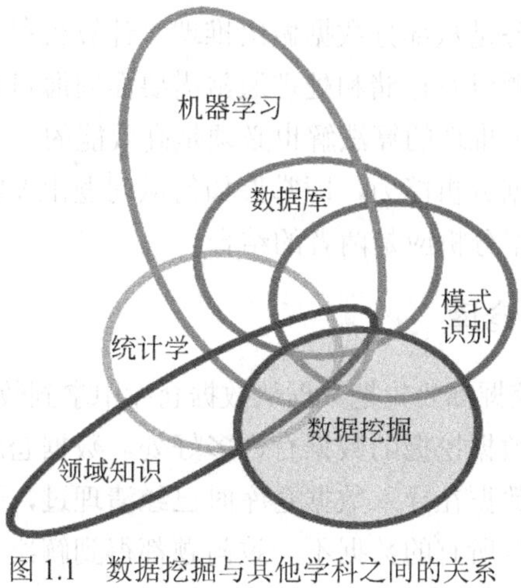

图 1.1 数据挖掘与其他学科之间的关系

1.3.1 数据挖掘与机器学习

根据 Tom Michael 于 1997 年给出的定义，机器学习是面向任务解决的基于经验提炼模型实现最优解设计的计算机程序。机器学习研究的是由经验学习规律的系统。机器学习的算法旨在为缺乏理论模型指导但存在经验观测的领域中提供解决工具。早期的机器学习输入的并非原始的经验观测，而是经验中的规则，学习算法是基于规则分析的基础上形成。然而随着经验观测的量越来越大，学习算法不仅要分析规则，更要理解有意义的规则，甚至也需要考虑经验观测的存储格式问题，例如零售业中广告宣传定位问题，图像库中与指定图片匹配的跟踪问题，顽疾在家庭中蔓延的基因。这些问题通常需要涉及大范围多角度的数据采集，常常伴随高噪声引起的模式信号较弱或模式结构不明等特点，从大量数据中通过建立模型认识数据内在结构和规律的解决思路和算法设计也纳入到机器学习的研究范围中。机器学习的结果是产生新的智能处理数据的算法，机器学习在大型数据库上的应用就称为数据挖掘。机器学习由三个基本要素构成：任务、训练数据和实施性能。从部分样例中学习一般意义上的模型是学习的本质。学习的目的是构造更好地表现数据规律的模型。机器学习的结果是产生新的智能处理数据的算法。

一个机器学习的算法由 5 个方面构成：

（1）任务：算法的目标，简要的如分类，聚类等；

（2）模型或模式的结构：线性回归模型，高斯混合模型，图模型等；

（3）得分函数：评价模型或算法优良性的函数，比如敏感度，BIC 等；

（4）达到最优结果的途径设计：达到方法最优的参数估计计算方法，最速下降，MCMC 等；

（5）数据管理技术：数据的保存、索引和提取、展现数据的方式，特别是数据量较大的时候存储的设计等。

机器学习与数据分析既有联系又有区别，机器学习的核心是任务和任务的完成质量，其产生的算法称为“直升机型”程序。这种算法的优点是算法高效，突出重点，不足是缺乏针对数据特点的灵活性设计，导致算法的抗干扰性差，自主调节性能弱。与之相反，数据分析强调数据的特点和分布，有严格的原则和方法。优点是强调建模过程和统计设计。

机器学习的本质是使用实例数据或经验训练模型，在训练模型时，主要的理论是统计学理论，因为统计学的任务是从部分数据做出推理。计算机科学的角色是双重的：训练样本时，需要解决的优化问题以及存储和处理通常需要面向海量数据的高效算法，当学习到一个模型，它的表示和用于推理的算法解也必须是高效能的。

数据分析则更注重数据分析能力，即掌握如何从问题出发收集数据，产生可靠结论的原则、方法和技能。大数据分析应是两者的结合。

1.3.2 数据挖掘与数据仓库

大部分情况下，数据挖掘都要先把数据从数据仓库中拿到数据挖掘库或数据集市中。从数据仓库中直接得到进行数据挖掘的数据有许多好处。数据仓库的数据清理和数据挖掘的数据清理要求一致，如果数据在导入数据仓库时已经清理过，那很可能在做数据挖掘时就没必要再清理一次了，而且所有的数据不一致问题都得到解决。数据挖掘库可能是数据仓库的一个逻辑上的子集，而不一定非得是物理上单独的数据库。但如果数据仓库的计算资源已经很紧张，那么最好还是建立一个单独的数据挖掘库。

为了数据挖掘建立一个数据仓库不是必需的。建立一个巨大的数据仓库，把许多不同源的数据统一在一起，解决所有的数据冲突问题，然后把所有的数据导入到一个数据仓库内，是一项巨大的工程，可能要用几年的时间花上百万的投入才能完成。若只是为了数据挖掘，可以把一个或几个事务数据库导入到一个只读的数据库中，然后在它上面进行数据挖掘。

从广义上说，数据挖掘和知识发现是一种典型的海量信息智能处理技术。但是，传统的信息处理技术主要基于数据库查询等方法以发现有用信息，其查询结果反映的是直接存放在数据库中的信息，无法反映复杂的模式或隐藏在数据库中的一些潜在有用的知识和规律。

OLAP 分析过程是建立在数据仓库基础上的一个归纳推理过程，它是决策支持领域的一部分。OLAP 的核心技术是数据立方体，它是通过数据中的分层变量按层汇总得到的多维统计数据，为了实现按主题汇总；OLAP 通常采用维表-事实表数据模型，按维表与事实表的关联关系不同，一般分为星型结构、雪花结构或事实星座结构三种模式。而数据挖掘在本质上也是一个归纳推理的过程，与 OLAP 不同的地方是，数据挖掘不是用于验证某个假定的模式（模型）的正确性，而是在数据库中自己寻找模型。

数据挖掘和 OLAP 具有一定的互补性。在利用数据挖掘出来的结论采取行动之前，OLAP 工具能起辅助决策作用，而且在数据挖掘和知识发现的早期阶段，OLAP 工具用来探索数据，找到哪些是对一个问题比较重要的变量，发现异常数据和互相影响的变量。这都有助于更好地理解数据，加快知识发现的过程。

1.3.3　数据挖掘与统计学

数据挖掘和统计学这两门学科都致力于模式发现和预测。数据挖掘不是为了替代传统的统计分析技术，相反，它是统计分析方法的延伸和扩展。

统计模型常常以经验验证和理论证据的配角身份出现在经济及社会问题的研究中。数据挖掘与统计建模的区别有以下几个方面。

首先，全生命周期的数据与传统建模样本之间的差异。数据体现应用，样本结构决定统计特征，统计特征决定模型的应用。传统模型对从数据的性质到样本结构特征的复杂性关注不够，提取统计结构的方式不够丰富，需要通过数据挖掘的整体设计实现数据分拣，建评合一。

第二，原始数据质量不高，高质量的调查数据不易获取，轨迹跟踪数据又存在着高噪声现象，所以，直接应用统计模型很可能产生误导性的结论。

第三，统计显著性理论作为建模质量的评价理论不够完善。一般来说，经典统计模型的显著水平量测方法，是通过构建基于输出值的统计量，以统计量服从的分布或渐近分布为标尺，以统计量的数值折算成概率，从而以此评估统计模型成立的可能性大小。统计显著的模型很好地通过了以上标准检验。但是，“统计显著”与真实意义上的“显著”存在差别，数据挖掘需要的是真实意义的显著。需要结合实际情况判断“统计显著”的意义，不可草率地将统计模型的显著等同于模型成立。

第四，大多数传统的统计分析技术都基于完善的数学理论和高超的计算技巧，而且伴随着对数据分布的一些假设，虽然预测的准确度还是令人满意的，但对数据有一定要求，如没有注意到这些限制很容易产生错误的结果。而随着计算机计算能力的不断增强，人们有可能利用计算机强大的计算能力只通过相对简单和固定的方法完成同样的功能。一些新兴的技术同样在知识发现领域取得了很好的效果，比如支持向量机就是一种对数据分布不做过多要求的稳健分类方法，在足够多的数据和计算能力下，它们几乎不需人工干预就能自动完成许多有价值的任务。数据挖掘更偏爱于数据分布假设不强而结果解释性强的方法。

数据挖掘与统计分析一样都需要利用样本进行推断，在这一点上，二者都是基于数据作出推断的工具。但数据挖掘更强调面向任务的解决能力，举例来说，预测是比较典型的建模问题。在不背离数据所支持的分布条件下，用形式化的结构模型回答预测问题是传统的建模思路。然而，当样本数量相对于样本变量数呈现出相对不足时，问题的不可知性更为突出，这时仅仅使用结构化模型将导致复杂却效果不好的模型，这时需要牺牲横型的数学形式，尝试以直接预测为目标的算法和建模框架来引导建模。

验证驱动还是数据驱动成为理解这两个学科作用的两个基本观点，验证驱动强调先有设计再通过数据验证设计的合理性，大数据分析需要的是建模过程，更强调数据驱动的分析。另外，数据挖掘更强调技术或模型的可更新性，这在以结构相对固定的传统统计模型中，是很难实现的。传统统计学与数据挖掘的主要差别如表 1.1 所示。

表 1.1　统计学与数据挖掘的基本区别

特征	传统统计学	数据挖掘（现代统计学）
问题的类型	结构化	非结构或半结构化
主要方法论	估计与假设检验	探索、推断与评价
分析的目标和收集数据	预先定义目标变量	探测目标与目标分析结合观测数据
数据来源	设计抽样方案收集数据	
数据	数据集较小，同质性，静态，主观性强	来源广泛，数据量大，异质性，动态
方法和机理	推演理论支持	经验归纳与系统分析结合
分析类型	确定	探索性分析
变量个数	很小	很大
信噪比	强	弱

现代统计学已经将数据挖掘作为其中的核心内容，高维变量建模问题、多模式建模问题、复杂网络建模、非参数模型等技术发展很快，为数据挖掘源源不断输入新的血液。

1.3.4　数据挖掘与智能决策

成长性企业需把握效率与发展的平衡，成熟的企业家是肩负强烈社会责任感的一群人，需要有洞察新问题的能力和谋求新发展的战略思考。

数据挖掘是以问题解决为导向的数据综合利用技术，智能决策是企业辅助决策的动能，二者的结合会促成企业的有效发展。

企业智能决策中对形成智慧有用的信息并不总是原始的运营数据，而是从数据中按照一定的顺序加工、整理和分析后提炼出有清晰结构和概念层次的知识，这些隐藏在数据背后的知识和概念结构往往是企业产生细腻的洞察力和缜密的分析力的要素，是企业延伸思考和形成明智稳妥决策的秘钥。

常见的企业智能决策案例如下：

1. 客户关系管理：当顾客向 BELL 公司投诉电话使用中的问题时，该公司决定派怎样的技术人员去解决这个问题，1991 年主体解决方案是专家系统。1999 年则利用数据挖掘创建匹配规则，学习得到的规则每年为 BELL 公司节约 1000 多万美元，因为专家系统难以有效维护，而学习得到的系统却通过实例训练得到，因此降低了维护成本。

2. 信用审批：在美国万国宝通银行，申请贷款用统计学方法将贷款申请人分成 3 类，肯定接受的申请、肯定拒绝的申请和需要专家判定的申请。专家预测申请者是否会拖欠贷款的准确率为 50%，机器学习产生的规则预测准确率达到 70%。

3. 质量管理：印刷公司在凹版印刷时，印刷滚筒上有时会出现凹槽，最终毁坏产品，当出现这种情况的时候，必须停止生产，修理或更换滚筒，利用机器学习为过程控制参数创建规则，有效降低凹槽的发生。

4. 飞行模拟和学习：利用飞行记录模拟程序记录专家驾驶飞机的动作，对其利用决策树归纳算法建立决策规则（自动驾驶方式），规则可以通过运行自动驾驶方式的模拟程序检验。

5. 分子生物学：为设计具有期望生物活性的新药或理解已知药物的活性机理，需找出能有效推断药物的化学结构。

6. 农产品质量提升：每年新西兰牛场需要决定淘汰哪些牛，数据挖掘对经营成功的农场主进行研究，发现影响其决策的关键因素包括农场主的脾气、牛的健康问题、难产史、年龄等。

1.3.5 数据挖掘与云计算

云计算的英文是 cloud computing，于 2007—2008 年之间由谷歌推出，是一种基于互联网的、大众参与的计算模式，是以数据为中心的一种超级计算，具有在虚拟计算环境下的动态性和可扩展性等特点。目前，亚马逊、微软、谷歌、IBM 等公司都提出了"云计划"，如亚马逊的（AmazonWebServices，简称 AWS）、IBM 和谷歌联合进行的"蓝云"计划等。学术界也纷纷对云计算展开了深层次的研究，如谷歌、华盛顿大学以及清华大学开展的云计算学术合作计划。一些开源工具，如 Hadoop (Map Reduce 技术)和批量流计算（twitter 的 storm 技术），正积极地探索着大数据管理的新模式。过去 5 年实践表明，全球财政在云计算各种服务上的投入以每年约 30%以上的速度递增。

文献[21]指出：云计算是大数据运营管理的主要模式。云计算包括了 4 层，基础架构即服务（Infrastructure as a service，简称 IaaS），平台即服务（Platform as a service，简称 PaaS）和软件即服务（Software as a service，简称 SaaS）以及数据即服务（Data as a service，简称 DaaS）；计算方式是分布式的，即网格计算和面向服务的体系架构（Service-Oriented Architecture，简称 SOA）；基础设施的部署方式是虚拟化的，如集群计算。互联网平台为软件行业的发展带了新的机遇，如高生产率、快速反馈、便于在线升级等，但是网络软件组织使用模式（如任务协作性、模块并行性、业务装配化等）和网络数据生成的特性（如数据的分散性和多样性、资源的异构性、规模庞大性等）使得人们把目光从对单机软件的开发与研究转向了与社会网络以及分布式大规模并行系统相关问题的探索和研究，如社会软件工程、软件自适应演化、软件可信性评估与选择以及超大规模系统的演化等。

云计算与数据挖掘既有联系又有区别，具体表现为：云计算的动态性和可伸缩性的计算能力为高效海量数据挖掘带来可能性；云计算环境下大众参与的群体智能为研发群体智慧的新数据挖掘方法提供了运行环境；云计算的服务化特征使面向大众的数据挖掘成为可能。同时，云计算发展也离不开数据挖掘的支持，以搜索为例，基于云计算的搜索包括网页存储、搜索处理和前端交互三大部分。数据挖掘在这几部分中都有广泛应用，例如网页存储中网页去重、搜索处理中网页排序和前端交互中的查询分类，其中每部分都需要数据挖掘技术的支持。因此，云计算为海量和复杂数据对象的数据挖掘提供了基础设施，为网络环境下面向大众的数据挖掘服务带来了机遇。

综上所述，无论是在自然还是社会领域，信息网络技术已经缔造了一个巨大的数字世界，这个世界正默默地、敏捷地、广泛地收集着客观世界和主观认识中产生的数据、信息和知识，以前所未有的速度将它们拼接在一个时空下，向人类利用数据的智慧发出挑战。这些挑战激发了我们对自然和社会的探索与思考，一系列基于更多事实和资料的问题解析方法和技术诞生了，用审慎的眼光挑选有价值的数据、用科学的流程塑造刚性的结构，用宽广的胸襟接受自然的考验，这就是大数据分析被需要的基本理由。

1.4 大数据研究方法

数据挖掘的作用还表现在对各种主观臆断的质疑。数字信息往往从各种各样的感应器、工具和模拟实验源源不断地涌来，令数据组织能力、分析能力和储存信息的能力捉襟见肘。图灵奖得主、已故科学家吉姆·格雷（Jim Gray）[19]认为，要解决我们面临的某些最棘手的全球性挑战，人类需要用强大的新工具去分析、呈现、挖掘和处理科学数据。2007 年，吉姆在 NRC-CSTB 演讲报告中提出了科学发现的“第四范式”——数据挖掘，也有文献称为数据密集型科学研究范式。科学研究的前两个范式是实验和理论。实验法可以追溯到古希腊和古中国。那时，人们尝试通过自然法则来解释观察到的现象。现代科学理论则起源于 17 世纪的艾萨克·牛顿。20 世纪下半叶高性能计算机问世之后，诺贝尔奖得主肯尼思·威尔逊（Kenneth Wilson）[20]又把计算和模拟确立为科学研究的第三个范式。科学研究在经历了实验科学、理论科学、计算科学阶段，悄然迎来了第四范式——数据密集型研究范式，该范式同样要用到性能强大的计算机，差别在于科学家们不是根据已知的规则编制程序，而是从数据入手。对复杂问题的理论追求不是确立一个正确的理论，而是渴望用理论去更好地理解和认识问题，而这样的理论必然以丰富的信息为基础，经受来自合理数据的检验。按照第四范式开展的科学研究，如果要更快取得突破，一个基本的方法就是允许普通民众参与数据库并贡献他们的知识。例如，西雅图交通项目当中就有志愿者参与其中，他们的车上装有 GPS 设备，只要开车经过当地的交通道路，就可以采集到项目所需的关于这些路线的关键信息。这些方法后来推广到一些面积更大的都市地区，用于预测所有街道的车流量。运用第四范式，过不了多久，各个领域都会有形形色色的科学爱好者使用像手机或笔记本电脑那样简单的工具，对信息进行收集和分析，进而开展科学研究，这也会成为通过物联网采集数据的基本应用。

再例如，某研究团队在印度有一个项目，它能够借助手机对偏远地区的普通人进行某些疾病的诊断。普通民众通过手机拨号接入一个庞大的医疗信息数据库，针对一套问题填好答案之后，就可以在现场接收诊断结果。大量的普通人通过这个系统获得快速诊断，并且这些诊断结果很快被输入一个数据库。有了这样的数据库，公共卫生官员和医疗工作者就可以发现疾病正在哪些地方爆发，传播速度有多快以及表现出来哪些症状等。机器学习也可以实时加入到其中形成互动环，将每一个疑似病例与传染病的爆发模式进行特征对比，及时控制传染病的蔓延。

科研成果的发布也会发生根本性的变化。今天，发布科研成果的最终产品，是一些关于某个实验的讨论及其发现，且只列出数据集的论文。未来，发布科研成果的最终产品会演变成对数据本身的介绍说明，其中也包括参考引文和相关文献的结构化信息，其他研究者可以在互联网上直接获取这些数据，选择全部或部分用于回答自己的问题，或者用创造性的方式纳入自己的研究想法，得出首位研究者可能从来没有想到的见地。至于远景目标，用格雷的话说，那就是"所有科学文献都上网，所有科学数据都上网，而且它们之间具备可互操作性。这样一个世界要成为现实，需要许多新工具"。

这个目标的实现将为社会和地球带来积极的变化，数据挖掘也必然创造巨大的商业机会。例如，戴维·赫克曼的 HIV 病毒基因组分析，就只是个性化药品这个宏大议题的一个小碎片。制药行业正把赌注押在这样一种设想上面：面向不同类型的基因图设计药品及个性化诊疗方案，这将为药品设计和营销开启一个全新的方向。微软的健康解决方案组正在把医疗记录和影像结合起来作为一套智能工具，帮助制药行业实现这一远景的第一小步。

若想充分发挥第四范式的威力来解决人类面临的重大问题，包括计算机在内的所有科学学科都必须彼此协作。问题的答案就潜藏在浩如烟海的数字当中，大数据的本质是提供一种基于客观数据本身中发现问题线索的能力。

1.5 讨论题目

1. 阅读参考文献，写一篇关于对数据挖掘由问题驱动的数据分析的思考习作？
2. 如何理解比数据更重要的是有价值的信息，什么是有价值的信息？
3. 可量测数据和分析数据之间的差别是什么？
4. 总结整理数据挖掘作为交叉学科的特点。
5. 数据挖掘有哪些重要的功能？
6. 数据挖掘作为一个系统性过程包括哪些基本要素和基本环节？
7. 简述数据挖掘与其他各个学科之间的关系。
8. 数据挖掘研究与实验研究之间的主要差别是什么？
9. 观察类型研究的基本思路和基本过程是怎样的？
10. 请根据教师课堂讲过的例子，从网络中找到更多你认为数据急剧膨胀和知识不足的例子。

11. 列举当前数据挖掘研究的主要发展历程。

12.信息的直接价值和间接价值有什么不同？

13. 从数据管理技术的发展来看，数据挖掘的积极意义是什么？

14. 传统的数据库管理与决策数据的要求有哪些不相适应性？

15. 如何理解数据挖掘的本质？

16. 如何理解数据挖掘是应用、模型、算法和系统的结合体？

17. 有人认为，预测不需要独立出来成为一个问题，因为任何的预测都可以被认为是分类或估计，你如何看待这个问题？

18. 数据不只是数字，数据是一些数字和与之相关的上下文，请结合语义思考这个问题。

19. 在网络上寻找大数据的不同定义，与前面我们讲过的数据挖掘的定义有哪些相同之处和不同之处？

20. 通过文献研究方法，探究大学生学习积极性这个概念体现在哪些方面？从数据挖掘的6个基本功能中挑选出1到2个来表示这个问题。

21. 请讨论数据泛滥是否与人性所特有的贪恋、骄傲与固执所产生的对数据无度的使用或不正当的利用所带来的灾难与挑战。

22. 通过检索国内外与数据挖掘和机器学习有关的中文和外文期刊，分别找到1篇运用模拟方法、进行研究的文献，总结其实施过程和数据分析方式，评价所采用的研究方法对于该研究的适用性。

23. 请按照网站上的材料分析有价值的信息与垃圾海量数据之间的关系 http://wiki.mbalib.com/wiki/%E4%BF%A1%E6%81%AF%E4%BB%B7%E5%80%BC

24. 请对数据和认知之间的关系进行比较，对“数据不仅是认识的结论，更是发展新认知的基础”进行理解。

1.6 推荐阅读

[1] 萨师煊，王珊. 数据库系统概论[M]. 北京：高等教育出版社，2000.

[2] 王珊. 数据仓库[M]. 北京：高等教育出版社，2001.

[3] William H Inmon. Building the Data Warehouse[M]. John Wiley & Sons, 2005.

[4] Jiawei Han, Micheline Kamber, Data Mining: concepts and Techniques[M]. Morgan Kaufmann, 2001.

[5] David Han, Heikki Mannila, Padhraic Smyth. Principles of data Mining[M]. MIT Press, 2001.

[6] Trevor Hasitie, Robert Tibshirani, Jerome Friedman. The elements of Statistical Learning: Data Mining. Inference and Prediction[M]. Springer-Verlag, 2001.

[7] Xindong Wu, Vipin Kumar. The Top Ten Algorithms in Data Mining[M]. Chapman & Hall/CRC, 2009.

[8] Ethem Alpaydin. 机器学习引论[M]. 北京：机械工业出版社，2009.

[9] Mitchell T M. Machine Learning: McGraw Hill, 1997.

[10] [美]贝里，[美]利诺夫. 数据挖掘-客户关系管理的科学与艺术[M]. 袁卫，等，译. 北京：中国财经出版社, 2004.

[11] Tan P N, Steinbach M, Kumar V. Introduction to Data Mining[M]. Wiley, 2005.

[12] 王星. 非参数统计[M]. 北京：清华大学出版社，2009.

[13] Tom M Mitchell. Machine Learning and Data Mining[J]. Communications of the ACM, 1999, 42 (11): 31-36..

[14] David J Hand. Mining the past to determine the future: Problems and possibilities[J]. International Journal of Forecasting, 2009,25: 441-451.
[15] 宫学庆，周傲英，等. 数据密集型科学与工程：需求和挑战[J]. 计算机学报，2012，35(8): 1563-1578.
[16] 加特纳咨询报告：wenku.baidu.com/view/ee094d92dd88d0d233d46aed.html，2011.
[17] NONAKA TAKEUCHI K. The knowledge creating company[M]. New York: Oxford University press, 1995.
[18] Usama M. Fayyad, Ramasamy Uthurusamy (Eds.): Proceedings of the First International Conference on Knowledge[J]. Discovery and Data Mining (KDD-95), Montreal, Canada, August 20-21, 1995.
[19] Jim Gray. Jim Gray on eScience: A Transformed Scientific Method [OL], Given Talk by Jim Gray to the NRC-CSTB1 in Mountain View. CA, 2007. http://research.microsoft.com/en-us/collaboration/fourthparadigm/4th_paradigm_book_jim_gray_transcript.pdf.
[20] Bell G. The Future of High Performance Computers in Science and Engineering[J]. CACM, 1989, 32(9): 1091-1101.
[21] 郭昕，孟晔. 大数据的力量[M]. 北京：机械工业出版社，2013.

第 2 章　数据挖掘流程

本章内容

- ☐ 数据挖掘流程概述
- ☐ 数据准备
- ☐ 数据获取
- ☐ 异常数据发现
- ☐ 不平衡数据建模

本章目标

- ☐ 掌握数据挖掘过程的 6 个阶段功能
- ☐ 运用数据挖掘工具进行数据准备
- ☐ 异常点剔除的 3 种方法
- ☐ 数据挖掘模型评价方法

问题解决的正途是事先设立的有价值的目标被循序渐进实现的过程。一个数据挖掘的项目有如制作一部历史大戏、准备一桌年夜饭、孕育一个新生命，都必须经历一个激情设想、精当选材、细致加工、专业分析、理性调优到最终亮相的过程。应对复杂的问题和多样化的数据，把控一个信息提取和价值发现的流程，需要在每个环节都遵循专业的原则。一个数据挖掘解决方案的基本环节包括对问题的良好理解，数据质量和数据处理技术的运用，数据转换，数据分析，模型评价等。其中关键任务在于数据准备和构建模型，难点在数据准备，重点在规范建模。

2.1　数据挖掘流程概述

正如第 1 章所言，数据挖掘是一个逐阶递进发现数据特征和模式的过程，发现的预订目标包括概念学习、特征识别、模式分布、规则提取和预测等，它是信息增值的过程。从数据到模式，运用逻辑性的数据分析方法，遵循系统性解决问题的研究流程，一般包括 6 个阶段：问题识别，数据理解、数据准备、建立模型、模型评价、部署应用。如图 2.1 所示。

分析大量数据，离开工具是很难想象的，根据这个理解，商务智能的解决方案平台必须是能够提供至少包括这 6 个过程的开发和自动分析的工具。然而，仅仅拥有这个平台并

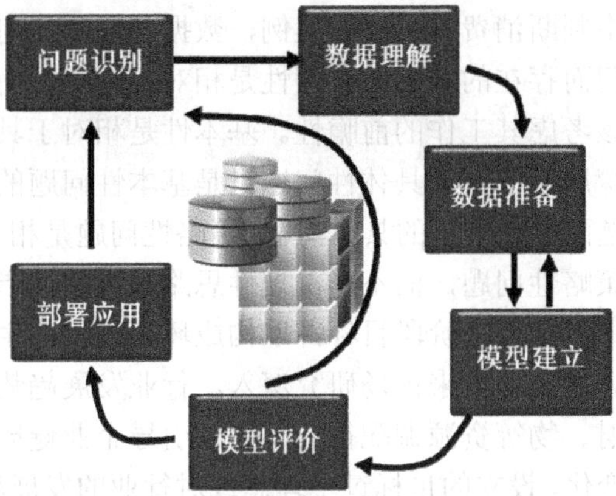

图 2.1　数据挖掘的一个典型研究开发流程

不等同于拥有了数据挖掘和商务智能。更为关键的是，工具虽然造就了方便，但是很多人并没有意识到，计算机程序的默认设置并不适用于所有数据的特点，如果过于依赖这些程序的推荐设置，则可能产生的垃圾远远多于有用的结果。在数据分析中，不同类型的数据需要尝试不同的模型。工具不能自动决定数据的类型，数据规模大小也会影响到工具或方法的选择，对数据进一步的拆分会影响到选用工具的表现，数据的分布和数据之间的关系会影响到模型的效果。总之，数据分析的要求不是工具能完全决定的。另外一方面，一个好的分析工具还应该提供一些可以帮助人们选择方法的技术。例如，展现数据关系的可视化技术可用于对模型恰当使用的判断，自动选择技术可用于数据适度拆分比例的建议，验证技术可为一些参数的选择提供参考。所以，作为企业商务智能的工具不仅应具有丰富的数据分析模块，而且要有自由设计的开发环境使分析人员合理恰当地使用工具，特别要有掌握数据分析技巧的专业人才，才能实现对数据的合理使用和有效价值的开发。仅仅有自动化，并不能完全掌握数据挖掘，数据挖掘强调的是面向问题解决的数据分析，分析既是科学又是创造性的，所以数据挖掘既需要数据分析的过程，更需要与数据特点相适应的高效计算设计。

2.1.1　问题识别

数据挖掘的目标是通过数据分析发现能解决问题的见解或知识，搞清楚问题有哪些、是什么才能为数据挖掘项目找准方向。问题识别阶段的目标是明确系统和组织中的关键问题。由于问题的复杂性和数据的复杂性，数据挖掘研究必须紧紧抓住核心问题，沿着问题解决的逻辑方向开展试验和建模，才能保证工作的有的放矢和事半功倍。不能准确地对问题集进行解析，就无法确定有效的数据挖掘方案。因此在确定数据挖掘要解决的问题时，应重点把握问题的本质和边界，评估问题的解决过程和结果对其他单元的影响范围和程度。

识别问题时，一般要先明确问题的归属，比如企业的战略竞争问题着眼于如何提升企业产品和服务的竞争力，营销问题则可能着眼于市场营销业绩的改善，二者的区别常常是问题界定的开始。第二步是考虑问题的整体性、长期性、基本型、策略性、系统性和风险性。首先是整体性，整体性是相对于局部性而言的，一个数据挖掘问题常常会涉及许多业务部门，商务智能的输出也需要满足不同业务部门实际的需要，所以需要一个整体性的考虑和规划；在营销领域，已经有将营销策略直接植入代码，依靠计算机识别消费者的消费动力，并从社会信息流中判断消费者需要的案例，数据存储和几何级数的增长可能改变营销作为一个独立业务部门而存在的基础。长期性是相对于短期性而言的，数据挖掘的投入一般都会很大，所以应该考虑其工作的前瞻性。基本性是相对于具体性而言的，基本性问题是许多具体性问题的深层原因，而具体性问题只是基本性问题的外在表现，应确认的主要问题应该是基本的问题而不是个别的具体问题。策略性问题是相对于常规性问题而言的，数据挖掘应该关注的是策略性问题，而不是常规性思路。系统性指出应该立足长远，确立远景目标，同时围绕远景目标设立阶段目标，以构成环环相扣的主题。风险性是指运用数据挖掘模型的决策风险。如果对未来市场研究深入，行业发展趋势预测得当，设立的远景目标客观，各阶段人、财、物等资源调配得当，可以引导企业健康、快速发展，反之如果仅仅依靠主观判断市场变化，设立的目标过于理想或对行业的发展趋势预测出现较大偏差，制定的数据挖掘模型就很难达成预期的管理目标，甚至会给企业运营带来巨大风险。

问题识别的另一个关键步骤是沟通访谈。访谈的对象应涉及业务、IT、财务或高管等各层级的负责人，这些人员常统称为业内专家。将数据分析完全视作一种独立于现有业务和业内专家的技术工作是不对的。因为，业内专家不仅掌握核心的业务问题，还是数据挖掘产品未来的使用者，是数据挖掘成功与否的评判师和持续优化的推动者。与业内专家的沟通不仅有助于对问题的快速理解，也可以有助于完成对问题解决方案的构想。问题构想常有两种方法：理性重构和经验重构。其中理性取向将专家的经验作为问题研究本身的素材和对象，视之为见证数据挖掘问题和模型选择的依据，由问题和模型引导数据的采集和模型的识别，这一传统方法的优点是：在参考模型下展开数据分析有助于对核心问题的客观把握。经验重构则是将专家的观点视为与经验的对话过程，在对话过程中实现对实体和模式概念的分析与重构，强调由问题选择数据，通过分析引导建模的方式，其优点是可以较为准确地把握数据的来源背景、数据间的相互关系，数据的模式和数据分析的重点。二者同样重要。

在沟通的内容层面，常常集中在项目的必要性、可行性、问题的边界、访谈对象的资源认知和重要问题的内涵等方面。比如在常见的客户细分数据挖掘研究中，可以从以下几个方面问题入手进行访谈：

1. 实施数据挖掘的必要性：实施数据挖掘是否必要？在你的业务中哪些是关键的业务，你是否总是缺乏足够的数据去帮助你给出一个决定，这种情况恶劣到怎样的情况？是否影响到你的业绩，是否会影响到公司的形象？这些状况如果用满意度表来打分的话，你的决定是怎样的？

2. 可行性：在客户关系管理中，是否存在值得研究的客户群，而目前这些客户资源还未开发出来，以至于影响到年度计划的制定？需要补充哪些数据，这些数据为什么是重要的？

3. 研究问题的边界：在了解客户数据时，有哪些行业规范需要注意？我们能够取得哪些数据，还有哪些数据我们不能获得？

4. 访谈对象对数据资源的理解：业内专家对数据的了解程度如何？是否存在无效的数据资源？某些特别的数据可以从哪里得到？

5. 重要问题的内涵：依业内专家的直觉和经验来看，哪些问题是重要的？这些问题相互关系如何？是否有更深层次的问题？

该阶段要厘清的问题是项目的目标，问题的范围、可能的解决方案以及各方案的优缺点等。

2.1.2　数据理解

数据挖掘是技术、数据和模型的组合体，确认的问题和现有的数据之间是否匹配是项目能否开展的重要保障。数据理解主要包含对数据价值的理解和对数据质量的理解两方面。首先，数据产品作为一种特殊的资源，它与物质产品的不同在于其不可消耗，其价值存在于不同的系统不同的用户之间传递和共享，在复制和更新过程中得到提升。同时，它又是脆弱的，极易遭到破坏，数据的不一致、重复、过时等都是常见的质量问题，而且数据运行环境的动态变换也会造成数据的不稳定性，所以数据质量问题是极其复杂的。Wang R Y，Strong D[9]从解决问题适用性的角度给出衡量数据价值的 4 个主要维度：数据本质特性，与应用相关的特性，表现特性和获取特性。数据本质特性指数据本身的质量，与应用相关的特性包括与应用的相关的约束等，表现特性指与计算机系统存储和表达信息相关的属性质量，获取特性指数据在获取、转换和安全等方面的技术标准等。Rahm E 和 Do H H[10]两人于 2000 年以形式化参数的方式给出了用于分析的数据质量应在规范性设计中满足问题涵盖的一致性、准确性、完整性和最小性 4 方面的基本要求。

1. 问题涵盖的一致性：是指获取的数据应符合解决问题的需要。有的时候，手头上的数据无法满足分析的需要，比如分析精准广告投放问题，需要根据以往用户对广告的使用情况来评估广告投放的目标人群特征，一般分析人员只掌握广告发送到客户邮箱的数据信息，但并未采集到客户收到广告后的信息反馈。也不清楚用户是因为没兴趣所以不买还是因为没有获得广告信息而错失购买机会。问题需求与数据供应不一致，难以保证模型效果的准确性。

2. 数据的准确性：是指获取的数据与真实目标值之间的差异程度。例如，健康程度与血压的高低，过高和过低的血压反映了健康不良问题，但血压正常并不表示健康良好。常使用信度表示数据对所研究概念的表示充分性，效度反映数据对所研究概念的必要性。

3. 数据完整性（data Integrity）：是指数据的精确（accuracy）和可靠性（reliability）。关系型数据库的完整性分为以下四类：

（1）研究实体完整性：规定表的每一行在表中是惟一的实体。

（2）域完整性：是指表中的列必须满足某种特定的数据类型约束，其中约束又包括取值范围、精度等规定。

（3）参照完整性：是指两个表的主关键字和外关键字的数据应一致，保证了表之间的数据的一致性，防止了数据丢失或无意义的数据在数据库中扩散。

（4）用户定义的完整性：不同的数据库系统根据其应用环境的不同，往往还需要一些特殊的约束条件。用户定义的完整性即是针对某个特定关系数据库的约束条件，它反映某一具体应用必须满足的语义要求。

4. 最小性：表示对问题表达的数据精炼性。比如年龄和出生日期两个字段都反映了研究对象的同一特征。重复记录占用存储的比例越小，越能较好地避免数据的不一致性隐患。

除此之外，时效性和有效性也是常见的对数据质量的要求。其中唯一性是考查数据的表示是否唯一，比如男性用 0 表示，而在有的数据表中使用 m 表示。数据质量对研究方案的设计具有重要影响，很多建模失败并非是技术不佳，而是建模的数据选择不当。根据处理的是单数据源还是多数据源，以及问题的建模主要在模式层还是数据层（实例层），可以将数据挖掘问题按照数据质量分为单数据源模式层问题、单数据源实例层问题、多数据源模式层问题和多数据源实例层问题。如图 2.2 所示。

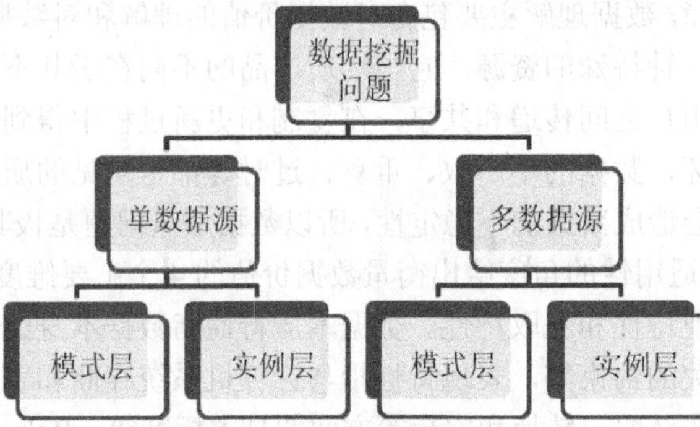

图 2.2 数据挖掘问题按数据源分类

单数据源模式层的问题主要是在完整性约束和模式设计方面，集中表现为唯一性约束或引用唯一性不满足。单数据源实例层问题集中表现为数据记录错误，比如重复记录和互相矛盾的字段等。多数据源模式层的问题主要是在异质数据模型方面，集中表现为结构冲突，命名冲突等问题。多数据源实例层问题集中表现为冗余、互相矛盾的数据，比如不一致的汇总结果和不一致的时间选择等。

数据理解中还包括对数据格式、类型的了解，和对数据获取方式以及异常数据的了解。通常的数据类型有实体关系表数据格式，图关系数据和复杂数据。实体关系表数据格式主要有矩阵列表格式，其中行表示研究对象，列表示研究对象的特征，单元格表示不同特征的测量值。文档数据的行表示待分析的文档，列表示关键词数据，单元格则表示了关键词在文档中的频数。比较典型的复杂数据是事务型数据，常常以置标方式表示。对数据获取方式以及异常数据的识别将在 2.3 节和 2.4 节结合数据探索和软件做详细介绍。

2.1.3 数据准备

为了分析的需要，首先需要将数据汇集到一起，形成数据挖掘库或数据集市。比如在市场研究中，数据需要从销售管理部、订单管理部和客户服务部的系统中汇总到一起，但有时这并不是件容易的事。因为这些部门的数据库管理系统往往彼此独立，客观上造成了数据异构环境，形成了数据记录格式、时间定义不统一，数据级别，数据命名规则不尽相同，关键字段不同，数据错误来源不同和错误表现形式不同的复杂情况。有的时候还需要补充外部数据进来，就会变得更加复杂。如在建筑贷款认定中，可能需要考虑天气因素和季节因素；在市场分析和销售分析中，有时需要人口统计数据，等等。总之，在汇总数据时，冗余数据、数据格式和含义不一致的现象普遍存在。将这些存在于异构环境的、相对封闭的系统中的业务数据有机地结合起来，实现数据资源的共享就是数据准备中的关键环节，是数据准备阶段的主要任务，用于数据准备的技术称为 ETL 技术。

ETL 技术是英文 extract，trandform 和 load 三个英文首字母的缩写，表示抽取、转换和装载三方面的数据处理技术。抽取是将数据根据数据挖掘主题需要从各种原始的业务系统中读取出来，这是所有工作的前提；接着是数据转换，即按照预先设计好的规则将抽取的数据进行转换，使本来异构的数据格式能统一起来；第三是装载，即将转换完的数据按计划增量（或全部）导入到数据挖掘库或数据集市中，完成数据整合的过程。同时通过数据的共享，消除信息的二义性，减少数据资源的重复建设。

目前国际上主流的 ETL 工具大都遵循以元数据为核心的体系架构。公共仓库元模型（Common Warehouse Metamodel，CWM）是对象管理组织（Object Management Groups，OMG）在数据仓库系统中定义的一套完整的元模型体系结构，用于面向数据仓库构建和应用的元数据建模。CWM 的核心是三个工程标准：1. UML（Unified Modeling Language）：统一建模语言，它是 OMG 的一个建模标准；MOF（Meta Object Facility）：元对象定义，是 OMG 关于元模型和元数据库的标准；用来定义元数据并将其表示为 CORBA 对象的技术。提供在异构环境下对元数据库的访问接口；XMI（XML metadataInterchange）：XML 元数据交换，是 OMG 关于元数据交换的标准；提供基于文件数据流的元数据交换接口和机制。除此之外，CWM 元模型还由一系列子元模型构成，其中主要的子元模型有资源数据元模型、数据分析元模型和仓库管理元模型。资源数据元模型用于为对象型的、关系型的、记录型的、多维的和 XML 等格式的数据源建模；数据分析元模型用于为数据转换、联机处理分析（OLAP）、数据挖掘、结果信息可视化等分析处理结果建模；仓库管理元模型用于为数据仓库处理流程和操作功能进行建模。

从项目的时间分配来看，数据准备工作一般要花去整个数据挖掘项目的 50%～90%的时间和精力。以下从数据转换的角度，探讨将数据转换成不同分析粒度（granularity）的转换思路。例如，电信公司每月对每部手机进行详细的电话跟踪记录。以每月来说，有关手机的型号，通话总次数，电话费用，增值服务的使用情况等，都会被记录下来。然而，市场部门不可能对每次通话感兴趣。通常情况下，许多电话通话记录可能会使用一种型号的手机。因此可以将以通话次数排序生成的数据，转换成按型号汇总的数据，从而可支持按手机型号进行受众服务与业务功能的分析。如果要比较不同用户的通话差异，则需要将不同的通话数据应按照不同的用户或用户号码合并在一起。同样的，如果要使用市场购物篮数据反映家庭的支出规律，那么网站点击数据应该按照每一次独立的访问进行汇总。汇集数据常常需要很多技术。对于复杂的数据格式，还需要利用编程语言的强大功能来集成数据。可以使用一些工具软件，比如 SAS，SPSS，Ab Initio 和 PERL 等工具。

2.1.4 建立模型

数据建模是数据挖掘流程中最核心的环节，使用机器学习算法或统计方法对大量的数据进行建模分析，从而获得对系统最合适的模型。数据建模环境是开展统计建模科学与研究的场所，主要模型包括分布探索、实验设计、特征估计、假设检验、时间序列、筛选设计、模型拟合、随机过程、多元分析、机器学习等。这些方法应具备导入大数据的功能，运用模型的功能和控制模型的功能。为达到目标分析的要求，一般数据建模环境需要元数据管理工具和数据库技术的配合和支持，更高度依赖先进的计算技术，也高度依赖分析人员的业务知识和经验。详细建模过程见第 3 章至第 7 章。

2.1.5 模型评价

从作为信息产品的数据挖掘来看，其模型评价应涵盖两个方面的内容：功能性评价和服务性评价。所谓功能性评价是指所提炼的模型对任务完成的质量，常见的有精准性和稳健性评价。其中精准性主要衡量模型估计的准确性，而稳健性评价则是对模型的抗干扰性和泛化适应能力进行评测。

建立模型，首先要认识到它是一个反复的实验过程。需要仔细考察不同的模型和数据，以判断哪个模型对所求解的目标问题最适合。模型是数据与规律的组合体，应具有一定的抗噪干扰和风险免疫力，为此应对建成的模型进行质量评价。为了保证得到的模型具有较好的精确度和稳健性，需要一个定义完善的“训练—验证”协议。有时也称此协议为有指导的学习。验证方法主要分为：简单验证法、交叉验证法和自举法。其中，以 2 折交叉验证法为例，它的主要计算步骤是：首先把原始数据随机平分成两部分，用一部分做训练集，另一部分做测试集计算错误率，做完之后把两部分数据交换再计算一次，得到另一个错误率，最后再用所有的数据建立一个模型，把上面得到的两个错误率进行平均作为最终模型的错误率。k-折交叉验证法与 2 折交叉验证法的原理相同，不同在于对数据的划分是 k，其中 k 是大于等于 2 的整数。而自举法在数据量很少时尤其适用，与交叉验证法类似，自举法所建立的模型是用所有的建模数据计算得出的。

功能性评价中常见的两种方法是增益图法和 ROC 曲线法。下面来介绍这两种方法：

1. 增益图方法：增益图是对预测问题学习模型的学习效果进行评价的方法，假设一个学习模型由训练数据生成，对分类问题而言，取测试数据应用模型产生每个数据点类别归属概率得分，对连续目标，取测试数据应用模型产生的预测误差倒数或预测误差的单调下降函数得分，该得分在测试数据上的分布密度由左及右按分值大到分值小显示就是增益图。得分在测试数据上的分布函数就是累积增益图，如图 2.3 所示。由图 2.3 可知，建模效果较好的模型在增益图上显示左高陡直下右低缓平坦的特征，在累积增益图上则表现为左陡升右平直的特征，增益图上平行于坐标轴的线和累积增益图上的对角平分线都是随机建模的效果，模型效果的优劣可以通过增益图或累积增益图在基准线以上远离基准线的大小做出判断，越远效果越好。

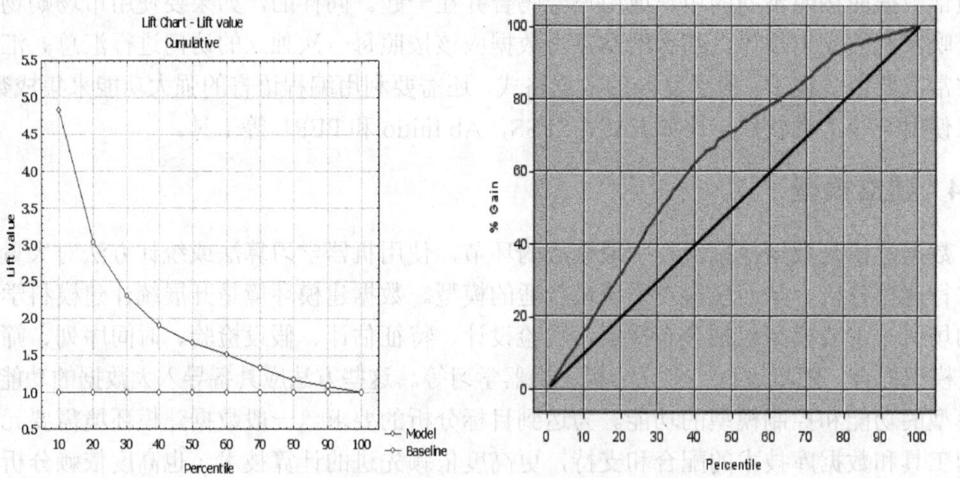

(a)　　　　(b)

图 2.3　增益图(a) 和累积增益图(b)

2. ROC 曲线图方法：ROC 曲线源于 20 世纪 70 年代的信号检测理论，是专门用于评价二分类模型建模效果优劣的图形方法。假设二分类由正例和负例构成，二分类真实值观测值和应用模型预测值之间的对应结果由二元列联表表示，称为混淆矩阵（confusion matrix），也称为错判矩阵或含混矩阵。如图 2.4(a) 所示。

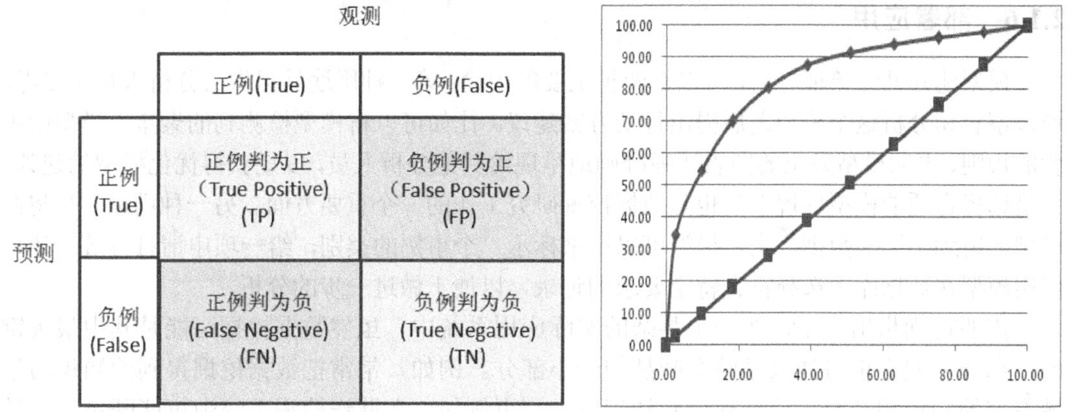

(a) (b)

图 2.4 混淆矩阵(a)和 ROC 前线图(b)

ROC 曲线纵坐标定义为 *TPR*（True Positive Ratio），称为灵敏度（sensitivity）：

$$TPR = \frac{TP}{TP + FN}$$

TPR 表示对正例分对的比例，式中的 *TP* 表示正例得到正确预测的测试样例数，也就是模型将正例预测为正例的次数，*FN* 表示错误拒绝正例的次数。

ROC 曲线横坐标定义为 *FPR*（False Positive Ratio），称为误警率，与特异度 *TNR* 是互补关系，即 $FPR=1-TNR=1-TN/(FP+TN)$，于是

$$FPR = \frac{FP}{TN + FP}$$

式中的 *FP* 表示错误报警预测结果的次数。如图 2.4(b)所示，ROC 曲线描述的是二分类中 *FPR*，*TPR* 两个量随阈值从 0 变到 1 时的相对变化情况。如果二元分类学习模型输出的是对正例的一个分类概率值，选择较小的阈值，意味着决策的失误率较低，灵敏度也较低。为了提高正确率，需要增加阈值。随着阈值增大，对应的决策函数也增加了正例的判正率，但也圈进更多不必要的负例，灵敏度也相应升高，ROC 曲线用于比较两者的增长速度。阈值较小时，误警率增速大于灵敏度增速，而当阈值较大时，误警率增速小于灵敏度增速，这是较为理想的分类模型。ROC 曲线同时绘出所有可能阈值下 *TPR* 与 *FPR* 之间增速的变化情况，如果当 *TPR* 随着 *FPR* 递增时增长得更快，曲线表现为前段陡升后端平缓，ROC 与基准线之间的面积越大，反映了模型的分类性能就越好。当正负样本不平衡时，这种模型评价方式比起一般的精确度评价方式的好处尤其显著。

除了技术性能的评价，服务的因素也不容忽视，比较常见的是外部验证，经技术验证有效的模型并不一定是正确的模型。有时模型建立中隐含着各种假定。例如，在建立用户购买模式的模型时，可能没有考虑通货膨胀的影响，但实施模型时通货膨胀率突然由 3%增加为 17%，这显然会对人们的购买意向产生重大影响，因此再用原来的模型来预测客户购买情况必然会出现重大失误。用户体验质量（Quality of Experience，QOE）是一种以用户认可程度

为标准的服务评价方法。它考虑服务层面、用户层面、环境层面的影响因素，直接反映用户对信息服务的认可程度，特别是错误的模式类型和由此带来的相关技术费用的支出。

2.1.6 部署应用

模型建立并经验证之后，可以有两种主要的用途：第一种用途是提供给分析人员做参考，通过察看和分析这个模型之后提出行动方案建议。比如可以将模型检测到的聚集、模型中蕴含的规则、表明模型效果的图表清晰准确地呈现给其他分析人员，以期获得优化模型的建议，于是选择合适的模型展现工具也是数据挖掘研究工作的一个重要方面。另一种用途，是将此模型应用到不同的数据集上。模型可以用来标示一个事例的类别，给一项申请打分等。还可以用模型在数据库中选择符合特定要求的记录，以便于做进一步的分析。

需要特别指出的是，在一个复杂的实际应用系统中，虽然数据挖掘可能是其中最关键的一部分，但它也可能只是整个产品的一小部分。例如，常常把数据挖掘得到的知识与领域专家的知识相结合，然后连接到知识库中。再例如，在欺诈检测系统中可能既包含了数据挖掘发现的规律，也包含有人们在实践中早已总结出的规律。

在模型部署开发方面，较为关键的问题是对模型有效时间范围和框架适用范围的考虑。模型的有效范围是指建立模型的环境，比如随着时间和空间的改变，业务环境，技术手段，以及客户基础分布发生变化时，模型是否适用的说明。必须考虑构建的模型适用性的空间和时间约束，当约束发生改变，模型不再适用，必须启用新的数据训练新的模型。另外，模型的预测的范围也需要考虑。模型预测值也会存在有效范围问题。比如用预测模型预测未来某个时间的商业行为（比如客户流失和购买行为），如果偏差与实际发生的差距大到一定的阈值，或连续几期差距在模型正常输出范围以外，则表示所建立的预测模型需要校准。

除了上述所列 6 个主要的数据挖掘流程环节，一些大的数据挖掘软件商也将数据挖掘过程作为数据建模的标准，几种常见的典型的过程模型如下所示：

（1）SPSS\Clementine 的 5A 模型——评估（assess）、访问（access）、分析（analyze）、行动（act）、自动化（automate）。

（2）SAS 的 SEMMA 模型——采样（sample）、探索（explore）、修正（modify）、建模（model）、评估（assess）。

（3）跨行业数据挖掘过程标准 CRISP-DM。

此外，还有 Two Crows 公司的数据挖掘过程模型，它与正在建立的 CRISP-DM 有许多相似之处。

2.2 离群点发现

简单地说，异常点或离群点（outlier）就是偏离预期或正常水平的观测。离群点检测在诸多领域都有重要应用，诸如信用卡欺诈、医学检测、网络安全等。例如，正常的血压收缩压在 90～140mmHg，若观测高于此值可能是高血压。再例如，当英特网的即时通信工具登录时间、地点偏离以往的记录，那么该账号可能已被盗用。Hawkins[3]提出“离群点是偏离其他样本的观测，它的偏离程度如此之大，以至于让我们怀疑它是由其他机制产生的”。

数据挖掘模型建立前，剔除离群点也是较为重要的一步。离群点的存在干扰了模型建立，使得获得的模型更加偏离“真实模型”。除了这里介绍的离群点发现与剔除，模型建立过程中采用稳健的损失函数也是处理离群点的有效方法。

2.2.1 基于统计的离群点检测

基于统计的离群点检测通常只针对一个变量属性。通过考察该变量取值的数值分布，那些在假定分布下出现概率较小的观测即可认为是异常值。假设数据是单峰（unimodal）的，可以认为偏离中心 k（通常取 2、3、4）个标准差的观测为异常值，这样做的根据是切比雪夫（Chebyshev）不等式：

$$P\left(|X-\mu|>k\sigma\right)\leqslant 1/k^2$$

在 SAS\JMP 软件中，通过“分析”菜单下的“分布”命令可以查看某个变量的分布图。例如，打开 JMP 自带的“公司”数据（该数据可以通过帮助菜单下的“样本数据”找到，也可以在数据光盘中找到）。对“资产”一列进行分布分析。由图 2.5 中的箱线图（直方图上侧）可见，有一个样本存在较大偏离，将鼠标移至该点，可知它对应第 32 个观测。这个计算机公司的资产为 77734.0，偏离均值 $(77734-5942)/13435=5.34$ 倍标准差，可以考虑把它视为异常值。

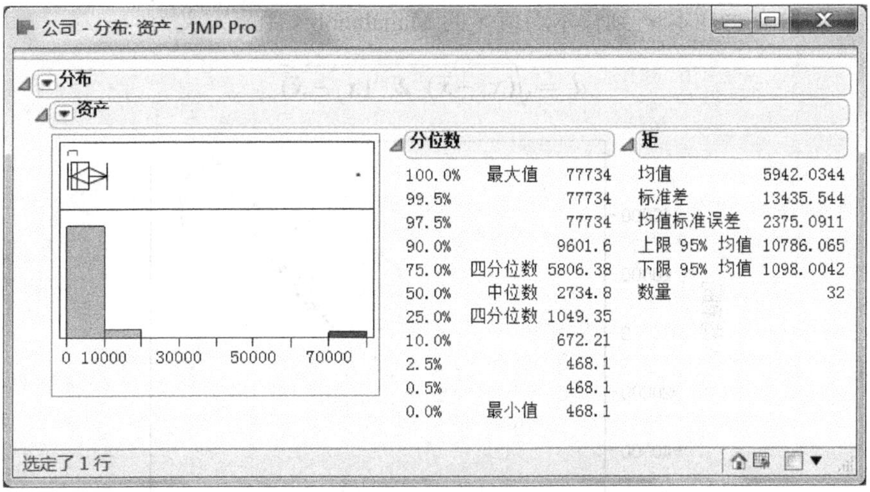

图 2.5 用直方图、箱线图检测离群点

此外，还可以假设数据来自一定分布，对分布拟合后得到估计的概率密度函数 $\hat{f}(x)$。再计算样本 $X=x_0$ 在该分布下出现的概率 $f(x_0)$，如果这个概率密度值较小，说明此分布产生此样本的概率较小，可能是异常观测。例如，假设数据来自正态分布，估计样本均值 $\hat{\mu}$ 和样本方差 $\hat{\sigma}^2$ 后，可得

$$\hat{f}(x)=\frac{1}{\sqrt{2\pi\hat{\sigma}^2}}\exp\left(-\frac{x-\hat{\mu}^2}{\hat{\sigma}^2}\right)$$

或者可借用非参数密度估计

$$\hat{f}(x)=\sum_{i=1}^{N}\frac{1}{Nh}K\left(\frac{x-X_i}{h}\right)$$

例如，我们可以进一步对资产一列进行正态拟合（“分布”右侧的红色三角菜单），由 JMP 拟合的正态密度曲线（图 2.6）可见，第 32 个观测的概率取值很低。基于统计的离群点检测方法，其缺点是一次只能考虑一个变量，很多情况下检测结果依赖于分布假设。

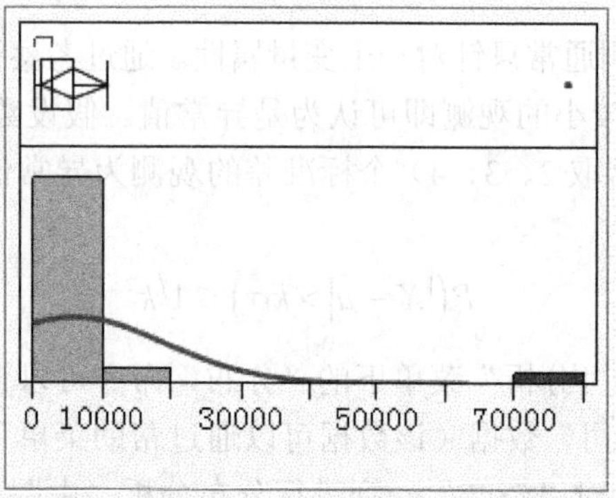

图 2.6 对数据分布正态拟合，用拟合的分布检测极值点

2.2.2 基于距离的离群点检测

这种方法根据每个样本到样本均值的距离来判定异常。假设样本 $\boldsymbol{x}_1, \boldsymbol{x}_2, \cdots, \boldsymbol{x}_n$ 来自协方差矩阵为 $\boldsymbol{\Sigma}$ 的分布，样本 $\boldsymbol{x}_j$ 到样本均值 $\overline{\boldsymbol{x}}$ 的 Mahalanobis 距离定义为

$$d_j = \sqrt{(\boldsymbol{x}_j - \overline{\boldsymbol{x}})^{\mathrm{T}} \boldsymbol{\Sigma}^{-1} (\boldsymbol{x}_j - \overline{\boldsymbol{x}})}$$

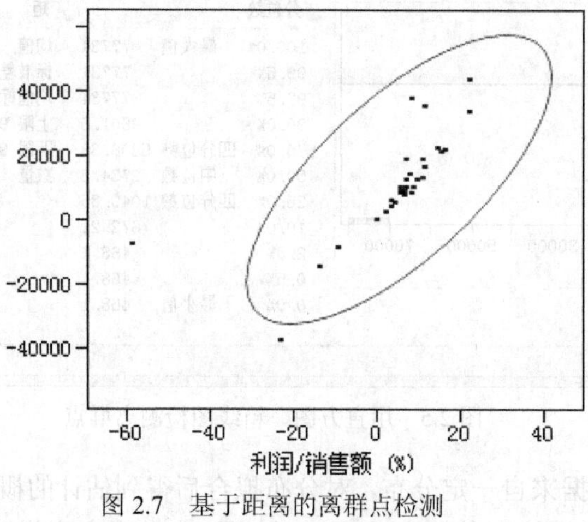

图 2.7 基于距离的离群点检测

一般情况下，我们不知道 $\boldsymbol{\Sigma}$，常使用样本估计值 $\hat{\boldsymbol{\Sigma}}$ 代替。

$$\hat{\boldsymbol{\Sigma}} = \frac{1}{n} \sum_{i=1}^{n} (\boldsymbol{x}_i - \overline{\boldsymbol{x}})(\boldsymbol{x}_i - \overline{\boldsymbol{x}})^{\mathrm{T}}$$

图 2.7 中椭圆外的点为离群点或异常值。虽然该点的横、纵坐标值都分别在适当的范围内，但两个坐标值的相关性偏离了其他样本总体。

在 JMP 软件中还提供了 Jackknife 距离、T^2 统计量的计算。其中 T^2 统计量是 Mahalanobis 距离的平方。Jackknife 距离与 Mahalanobis 距离类似，只是在对第 j 个样本进行计算时，均

值、协方差矩阵并未将第 j 个样本计算在内，记

$$\bar{\boldsymbol{x}}_{-j}=\frac{1}{n-1}\sum_{i\neq j}\boldsymbol{x}_j,\quad \hat{\boldsymbol{\Sigma}}_{-j}=\frac{1}{n-1}\sum_{i\neq j}(\boldsymbol{x}_i-\bar{\boldsymbol{x}}_{-j})(\boldsymbol{x}_i-\bar{\boldsymbol{x}}_{-j})^{\mathrm{T}}$$

于是第 j 个样本的 Jackknife 距离为

$$d_j=\sqrt{(\boldsymbol{x}_j-\bar{\boldsymbol{x}}_{-j})^{\mathrm{T}}\hat{\boldsymbol{\Sigma}}_{-j}^{-1}(\boldsymbol{x}_j-\bar{\boldsymbol{x}}_{-j})}$$

Jackknife 距离在计算某个异常样本的距离时，能排除该样本对样本均值、协方差矩阵的影响，从而获得更稳健的检测。

下面依然对 JMP 自带的“公司”数据进行分析。选择“分析”菜单中“多元方法”子菜单下的“多元”命令。选择所有的数值列为“Y,列”进行分析。

在结果窗口（见图 2.8），通过“多元”左侧的红色三角，选择“离群值分析”子菜单下的“Jackknife 距离”选项，得到如图 2.9 所示结果。由图 2.9 可见，有两个样本的 Jackknife 距离显著地偏大，它们对应第 28 个和第 32 个样本。

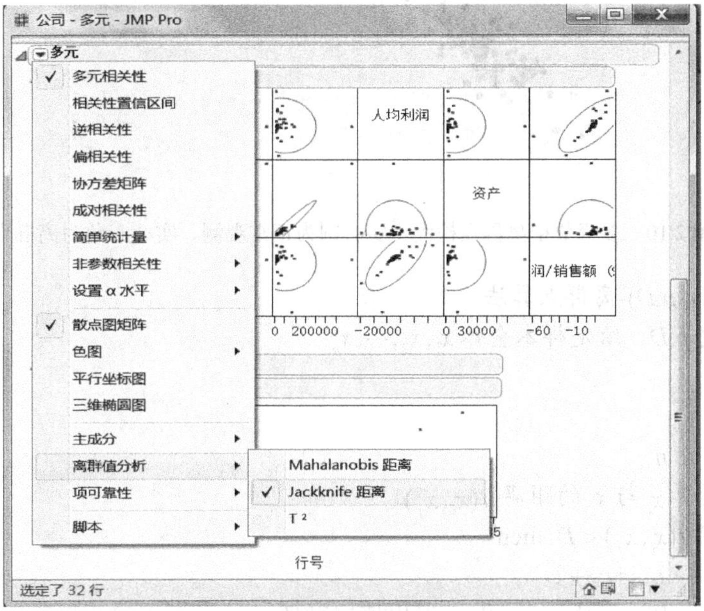

图 2.8　JMP 多元分析结果窗口

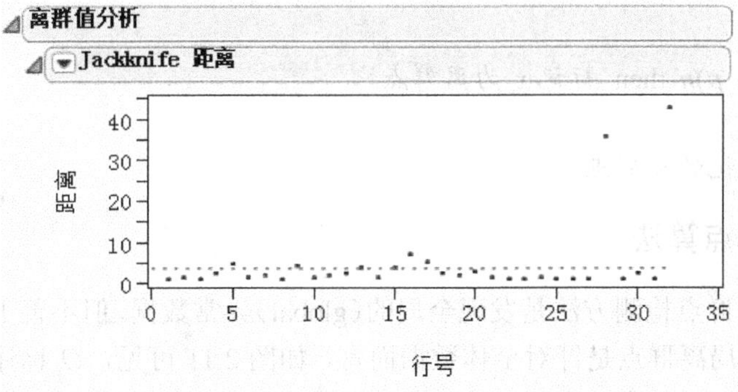

图 2.9　Jackknife 距离检测公司数据极值点

以上 JMP 提供的离群点检测方法，是基于数据单峰假设的。如图 2.10 所示，正常的数据用黑色实心圆表示，聚集在两个区域；两个离群点用三角形表示，位于两个样本聚集区域的中间。此时，这两个离群点恰好在所有样本的中心附近，因此以上介绍的基于距离的方法不能将它们检测出来。Knorr, Ng[4]提出了 DB(p, D)-离群点的概念($0 < p < 1$)。假设总共有 n 个样本，如果与样本 O 的距离大于 D 的样本数目大于 pn，那么样本 O 被认为是离群点。

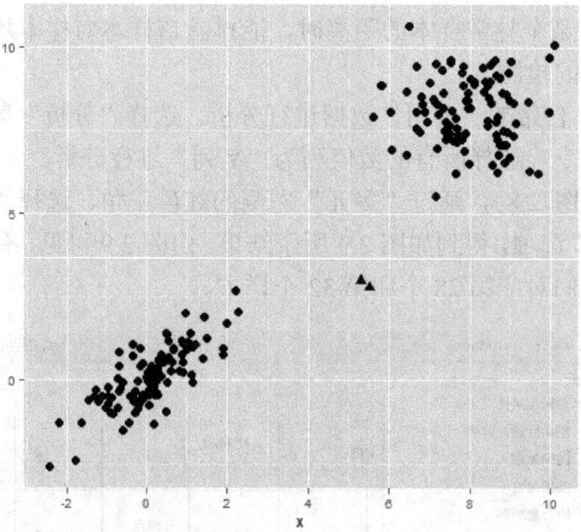

图 2.10 多峰数据离群点检测。实心圆为正常观测、实心三角为离群点

算法 1 DB(p,D)-离群点算法

输入：设定 p,D，给定样本全体 $x_1, x_2, \cdots, x_n$

for i=1 to n

  $c_i = 0$

  for j=1 to n

    计算 x_i 与 x_j 的距离 $d(x_i, x_j)$

    If $d(x_i, x_j) < D$ then

      $c_i = c_i + 1$

      If $c_i > (1-p)n$ then 退出该层循环

    end if

  next j

  if $c_i < (1-p)n$ then 标记 x_i 为离群点

next i

输出：所有标记的离群点

2.2.3 局部离群点算法

基于距离的离群点检测方法是发现全局的(global)异常数据，但不善于发现局部(local)离群观测。因为全局离群点是针对全体数据而言，如图 2.11 可见，O_1 标注的三角即为全局离群点，很容易被基于距离的离群点检测算法发现。但由于局部数据分布的稠密性，O_3 标

记的三角点应被认为是局部离群点；而 O_2 标记的三角处于样本分布稀疏的区域，可以认为不是离群点。但基于距离的离群点检测算法，很容易把 O_2 判为离群点，把 O_3 判为正常观测。

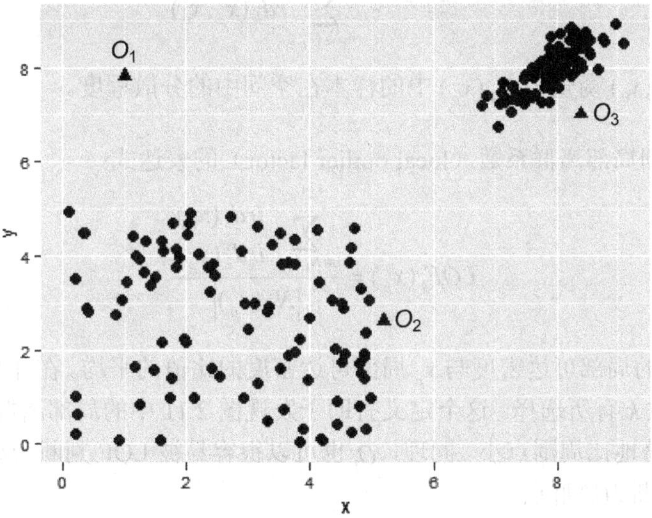

图 2.11 全局与局部离群点比较

局部离群系数（Local Outlier Factor, LOF）由 Breunig 等[1]提出，能有效地克服上述不足。它借助于样本在空间中分布的局部密度（local density）来衡量其局部离群程度。而局部密度的度量，又依赖于距离该样本最近的数个点以及这些点间的紧密程度。在最终给出 LOF 的定义前，需要引入一系列定义。

记样本全体为 $\mathcal{X}=\{x_1,x_2,\cdots,x_n\}$。用 $d(x_i,x_j)$ 表示任意两个样本 $x_i,x_j\in\mathcal{X}$ 的距离，它可以是欧几里得距离，可以是 Mahalanobis 距离，也可以是 Jackknife 距离。

首先定义样本 x_p 的 k-距离（k-distance），它是样本 x_p 与样本 $x_q\in\mathcal{X}$ 的距离 $d(x_p,x_q)$，使得以下两条成立：

（1）至少有 k 个样本 $x_0\in\mathcal{X}$ 满足 $d(x_0,x_p)\geqslant d(x_p,x_q)$；

（2）至多有 $k-1$ 个样本 $x_0\in\mathcal{X}$ 满足 $d(x_0,x_p)< d(x_p,x_q)$。

我们用 $d_k(x_p)$ 表示样本 x_p 的 k-距离。注意，如此定义的 k-距离并不是很严格。例如，我们有 $n=10$ 个样本，且 x_1 与剩余的 9 个样本距离相等时，x_1 的 3-距离没有定义。在这样的情况下，我们额外定义 k-距离等于 0。

在 k-距离的基础上，我们可以定义 k-距离邻域（k-distance neighborhood），$N_k(x_p)$。它是与 x_p 的距离不大于 $d_k(x_p)$ 的样本全体，即 $N_k(x_p)=\{x_q\in\mathcal{X}\setminus\{x_p\}:d(x_p,x_q)\leqslant d_k(x_p)\}$。

为了在随后定义中减少由于距离带来的波动，定义样本 x_p 相对于 x_0 的 k-可达距离(k-reachability distance)为 $rd_k(x_p,x_0)=\max\{d_k(x_0),d(x_p,x_0)\}$。可达距离在两样本的实际距离 $d(x_p,x_0)$ 与样本 x_0 的 k-距离间取最大值。这使得当 x_p 相对于 x_0 较近时，可达距离相对于实际距离有所增大。当取遍所有的 $x_q\in\mathcal{X}$，可达距离 $rd_k(x_p,x_0)$ 比实际距离 $d(x_0,x_p)$ 的波动程度相对较弱。

现在，我们可以衡量样本在局部空间中的分布密度。非参数密度的一种定义为样本数除以样本所占的面积或体积。Breunig 等[1]用可达距离来衡量样本所占体积。由此定义局部

可达密度（local reachability density）为

$$lrd_k(x_p) = \frac{|N_k(x_p)|}{\sum_{o \in N_k(x_p)} rd_k(x_p, x_0)}$$

分母 $\sum_{o \in N_k(x_p)} rd_k(x_p, x_0)$ 衡量了 $N_k(x_p)$ 中的样本在空间中的分散程度。

最后我们得到局部离群系数（local outlier factor）的表达式：

$$LOF_k(x_p) = \frac{\sum_{o \in N_k(x_p)} \frac{lrd_k(x_0)}{lrd_k(x_p)}}{|N_k(x_p)|}$$

它是 x_p 周围样本的局部可达密度与 x_p 局部可达密度的比值的平均。在计算机对此量进行计算时，需要对参数 k 有所选择。这个定义有助于发现图 2.11 中的局部离群点 O_3，因为 O_3 的局部可达密度显著地比周围点小。同理，O_1 也可以很容易被 LOF 判断为离群点，但是点 O_2 不容易被 LOF 判断为离群点。

2.3 不平衡数据级联算法

数据挖掘的分类算法一般假定各类别数据量平衡，即各个类别的训练样本数大致相当。而当数据不平衡时，训练所得分类器倾向于将测试样本判入训练样本多的类别。造成此现象的原因很多——例如，训练分类器的目标函数通常要求总体误差最小，当某一类别样本数占大多数时，训练器对此类样本的倾向无疑会降低总体误差函数。但实际中，我们常常需要分类器能够敏感的发现小类样本。例如在垃圾电子邮件过滤、信用卡欺诈识别中，垃圾邮件或欺诈行为的样本数目一般偏少，但对它们的有效识别却至关重要。

应对不平衡数据的分类的方法有很多。其中包括调整性能评价准则、调整各个别误判代价、通过重抽样使样本趋于平衡等。例如，通过简单抽样使样本平衡时，从大类中获取与小类数量相当的子样本，再将大类的子样本与小类样本全体作为训练集；也可以通过有放回抽样，从少量样本中抽取与大类数量相当的样本，再将这些样本与大类样本全体作为训练集。

R 软件包里的许多统计机器学习方法提供了这些处理机制，例如可以设置各个类别的误判代价。分类树中的样本权重，会被用于计算诸如 Gini 系数等节点划分指标；也会影响到叶子节点的判决结果。又如随机森林在建立每棵树前，会进行自助法抽样，通过设置各类别抽样数量，也能很好地处理不平衡数据。

虽然简单抽样方法容易操作，但是随机抽样过程中，并未根据数据自身的特点进行筛选。下面介绍的基于级联模型的不平衡数据处理方法可视为简单抽样的改进，它能与很多方法结合，提升各种方法处理不平衡数据的能力。基于级联模型的不平衡数据处理方法能有效地解决二分类数据不平衡问题。如图 2.12 所示，假设训练数据由两类构成：正类样本（用 1 标记）和反类样本（用 –1 标记）。且反类样本数目远远多于正类样本数目。

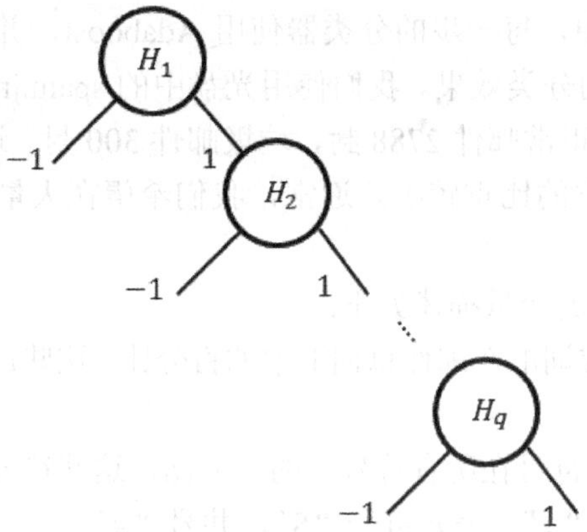

图 2.12 级联模型示意图

在每个节点 $H_i(x)(i=1,2,\cdots,q)$ 处，从反类样本中抽得子样本，使得子样本数目与正类样本数目相等。正类样本与反类子样本构成训练集，对分类器训练，并且使得分类器有较高的误警率（调节为 60%～80%），即倾向于正类样本。

训练后，利用 $H_i(x)$ 对所有反类训练样本分类，移除被正确分类的反类样本。这些被移除的反类样本很容易与正类样本区分，因为在分类器较高地倾向于正类样本时，它们依然能被正确识别。所有正类样本以及被误判的反类样本进入下一级别的分类器构建。

如此重复，达到了减少反类样本的目的。与简单随机抽样方法相比，它在减少大类样本数目的过程中，考虑了数据自身的特点，有效地去除易被分类的样本。分类较困难的数据留给之后的节点处理。

当反类样本数减少到低于正类样本数目时，用所有数据构建最后一个分类器 $H_{q+1}(x)$。与之前不同的是，最后一层分类器 $H_{q+1}(x)$ 的训练使总体误判率最低，不倾向于任何一类样本。

算法 2 级联分类

假设训练样本中正类样本集合为 P（用 1 标记），反类样本集合为 N（用−1 标记），且正类样本数远小于反类样本数：$|P| \ll |N|$。

节点数 $q=0$

1. 节点数 $q=q+1$。
2. 从 N 中随机抽取子样本 N'，使得$|N'|=|P|$，构成训练集。
3. 对训练集，利用分类算法得到分类器 $H_q(x)$, 并调整其误警率为 α。
4. 利用分类器 $H_q(x)$ 对反类样本进行分类，从 N 中移除被正确分类的样本。
5. 当$|P|<|N|$时，重复 1 至 4。
6. 利用剩下的所有样本 P、N 训练分类器 $H_{q+1}(x)$，使得总体误判率最低。

输出假设:

将以上算法所得的 $q+1$ 个分类器 $H_1(x),\cdots,H_{q+1}(x)$ 整合为最终的分类器:

$$H(x)=\begin{cases}1, & \text{对所有} i=1,2,\cdots,q+1, H_i(x)>0 \text{成立} \\ -1, & \text{其他}\end{cases}$$

例 1.1（垃圾邮件分类） 对一个人没有用但必须花费一些时间来识别和处理的信息，可以视为垃圾信息。从垃圾邮件的内容特点设计学习模型识别垃圾邮件是反垃圾信息技术的主要应用。在这个例子中，每一步的分类器使用 Adaboost，并将此方法用于垃圾邮件数据，可以看出它有较理想的分类效果。我们使用光盘中的 spam.jmp 数据，spam.jmp 数据中一共有 3088 个样本，其中正常邮件 2788 封，垃圾邮件 300 封。这是一个不平衡数据问题，垃圾邮件为正类样本，但它的比重较小。通常，我们希望在大量邮件中，较为准确地识别出少量的垃圾邮件。

数据中包含的 57 个预测变量描述如下：

1. 48 个定量变量。特定词汇在邮件总词汇中的百分比，这些词汇包括："生意"、"地址"、"英特网"、"免费"等。

2. 6 个定量变量。特定符号在所有符号中的百分比，这些符号包括：分号"；"、小括号"（"、中括号"["、感叹号"！"、美元符号"$"、井号"#"。

3. 平均无分隔大写字母长度，例如 CAPAVE。

4. 最大无分隔大写字母长度。

5. 无分隔大写字母总长度。

通过对 57 个变量的测量，我们希望能够较好的对邮件进行判别。

1. 调用 R-addin。选择最后一列作为响应变量，前 57 列作为预测变量。适当调节参数，如图 2.13 所示，这里选择 5 折交叉验证，每一层级 boosting 循环 70 次。Alpha 被用于构造误判矩阵。若 q 表示当前层级的深度，那么有

$$\alpha_q = \text{Alpha}^{1/q^{0.25}}$$

即随着层级的建立，正类样本数目减少，样本趋于平衡。这时，需要减少对反类样本的偏向性，使得 α_q 增大，得到以下矩阵。

	判为正	判为反
正类样本	0	$1-\alpha_q$
反类样本	α_q	0

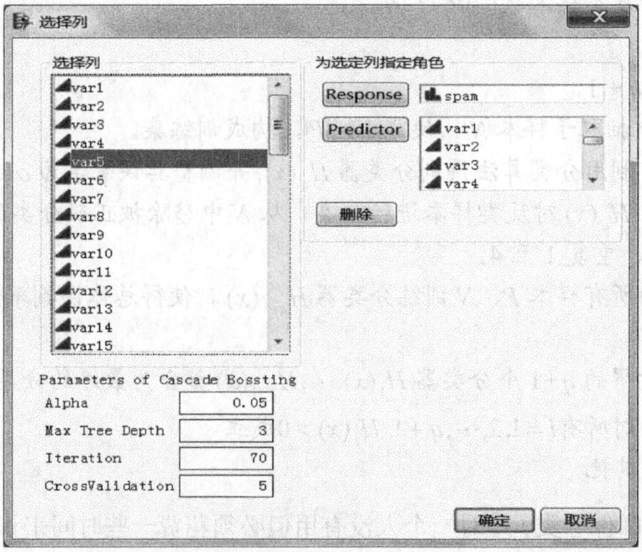

图 2.13 用于选择进入级联模型的变量选择界面

在最后一层级联模型，当程序检测到正类样本数目少于反类样本数目，程序将设置两个样本误判代价相等。

2. 运行结果如图 2.14 和图 2.15 所示，图 2.14 包含了错判矩阵和交叉验证的误判率以及各变量的重要性排序，图 2.15 表示了反类样本数目|N|在级联模型中的下降速度，参数调节应使得反类样本数目最终小于正类样本数目（图中横线）。

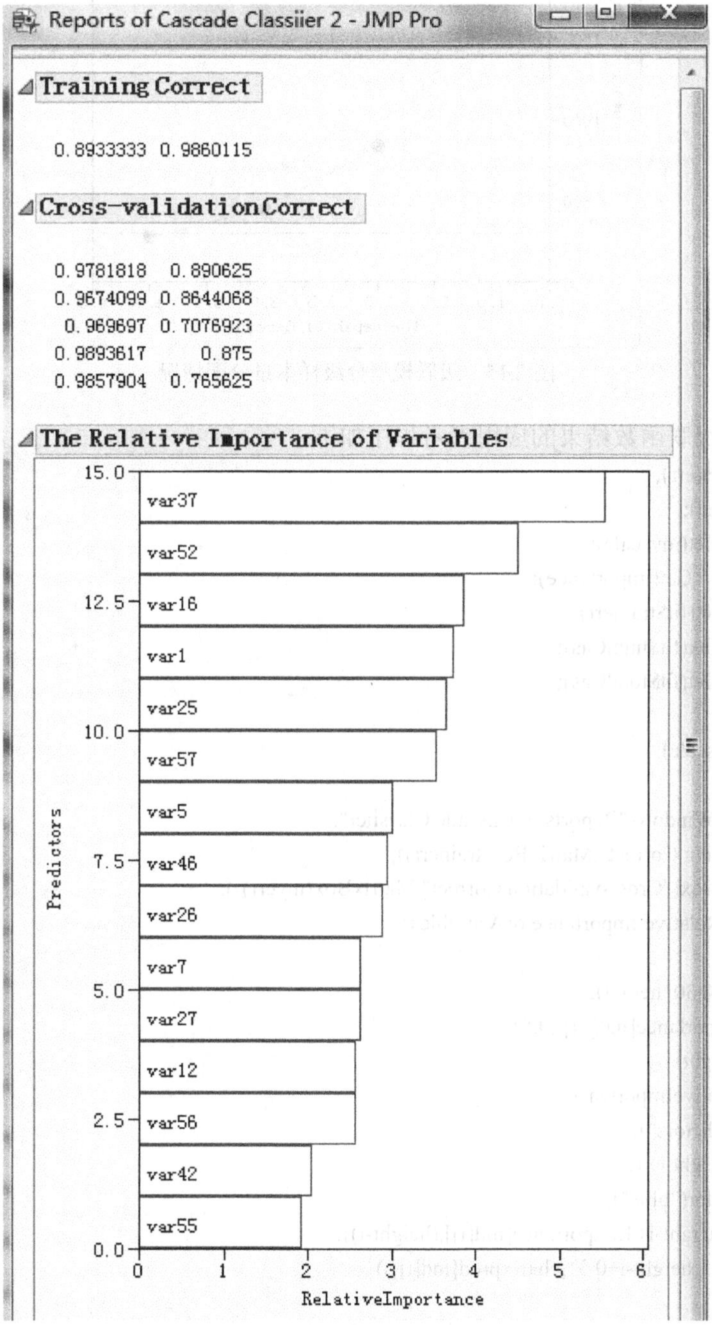

图 2.14 级联模型的运行结果

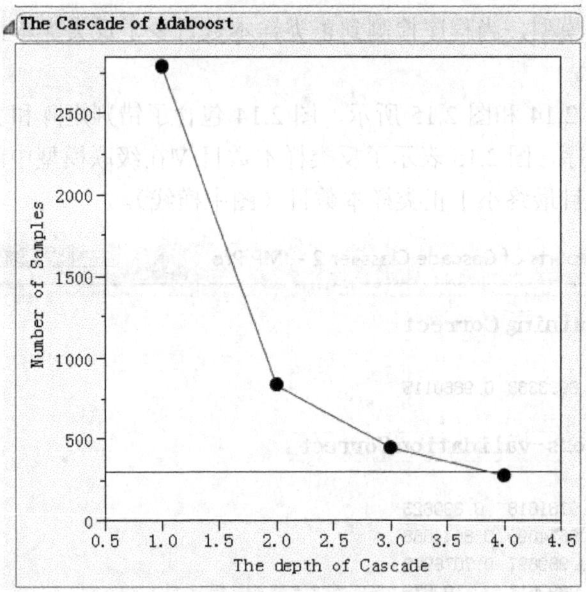

图 2.15 级联模型分级样本量分配情况

JMP 中调用 R 级联函数结果的应用参考程序如下：

```
myerr=rconn<< Get(err);
ind=rconn<<Get(ind);
myscale=rconn<<Get(myscale);
importance=rconn<<Get(importance);
trainerr=rconn<<Get(fit$trainerr);
numCas=rconn<<Get(fit$numCas);
totalCas=rconn<<Get(fit$totalCas);

height=min(15,myscale);

resuDisplay=New Window("Reports of Cascade Classiier",
OutlineBox("Training Correct",MatrixBox(trainerr)),
if(Nfold>1,outlineBox("Cross-validation Correct",MatrixBox(myerr))),
OutlineBox("The Relative Importance of Variables",
Graph Box(
    framesize(300,30*height),
    X scale(0,importance[ind[1]]+0.5),
    Y scale(0,height),
    xName("RelativeImportance"),
    yName("Predictors"),
    for(i=1,i<=height,i++,
        Pen Color("blue");
        rect(0,height-i+1,importance[ind[i]],(height-i));
        text({0.1,height-i+0.3},char(xpred[ind[i]]))
    )
)
),
```

```
OutlineBox("The Cascade of Adaboost",
Graph Box(
    framesize(300,300),
    X scale(0.5,totalCas+0.5),
    Y scale(0,max(numCas)*1.02),
    xName("The depth of Cascade"),
    yName("Number of Samples"),
    Marker Size(3);
    line({0.5,numCas[1]},{totalCas+0.5,numCas[1]});
    for(i=1,i<totalCas,i++,
        Pen Color("blue");
        line({i,numCas[i+1]},{i+1,numCas[i+2]});
        Marker(12,{i,numCas[i+1]});
    );
    Marker(12,{i,numCas[i+1]});
)
)
);
```

2.4 讨论题目

1.（气泡图）气泡图也是分析多个变量相互关系的有力工具。启动 JMP，在“样本数据索引”窗口的“‘发现 JMP’中使用的数据表”区域中选择“年龄组”数据。该数据表包含 116 个国家从 1950 年到 2004 年人口数据。我们将利用气泡图分析各个国家的人口比重如何随时间变化。打开数据表后，选择“图形”菜单下的“气泡图”按钮。

（1）在“气泡图”对话框中，选择列“60+岁人口比”，单击“Y”按钮，这使得 Y 轴对应 60 岁以上人口比例。

（2）选择列“0～19 岁人口比”，单击“X”按钮，这使得 X 轴对应 20 岁以下人口比例。

（3）选择列“国家”，单击“ID”按钮。每个国家表示为图中的一个气泡。

（4）选择列“年份”，单击“时间”按钮。每个时间点构成一个静止的图。

（5）选择列“人口”，单击“大小”。将按照人口控制每个气泡的大小。

（6）选择列“区域”，单击“颜色”按钮。气泡将根据区域着色。

设置完成后单击“确定”按钮，出现能动态变化的气泡图，试根据图 2.16 观测总结各国人口变化情况。

2. R 软件包 FSelector 是为机器学习中的变量选择而专门开发的。请在 JMP 中实现与它的连接。要求能够在初始对话框中选择过滤指标，包括相关系数、信息增益（information gain）、增益比（gain ratio）、对称不确定性（symmetrical uncertainty）、随机森林变量重要性（random forest importance），并输出协变量按该指标排序的结果。

将编写成功的 R 连接程序应用于 JMP 自带的“健身”数据。以“吸氧量”作为响应变量，以“体重”、“跑步时间”、“跑步时的脉搏”、“休息时的脉搏”、“最大脉搏”作为协变量，比较不同指标对这些协变量的排序。

3.（1）在 JMP 自带的“公司”数据中，创建新的一列，命名为“标准化雇员数量”，该列是“雇员数量”一列的标准化，即减去均值、除以标准差。

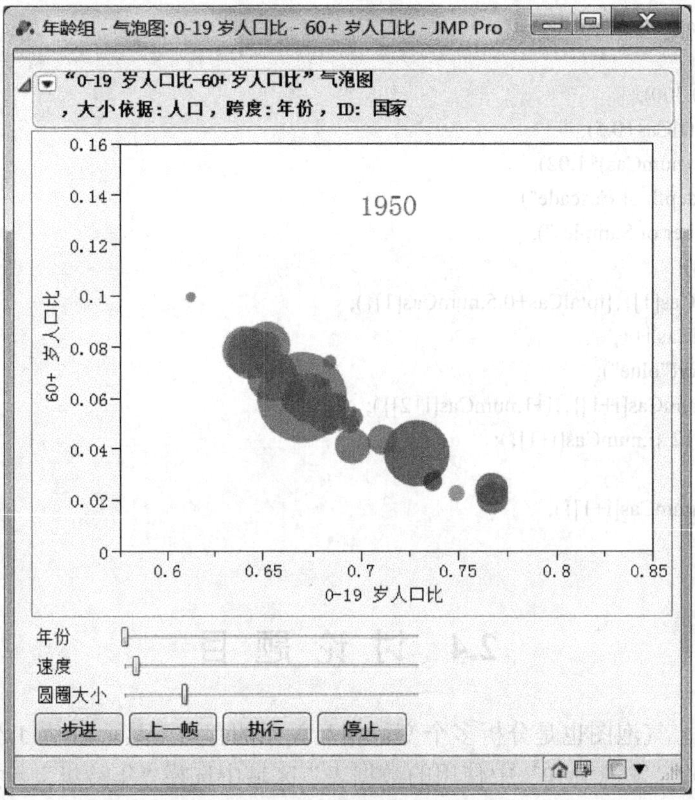

图 2.16 JMP 软件输出的气泡图

（2）将“人均利润”一列进行离散化为取 5 个离散值的离散变量。尝试等间隔划分、等深度划分、k-均值划分三种方法，并比较它们间的不同。

4. 对于 2.3 节垃圾邮件分类问题，应用 JMP 自带的随机森林、提升决策树功能对垃圾邮件数据进行分类。并把分类的准确率与联级模型进行比较。

5. 在 JMP 中编程实现 2.2 节的算法 1 以及 LOF 局部极值点检测算法。并将这两个算法用于 JMP 自带的“公司”数据，分析它们找出的极值点各有怎样的特征。

6. 通过数据模拟，产生如图 2.11 所示数据，一个类中的点分布稀疏，一个类中的样本分布紧密。比较基于距离的离群点检测算法、局部离群点算法对于正确判定点 O_2, O_2, O_3 的能力。

7. 证明以下命题（符号沿用 2.2.3 的局部离群点算法部分），并用它解释为何 LOF 局部极值点检测算法能正确判定图 2.11 所示数据点 O_2。

（Breunig 等[1]）令 $C \subset \mathcal{X}$ 是一簇观测，定义最小 k-可达距离为

$$rdMin_k = \min\{rd_k(x_p, x_q) : x_p, x_q \in C\}$$

同理定义最大 k-可达距离

$$rdMax_k = \max\{rd_k(x_p, x_q) : x_p, x_q \in C\}$$

假设对所有的 $x_p \in C$ 有以下两条成立

（1）$N_k(x_p) \subset C$

（2）对所有的$x_q \in N_k(x_p)$，有$N_k(x_q) \subset C$

试证明：（1）$1/rdMax_k \leqslant lrd_k(x_p) \leqslant 1/rdMin_k$

（2）令$\varepsilon = rdMax_k/rdMin_k - 1$，那么$1/(1+\varepsilon) \leqslant LOF_k(x_p) \leqslant (1+\varepsilon)$

（3）当样本点在一个局部分布比较均匀，即$\varepsilon \approx 0$，那么有$LOF_k(x_p) \approx 1$

8. 空间局部离群系数（SLOF）

样本点$\boldsymbol{x}_i = (x_{i1}, x_{i2}, \cdots, x_{ip})^{\mathrm{T}}$与$\boldsymbol{x}_j = (x_{j1}, x_{j2}, \cdots, x_{jp})^{\mathrm{T}}$的加权欧式距离定义为

$$d_{ij}^w = \sqrt{\sum_{k=1}^{p} w_k (x_{ik} - x_{jk})^2}$$

其中，w_k是权重，满足$w_k \geqslant 0$且$\sum_{k=1}^{p} w_k = 1$。样本i的邻域距离nd_i是指，样本i与其邻域样本加权欧式距离的平均值，即

$$nd_i = \frac{\sum_{p \in N(i)} d_{ip}^w}{|N(i)|}$$

邻域距离衡量了样本i与邻点的平均距离。

基于以上概念，可以定义空间局部离群系数（SLOF）

$$SLOF(i) = \frac{nd_i + \delta}{\dfrac{\sum_{p \in N(i)} nd_p}{|N(i)|} + \delta}$$

δ是很小的正数，是为了防止$\dfrac{\sum_{p \in N(i)} nd_p}{|N(i)|}$为零而引入的。分母中$\dfrac{\sum_{p \in N(i)} nd_p}{|N(i)|}$度量了样本点$i$周围局部空间的样本“密度”。$\dfrac{\sum_{p \in N(i)} nd_p}{|N(i)|}$越小，表示周围的点越紧密；若此时分子中的$nd_i$较大，则暗示样本点$i$可能是离群点。

9. 请讨论在数据挖掘过程的第一个环节中，对于专家的两种分析方法的各自不足，以及这两种不足可能产生怎样的影响。

10. R 软件中的 RCurl 包可以从网站上提取文本数据，请编写程序从网站“http://stat.ethz.ch/~buhlmann/publications/”页面上提取 Bulhmann 发表文章的信息，包括作者、年份、题目和期刊。

2.5 推 荐 阅 读

[1] Breunig M M, Kriegel H P, Ng R T, Sander J. LOF: Identifying density-based local outliers[C]. *In*: *Proceedings of the 2000 ACM SIGMOD International Conference on Management of Data*. pp. 93-104. Dallas, Texas, USA, 2000.

[2] Guyon I, Elisseeff A. An Introduction to Variable and Feature Selection[J]. *Journal f Machine Learning Research.* 2003, 3: 1157-1182.

[3] Hawkins D. *Identification of outliers*[M]. London: Chapman and Hall, 1980.

[4] Knorr E M, Ng R T. Algorithms for mining distance-based outliers in large datasets[C]. *In: Proceedings of 24th International Conference on Very Large Data Bases*, pp. 392-403. New York City, 1998.

[5] Tan P N, Steinbach M, Kumar V. *Introduction to Data Mining*[M]. Pearson Education, Inc, 2010.

[6] 刘胥影，吴建鑫，周志华. 一种基于联级模型的不平衡数据分类方法[J]. 南京大学学报（自然科学），2006, 42(2): 148-155.

[7] 蒋安荣，鞠时光，何伟华，陈伟鹤. 局部离群点挖掘算法研究[J]. 计算机科学报，2007, 8: 1455-1463.

[8] Chawla S, Sun P. SLOM: A new measure for local spatial outliers[J]. *Knowledge and Information Systems,* 2006, 9(4): 412-429.

[9] Wang Richard Y, Strong Diane M. Beyond accuracy: what data quality means to data consumers [J]. Journal of Management Information Systems, 1996, 12(4): 5-33.

[10] Rahm E, Do H H. Data cleaning: problems and current approaches [J]. IEEE Data Engineering Bulletin, 2000, 23(4): 3-13.

第 3 章　有指导的学习

本章内容

- □ 有指导的学习概述
- □ 近邻方法
- □ 决策树
- □ 随机森林树
- □ 人工神经网络
- □ 支持向量机
- □ 多元自适应回归样条法
- □ 提升方法

本章目标

- □ 理解有指导的学习方法原理
- □ 掌握分类问题的计算理论
- □ 使用工具解决实际数据问题，给予合理的分析和解释
- □ 比较不同方法的运行效果
- □ 了解算法的应用

3.1　有指导的学习概述

有指导的学习是指：基于含有输入和输出的训练集，建立由输入变量估计输出变量的模型，并给出模型相关参数的计算算法。学习问题如图 3.1 所示，其中 X 称为输入（inputs）、特征向量（feature vector）、预测变量（predictors）或独立变量（independent variables），通常情况下，X 有 p 维，Y 称为目标变量（target）、因变量（dependent variable）、响应变量（response）或输出变量（output）等，X 可以是定性变量或离散变量，也可以是定量变量或连续变量。一般情况下 Y 是一个一维向量，也可以是多维向量，有指导的学习任务是完成由 X 到 Y 的预测函数 f 的估计，也称为函数估计问题，估计的函数 f 也称为学习器。训练集 $S=(x_i,\ y_i)$ $(i=1,2,\cdots,N,\ N$ 为样本量)，训练集中的数据称为训练数据，也称为训练样本，单个数据称为样本点。一个学习算法或一个有指导的学习就是在某种最优准则下给出一个最优的函数，该函数可以恰当地描述输入和输出之间的关系，得到这个函数的过程就是用训练集学习一个算法，它产生对预测规则的一个估计，学习算法根据估计的规则和真实的规则之间

的误差（通过样本点上输出的 y_i）来评价学习算法的优劣，控制误差使估计接近最优准则的要求。

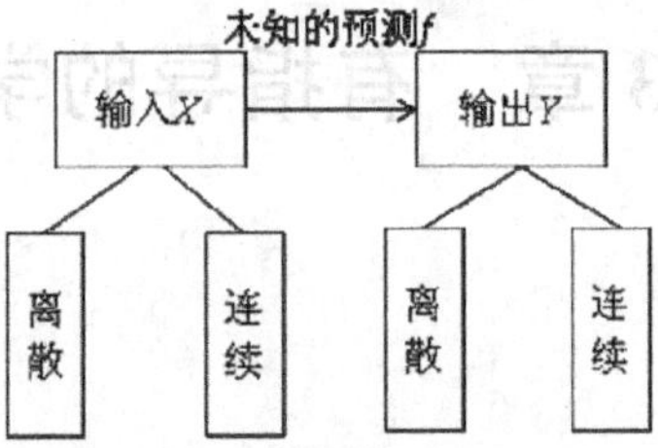

图 3.1 有指导的学习问题

根据目标变量是定性的还是定量的，有指导的学习通常分为分类和回归。

1. 分类学习理论

分类是机器学习中的典型问题，是通过对构成不同概念的特征进行分析，归纳出能够用于区分不同概念的判别规则，从而可以有效地应用规则将新的观测对象分配到事先指定的类别中，也称为概念学习. 分类问题的一般定义是：给定 $(X_1,Y_1),(X_2,Y_2),\cdots,(X_n,Y_n)$，$Y_i\ (i=1,2,\cdots,n)$ 取离散值，表示每个样例的分类，目标是找到一个函数 $\hat{f}$，对于新观测点 X，能够用 $\hat{f}(X)$ 预测分类 Y。分类问题是普遍存在的，比如：垃圾邮件抽象概念的辨识，不同种群概念的区分等问题，分类是揭示事物本质的基本途径。常见的是 0-1 学习，即目标变量只取两个值的情况。

在概念学习中，一个学习问题由假设空间 H、搜索算法 h 和评价准则 P 三个要素构成，学习算法即是对一个假设空间进行搜索，以期获得最优拟合观测数据的理想假设。概念学习理论中的两个基本问题是学习算法成功搜索到理想假设的基本条件和保障算法搜索精度的必要样本量。这两个问题的回答和学习问题的类型有关。首先，当假设空间有限的情况下，根据学习算法与目标概念之间的逼近关系可以将学习算法分为可知学习和不可知学习；当假设空间无限时，则由假设空间的 VC 维表示学习的复杂度。相应的理论定义如下所示：

（1）可知学习下的 PAC 学习理论

定义 3.1 学习算法假定目标概念 c 可在 H 中表示，算法只完成寻找具有最小训练错误率的假设，这样的学习算法称为**可知学习算法**。可知学习中的典型学习是可能近似正确学习，理论上称其为 PAC（Probably Approximate Correct）学习。

可能近似正确学习要求学习算法输出错误率限定在某常数 ε 范围内，对所有随机抽取样例序列学习算法失败的概率限定在某常数 δ 范围内。PAC 可学习理论表示可能近似正确学习到目标概念的可能性，其严格定义如下。

定义 3.2 考虑定义在长度为 n 的实例集合 X 上的一概念类别 C，学习算法 L 作用于假设空间 H。当对所有 $c\in C$，X 上的分布 D，ε 和 δ 满足 $0<\varepsilon,\delta<1/2$，学习算法 L 将以至少 $1-\delta$ 的概率输出一假设 $h\in H$，使 $\text{error}_D(h)\leqslant\varepsilon$，这时称 C 是使用 H 的 L **可 PAC 学习的**，学习算法 L 所使用的时间可以表示为关于 $1/\varepsilon$，$1/\delta$，n 以及 size(c)的多项式函数。其中 $1/\varepsilon$ 和 $1/\delta$ 表示了对输出假设要求的强度，n 和 size(c)表示了实例空间 X 和概念类别 C 中固有的复杂度，n 为 X 中实例的数量，size(c)为概念 c 的编码长度。

PAC 可学习性的一个隐含的条件是，对 C 中每个目标概念 c，假设空间 H 都包含一个以任意小误差接近 c 的假设。可知学习中还包含了 h 的精度要求和学习时间的要求，算法必须以任意高的概率（$1-\delta$）输出一个错误率任意低（ε）的假设，所用的时间最多是以多项式的方式增长。

（2）不可知学习下的 Hoeffding 定理

定义 3.3 学习算法不假定目标概念可在 H 中表示，而只简单地寻找具有最小训练错误率的假设，这样的学习算法称为**不可知学习算法**。

有非零训练错误率的假设称为**不一致假设**。令 S 代表学习算法可观察到的特定训练样例集合，$\text{error}_S(h)$ 表示 h 的训练错误率，即 S 中被 h 误分类的训练样例所占比例。

定理 3.1 （不可知不一致学习的 Hoeffding 边界定理）记训练样本集的样本量为 m，h 作用于训练样本的训练错误率 $\text{error}_S(h)$与真实的错误率 $\text{error}(h)$之间的关系如下：

$$P\left(\text{error}(h) > \text{error}_S(h) + \varepsilon\right) \leqslant \mathrm{e}^{-2m\varepsilon^2}$$

上式给出了两个误差的一个概率边界。

考虑$|H|$个假设中有较大错误率的假设成立的可能性：

$$P(\exists h \in H, \text{error}(h) > \text{error}_S(h) + \varepsilon) \leqslant |H|\mathrm{e}^{-2m\varepsilon^2}$$

令上式左边概率为 δ，那么多少个训练样例 m 才足以使 δ 维持在一定值内？不难求解得到：$m \geqslant \dfrac{1}{2\varepsilon^2}\left(\ln|H| + \ln(1/\delta)\right)$。

（3）无限假设空间的样本复杂度

当假设空间是无限维时，可以证明，要以 $1-\delta$ 的概率学习到 ε-详尽变型空间（PAC 学习任意目标概念），需要的训练样本的边界为

$$m \geqslant \frac{1}{\varepsilon}\left(4\log_2(2/\delta) + 8\text{VC}(H)\log_2(13/\varepsilon)\right)$$

其中 ε 和 δ 满足 $0 < \varepsilon, \delta < 1/2$，涵义与有限空间是一致的：$\varepsilon$ 表示学习到的概念与真实概念之间的误差，$1-\delta$ 表示学习算法成功实现 ε 误差的可能性，而 VC 维表征假设空间 H 的复杂性，定理表明要成功进行 PAC 学习，所需要的训练样本数正比于 $1/\delta$ 的对数，正比于 VC (H)，正比于 $1/\varepsilon$ 的对数。这里的 VC 维（Vapnik-Chervonenkis dimension）概念是为了研究学习过程一致收敛的样本复杂度和推广性，由统计学习理论定义的有关假设空间函数集复杂性能的一个度量。经典定义是：对一个假设函数集 H，如果存在 n 个样本能够被假设函数集中的函数按样本所有可能的 2 的 n 次方种不同取值方式分开，则称函数集能够把 n 个样本打散；函数集 H 的 VC 维就是可以被样本空间中样本点打散的最大样本数目 n，记为 VC(H)。若对任意数目的样本都有假设函数能将它们打散，则函数集的 VC 维是无穷大，有界实函数的 VC 维可以通过用一定的阈值将它转化成指示函数来定义。VC 维反映了函数集的学习能力，VC 维越大则学习器越复杂，遗憾的是，目前尚没有通用的关于任意函数集 VC 维计算的理论，只对一些特殊的函数集知道其 VC 维。例如在 d 维空间中线性分类器和线性实函数的 VC 维是 $d+1$。

定理 3.2 样本复杂度的下界量[8] 考虑任意概念类 C 及假设空间 H 且 VC(H)$\geqslant 2$，任意学习器 L，以及任意 $0 < \varepsilon < 1/8$，$0 < \delta < 1/100$。存在一个分布 D 以及 H 中一个目标概念，

当 L 观察到的样例数目小于

$$\max\left\{\frac{1}{\varepsilon}\log\left(1/\delta\right),\frac{\mathrm{VC}(H)-1}{32\varepsilon}\right\}$$

时，L 将以至少 δ 的概率输出一假设 h，使 $\mathrm{error}(h)>\varepsilon$ 。

定理 3.2 表明：样本少到什么情况下，学习器不可能进行成功的 PAC 学习。

2. 回归建模理论

回归是典型的统计方法，用于描述两个互相影响的变量群之间的依存关系，它也可用于分类（比如 Logistic 回归），但更多的是用于连续变量之间的关系估计。回归代表着结构化模型建立方法，它的基本观点是：学习问题相当于一个模型估计问题，特别是分布的特征估计问题；强调分布选择，估计的性质和模型的解释。

以回归为代表的传统统计建模代表着解释型模型的建立思想，模型的结构是预设的，模型计算中对模型形式的选择较少，主要突出模型的解释作用，适用于概念相对比较清晰、需要探测问题内在结构的结构化问题。而机器学习中的很多分类算法则更体现着过程建模的思想，突出数据驱动和算法选择建模的过程，强调分类效果，适用于非结构化或半结构化的问题。当然，区别不是绝对的，一个复杂的问题可能一部分是清晰的，而另一部分则更倾向于不清晰。为适应复杂的应用，预测模型的建立一般既强调模型的预测效果，又兼顾模型的解释性能。

通过大量观察数据建立分类函数或分类器是解决分类问题的一般方法。具体而言：首先收集一个有代表性的训练集，训练集中每个样例的类别是明确的，使用分类算法建立分类模型，该模型再用于另一组分类也已知的测试集，检验训练模型的效果。对分类模型的评价常常采用损失函数的方法。

定义预测的损失函数为 $L(y,f)$，拟合函数 f 所带来的预测风险定义为

$$R(\beta)=E_{x,y}L(y,f(x,\beta))$$

预测风险最小的参数估计定义为

$$\beta^{*}=\arg\min_{\beta}R(\beta)$$

由于建立模型之前数据的联合分布未知，所以实际中无法通过准确给出 E 的具体形式计算风险的极小值点。用风险的矩估计经验风险替代预测风险如下：

$$\hat{R}(\beta)=\frac{1}{n}\sum_{i=1}^{n}L(y_i,f(x_i,\beta))$$

经验风险最小的参数估计定义为

$$\hat{\beta}^{*}=\arg\min_{\beta}\hat{R}(\beta)$$

如果 $n/p\to\infty$，根据估计的一般理论，期望风险 $R(\hat{\beta}^{*})\to R(\beta^{*})$，经验风险 $\hat{R}(\hat{\beta}^{*})\to R(\beta^{*})$，但当样本量 n 相对于预测变量数不足或远小于 p 时，这两个收敛性质都不成立。事实上，根据 Vladimir N. Vapnik[9]估算：在 $N/VC(n)<20$ 时的小样本问题中，有

$$R(\hat{\beta}^*) \leqslant \hat{R}(\hat{\beta}^*) + \frac{B\varepsilon}{2}\left[1+\sqrt{1+\frac{4\hat{R}(\hat{\beta}^*)}{B\varepsilon}}\right]$$

以上给出了期望风险与经验风险之间的关系。一个好的预测模型应该令上式右侧的两项同时小，但是注意到，第一项取决于函数，第二项取决于函数的复杂度，要使实际的风险最小，可以通过设计控制函数的复杂性，在逐步实现模型预测能力提高的过程中实现最优风险模型的建立目标。这一建立模型的方法称为结构风险最小化设计方法。结构风险最小化的建模思想是统计机器学习的核心概念，它定义了由给定数据选择模型逼近精度和复杂性之间折中的算法过程，通过搜索复杂性递增的嵌套函数集逐渐优化泛化能力实现模型的选择。所谓泛化能力，它衡量从样本数据学习到的模型是否能够很好地应用于来自同一系统的其他样本，这在应用中是比较常见的情况，即对样本数据的预测结果十分理想，但对来自同一系统的其他数据却预测非常糟糕，这时我们称模型发生了过度拟合，目前处理过度拟合问题的方法主要是通过损失函数引导建模，具体的有关损失函数在回归变量选择中的作用将在第 6 章做详细介绍。

3.2 *k*-近邻

近邻是一种典型的分类方法，基本原理是对一个待分类的数据对象 $\boldsymbol{x}$，从训练数据集中找出与之空间距离最近的 k 个点，取这 k 个点的众数类作为该数据点的类赋给这个新对象。具体而言，令训练集收集到数据对 $T=(\boldsymbol{x}_1,y_1),(\boldsymbol{x}_2,y_2),\cdots,(\boldsymbol{x}_n,y_n),\boldsymbol{x}_i=(x_{i1},\cdots,x_{ip})^{\mathrm{T}}$，令 $D=\{d_i=d(\boldsymbol{x}_i,\boldsymbol{x})\}$ 是训练集与 $\boldsymbol{x}$ 的距离，待分类点 $\boldsymbol{x}$ 的 k 邻域表示为 $N_k(\boldsymbol{x})=\{\boldsymbol{x}_i\in T,r(d_i)\leqslant k,i=1,2,\cdots,n\},r(\cdot)$ 定义了训练数据与 $\boldsymbol{x}$ 距离的秩。那么 $\boldsymbol{x}$ 的分类 y 定义为

$$\hat{y}=\frac{1}{k}\sum_{y_i\in N_k(x)} y_i \tag{3.1}$$

我们看到，k-近邻法是在对数据分布没有过多假定的前提下，建立响应变量 y 与 p 个预测或解释变量 $\boldsymbol{x}=(x_1,\cdots,x_p)$ 之间的分类函数 $f(x_1,\cdots,x_p)$。对 f 唯一的要求是函数应该满足光滑性。

我们注意到，建立分类的过程与传统的统计函数建立过程有所不同，并非事先假定数据分布结构，再通过参数估计过程确定函数，而是直接针对每个待判点，根据距离该点最近的训练样本的分类或取值情况做出分类。因此 k-近邻方法是典型的非参数方法，也是非线性分类模型的良好选择。

k-近邻法最令人感兴趣的问题是 k 如何选取。最简单的情况是取 $k=1$，这样得到的分类模型相当不稳定，每个点的状态仅由离它最近的点的类别决定，这样的分类模型对训练数据过于敏感，方差很大。提高 k 值，可以得到较为平滑且方差小的模型，但过大的 k 将导致取平均的范围过大，从而增大了估计的偏差，预测误差会比较大，于是选择合适的 k 是 k-近邻法建模的关键。这是模型选择中的偏差和方差平衡问题。这个问题在技术上通常有两种方法。①误差平衡法：选定测试集，将 k 由小变大逐渐递增，计算测试误差，制作 k 与测试误差的曲线图，从中确定使测试误差最小且适中的 k 值。②交叉验证法：对于较小

的数据集，为了分离出测试集合而减小训练集合是不明智的，因为最佳的 k 值显然依赖于训练数据集中数据点的个数。一种有效的策略(尤其是对于小数据集)是采用“留出一个”(leaving-one-out)交叉验证评分函数替代前面的一次性测试误差来选择 k。

k-近邻表面上来看只有一个参数 k，但实际上 k-近邻的参数个数至少与由近邻所产生的互不重叠的块的数量相当。设想如果每 k 个数据为一组，简单来看，大约有 N/k 个参数，其中 N 是训练数据量，如果 k 较小，N 较大时，则导致过多的待估参数，从而破坏了模型的稳健性，只有当 k 较大时，才能够保证模型的稳健性。但正如前文所述，k 较大又增加了模型的估计偏差。

k-近邻法的第二个问题是维数问题，采用空间距离远近作为训练样本点之间的差距的最大问题在于维数灾难。增加变量的维数，会使数据变得越来越稀疏，这会导致每一点附近的真实密度估计出现较大偏差。所以，k 近邻法更适用于低维的问题。

另外，不同测量的尺度也会极大地影响分类模型，因为距离的计算中那些尺度较大的变量会较尺度较小的变量更容易对分类结果产生重要影响，所以一般在运用 k 近邻之前对所有变量实行标准化。

例 3.1　对鸢尾花数据（见数据光盘中的 iris.txt）应用 Sepal.Length，Sepal.Width 两个输入变量，用 R 中的 knn 函数构造分类模型，并计算训练分类错误率，示范程序如下：

```
library(class)
attach(iris)
train<-iris[,1:2]
y<-as.numeric(Species)
x<-train
fit<-knn(x,x,y)
1-sum(y==fit)/length(y)
```

在例 3.1 中，R 中的 knn()函数使用的是欧氏距离，可以设定不同的 k，默认时 $k=1$，在例 3.1 中，我们的输出训练误差在 0.07 左右，每次结果不完全相同，原因是 k 近邻的点可能多于 k 个，即其中有多于一个点到待判点的距离相同，这时 R 中采取的是随机选点的方式，从而出现重复程序结果不一致的情况。

JMP 软件中也可实现近邻方法，图 3.2 所示为 JMP 插件选择变量对话框。

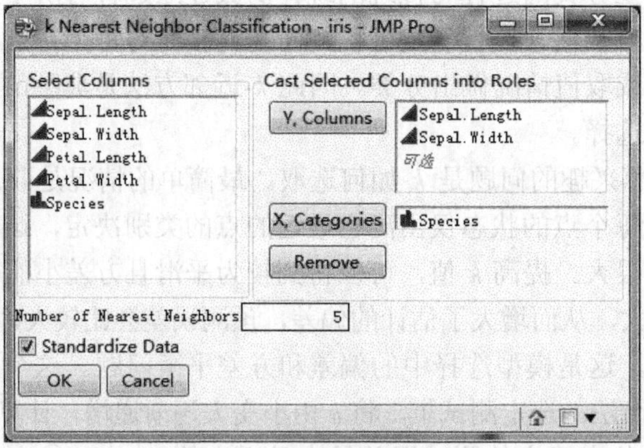

图 3.2　k-Nearest 登录界面

单击 OK 按钮，得到的界面如图 3.3 所示。

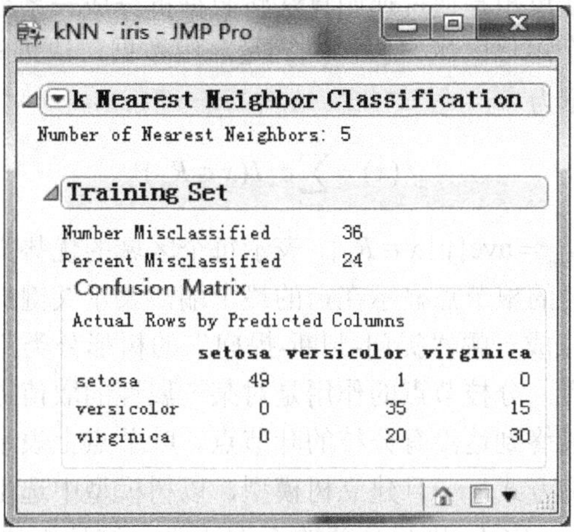

图 3.3　*k*-近邻输出结果

图 3.3 中 *k*-近邻结果输出第一行表示 *k* 值为 5，Training Set 下表示了有 36 个样本判别错误，判错率高达 24%。如果将 *k* 设为 1，正确率为 100%，需要注意的是，一个小的 *k* 值很可能会造成过度拟合问题。

此外，可以单击 k Nearest Neighbor Classification 边的小红点，它可以将每个样本的近邻样本编号和其判别类别保存在数据表中。

3.3 决　策　树

3.3.1 决策树的基本概念

决策树（decision tree）是一种树状分类结构模型。它是一种通过对变量值拆分建立分类规则，又利用树形图分割形成概念路径的数据分析技术。决策树的基本思想由两个关键步骤组成：第一步对特征空间按变量对分类效果影响大小进行变量和变量值选择；第二步用选出的变量和变量值对数据区域进行矩形划分，在不同的划分区间进行效果和模型复杂性比较，从而确定最合适的划分，分类结果由最终划分区域优势类确定。决策树主要用于分类，也可以用于回归，与分类的主要差异在于选择变量的标准不是分类的效果，而是预测误差。

20 世纪 60 年代，两位社会学家 Morgan 及 Sonquist[11]在密歇根大学（university of michigan）社会科学研究所发展了 AID（Automatic Interaction Detection）程序，这可以看成是决策树的早期萌芽。20 世纪 70 年代 Friedman J[17]将决策树方法独立用于分类问题研究上，20 世纪 70 年代末，机器学习研究者 Quinlan[12]开发出决策树 ID3 算法，提出用信息论中的信息增益（information gain）作为决策树属性拆分节点的选择，从而产生分类结构的程序。20 世纪 80 年代以后决策树发展飞快，1984 年 Leo Breiman 和 Friedman J[4]将决策树的想法整理成分类回归树（Classification And Regression Trees，CART）算法；1986 年，Schlinner J C[13]提出 ID4 算法；1988 年，tgoff P E U[14] 提出 ID5R 算法；1993 年，Quinlan[12]在 ID3

算法的基础上研究开发出 C4.5，C5.0 系列算法。这些算法标志着决策树算法家族的诞生。

这些算法的基本设计思想是通过递归算法将数据拆分成一系列矩形区隔，从而有效判定数据点是否属于某一个矩形区域。假设(x, y)是一组数据，决策树矩形区域为 $R_1,\cdots,R_M$，一个决策树模型可以表示为

$$f(x)=\sum_{m=1}^{M}c_m I(x\in R_m) \tag{3.2}$$

这里 c_m 可以这样估计：$\hat{c}_m=\text{ave}\{y\,|\,x\in R_m\}$，表示每个区域的优势类。建立区隔形成概念的过程以树的形式展现。树的根节点显示在树的最上端，表示关键拆分节点，下面依次与其他节点通过分枝相连，张成一幅“提问-判断-提问”的树形分类路线图。决策树的节点有两类，分枝节点和叶节点。分枝节点的作用是对某一属性的取值提问，根据不同的判断，将树转向不同的分枝，最终到达没有分枝的叶节点。叶节点上表示相应的类别。由于决策树采用一系列简单的查询方式，一旦建立树模型，以树模型中选出的属性重新建立索引，就可以用结构化查询语言 SQL 执行高效的查询决策，这使得决策树迅速成为联机分析(OLAP)中重要的分类技术。Quinlan 开发的 C4.5 是第二代决策树算法的代表，它要求每个拆分节点仅由两个分枝构成，从而避免了属性选择的不平等问题。

最佳拆分属性的判断是决策树算法设计的核心。拆分节点属性和拆分位置的选择应遵循数据分类“不纯度”减少最大的原则，常用度量信息“不纯度”的方法有三种。以下以离散变量为例定义节点信息。假设节点 G 处待分的数据一共有 k 类，记为 $c_1,\cdots,c_k$，那么 G 处的信息 $I(G)$ 可以如下定义：

1. 熵不纯度：$I(G)=-\sum_{j=1}^{k}p(c_j)\ln(p(c_j))$，其中 $p(c_j)$ 表示节点 G 处属于 c_j 类样本数占总样本的频数。如果离散变量 $X\in\{x_1,\cdots,x_i,\cdots\}$，用 $X=x$ 拆分节点 G，则定义信息增益 $I(G\,|\,X=x)$ 为

$$I(G\,|\,X=x)=-\sum_{j=1}^{k}p(c_j\,|\,x)\ln(p(c_j\,|\,x)) \tag{3.3}$$

2. GINI 不纯度：$I(G)=-\sum_{j=1}^{k}p(c_j)(1-p(c_j))$，它表示节点 G 类别的总分散度。拆分变量任意点拆分的信息和拆分变量的信息度量与熵的定义类似。

3. 分类异众比：$I(G)=1-\max(p(c_j))$，表示节点 G 处分类的散度。拆分变量任意点拆分的信息和拆分变量的信息度量与熵的定义类似。

拆分变量和拆分点的选择是使得 $I(G)$ 改变最大的方向，如果 s 是由拆分变量定义的划分，那么

$$s^{*}=\arg\max(I(G)-I(G\,|\,s)) \tag{3.4}$$

s^{*} 为最优的拆分变量定义的拆分区域。

首先注意到以上定义的三种信息不确定性度量，都是从不同角度测量了类别变量的不确定性的程度，当类别中不确定性较大时，意味着信息大，类别不确定性较高，需要对数据进行划分。划分应该降低不确定性，也就是划分后的信息应该显著低于划分前，不确定性应减弱，确定性应增强。以两类和熵信息度量为例，$I(G)=-p_1\ln p_1-(1-p_1)\ln(1-p_1)$，最

大值在 $p_1 = 0.5$ 处达到，这是两类势均力敌的情况，体现了最大的不确定性。$p_1 = 0$ 或 $p_1 = 1$ 处，只有一类，$I(G) = 0$ 体现了类别的确定性。由于 $I(G)$ 度量了信息的大小，通过 $I(G)$ 和条件信息 $I(G \mid X)$ 可以测量信息的变动，所以可以通过这些信息量的变化大小作为拆分变量选择的依据。

有了信息定义之后，可以根据变量对条件信息的影响大小选择拆分变量和变量值如下：

（1）对于连续变量，将其取值从小到大排序，令每个值作为候选分割阈值，反复计算不同情况下树分枝所形成的子节点的条件不纯度，最终选择使不纯度下降最快的变量值作为分割阈值。

（2）对于离散变量，各分类水平依次划分成两个分类水平，反复计算不同情况下树分枝所形成的子节点的条件不纯度，最终选择不纯度下降最快的分类值作为分割阈值。

最后判断分枝结果是否达到了不纯度的要求或是否满足迭代停止的条件，如果没有则再次迭代，直至结束。

3.3.2 分类回归树

CART 算法又称为分类回归树，当目标变量是分类变量时，则为分类树，当目标变量是定量变量时，则为回归树。它以迭代的方式，从树根开始反复建立二叉树。考虑一个具有两类的因变量 Y 两个特征变量 X_1, X_2 的数据。CART 算法每次选择一个特征变量将区域划分为两个半平面如 $X_2 \leqslant t_1$，$X_1 > t_1$。经过不断划分之后，特征空间被划分为矩状区域(形状上是一个盒子)，如图 3.4 所示。任意待预测点 x 预测为包含它的最小矩形区域上的类。

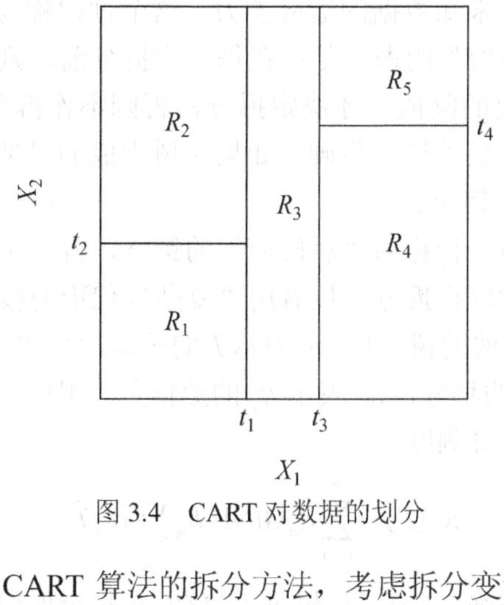

图 3.4 CART 对数据的划分

现在较为详细地给出 CART 算法的拆分方法，考虑拆分变量 j 和拆分点 s，定义一对半平面：

$$R_1(j,s) = \{X \mid X_j \leqslant s\}, \quad R_2(j,s) = \{X \mid X_j > s\} \tag{3.5}$$

分类问题按 (3.6) 式求出分类变量 j 和分裂点 s，其中 k 是事先给定的类别数。

$$\min_j \left[\min_{x_i \in R_1(j,s)} \sum_{k=1}^{K} p_{m_k}(1 - p_{m_k}) + \min_{x_i \in R_2(j,s)} \sum_{k=1}^{K} p_{m_k}(1 - p_{m_k}) \right] \tag{3.6}$$

搜索 (3.7) 式，求出分裂变量 j 和分裂点 s：

$$\min\left[\sum_{i:\boldsymbol{x}_i\in R_1(j,s)}(y_i-\hat{y}_{R_1})^2+\sum_{i:\boldsymbol{x}_i\in R_2(j,s)}(y_i-\hat{y}_{R_2})^2\right] \tag{3.7}$$

其中 $\hat{y}_{R_1},\hat{y}_{R_2}$ 由下式估计：

$$\hat{y}_{R_1}=\text{avg}\{y_i\mid \boldsymbol{x}_i\in R_1(j,s)\},\ \hat{y}_{R_2}=\text{avg}\{y_i\mid \boldsymbol{x}_i\in R_2(j,s)\} \tag{3.8}$$

(3.7) 式的目的是使平方和 $\sum_i(y_i-\hat{y}(\boldsymbol{x}_i))^2$ 最小。

找到最佳拆分后，将数据划分为两个结果区域，对每个区域重复拆分过程。最后将空间划分为 M 个区域 $R_1,R_2,\cdots,R_M$，区域 R_m 对应为势最大的类 c_m，得到 CART 预测模型为

$$\hat{f}(\boldsymbol{x})=\sum_{i=1}^{M}c_m I(\boldsymbol{x}\in R_i) \tag{3.9}$$

从上面来看，CART 使用的是 GINI 信息度量方法选择变量。

3.3.3 决策树的剪枝

从以上决策树的生成过程看，分类决策树可以通过深入拆分实现对训练数据的完整分类，如果仅有拆分没有停止规则必然得到对训练数据完整拆分的模型，这样的模型无法较好地适用于新数据，这种现象称为模型的过度拟合。另一方面，过小的细分树也不能较好地捕捉到数据的分布的主要结构特点。于是需要将决策树剪掉一些枝节，避免决策树过于复 杂，从而增强决策树对未知数据的适应能力，这个过程称为剪枝。剪枝一般分为“预剪枝”和“后剪枝”。“预修剪”的做法是：在每一次拆分前，判断拆分后的两个区域的异质性显著大于某个事先给定的阈值，才决定拆分，否则不作拆分。“预修剪”拆分的一个缺陷是：由阈值定义的停止条件过于生硬，如果在树生成的早期运用此策略，可能会导致应该被拆分的程序较早地被禁止。

CART 算法采用的是另一种称为“后修剪”的策略，首先生成一棵较大的树 T_0，仅当达到树生长的最大深度时才停止拆分。接着用“复杂性代价剪枝法”修剪这棵大树。

定义子树 $T\subset T_0$ 是待修剪的树，用 m 表示 T 的第 m 个叶节点，$|\tilde{T}|$ 表示子树 T 的叶节点数，R_m 表示叶节点 m 处的划分，n_m 表示 R_m 的数据量。用 $|T|$ 代表树 T 中端节点的个数。

对子树 T 定义复杂性代价测度

$$R_\alpha(T)=\sum_{m=1}^{|\tilde{T}|}n_m\text{GINI}(R_m)+\alpha|\tilde{T}|$$

树叶节点的整体不确定性越强，越表示该树过于复杂。对每个保留的树 $T_\alpha\subset T_0$ 应使 $R_\alpha(T)$ 最小化。显然，较大的树比较复杂，拟合优度好但适应性差；较小的树简约，拟合优度差，但适应性好。参数 $\alpha\geqslant 0$ 的作用是在树的大小和树对数据的拟合优度之间折中，α 的估计一般通过 5 折或 10 折交叉验证实现。

一般认为，决策树有以下优点：

（1）决策树不固定模型结构，适用于非线性分类问题；

（2）决策树给出完整的规则表达式，概念清晰，容易解释；

（3）决策树可以选择出构成概念的重要因素；

（4）决策树给出了影响概念重要因素的影响序，一般距离根节点近的变量比距离根节点远的变量对概念的影响较大；

（5）决策树适用于各种类型的预测变量，当数据量很大时，变量中如存在个别离群点，一般不会对决策树整体结构造成太大的影响。

决策树建立过程中的每个阶段，理论上对每个节点进行多路分裂来分成多个区隔，而不是把每个节点都分裂成两个组。尽管这样做会有利于决策树的解释，但多路分裂会很快把数据分裂成碎片，导致下一层数据量不足，另外，一个变量的取值数量也会影响到变量选择的公平性。所以，仅在必要时才使用这种分裂。由于多路分裂可以由一系列的二叉分裂实现，所以在树的算法里，大都使用二叉分裂。

树构造好之后，定义终端节点的分裂规则有时可以简化：即在不改变属于该节点的观测子集的前提下，可以去掉一个或多个条件，得到定义每个终端节点的简化规则集，它们将不再遵循树的结构，但规则简洁性可以产生对结构较为清晰的认知。

决策树主要的不足是树的不稳定性。由于树的拆分完全依赖于每个点的空间位置，如果位于拆分边界点上的点发生较小变化，则可能导致一系列完全不同的拆分，从而建立完全不同的树。另一方面，实际中评估每一点对树的影响程度在建立树之前是很难的，这些问题都导致决策树可能有较大方差。另外，决策树仅考虑矩形划分，显然只适用于预测变量无关的情形，当预测变量之间关系比较显著的时候，决策树更容易陷入局部最优循环，破坏了树的直观性。另外，决策树的“后剪枝”常常过于保守，不是总能有效地避免复杂树的出现。

树的另一个局限是预测面缺乏光滑性。在 0/1 损失的分类中，这不会造成太大的损失。因为类概率估计中的偏倚影响是有限的。然而用于回归问题时，则可能降低回归处理的性能；对于回归，通常期望回归函数是光滑的。3.8 节介绍的多元自适应回归样条过程可以看作是 CART 的修订，旨在缓解这种光滑性的缺乏。

树的第三个问题是很难对加法结构建模。在回归问题中，如果假设

$$Y = c_1 I(X < t_1) + c_2 I(X < t_2)$$

那么，二叉树可能在接近 t_1 上进行第一次分裂。为了捕获加法结构，下一层必须在接近 t_2 上分裂两个节点。这种情况可能在数据充足的情况下发生，但是模型并没有给出特别的支持来发现这种结构。如果有多个而不是两个加法效应，则必须采取许多偶然的分裂来重建这种结构，而数据分析者将很难在估计树的过程中识别它。这一问题只能归咎于既有优点又有缺点的二叉树结构。所以，为了获取加法结构，多元自适应回归样条方法放弃了树结构。

尽管如此，决策树作为从大规模数据中探索概念构成的代表，是弱化模型结构仅从数据出发创建概念的典型，决策树因此而成为数据挖掘的典型技术得到广泛探讨和应用。

例 3.2 数据集 Titanic（见数据光盘中的 Titanic.xls）给出的是英国历史上著名的远洋客轮（Titanic 号）发生撞击冰山沉船事件后人员存活的信息，该数据中统计了沉船当日所有在船上的人员 2201 位，对每个人统计了 4 项特征：class（舱位），gender（性别），age（年龄，分成年和未成年人），state（是否幸存，Missing 表示失踪，Survival 表示存活）。以

下我们使用 R 决策树方法对上述训练数据建立模型，揭示船上人员幸存的关键因素，绘制树形图，R 程序如下：

```
library(rpart)
x=titanic
names(x)
fit=rpart(state~class+age+gender.,x,method="class")
y.pr=predict(fit,x)
yhat=ifelse(y.pr[,1]>0.5,1,0)
table(yhat,x[,4])
plot(fit,asp=5)
text(fit,use.n=T, cex=0.6)
print(fit)
```

Titanic 数据的决策树图如图 3.5 所示，分析发现，在这起事件中，存活率最高的是女性 0.717(对应于右侧分支：344/(126+344))，其次为小于 9.5 岁的儿童为 0.453 (对应于左侧第二层分支：(13+16)/(35+13+0+16))，灾难面前妇幼先行的人道主义伟大情怀的概念在决策树结构中得以彰显。

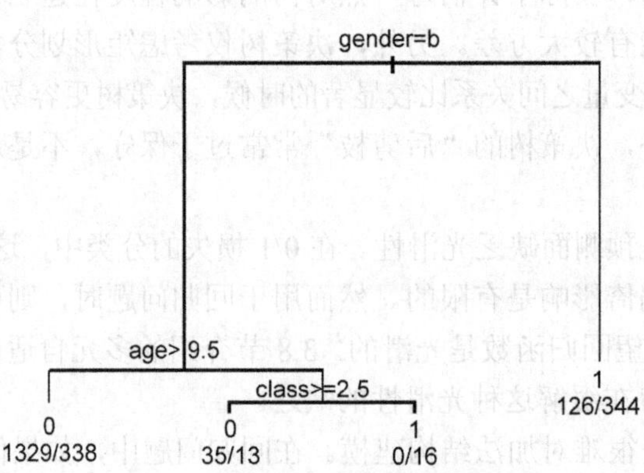

图 3.5 Titanic 数据的决策树图

在 JMP 中决策树模型的建立十分方便，且输出结果美观，便于理解。输出结果如图 3.6 所示。

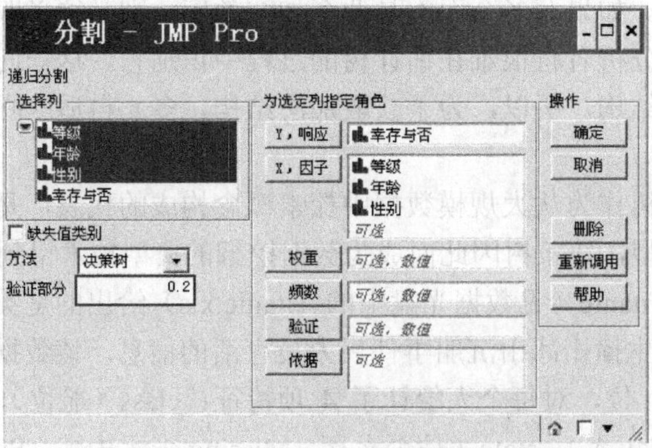

图 3.6 决策树数据导入及方法选择界面

对 Titanic 数据执行 JMP 决策树图，可以看到如图 3.7 的结果，此时提示性别（gender）变量应作为拆分树的首要拆分节点。其中 G^2 是对数似然比统计量，它是对数熵的两倍，或表示熵变化的两倍，拆分节点是使信息增益 $IG = G^2_{交} - (G^2_{左} + G^2_{右})$最大，其中 $G^2_{交}$表示待拆分节点，$G^2_{左}$和 $G^2_{右}$分别表示拆分后左侧节点和右侧节点。$-\log_{10}(p\text{-value})$表示对数似然比统计量的 p-值的负对数，越大表示拆分越有力。

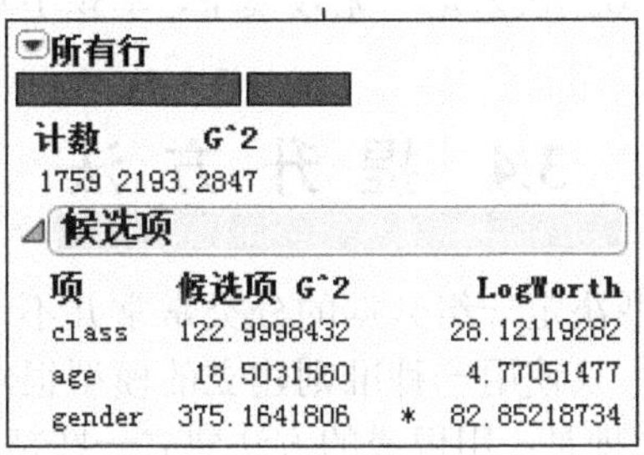

图 3.7 候选项展开结果

在 JMP 中决策树还有如下输出：

剪除：剪除当前树中 LogWorth 统计量最小的分支，是拆分的逆过程。

执行：该选择只有当你在上步中验证部分添入数值才会出现，单击该按钮，JMP 会自动执行停止拆分数的策略，不需要用户一直手动拆分下去。其策略是：一直拆分下去，直到某次拆分的 R-方值比接下来的十次拆分的 R-方值更高就停止。这一策略可能产生十分复杂的树，当产生大于 40 个叶节点的树时，在最顶端的小红点下“显示选项”→“显示数”的选项会关闭。

单击小红点选择“拟合详细信息”和“ROC”选项，得到图 3.8 所示界面。

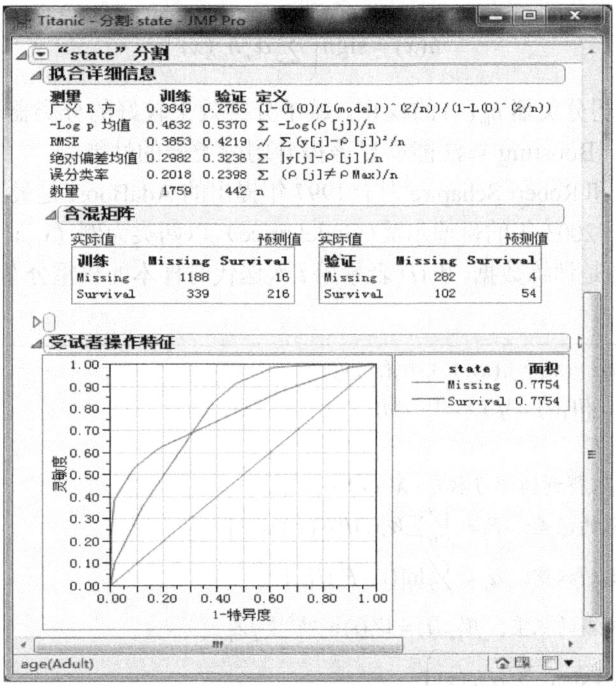

图 3.8 拟合详细信息

拟合详细信息中列出了基本的描述树效果的统计量，定义栏给出了相应统计量计算公式，以便于用户理解。含混矩阵下分别对训练样本和验证样本的预测情况作了统计，可以看出本例中对 Missing 的预测效果明显好于 Survival 的预测效果；这也暴露出决策树设计中存在的一个问题，预测结果偏向于样本多的类别。

图 3.8 所示为 ROC 曲线，如上一章所述，它表示了模型的效果，一般认为其值越接近于 1，模型效果越好。若小于 0.5 认为是一无效模型，本题中对于两类样本的 ROC 值适中。

3.4 提升方法

实际中，只使用单一模型决定一组数据的分类常常并不现实，一个对数据分类描述比较清晰的模型也许异常复杂，只使用一种准则建立的模型很难避免不出现过度拟合。组合模型是一个思路，它的基本原理是：用现成的方法建立一些精度不高的弱分类器或回归，将这些效果粗糙的模型组合起来，形成一个分类系统，达到改善整体模型性能的效果。

提升方法（boosting）体现的正是这一思想，最初是为分类问题而设计，主要用于解决样本的分段影响问题，是一种用来提高弱分类算法准确度的方法，以满足大规模数据分类的稳健性要求。这种方法假设预测函数从一个弱分类方法出发，朝着预测精度最优的目标扩张组合函数项，最终将所有函数组织成一个能够反映预测结构的有序序列，结果产生了一组函数的有序加法组合，这种组合机制可以在提高模型整体预测精度的情况下，同时给出预测样本的预测结构。提升方法也被用于复杂回归问题的解决。

提升方法起始于误差率只比随机猜测略好一点的弱分类器，提升方法设计算法反复调整误判数据的权重，依次产生一个个弱分类器序列：$h_m(x), m=1,2,\cdots,M$。最后用投票方法 (voting) 产生最终预测模型

$$h(x)=\operatorname{sign}\left(\sum_{m=1}^{M}\alpha_m h_m(x)\right) \tag{3.10}$$

式中，α_m 是相应于弱分类器 $h_m(x)$ 的权重。赋予分类效果较好的分类器以相应较大的权重。经验和理论都表明，Boosting 算法能够显著提升弱分类器的性能。

由 Yoav Freund 和 Robert Schapire[16]于 1997 年提出的 AdaBoost 是最流行的提升算法。二人因这一贡献获得了 2003 年的哥德尔奖（Godel price）。以两类为例，$(x_1,y_1),(x_2,y_2),\cdots,(x_n,y_n)$，$x_i\in\mathbb{R}^d$，$y_i\in\{+1,-1\}$ 是训练数据，$W_t(i)$ 表示第 t 次迭代时样本的权重分布，给出 AdaBoost.M1 算法。

（1）输入训练数据：$(x_1,y_1),(x_2,y_2),\cdots,(x_n,y_n)$。

（2）初始化：$W_1=\{W_1(i)=1/n, i=1,\cdots,n\}$

（3）For $t=1,2,\cdots,T$

①在 W_t 下训练，得到弱学习器 $h_t: X\to\{-1,+1\}$

②计算分类器的误差：$E_t = {}^1\!/_n \sum W_t(i) I[h_t(x_i)\neq y_i]$

③计算分类器的权重：$\alpha_t = {}^1\!/_2 \ln[(1-E_t)/E_t]$

④更改训练样本的权重：$W_{t+1}(i)=W_t(i)\mathrm{e}^{-\alpha_t y_i h_t(x_i)}/Z_t$

（4）输出：$H(x)=\operatorname{sign}\left(\sum_{t=1}^{T}\alpha_t h_t(x)\right)$

Z_t为归一化因子，保证样本服从一个分布。除非病态问题，大部分情况下，只要每个分量$h_t(x)$都是弱学习器，那么当迭代次数T充分大时，组合分类器$g(x)$的训练误差可以任意小，即有

$$E=\prod_{t=1}^{T}\left[2\sqrt{E_t\left(1-E_t\right)}\right]=\prod_{t=1}^{T}\sqrt{1-4G_t^2}\leqslant\exp\left(-2\sum_{t=1}^{T}G_t^2\right)$$

其中$E_t=\frac{1}{2}-G_t$。

从这个结果来看，训练误差率随G_t的增大呈指数级的减小，如果求和项较多，那么容易发生过度拟合。算法中，我们看到，AdaBoost 算法首先为训练集指定分布为$\frac{1}{n}$，这表示最初的训练集中，每个训练样例的权重都一致地等于$\frac{1}{n}$。调用弱学习算法进行T次迭代，每次迭代后，按照训练样例在分类中的效果进行分布调整：训练失败的样例赋予较大的权重，训练正确的训练样例赋予较小的权重，使得下一个分类器更关注那些错分样例，也就是令学习算法对较难训练的样例进行有针对性的学习。这样，每次迭代都能产生一个新的预测函数，这些预测函数形成序列$h_1,h_2,\cdots,h_t$，每个预测函数可能针对不同的样本点。每个预测函数h_i根据它对训练整体样例的贡献赋予不同的权重，如果函数整体预测效果好，误判概率较低，则赋予较大权重。经过T次迭代后，产生分类问题的组合预测函数H，用H作决策，相当于对各分量预测函数加权平均投票决定最终的结果，回归是相似的。使用 AdaBoost 算法之后，可以将学习准确率不高的单个弱学习器提升为准确率较高的最终预测函数结果。图 3.9 给出了 AdaBoost 的算法过程。

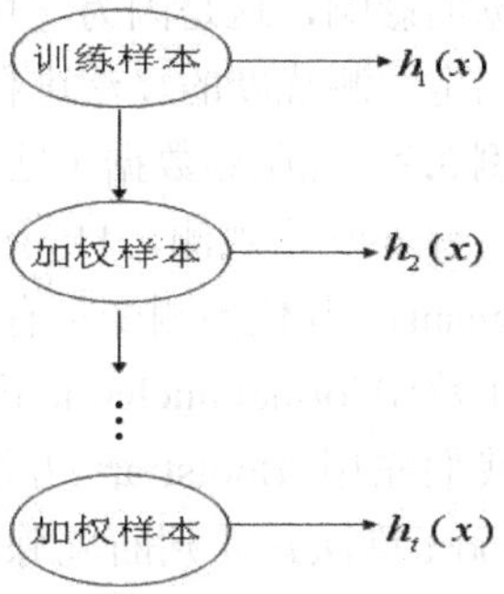

图 3.9 AdaBoost 示意图

Freund 和 Schapire[16]提供试验表明，提升机制不会导致过度拟合，为了说明这一点，首先需要边际值的定义，边际值的定义是：

$$\text{margin}(x,y)=y\sum_{t}\alpha_t h_t(x)$$

观察图 3.10 可以得到，在左边的子图中，随着迭代次数的增加，测试误差率并没有升高，同时对应着右边的子图可以看到，随着训练次数的增加，边际值（margin）一直在增加。这就是说，在训练误差下降到一定程度以后，更多的训练，会增加分类器的分类 margin，从而增大最小边界，使分类的可靠性增加，降低总误差，它们的依据是总误差上界如下：

$$\hat{P}_r(\text{margin}(x,y)\leqslant\theta)\approx\hat{O}\left(\sqrt{\frac{d}{m\theta^2}}\right)$$

其中m是样本点数，d是 VC 维，θ^2与迭代数次成反比。这个过程也能够防止测试误差的上升。

AdaBoost 算法是提升家族中最具代表性的算法，在 AdaBoost 算法的基础上又出现了更多的提升算法，如 GlmBoost 和 GbmBoost 等。

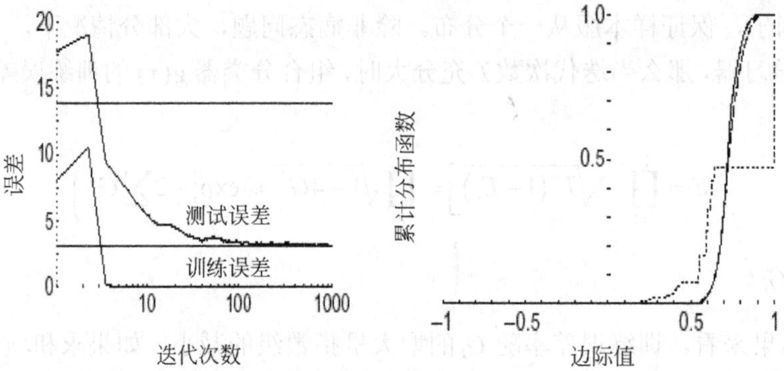

图 3.10 提升边际与两类误差关系图

提升算法自产生后受到广泛关注。在实际应用中，不需要将所有的精力都集中在开发一个预测精度很高的算法，而只需找到一个比随机猜测略好的弱学习算法，通过选择合适的迭代次数，可以通过提升算法将弱学习算法提升为强学习算法，不仅提高了预测精度，而且更有利于解释不同的样本点主要是从哪些分类器中产生的。Leo Breiman 在评价基于树分类器的提升算法时这样说：它是世界上最好的现成的分类器，不需要事先花费许多代价进行数据的清理，因为事实上很多时候很难决定哪些数据需要进行怎样的清洗，但是如果它们的特点和正常数据显著不同，那么就会在专门的学习器中得到表现，这使得对主流信息分类的把握更有效率。

提升算法的缺陷在于其迭代速度较慢(当迭代次数比较多，数据量比较大时，会占用较长时间)。提升算法生成的组合模型在一定程度上依赖于训练数据和弱学习器的选择，训练数据不充足或者弱学习器太“弱”时，其训练精度提高缓慢。另外，提升算法还易受到噪声数据的影响，这是因为它可能为噪声数据分配较大的权重，使得对噪声的拟合成为达到预先指定预测优度的算法进程的主要努力方向。

例 3.3 乳腺癌数据（见数据光盘中的 BreastCancer.txt）是由 Dr.Wolberg[20]收集的临床案例，有 699 个观测，11 个变量。目标是判别第 11 个变量(乳腺癌)良性(benign)还是恶性(malignant)。其他预测变量有：Cell.size(肿块大小)，Cell.shape(肿块形状)，Bare.nuclei(肿块中核个数)，Normal.nucleoli(正常的核仁个数)等。

我们先用 Bootstrap 方法在乳腺癌数据中分离出训练集和测试集。在训练集上，用 AdaBoost 算法建立判断乳腺癌是否良性的分类器，用测试集检验分类器的误差。以下是 AdaBoost 算法用在乳腺癌数据上的 R 程序：

```
Install.packages("adabag")
library(adabag)
library(rpart)
library(mlbench)
data(BreastCancer)
set.seed(12345)
sa=sample(1：length(BreastCancer[,1]),replace=T)
train=BreastCancer[unique(sa),-1]
test=BreastCancer[-unique(sa),-1]
```

```
sa=sample(1: length(BreastCancer[,1]),replace=F)
train=BreastCancer[unique(sa),-1]
test=BreastCancer[-unique(sa),-1]
a=rep(0,10)
for(I in seq(10,100,10)){
BC.adaboost=adaboost.M1(Class.,data=train,mfinal=i,maxdepth=3);
BC.adaboost.pred=predict.boosting(BC.adaboost,test);
a[i/10]=BC.adaboost.prederro;
plot(a,type="o",main="Adaboost",xlab="Thenumberofiterative",ylab="testerror")
```

程序中的抽样方法采用有放回抽样再消除重复数据的方法，可能得到 63%左右的训练数据和 37%左右的测试数据。当然这种方法也可以用不重复抽样的方法替代。

在 JMP 软件中，可以通过菜单直接运用 Boosting 方法，操作过程如下：

1. 依次选择“分析”→“建模”→“分割”；进入的界面与决策树相同，在选择变量后，还需要在方法处选择“提升树”选项。得到界面形式如图 3.11 所示。

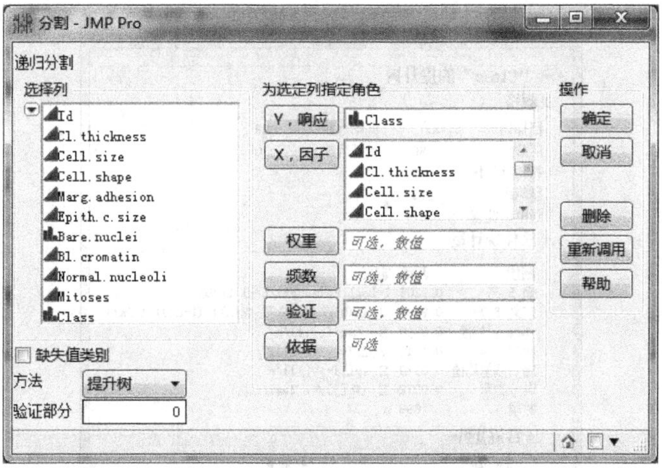

图 3.11 提升树数据导入界面

2. 单击“确定”按钮，得到如图 3.12 所示的界面。

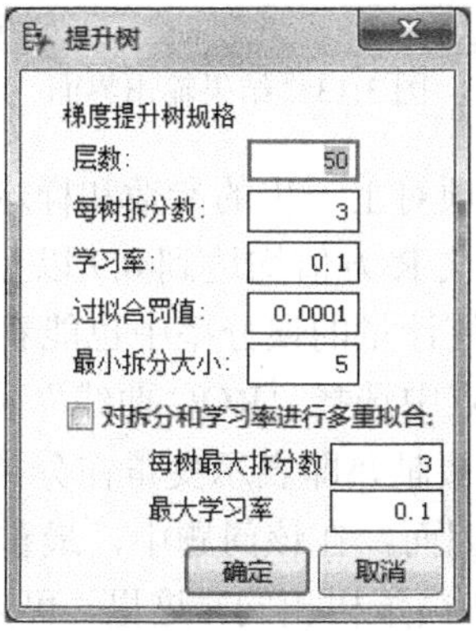

图 3.12 提升树参数设置

图 3.12 界面的说明：

层数：该项表示模型最大迭代次数，即最终预测模型中包含的简单树的个数。默认值为 50 次。

每树拆分数：该项表示每次迭代中简单树的拆分次数，它限制了简单树的构造。

学习率：该项是一个在[0,1]区间取值的数值，一个大的学习率可能会快速学习到拟合度高的模型，同时更有可能的是，产生一个过度拟合的模型。因此这个值一般设置较低。

过拟合罚值：该值是为了防止拟合概率为 0 所做的加偏处理。

最小拆分大小：是指下一次分割中样本的最小量。默认值为 5，表示如果某次分割后产生一个包含样本量小于 5 的叶节点，那么该节点不能再分割。

对拆分和学习率进行多重拟合：该项提供每次迭代中建立简单树的复杂方式，即：并不按照之前给定的拆分和学习率来设置学习树，而是根据给定的最大树阈值和最大学习率阈值之内的不同参数进行组合，最终选择拟合效果最优的树。显然，这样的方式可能加大模型的过拟合性。（见习题）

3. 单击确定：

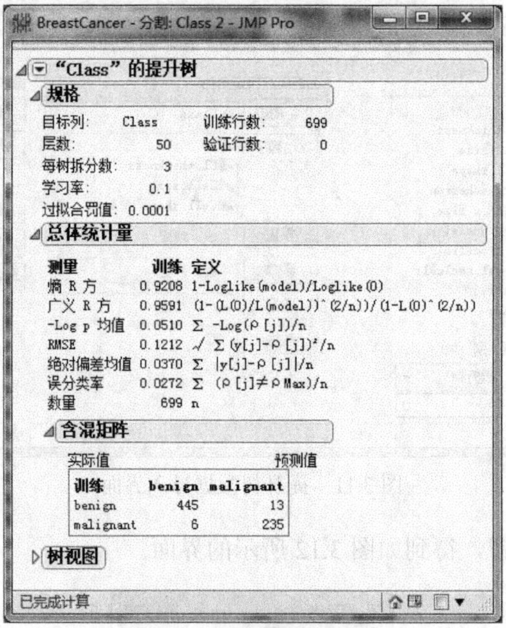

图 3.13 结果输出界面

输出结果（见图 3.13）规格项对上一步的参数和样本信息做了描述，总体统计量是对模型效果的评价，其熵 R 方和广义 R 方值均达到 0.9 以上。含混矩阵描述了判别情况，可以看出判别效果，当然，由总体统计量的误分率中也能看出，正确为 97.28%。

4. 用户还可以从顶端的小红点中选择“ROC 曲线”和“列贡献”。

图 3.14 上面部分的图表示列贡献，即表示变量在分类中的作用，条形图代表其作用大小，越长表示该变量影响越高。因而，在该问题中，最重要的变量为 Cell.size 变量，其次为 Cell.shape。ROC 曲线的解释和决策树相同，这里，可以明显看出其面积接近 1，表明拟合较好。但是，需要留意的是过度拟合问题。

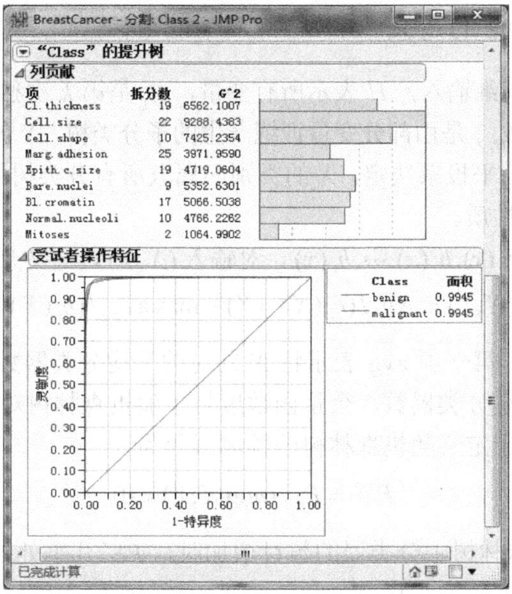

图 3.14　列贡献分析图

图 3.15 所示为 AdaBoost 算法迭代次数分别为 10 次、20 次、30 次、…、100 次时的测试误差，注意到分类器的测试误差随着迭代次数的增加有明显的下降。这一现象是 Boosting 可以在一定程度上避免过度拟合的具体体现。

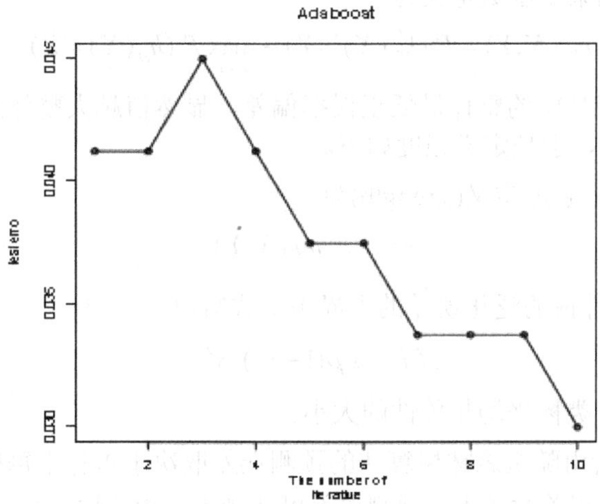

图 3.15　AdaBoost 效果图

3.5　随机森林树

随机森林树算法(random forest)是 Leo Breiman[5]于 2001 年提出的一种组合多个树分类器进行分类的方法。随机森林树的基本思想是每次随机选取一些特征，独立建立树，重复这个过程，保证每次建立树时变量选取的可能性一致，如此建立许多彼此独立的树，最终的分类结果由产生的这些树共同决定。

3.5.1　随机森林树算法的定义

定义 3.4　令 X 是 p 维输入，H 表示所有变量，Θ_k 是第 k 次独立重复抽取(bootstrap)的分类变量构成的集合，$\{h_{\Theta_k}\}$ 是由部分变量训练产生的子分类树，X 的分类由 $\{h_{\Theta_k}, k=1,2,\cdots\}$ 在 X 上的作用 $\{h_{\Theta_k}(x)\}$ 公平投票决定，X 的类别归属取所有分类树结果的众数类。

随机森林树算法的性质。

给定一列分类树：$h_1(x),h_2(x),\cdots,h_k(x)$，对输入 (X,Y)，定义余量函数(margin function)

$$\mathrm{mg}(X,Y)=\mathrm{avg}_k I(h_k(X)=Y)-\max_{z\neq Y}\mathrm{avg}_k I(h_k(X)=Z) \tag{3.11}$$

式中，$I(\cdot)$ 是示性函数，第一项 avg 表示将 X 判对的平均分类器数，第二项 avg 表示将 X 判错时判为最多类的平均分类器数，余量函数度量了随机森林树对输入 X 产生的最低正误偏差。余量函数可以用于定义随机森林树的预测误差为

$$PE^*=P_{X,Y}(mg(X,Y)<0) \tag{3.12}$$

定理 3.3　当随机森林树中分类器的数目增加时，PE^* 几乎处处收敛于

$$mg(X,Y)=P_{X,Y}\left[P_\theta\left(h_\Theta(X)=Y\right)-\max_{Z\neq Y}P_\theta\left(h_\Theta(X)=Z\right)<0\right]$$

其中，θ 表示选用所有变量所建立的分类模型。

定理 3.3 说明随机森林树算法的预测误差会收敛到泛化误差，这说明随机森林树理论上不会发生过拟合。

于是随机森林树的余量函数定义为

$$mr(X,Y)=P_\theta(h_\Theta(X)=Y)-\max_{Z\neq Y}P_\theta(h_\Theta(X)=Z)$$

余量反映了随机森林树的整体最低正误率偏差，显然值越大整体的强度越大，注意到余量与输入 (X,Y) 有关，于是定义强度如下。

定义 3.5　树分类器强度定义(strength)为

$$s=E_{X,Y}mr(X,Y)$$

定理 3.4　随机森林树的泛化误差的上界由下式给出：

$$PE^*\leqslant\bar{\rho}(1-s^2)/s^2$$

其中，$\bar{\rho}$ 度量了各个分类树平均相关性的大小。

由定理 3.4 可以看出随机森林树算法的预测误差取决于森林中每棵树的分类效果、树之间的相关性和强度。相关性越大，预测误差可能越大，相关性越小，预测误差上界越小；强度越大，预测误差越小，强度越小，预测误差越大。预测误差是相关性和强度二者的权衡。为使组合分类器达到好的泛化效果，应尽量增大单棵树的效果，减小分类树之间的相关性。

3.5.2　如何确定随机森林树算法中树的节点分裂变量

首先，由 Bootstrap 方法形成 K 个变量子集。每个子集 $\Theta_1,\Theta_2,\cdots,\Theta_K$ 单独构建一棵树，不进行剪枝。每次构建树时，需要选择拆分变量。随机森林变量选择方法与决策树相似，每个拆分节点处拆分变量确定的基本原则是对训练输入 X 按信息减少最快或信息下降最大的方向选择。随机森林算法由于不对树进行剪枝，所以要考虑不同树之间的相关性和子树

的简单性，于是在建立子树时与建立单一的决策树略有不同，具体而言可分为两种不同的方法，相应地，称两类随机森林树分别为 Forest-RI(random input)和 Forest-RC(random combination)。

1. Forest-RI

设 M 为输入变量（特征变量）的总数，F 为每次拆分时选择用于拆分的备选变量个数，根据 F 取值不同通常有两种选择。选择一：$F=1$，即每棵树仅由一个从 M 个拆分变量中选出的重要变量生成。选择二：$F=\text{int}(\ln M+1)$，即每棵树拆分时选择的拆分变量总数不超过 $\text{int}(\ln M+1)$ 个特征变量，按照信息缩减最快(或最小)的原则每次选择出最优的一个作为分裂变量进行拆分。截至目前很多研究显示，$F=1$ 和 $F=2$ 甚至更高的 F 效果差不多，于是很多随机森林的子树常选择 $F=1$。

2. Forest-RC

如果输入变量不多，F,M 不大，由简单的子树组合起来的森林树很容易达到很高的强度，但子树之间的相关性可能会很高，从而导致预测误差较大。于是考虑用一些新变量替换原始变量产生子树。每次生成树之前，确定衍生变量由 L 个原始变量线性组合生成，随机选择 L 个组合变量，随机分配[−1, 1]中选出的权重系数，产生一个新的组合变量，如此选出 F 个线性组合变量，从 F 个变量中按照信息缩减最快（或最小）的原则每次选择出最优的一个作为分裂变量进行拆分。例如，$L=3, F=8$ 表示每个衍生变量由 3 个原始变量线性组合构成，每次产生 8 个线性组合变量进行拆分节点选择(每个线性组合中变量系数均满足(−1,1)上的均匀分布)。实验表明：当数据集相对变量数很大时，尝试稍大一点的 F 可能会产生更好的效果。

结合树的性质和两种方法，F 越大树之间的相关性越小，每棵树的分类效果越好。所以要让随机森林树取得较好的效果，一般还是应该取较大的 F，但 F 大运行的时间稍长。在 Forest-RI 中，F 大并没有实质性地改善预测误差，于是经验指出。Forest-RI 中一般取 $F=1$ 或 $F=2$；对组合 Forest-RC，可以取稍大的 F，但一般也不必过大。

3.5.3 随机森林树的回归算法

将分类树替换成回归树，把类别替换为每个回归树预测值的加权平均，就可以将随机森林树转换成随机森林回归算法。当然回归算法也会遇到如何选择 F 的问题，和分类不同的是：随着 F 的增加，树的相关性增加的速度可能比较慢，所以可以选择较大的 F 提高预测精度。

Leo Breiman[5]的文章中指出，随机森林树算法经一些实验后显示出以下特点：

（1）随机森林树是一个有效的预测工具。很多数据显示能够达到同提升算法和自适应装袋（Adaptive Bagging）算法一样好的效果，中间不需反复改变训练集，对噪声的稳健性比提升算法好。

（2）适合高维输入变量的特征选择，不需要提前对变量进行删减和筛选。

（3）能够提高分类或回归问题的准确率，同时也能避免过拟合现象的出现。

（4）当数据集中存在大量缺失值时，能对缺失值进行有效的估计和处理。

（5）能够在分类或回归过程中估计特征变量或解释变量的重要性。

（6）随着森林中树的增加，模型的泛化误差(generalization error)已被证明趋向一个上界，这表明随机森林树对未知数据有较好的泛化能力。

例 3.4 对 iris 数据，首先用 Bootstrap 方法分离出 63%训练集和 37%测试集。用随机森林树方法在训练集上建立预测模型，在测试集上得出误差率。以下是 R 程序：

```
install.packages("randomForest")
library(randomForest)data(iris)d<-sample(1:150,replace=TRUE)
ind<-unique(d)
iris.rf<-randomForest(Species~.,data=iris[ind,])iris.pred<-predict(iris.rf,iris[-ind,])
table(iris[-ind,"Species"],iris.pred)
```

在 JMP 中，操作过程如下：

1. 打开 iris 数据集，依次选择“建模”→“分割”，将相应变量选入变量框中，得到如图 3.16 所示界面。

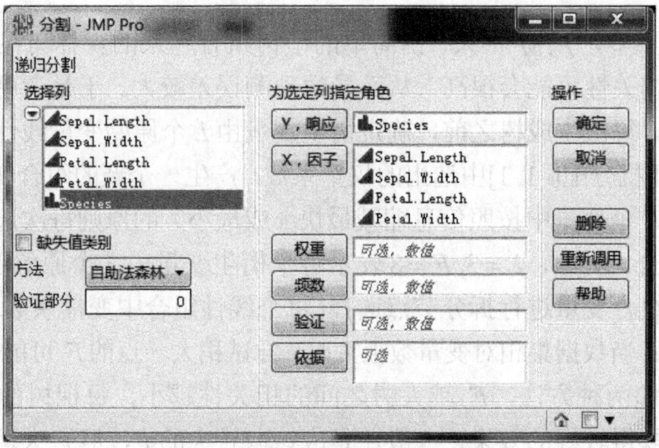

图 3.16 随机森林数据导入界面

在方法项选择“自助法森林”选项，此处的自助法森林和随机森林是等价的。

2. 单击“确定”按钮，进入如图 3.17 所示的界面：

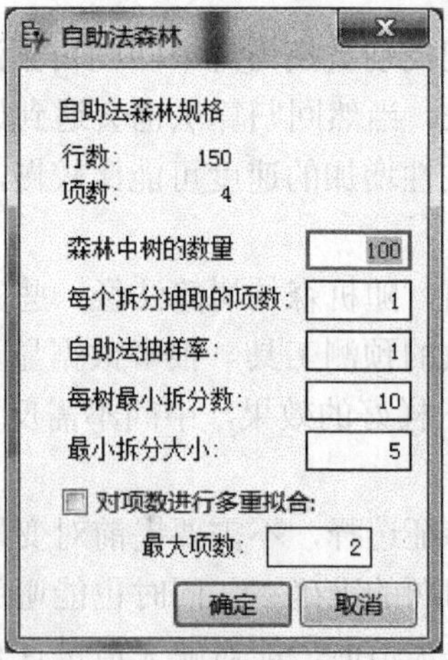

图 3.17 随机森林参数设置

图 3.17 界面中出现的一些参数定义如下：

森林中数的数量：表示模型中产生的子分类数的数目，默认值为 100.

每个拆分抽取的项数：表示每一次拆分时，从变量中随机抽取 n 个变量作为候选项目，从中选择最优，从此处可以发现这和随机森林原理是一致的。每个拆分抽取项数的默认值为 1，也即每次随机抽取一列进行拆分。这使得该算法能构造更加丰富的树结构，这与决策树和提升树中每次选所有变量中的最优变量作为拆分原则是不同的。

自助法抽样率：表示采用 Bootstrap 抽样获得的样本比，默认为 1，表示与源样本量个数相同。

每树最小拆分数：表示每个子树最小的拆分数，其还受到“最小拆分大小”的限制。

最小拆分大小：表示叶节点中包含的最小样本量，若继续拆分该叶节点导致所得到的子节点的样本量小于该数，就不得拆分，其默认值为 5。

对项数进行多重拟合：表示每次拆分时，抽取多个项数，从中取最优，但项数的数目不多于其下的最大项数。选择该选项会使得“每个拆分抽取的项数”失效。

3. 单击“确定”按钮得到如图 3.18 所示的界面：

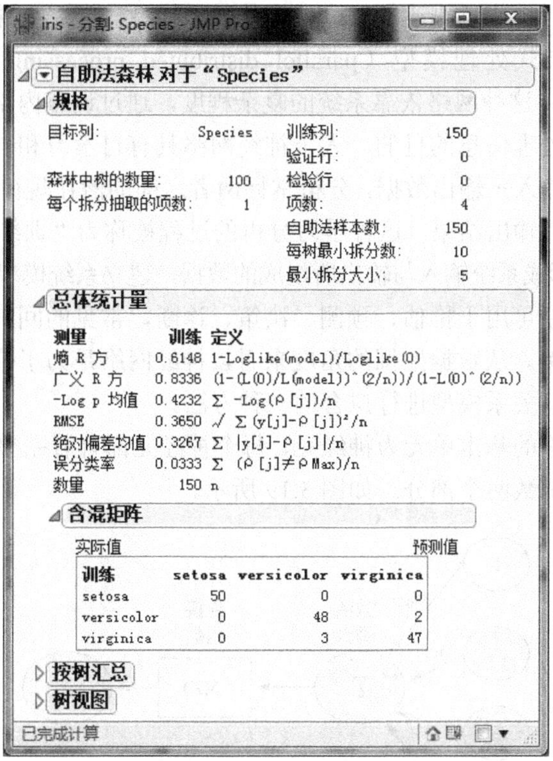

图 3.18 随机森林输出结果

在该界面中，显示了模型的基本信息，包括上步中选择的参数，总体统计量，含混矩阵等信息，可以看出该方法得到的结果是较为满意的。与提升树类似，用户可以输出 ROC 曲线、树视图，其显示方式也是类似的。需要指出的是，随机森林算法和提升树、决策树不同的是，即使设置同样的参数，其拟合的结果也可能是不同的（请读者思考其可能的原因）。

从结果看，随机森林树的预测误差是很小的。

3.6 人工神经网络

人工神经网络（artificial neural network）的先驱为 McCulloch 和 Pitts[18]，他们在总结神经元基本结构特性的基础上于 1943 年提出了神经元的数学模型，由此开启了神经网络研究的第一次高潮。然而当 Minsky 和 Papert[19]于 1969 年出版的“感知器（perceptrons）”一书中指出感知器模型（peceptron models）的缺陷时，神经网络的基础被改写，许多研究人员离开了该领域。直到 20 世纪 80 年代，由于后向传播算法（back-propagation）的发现，神经网络的研究热情再次被点燃，如今，神经网络的研究团队中有心理学家、物理学家、计算机科学家以及生物科学家。神经网络已经应用于模式识别、信号处理、知识工程、专家系统、优化组合、机器人控制等领域。随着神经网络理论本身以及相关理论、相关技术的不断发展，神经网络的应用定将更加深入。

3.6.1 人工神经网络基本概念

人工神经网络是一种基于脑与神经系统的仿真模型，它是模拟人的神经结构思维并行计算方式启发形成的一种信息描述和信息处理的数学模型，是一个非线性动力学系统，有时也被称为并行分布式处理模型（parallel distributed processing model）或联结模型（connectionist model）。这种网络依靠系统的复杂程度，通过调整内部大量节点之间相互连接的关系，从而达到处理信息的目的。人工神经网络具有自学习和自适应的能力，可以通过预先提供的成对的输入—输出数据，分析掌握两者之间的潜在规律，最终根据这些规律，用新的输入数据来推算输出结果，这种学习分析的过程被称为“训练”。人工神经网络的基本原理是由一组范例形成系统输入与输出所组成的数据，建立系统模型（输入、输出关系）。有了这样的系统模型便可用于推估、预测、决策、诊断，常见的回归分析统计技术也是人工神经网络的一个特例。从数据挖掘的角度来看，神经网络是为了使观察到的历史数据能够做分类或预测而对其关系模型进行拟合的一种方法。

组成人工神经网络的基本单元为神经元，每个神经元都有着完整的结构（图 3.19），它包括激活函数和连接函数两个部分。如图 3.19 所示。

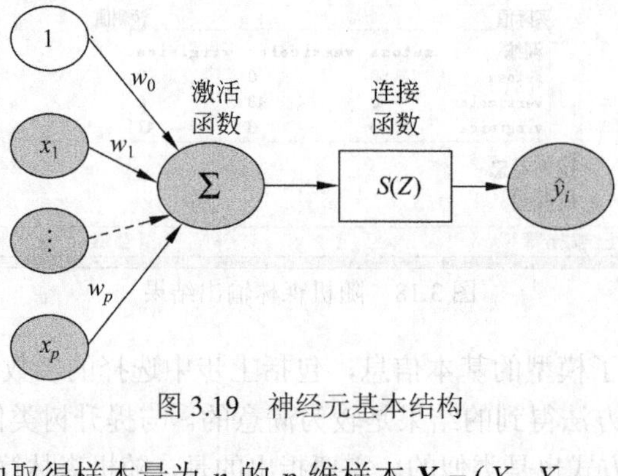

图 3.19 神经元基本结构

设从研究总体 N 中取得样本量为 n 的 p 维样本 $\boldsymbol{X}=(X_1,X_2,\cdots,X_p)$，第 k 个样本记作 $\boldsymbol{X}^k=(x_1^k,x_2^k,\cdots,x_p^k)^{\mathrm{T}}$，如同多元回归模型一样，引入常数变量 $\mathbf{1}=(1,1,\cdots,1)^{\mathrm{T}}$，那么可记原始

样本为 $\boldsymbol{X}=(\mathbf{1},X_1,X_2,\cdots,X_p)$，第 k-个样本记作 $\boldsymbol{X}^k=(\mathbf{1},x_1^k,x_2^k,\ldots,x_p^k)^{\mathrm{T}}$。则激活函数通常为 $z_k=\sum_{j=0}^{p}x_j^k w_j$，其中 w_0 为常数项 1 的系数。由此可见，激活函数是对原始数据的初始变换（一般选用线性函数），可以看成是对原始信息的综合并通过激活函数产生输出值 z_i，同时 z_i 输入到连接函数中（表 3.1），连接函数将输入值压缩在[0,1]之间，得到神经元的最终输出值 $\hat{y}_k=s(z_k)$，这意味着神经元数据拟合值取值范围在[0,1]之间，或者用 0 或 1 表示。

表 3.1　连接函数

连接函数名	函数形式
二元阈值连接函数	$S(z_k)=\begin{cases}1, & z_i\geqslant 0\\ 0, & z_i<0\end{cases}$
线性阈值连接函数	$S_i(z_i)=\begin{cases}0, & z_i\leqslant 0\\ \alpha_i z_i, & 0\leqslant z_i<z_m\\ 1, & z_i\geqslant z_m\end{cases}$
S 型连接函数	$S_i(z_i)=\dfrac{1}{1+\mathrm{e}^{-\lambda_i z_i}}$
TanH 函数	$S(z_i)=\dfrac{\mathrm{e}^{2z_i}-1}{\mathrm{e}^{2z_i}+1}$
高斯信号函数	$S(z_i)=\mathrm{e}^{z_i^2}$

多个神经元经过有机的组合形成人工神经网络，一个完整的神经网络模型由三方面的基本要素构成：

1. 基本神经元，权值和连接函数；

2. 神经网络结构，包括输入和输出节点的数目，输入和输出的变量类型，隐层的数目，也包括节点之间的方向规定，比如前向结构和反向结构等；

3. 网络学习算法，常见的有误差修正法、梯度下降法等。

3.6.2　感知器算法

学习网络算法的核心是学习网络的结构以及神经网络中激活函数的权重等参数，而在通常的研究中，网络的结构是事先给定的（或者实验不同的神经网络结构，最终选择最佳模型），因此在实际应用中，神经网络的学习主要是学习激活函数中的参数。本小节介绍的两类算法都是有指导的学习算法，它的特点是已知样本和样本的类别信息，以输出结果和真实结果最接近且有较高的泛化能力为目标。因此在算法设计时需要在训练样本的预测精度和泛化能力上寻求平衡。

1. 感知器算法

感知器算法解决的是当真实被预测变量 y 的取值为 0 或者 1 时的分类问题，即对任意样本 X^k，其对应的因变量为 $y_k=0$或者1。假设仅用一个神经元对样本进行划分，那么，该算法可以分成两类情形，一类是完全可分问题，即利用该神经元，通过选择合适的权重 $W=(w_0,w_2,\cdots,w_p)$，能够将 n 个样本点完全区分开，使得对于任意的样本 k，有 $s(z_k)=\hat{y}_k=y_k$，即寻找一组解 W 满足所有的训练样本点；另一类为不完全可分问题，即利用该神经元，没有一组合适的权重 $W=(w_0,w_2,\cdots,w_p)$ 能够将 n 个样本点完全区分开，目标则是求解一组权重使得在所划分的样本中取得尽可能最高的正确率。

2. 完全可分问题感知器算法

利用误差修正原理，可以得到如下完全可分问题的求解算法。

完全可分问题感知器算法

数据：对于线性可分的两类样本集 E_1,E_0，训练集 $E=E_1\cup E_0$
过程：
初始化：权重 $\boldsymbol{W}_1=\boldsymbol{0}$ 或者任意的较小向量
迭代：
按样本集循环执行如下过程：
{
  按任意顺序选择 $\boldsymbol{X}^k\in E$
  计算 $\boldsymbol{X}^{k^{\mathrm{T}}}\boldsymbol{W}_k$
  如果 $\boldsymbol{X}^{k^{\mathrm{T}}}\boldsymbol{W}_k\leqslant 0$
    更新 $\boldsymbol{W}_{k+1}=\boldsymbol{W}_k+\eta\boldsymbol{X}^k$
}
直到所有的 $\boldsymbol{X}^{K^{\mathrm{T}}}\boldsymbol{W}_K>0$

算法中的按样本集重复是指样本从第一个样本开始按照任意顺序逐个进入，该过程我们称为迭代；而当所有样本都进入之后就称完成了一个循环。该算法中，E_1 表示样本中因变量 $y_k=1$ 时的所有样本组成的集合。同理，E_0 表示样本中因变量 $y_k=0$ 时所有样本组成的集合，对 E_0 取反是指对 E_0 中的样本 $\boldsymbol{X}^i\in E_0$，取 $-\boldsymbol{X}^i$ 得到集合 E_0'。通过该算法，最终可以得到一组参数 $\boldsymbol{W}$，使得所有样本的预测结果 $\hat{y}_k=S(z_k)$ 都等于其真实值 y_k。

对于完全可分问题感知器算法，一个常见的问题是：如果样本进入的顺序不同，得到的权重系数会相同吗？事实上，对二分类问题，有如下重要定理。

定理 3.5 如果对于 $\boldsymbol{W}, y_k=\mathrm{sgn}(\boldsymbol{X}^k\boldsymbol{W}_k),\forall k$，若 S_w 为训练样本 S_X 的顺序样本，利用感知器算法所得的权重变化序列；那么经过有限次循环 k_0 之后，有

$$\boldsymbol{W}_{k0}=\boldsymbol{W}_{k_0+1}=\boldsymbol{W}_{k_2+2}=\cdots=\boldsymbol{W}_s,$$

令 $\delta=\min(y_k\boldsymbol{X}^k\boldsymbol{W}/\|\boldsymbol{W}\|), R=\max\limits_k\|\boldsymbol{X}^k\|$，该算法收敛时间 $t\leqslant\dfrac{R^2}{\delta^2}$.

此定理称为感知器收敛定理，它说明只要有足够多次的循环次数，那么无论样本入样次数以及初始化的权重向量取值如何变化，其最终趋向于得到同样的结果。

3. 不完全可分问题感知器算法

从上面算法可以发现，当样本可分时，经过有限次循环总会使得权重向量趋于稳定，然而当样本集不可分时，即不存在一组系数使得所有样本的分类结果都正确，那么循环会一直进行下去。那是否等同于说权重系数会不断的增大呢？事实上并非如此，已经证明如下定理。

定理 3.6 对于给定的线性不可分样本集E，存在一个常数M，当利用完全可分问题感知器算法，对于任意给的初始向量$\boldsymbol{W}_1$，循环k步之后，得到$\boldsymbol{W}_k$，它满足

$$\|\boldsymbol{W}_k\| \leqslant \|\boldsymbol{W}_1\| + M$$

此定理说明权重向量的长度有限的，实际情况要比这更加乐观，可以证明如下结论：对于给定的线性不可分样本集 E，根据不完全可分问题感知器算法循环计算，得到的权重将是有限集W。

这说明，利用完全可分问题感知器算法，计算的权重实际上是可以有限步收敛的。因此，对于不可分问题算法设计的关键在于如何在足够大的迭代次数中从有限的权重空间里选出最优的权重使得误分样本个数最少。常用的方法是：记录当前权重$\boldsymbol{W}_1$对样本分类的连续正确数nr_1，当出现错误时对$\boldsymbol{W}_1$进行更新得到$\boldsymbol{W}_2$，当且仅当$\boldsymbol{W}_2$对样本的分类的连续正确数nr_2大于nr_2时，才记录权重$\boldsymbol{W}_2$，否则不记录。算法如下。

不完全可分问题感知器算法

数据：对于线性可分的两类样本集E_1、E_0对E_0中的样本取反得到$E = E_1 \cup E_0'$

过程：

初始化：权重$\boldsymbol{W}_1 = 0$或者任意的较小向量

　　记录变量：$\boldsymbol{W}_{\text{write}} = \boldsymbol{W}_1$

　　连续正确数：runlength = 0，最大正确数：maxrunlength = 0

　　自增变量：iter = 0，最大迭代数目：MaxIter

迭代：

按样本集重复如下过程：

{

　　按随机选择$\boldsymbol{X}^k \in E$

　　计算$\boldsymbol{X}^{k^{\mathrm{T}}}\boldsymbol{W}_k$

　　如果$\boldsymbol{X}^{k^{\mathrm{T}}}\boldsymbol{W}_k > 0$

　　{

　　　　runlength=runlength+1

　　　　如果 runlength > maxrunlength

　　　　{

　　　　　$\boldsymbol{W}_{\text{write}} = \boldsymbol{W}_k$

　　　　　max runlength = runlength

```
            runlength=0
        }
    }
    否则 X^{k^T} W_k ≤ 0
        更新 W_{k+1} = W_k + ηX^{k^T}
    iter = iter + 1
}
直到所有的 iter > MaxIter
```

3.6.3 LMS 算法

1. α-LMS 算法

感知器算法是十分基础的算法，它有助于理解算法设计中考虑的基本问题，如收敛性问题。也可以从中了解到类似算法的局限性和单个神经元的计算能力。现在考虑如下数据集： $\{\boldsymbol{X}^k, y_k\}\boldsymbol{X}^k \in \mathbb{R}^{n+1}$，此时 y_k 取值不只限于 $\{0,1\}$，而是在[0,1]区间内进行连续取值，如果不满足这一要求，只需将二元阈值函数换成线性函数就可以，此时有 $\hat{y}_k = S(z_k) = \boldsymbol{X}^{k^\mathrm{T}}\boldsymbol{W}_k$。设实际值 y_k 和输出值 $\hat{y}_k$ 之差为误差 e_k，则对于线性函数有：$e_k = y_k - \hat{y}_k = y_k - \boldsymbol{X}_k^\mathrm{T}\boldsymbol{W}_k$。因此，学习目标由感知器算法中被正确分类的样本数最多更新为使所有样本的误差最小。

在权重的更新过程中利用误差信息就得到了 α- 最小均方算法，简称 α-LMS 算法。该算法中权重的更新方法为

$$\boldsymbol{W}_{k+1} = \boldsymbol{W}_k + \eta e_k \frac{\boldsymbol{X}^k}{\left\|\boldsymbol{X}^k\right\|^2}$$

每次的增量为

$$\Delta\boldsymbol{W}_k = \eta e_k \frac{\boldsymbol{X}^k}{\left\|\boldsymbol{X}^k\right\|^2} = \frac{\eta}{\left\|\boldsymbol{X}^k\right\|} e_k \frac{\boldsymbol{X}^k}{\left\|\boldsymbol{X}^k\right\|} = \hat{\eta}_k e_k \hat{\boldsymbol{X}}^k$$

上面式子表明该算法和感知器算法的相似性，它们的区别在于感知器算法每次的更新都是沿着 $\boldsymbol{X}^k$ 方向的常数 η 倍 $\eta\boldsymbol{X}^k$ 进行更新；而 α -LMS 算法不仅考虑方向向量 $\boldsymbol{X}^k$，而且每次更新的长度是与误差成正比例的。那么这一过程是如何减少误差的呢？只需对上面的式子做一些变换就可以看出：

$$\Delta e_k = (y_k - \boldsymbol{X}^{k^\mathrm{T}}\boldsymbol{W}_{k+1}) - (y_k - \boldsymbol{X}^{k^\mathrm{T}}\boldsymbol{W}_k) = -\boldsymbol{X}^{k^\mathrm{T}}\Delta\boldsymbol{W}_k$$

而 $\Delta\boldsymbol{W}_k = \hat{\eta}_k \hat{e}_k \hat{\boldsymbol{X}}_k$，其中

$$\hat{e}_k = \hat{y}_k - \boldsymbol{W}_k^\mathrm{T}\hat{\boldsymbol{X}}_k,\ \hat{y}_k = \frac{y_k}{\left\|\boldsymbol{X}^k\right\|},\quad \hat{\boldsymbol{X}}^k = \frac{\boldsymbol{X}_k}{\left\|\boldsymbol{X}^k\right\|}$$

故得 $\Delta e_k = -\eta e_k$。

该式表明每次迭代过程中，误差项总是沿着上步误差的反方向进行，因此会向误差减少的方向进行。当然，合理选择 η 是十分重要的，一般取值范围为 $(0,2)$；更重要的是这一

算法实际上是一种梯度下降算法，即：每一步沿着使得均方误差下降最快的方向进行。总结算法如下。

α-LMS 算法

数据：给定数据集 E，其元素 $\boldsymbol{X}^k \in \mathbb{R}^{n+1}$，以及相应的输出值 $y_k \in \mathbb{R}$

过程：

初始化：$\boldsymbol{W}_1$ 为随机获得的任意小向量

迭代：

按样本集重复如下过程

{

按任意顺序选择 $\boldsymbol{X}^k \in E$

计算 $\boldsymbol{X}^{k^{\mathrm{T}}}\boldsymbol{W}_k$

计算 $e_k = y_k - s_k$

更新 $\boldsymbol{W}_{k+1} = \boldsymbol{W}_k + \eta e_k \left(\boldsymbol{X}^k \big/ \left\| \boldsymbol{X}^k \right\|^2 \right)$

}

直到循环权重增量 $\Delta \boldsymbol{W}_k$ 的平均值小于给定的 τ

2. μ-LMS 算法

在之前的算法讨论中，我们的关注点在于给定数据集 E，如何利用该数据集的信息使得在该数据集上得到最少的判错个数（在感知器算法）或者得到最小误差的训练模型。然而现实的应用中，通常的目标并不是使得算法对给定的数据集 E 有最好的拟合效果，而是希望将数据集中产生的模型应用到潜在的未知数据上时也能获得较高的效果。具体来说，对于与 α-LMS 同样的数据，假定其来自某一总体，从而希望得到的均方 ε 误差最低。即：假定只有一个样本 $\boldsymbol{X}^k$，有

$$\varepsilon_k = \frac{1}{2}(y_k - \boldsymbol{X}^{k^{\mathrm{T}}}\boldsymbol{W}_k)^2 = \frac{1}{2}e_k^2$$

则有均方误差 $\varepsilon = E\left[\varepsilon_k\right] = \frac{1}{2}E\left[y_k^2\right] - E\left[y_k \boldsymbol{X}^{k^{\mathrm{T}}}\right]\boldsymbol{W}_k + \frac{1}{2}E\left[\boldsymbol{X}^{k^{\mathrm{T}}}\boldsymbol{X}^k\right]\boldsymbol{W}_k$

记 $\boldsymbol{P}^{\mathrm{T}} = E\left[y_k \boldsymbol{X}^{k^{\mathrm{T}}}\right]$，$R = E\left[\boldsymbol{X}^{k^{\mathrm{T}}}\boldsymbol{X}^k\right]$。要求 ε 的最小值，就是对均方误差求权重 $\boldsymbol{W}_k$ 的导数，并令其为 0。最终得到

$$\nabla \varepsilon = \left(\frac{\partial \varepsilon}{\partial W_0}, \cdots, \frac{\partial \varepsilon}{\partial W_n} \right)^{\mathrm{T}} = -\boldsymbol{P} + R\boldsymbol{W} = \boldsymbol{0}$$

即得 $\hat{\boldsymbol{W}} = R^{-1}\boldsymbol{P}$。

该值称为解析值，而 α-LMS 总是趋向于该解（当然，是在对样本数据标准化的条件下）。读者应该理解，标准化的过程实际上降低了样本的尺度信息，造成了信息的损失；因此如果不想对样本进行标准化时，可以采用 μ-LMS。如果读者对梯度下降法有所了解，对于给定的凸函数 $f(\boldsymbol{W})$，如想得到其最小值，那么可以采用 $\boldsymbol{W}_{k+1} = \boldsymbol{W}_k + \eta(-\nabla \boldsymbol{\varepsilon})$ 迭代后得到

最小值。这里μ-LMS 算法则是该算法的一种近似。

μ-LMS 的思想是：由于计算$\nabla\varepsilon$存在困难，转而利用

$$\tilde{\nabla}\varepsilon=\left(\frac{\partial\varepsilon}{\partial w_0},\cdots,\frac{\partial\varepsilon}{\partial w_n}\right)^{\mathrm{T}}=e_k\left(\frac{\partial e_k}{\partial w_0},\cdots,\frac{\partial e_k}{\partial w_n}\right)^{\mathrm{T}}=-e_k\boldsymbol{X}^k$$

进而得到权重更新算法：

$$\boldsymbol{W}_{k+1}=\boldsymbol{W}_k+\eta e_k\boldsymbol{X}^k$$

可以证明：$E(\tilde{\nabla}\varepsilon)=-E(e_k\boldsymbol{X}^k)=-E(y_k\boldsymbol{X}^k-\boldsymbol{X}^k\boldsymbol{X}^{k^{\mathrm{T}}}\boldsymbol{X})=R\boldsymbol{W}-\boldsymbol{P}=\nabla\varepsilon$

正是因为存在这样的关系，μ-LMS才是有效的，换句话说，上述关系式是该算法发挥作用的根本原因。总结算法如下。

μ-LMS算法

数据：给定数据集E，其元素$\boldsymbol{X}^k\in\mathbb{R}^{n+1}$，以及相应的输出值为：$y_k\in\mathbb{R}$

过程：

初始化：$\boldsymbol{W}_1$为随机获得的任意小向量

迭代：

按样本集重复如下过程

{

按任意顺序选择$\boldsymbol{X}^k\in E$

计算$\boldsymbol{X}^{k^{\mathrm{T}}}\boldsymbol{W}_k$

计算$e_k=y_k-s_k$

更新$\boldsymbol{W}_{k+1}=\boldsymbol{W}_k+\eta e_k\boldsymbol{X}^k$

}

直到循环权重增量$\Delta\boldsymbol{W}_k$的平均值小于给定的τ

该算法与α-LMS的不同之处在于，它并不一定得到解析最优值，而是增加了随机性，使得最终结果在最优值附近做随机游走。该算法的优点是得到原始数据的最优解而不是标准化数据的最优解（注意这里的标准化所指的是$\hat{y}_k=\dfrac{y_k}{\|\boldsymbol{X}^k\|}$，$\hat{\boldsymbol{X}}^k=\dfrac{x^k}{\|\boldsymbol{X}^k\|}$），而且利用$\tilde{\nabla}$来近似$\nabla\varepsilon$的思想是常用的，读者注意领悟。

3.6.4 反向传播算法

在 3.6.3 节内容中介绍了感知器算法和 LMS 算法，主要利用了误差修正法和梯度下降法来对单个神经元进行权重估计。通过之前的讨论，读者已经知道单个神经元的局限性是不能推广到前馈神经网络上，事实上，任意的符合二元阈值神经元条件的样本只需三层就可以对样本的任意组合进行分割。对于给定的任意函数形式和所产生的样本数据，只要各层神经元类型和个数选择恰当，就可以按照任意精度拟合这些样本。因此，研究三层结构的神经网络模型不仅具有实际应用价值，而且还可以很容易的推广至更多层的情形，这正是反向传播算法（backpropagation algorithm）的优势。

1. 三层神经网络模型

图 3.20 为三层神经网络图，从左向右分别是输入层、隐层和输出层；三层中分别包含了 $p+1$，$q+1$ 和 m 个神经元，为推导该算法，选定激活函数为线性函数，信号函数为 S-型连接函数。用 $S(\cdot)$ 表示连接函数，前层的连接函数值为该层的输出值同时也为下一层的输入值。各层情况如下：

（1）输入层

$$S(x_i^k)=x_i^k, i=1,2,\cdots,p; k=1,2,\cdots,n$$
$$S(x_0^k)=x_0^k=1$$

x_i^k 表示输入向量 $\boldsymbol{X}^k$ 的第 i 个变量，同时它也是该层第 i 个神经元的输入值。$S(x_0^k)$ 表示 1，代表阈值 θ 的系数。

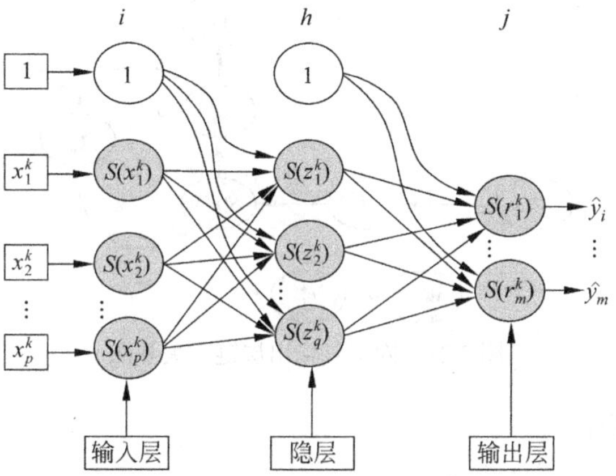

图 3.20 三层神经网络结构

（2）隐层

$$z_h^k=\sum_{i=0}^{p} w_{ih}^k S(x_i^k)=\sum_{i=0}^{p} w_{ih}^k x_i^k, h=1,2,\cdots,q$$
$$S(z_h^k)=\frac{1}{1+\mathrm{e}^{-z_h^k}}\ ,\ h=1,2,\cdots,q$$
$$S(z_0^k)=1$$

w_{ih}^k 表示第 k 个数据向量输入时，其第 i 个变量从输入层的第 i 个神经元进入后得到的输出值进入隐层中的第 h 个神经元，即输入层神经元 i 和隐层 h 的连线，也代表着权重 w_{ih}^k（w_{0h}^k 代表常数向量 **1** 的系数)。z_h^k 为该隐层神经元的激活函数值，$S(z_h^k)$ 为隐层神经元的连接函数值，即是该层输出值也是下层的输入值。

（3）输出层

$$r_j^k=\sum_{h=0}^{q} w_{hj} S(z_h^k), j=1,2,\cdots,m$$

$$S(r_j^k)=\frac{1}{1+\mathrm{e}^{-y_j^k}}, j=1,2,\cdots,m$$

w_{hj} 为隐层神经元 h 和输出层神经元 j 之间的连线，也代表权重 w_{hj}^k（w_{0j}^k 为常数向量 **1** 的系数）。r_j^k 为该层神经元的激活函数值，$S(r_j^k)$ 为该层神经元的信号函数值，即是最终输出值。

2. 隐层到输出层的梯度下降法

对于进入模型的第 k 个样本，从隐层到输出层之间变量的变换关系如图 3.21，图中表示 $S(z_h^k)$ 通过权重系数 w_{hj}^k 得到 r_j^k，而 e_j^k 是由 $S(r_j^k)$ 与 r_j^k 之差得到的，最终目标函数 ε_k 是 e_j^k 的平方。由该链式关系，可进行求导：

$$\frac{\partial \varepsilon_k}{\partial w_{hj}^k}=\frac{\partial \varepsilon_k}{\partial S(r_j^k)}\frac{\partial S(r_j^k)}{\partial r_j^k}\frac{\partial r_j^k}{\partial w_{hj}^k}$$

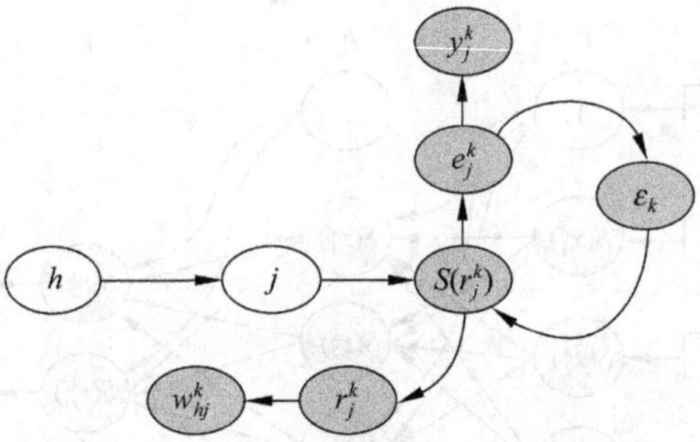

图 3.21 隐层到输出层链式关系图

由上面关系图 3.21 可得：

$$\frac{\partial \varepsilon_k}{\partial S(r_j^k)}=-(y_j^k-S(r_j^k))=-e_j^k$$

$$\frac{\partial S(r_j^k)}{\partial r_j^k}=S(r_j^k)(1-S(r_j^k))$$

$$\frac{\partial r_j^k}{\partial w_{hj}^k}=S(z_h^k)$$

则

$$\frac{\partial \varepsilon_k}{\partial w_{hj}^k}=-e_j^k S'(r_j^k)S(z_h^k)=-\delta_j^k S(z_h^k)$$

其中 $S'(x)=S(x)(1-S(x))$，δ_j^k 为误差项 e_j^k 和信号函数在 r_j^k 处的导数之积。它表示如果在该神经元中的激活函数值接近实际值时或者接近 S 信号函数的两端时，每次权重的增量就会减少，模型趋于稳定。

3. 输入层到隐层

与上述过程类似，此时的目标为求解 $\dfrac{\partial \varepsilon_k}{\partial w_{ih}^k}$，变量之间的关系如图 3.22 所示。

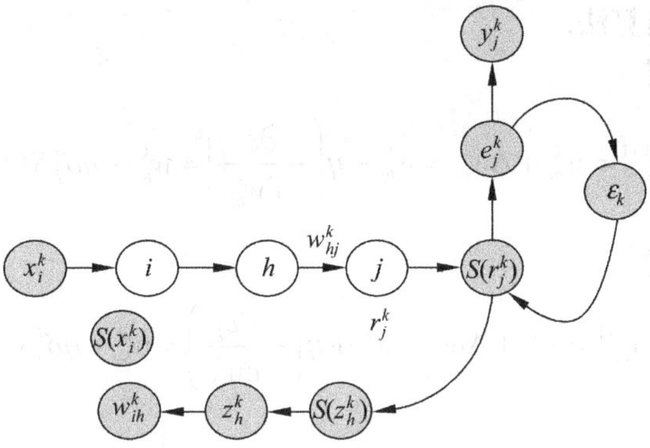

图 3.22 输入层到隐层链式结构

由链式法则得 $\dfrac{\partial \varepsilon_k}{\partial w_{ih}^k}=\dfrac{\partial \varepsilon_k}{\partial S(z_h^k)}\dfrac{\partial S(z_h^k)}{\partial z_h^k}\dfrac{\partial z_h^k}{\partial w_{ih}^k}$，该处需要注意的是 $\dfrac{\partial \varepsilon_k}{\partial S(z_k^k)}$ 的求导过程，$S(z_h^k)$ 为输入层第 i 个神经元的输出，显然它经过了隐层中所有的神经元并且这些路径都最终汇入到第 j 个输出神经元，因此该处应用链式法则得

$$\frac{\partial \varepsilon_k}{\partial S(z_h^k)}=\sum_{j=1}^{p}\left\{\frac{\partial \varepsilon_k}{\partial r_j^k}\frac{\partial r_j^k}{\partial S(z_h^k)}\right\}$$

从而

$$\begin{aligned}\frac{\partial \varepsilon_k}{\partial w_{ih}^k}&=\sum_{j=1}^{p}\left\{\frac{\partial \varepsilon_k}{\partial r_j^k}\frac{\partial r_j^k}{\partial S\left(z_h^k\right)}\right\}S'(z_h^k)S(x_i^k)\\&=\sum_{j=1}^{p}\left\{\frac{\partial \varepsilon_k}{\partial S(r_j^k)}\frac{\partial S(r_j^k)}{\partial r_j^k}\frac{\partial r_j^k}{\partial S(z_h^k)}\right\}S'(z_h^k)S(x_i^k)\\&=\sum_{j=1}^{p}\left\{-e_j^kS'(r_j^k)w_{hj}^k\right\}S'(z_h^k)x_i^k\\&=\sum_{j=1}^{p}\{\delta_j^kw_{hj}^k\}S'(z_h^k)x_i^k\end{aligned}$$

若记：

$$e_h^k=\sum_{j=1}^{p}\delta_j^kw_{hj}^k\ ,\quad \delta_h^k=e_h^kS'(z_h^k)$$

得

$$\frac{\partial \varepsilon_k}{\partial w_{ih}^k}=-\delta_h^kx_i^k$$

该结果与从隐层到输出层得到的最终结果类似，我们称 $\delta_j^kw_{hj}^k$ 为反向传播误差(error backpropagation)，可见反向传播误差是对隐层到输出层中误差的加权，也可以理解为将隐层到输出层中产生的误差按权重分配到从输入层到隐层的过程中，这也是其反向的表现形式所在。

由此得到权重更新算法：

（1）隐层到输出层

$$w_{hj}^{k+1} = w_{hj}^k + \Delta w_{hj}^k = w_{hj}^k + \eta\left(-\frac{\partial \varepsilon_k}{\partial w_{hj}^k}\right) = w_{hj}^k + \eta\delta_j^k S(z_h^k)$$

（2）输入层到隐层

$$w_{ih}^{k+1} = w_{ih}^k + \Delta w_{ih}^k = w_{ih}^k + \eta\left(-\frac{\partial \varepsilon_k}{\partial w_{ih}^k}\right) = w_{ih}^k + \eta\delta_h^k x_i^k$$

最终得到算法。

后向传播算法

数据：给定数据集 E，包含 n 个 p 维样本，因变量（期望的输出结果）$\boldsymbol{y}^k \in \mathbb{R}^m$

网络结构：$p-q-m$

初始化：随机取较小的 w_{ih}^1，$i=0,1,\cdots,p; h=1,2,\cdots,q$

随机取较小的 w_{hj}^1　$j=1,2,\cdots,m; h=0,1,\cdots,q$

取 $k=1$；设定 η,α 以及允许的错误 τ

迭代：

按照样本集重复如下过程

{

按任意顺序选择 $(\boldsymbol{X}^k, \boldsymbol{y}_k) \in E$

按顺序计算下列等式：

$$S(x_i^k) = x_i^k, \quad i=1,2,\cdots,p$$

$$S(x_0^k) = 1$$

$$z_h^k = \sum_{i=0}^{n} w_{ih}^k x_i^k, \quad h=1,2,\cdots,q$$

$$S(z_h^k) = \frac{1}{1+\exp(-z_h^k)}, \quad h=1,2,\cdots,q$$

$$S(z_0^k) = 1$$

$$r_j^k = \sum_{h=0}^{q} w_{hj}^k S(z_h^k), \quad j=1,2,\cdots,m$$

$$S(r_j^k) = \frac{1}{1+\exp(-r_j^k)}, \quad j=1,2,\cdots,m$$

计算输出层误差：

$$\delta_j^k = (y_j^k - S(r_j^k))S'(r_j^k), \ j=1,2,\cdots,m$$

计算隐层误差：

$$\delta_h^k = \sum_{j=1}^{P}\{\delta_j^k w_{hj}^k\}S'(z_h^k), \ h=1,2,\cdots,q$$

权重更新：

$$w_{hj}^{k+1} = w_{hj}^{k} + \eta\delta_j^k S(z_h^k),\quad h = 0,1,\cdots,q;\ j = 1,2,\cdots,m$$

$$w_{ih}^{k+1} = w_{ih}^{k} + \eta\delta_h^k x_i^k,\ i = 0,1,\cdots,p;\ h = 1,2,\cdots,q$$

}

直到 $\varepsilon_\alpha = \frac{1}{n}\sum_{k=1}^{n}\varepsilon_k < \tau$，其中 $\varepsilon_k = (S(r_j^k) - y_j^k)^2$

3.6.5 神经网络相关问题讨论

至此，通过上面的学习，读者对神经网络的基本结构和算法有了较为深入的了解，那么在实际应用中会产生怎样的问题呢？如前所述，神经网络可以拟合任意复杂的函数，这就决定了在实际应用中，用神经网络训练模型通常有较高的预测精度，模型抗干扰性好，比较稳健，可用于对其他模型进行评价。但是，人工神经网络的缺陷也比较明显，分述如下。

1. 需要大量的数据准备

一般而言，神经网络要求输入变量的取值必须变换到特定的一个区域（通常是–1~1 之间）。这就需要详细考虑输入数据的附加变换和操作。由于存在所谓的“比尔·盖茨数据厚尾”问题，仅把所有的变量值都除以其最大值是不够的，如果要把所有值都除以比尔·盖茨“净价值”来权衡一个包含净价值信息的变量，那么每个量的净价值累计起来会接近于零。但比尔·盖茨“净价值”将会在“1”附近。这样神经网络在作预测时，将不能利用净价值较小的数值之间的差异。这时，其他一些方法——如删除离群点或使用对数变换，就很有必要了。

定类变量需要转变为数值型变量，而且要避免伪排序。如果给美国的州按英文字母顺序赋予数字，那么阿拉斯加州（Alaska）和阿拉巴马州（Alabama）会离得很近，而阿拉巴马州和密西西比州（Mississippi）将会相距甚远，你也许会认为这种排序关系不大，但神经网络只能对数值变量进行处理。对于某一给定的数据集，很多定类变量确实有其自然的排序，有些方法能够发现这些潜在的排序。关于定类变量的另一方法是为变量可能取到的每一个值产生一个二分的标签变量。但通常建议谨慎采用这样的做法，因为这可能导致神经网络中输入节点数目的膨胀，较大的神经系统训练起来较慢而且可能产生不稳定的模型。

神经网络不能处理缺失值。如果断然把包含缺失值的记录丢掉，训练集的数据就是有偏的，因为含有全部字段的记录子集不可能是总体的代表，不管怎样必须对缺失值做出估计，由于字段是缺失的，最好使用另外的变量记录。给定填充字段的值，为缺失值寻找最佳插补也是一个解决问题的方法。

2. 神经网络不能对结果做出较好解释

在商业决策中，不能对神经网络模型产生的结果给出解释是神经网络模型最大的缺陷。对于客户来说，理解它的原理与得到最佳预测在很多情况下是同等重要的。在有些情况下，如涉及拒还贷款申请问题产生规则是必要的，神经网络就不是个好选择。有的时候，预测本身比解释结果更有意义，例如，神经网络模型在一个潜在信用卡欺诈交易之前就能发现，就是一个很好的例子。要给可疑交易找一个好的解释，数据挖掘分析者可以翻遍历史数据寻找线索，但一旦信用卡出手之后，最重要的就是准确快速地对非法交易做出预测。

如果分类和预测中，模型的结果比了解模型的原理更为重要，那么神经网络就是较好的选择。神经网络实际上是有很多综合记号、指数函数和很多参数的复杂数学函数。这些函数揭示了神经网络的原理。但对于一般人来说，却是比较难以捉摸的。

当有成百上千个变量要输入时，神经网络效果就不会太好，如果要达到可靠的精度，可能需要建立复杂的网络结构，这将可能导致长时间的"训练"；当然，这时可以把神经网络和决策树结合起来使用。决策树较擅长选择最重要的变量，利用选择的变量建立神经网络模型，当然，读者还可以尝试其他变量选择的方法和神经网络结合使用的方式。

例 3.5 我们使用波士顿房价数据（见数据光盘中的 boston.txt），使用 JMP 建立类神经网络模型。首先利用其他变量选择的模型从该数据集中的 13 个影响波士顿房价的变量中选择 3 个重要的作为输入变量，它们分别是：

Indus：城镇中非零售商业区的比率，

Room：该地区住宅的平均房间数，

Lstat：受教育程度低的人口比例，

因变量则为波士顿房价：mvalue。

（1）设定模型结构

人工神经网络对网络结构的选择并没有一致的指导性原则，可以通过多次设定进行比较的方式来研究确定适当的层数以及各层的神经元数目。

表 3.2 模型及其效果一览表

模型	模型结构（*p-q1-q2-m*）	训练样本 *R* 方	验证样本 *R* 方
1	3-5-0-1	0.8297	0.7761
2	3-2-3-1	0.8554	0.8196
3	3-6-0-1	0.8417	0.7889
4	3-3-2-1	0.8236	0.7502

注意该模型中涉及两个隐层，$q1$ 表示靠近输出值一段的隐层，$q2$ 表示靠近输入值一段的隐层。故模型 3-2-3-1 表示输出变量为 1 个，输入变量为 3 个，2 个神经元组成隐层 $q1$，3 个神经元组成隐层 $q2$。如图 3.23 所示。

从表 3.2 可以看出，当输入和输出层固定时，对于隐层中节点个数相同时，可以发现双层结构有可能比单层结构有着更好的拟合和预测效果（比较模型 1，2），而且即便单层结构中隐神经元个数多于双层隐结构，其拟合效果及预测效果也不一定比拥有相对较少的隐神经元双层模型强（比较模型 2，3，4）。因此说明，增加隐层个数和神经元个数都可能改善模型的拟合效果和预测效果，增加隐层数目可能效果更佳。最终选择模型 2，建立 3-2-3-1 模型（如图 3.23 所示）。

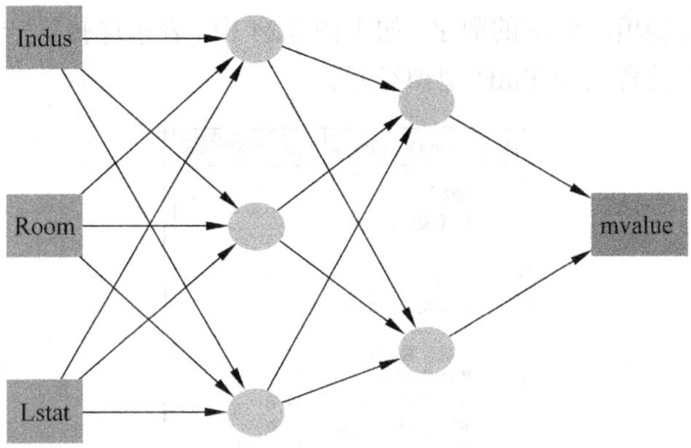

图 3.23 神经网络图

（2）操作分析

① 打开数据后，进入神经网络模型界面

依次选择“分析”→“建模”→“神经网络”，进入界面并选择相应变量（见图 3.24）

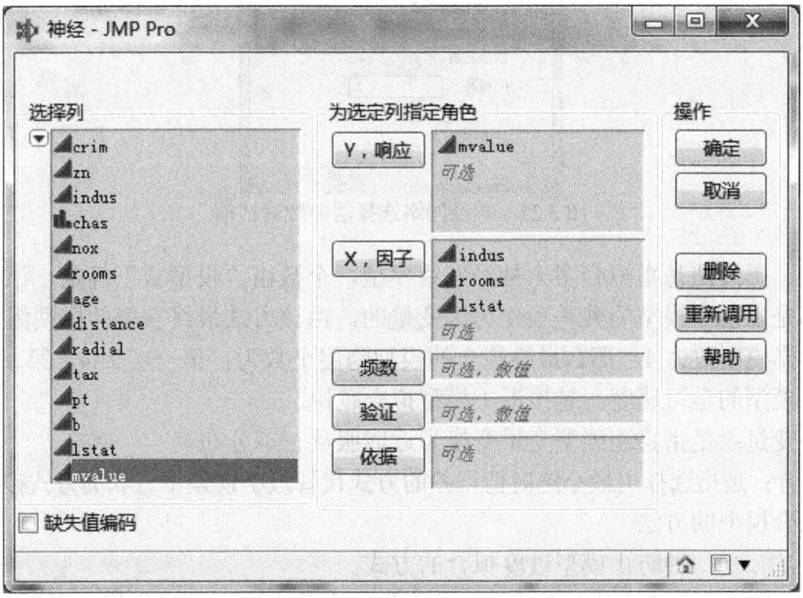

图 3.24 神经网络选择变量对话框

② 单击确定得如图 3.25 所示界面

图 3.25 中神经网络选择层参数对话框重要选项解释：

验证方法：该选项是指采用 Bootstrap 抽样，每次抽样 2/3 的样本作为训练样本用于建立模型，剩余样本用于测试样本，重复多次。

激活：需要指出的是，JMP 中所指的激活函数实际上为本章中所介绍的信号函数，而本书说提到的激活函数在 JMP 中也默认为各输入变量的线性组合。JMP 提供的三个函数 TanH 函数，线性函数，高斯函数。后两个读者已经熟悉，TanH 函数也是一种 S 型函数，其取值在(–1,1)，函数形式为：$\dfrac{e^{2x}-1}{e^{2x}+1}$。读者可以看到“第一”和“第二”两行出现三个“空”，读者可以在对应的控制填入对应的数字，如上图 3.24 中，表示选择第一层中包含两个 TanH 型神经元，第二层中包含三个 TanH 型神经元。

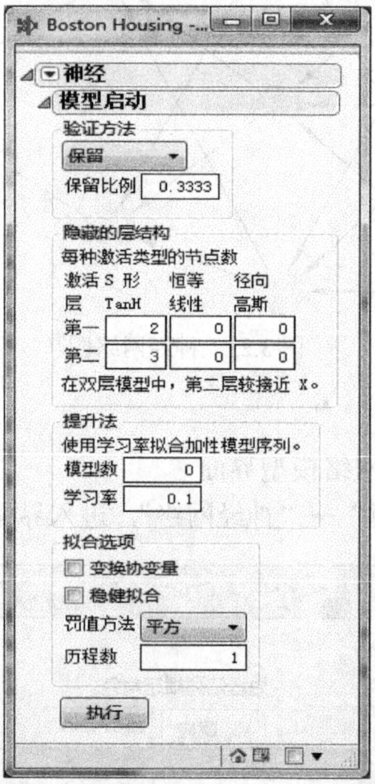

图 3.25 神经网络选择层参数对话框

提升法：提升法是指拟合多个神经网络模型，个数由“模型数”确定，该方法每次建造的模型都是以前个模型的残差项作为因变量的，由该方法最终获得的模型组合为一个模型。如若选择模型数为 4，那么最终拟合的模型隐层个数为：第一层 2×4，第二层 3×4。学习率决定了模型的学习速度，越接近 1 模型拟合越快。

变换协变量：是指将连续型变量变换为近似服从正态分布。

稳健拟合：是指选择用最小绝对值误差的方式代替最小误差平方和的方式拟合模型，是一种稳健拟合模型的方法。

罚值方法：是一种防止模型过度拟合的方式。

历程数：是指指定拟合模型的个数，输出指定个数中验证结果最好的模型，注意与“模型数”区分。

③ 结果展示（如图 3.26 所示）。

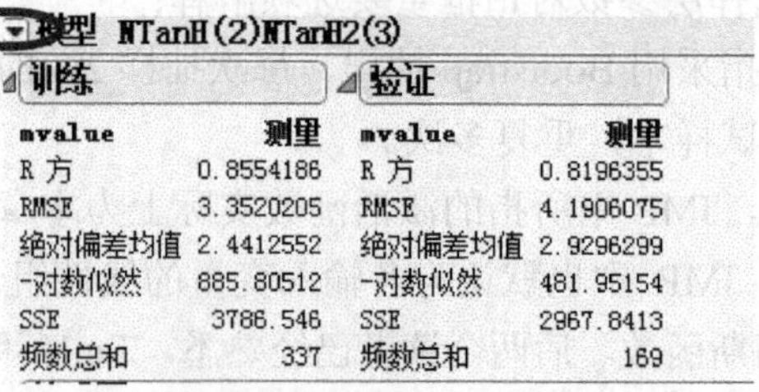

图 3.26 模型拟合及验证结果

如图 3.26 中显示，模型拟合的相关系数为 0.8554，验证样本的相关系数为 0.8196，在图 3.27 中 Lstat 模型效果最佳。再单击“模型”小红点并选择关系图和刻画线。

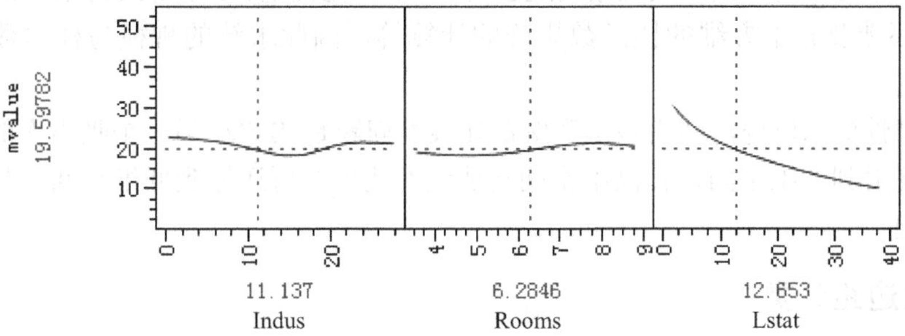

图 3.27 刻画线图

关系图：该选项返回图 3.23 所示的神经网络结构图

刻画线：该选项刻画了各个自变量对因变量的作用，如图 3.27 可以发现该地区住宅的平均房间数和波士顿房价正相关，而教育程度低的人口所占比例与波士顿房价呈显著负相关。当拖拉刻画器的模拟纵杆，发现第三个变量的变化对因变量影响最大，说明这个变量对模型的稳定性影响较大。

需要指出的是，在对分类型因变量进行拟合时，一般结果中还会有交叉验证矩阵，以及 ROC 曲线等选项，它们的含义和决策树模型中的含义是相同的。

3.7 支持向量机

支持向量机（Support Vector Machine，SVM）是寻找稳健分类模型的一种代表性算法。支持向量机的思想最早在 1936 年 Fisher 构造判别函数时就已经显露出来，Fisher 构造的两组数据之间的判别模型是过两个集合中心位置的中垂面，中垂面体现的就是稳健模型的思想。函数逼近建立了输入和输出函数估计理论，但当输出中包含噪声干扰时，估计模型抗噪声能力较弱，另一个困扰建模的问题是在建模过程中，是否只有一种最优目标函数存在，比如模型结构选择和模型精确度的选择通常是两个不同的目标，既要体现灵活性又要保证稳健性，这对复杂目标下的建模来说是一种客观现实的需要，这个问题也可以被描述成精准估计和泛化误差之间的权衡问题。1974 年 Vapnik 和 Chervonenkis[21]建立了统计学习理论，比较正式地提出了结构风险建模思想，他们开创了直接对判别边界建模的理论方向，这一理论成为统计学习得以发展的奠基石。统计学习认为稳健预测模型的建立可以通过设计结构风险不断降低的算法建模过程实现，该过程以搜索到结构风险最小为目的。20 世纪 90 年代 Vapnik[22]基于小样本学习问题正式提出支持向量机的概念，作为一种以结构风险最小化原理为基础的新算法，支持向量机具有其他以经验风险最小化原理为基础的算法难以比拟的优越性，它可以转化为求解一个凸二次优化算法，能够保证得到的极值解是全局最优解。它通过平衡的函数设计将估计的目标直接对准所要估计关系的最稳健的方向，在该方向之下直接产生最优边界估计，而不必像传统的方法先估计关系，再估计边界。SVM 的目的是寻找泛化能力好的决策函数，即由有限样本量的训练样本所得到的决策函数，在对独立的测试样本做预测分类时，仍然能保证较小的误差。此外，SVM 算法的本质是求解凸二次优化问题，能够保证所找到的极值解就是全局最优解。

当样本数量为 n 时，该二次规划问题包含 $2n$ 个优化变量、1 个等式约束、$4n$ 个不等式约束、同时还涉及 n 平方维的核函数矩阵的计算等，因此求解的规模与样本数量有密切关系。

除了稳健性概念以外，使用核函数解决非线性问题是 SVM 另一个吸引人的地方，即将低维空间映射到高维空间，在高维空间构造线性边界，再还原到低维空间，从而解决非线性边界问题。

3.7.1 最大边距分类

首先考虑最简单的情况：数据线性可分的两分类问题。训练数据为 n 个对：$(\boldsymbol{x}_1, y_1)$, $(\boldsymbol{x}_2, y_2),\cdots,(\boldsymbol{x}_n, y_n)$，其中 $\boldsymbol{x}_i \in \mathbb{R}^p$ 为特征变量；$y_i \in \{-1,+1\}$ 为因变量。

图 3.28 中给出了一组二维两类数据的训练集，实心点和空心点表示两个不同的类。该数据集是线性可分的，因为可以绘制一条直线将+1 的类和–1 的类分开。显然该图上这样的直线可以有很多条。自然的一个问题是，哪一条最好，是否存在一条直线能把数据中不同的类别分开，当面对新数据时适应性最好，如果存在，如何找到？如果特征变量超过二维，则要寻找的是最佳超平面。

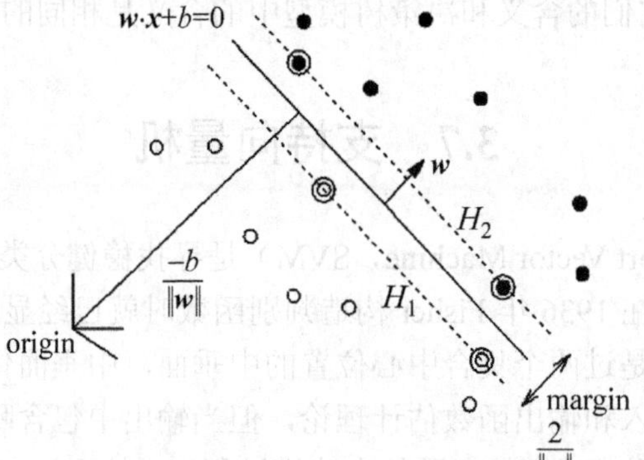

图 3.28 支持向量机二维示意图

要找出最佳超平面，首先要给出衡量超平面“好坏”的标准。把超平面同时向两侧平行移动，直到两侧分别遇到各自在训练集上第一个点停下，这两个点是距离超平面最近的两个点，这时两个已移动的超平面之间的距离定义为边距（margin）。支持向量机算法搜索的最佳超平面就是具有最大边距（margin）的超平面。直觉上，具有最大边距的超平面有更好的适应能力，更稳健。

下面给出超平面的定义：

$$\{\boldsymbol{x} : f(\boldsymbol{x}) = \boldsymbol{x}^{\mathrm{T}} \boldsymbol{\beta} + \beta_0 = 0\} \tag{3.13}$$

其中，$\boldsymbol{\beta}$ 是单位向量。由 $f(\boldsymbol{x})$ 导出的分类规则也称判决函数

$$G(\boldsymbol{x}) = \mathrm{sign}\left[\boldsymbol{x}^{\mathrm{T}} \boldsymbol{\beta} + \beta_0\right] \tag{3.14}$$

可以看到如果点$\boldsymbol{x}_i$满足$\boldsymbol{x}_i^{\mathrm{T}}\boldsymbol{\beta}+\beta_0>0$，则$G(\boldsymbol{x})$把$\boldsymbol{x}_i$分为1类，否则分为–1类。通过判决函数$G(\boldsymbol{x})$可以计算出该定义下超平面的边距为$m=\boldsymbol{\beta}^{\mathrm{T}}(\boldsymbol{x}_i-\boldsymbol{x}_j)$。$\boldsymbol{x}_i$，$\boldsymbol{x}_j$为超平面向两侧平移时最先相交的点。

由于类是可分的，调整$\boldsymbol{\beta}$和β_0的值，使得对任意的i有：$y_i f(\boldsymbol{x}_i)>0$。要找到在类1和类–1的训练点之间产生最大的边距的超平面，相当于解最优化问题：

$$\max_{\beta,\beta_0,\|\boldsymbol{\beta}\|=1} m$$

$$\text{s.t. } y_i(\boldsymbol{x}_i^{\mathrm{T}}\boldsymbol{\beta}+\beta_0)\geqslant m, i=1,2,\cdots,n \tag{3.15}$$

这相当于寻找将所有点分得最开的最大边距所对应的超平面，边距为$2m$。注意到其实距离并非本质，距离由超平面的法线决定，于是归一化边距后，式(3.15)的最优化问题等价于

$$\max_{\beta,\beta_0}\left(\frac{1}{\|\boldsymbol{\beta}\|}\right)$$

$$\text{s.t. } y_i(\boldsymbol{x}_i^{\mathrm{T}}\boldsymbol{\beta}+\beta_0)\geqslant 1, i=1,2,\cdots,n \tag{3.16}$$

相应的边距为$m=2/\|\boldsymbol{\beta}\|^2$。

实际中更为常见的是，特征空间上存在个别的点不能用超平面分开，这是训练集线性不可分的情况。处理这类问题的一种办法仍然是极大化边距，但允许某些点在边距的错误侧。此时，定义松弛变量$\boldsymbol{\xi}=(\xi_1,\xi_2,\cdots,\xi_n)$，将约束s.t. $y_i(\boldsymbol{x}_i^{\mathrm{T}}\boldsymbol{\beta}+\beta_0)\geqslant m,\ i=1,2,\cdots,n$，式(3.15)改写为

$$\text{s.t. } y_i(\boldsymbol{x}_i^{\mathrm{T}}\boldsymbol{\beta}+\beta_0)\geqslant C(1-\xi_i),\quad i=1,2,\cdots,n$$

对于两边距之间的点$\xi_i>0$，两边距外的点$\xi_i=0$，边距之外错分的点$\xi_i>1$，用约束$\sum_i \xi_i \leqslant$常量C可以限制错分点的个数。

在不可分情况下，最优化问题变为

$$\min_{\beta,\beta_0,\xi}\|\boldsymbol{\beta}\|+C\sum_{i=1}^{n}\xi_i$$

$$\text{s.t. } y_i(\boldsymbol{x}_i^{\mathrm{T}}\boldsymbol{\beta}+\beta_0)\geqslant 1-\xi_i,\quad \xi_i\geqslant 0, i=1,2,\cdots,n \tag{3.17}$$

支持向量机的解可以通过最优化问题来解决。

3.7.2 支持向量机问题的求解

首先注意到最优化问题式(3.17)等价于

$$\min_{\beta,\beta_0,\xi}\frac{1}{2}\|\boldsymbol{\beta}\|^2+\gamma\sum_{i=1}^{n}\xi_i$$

$$\text{s.t. } 1-\xi_i-y_i(\boldsymbol{x}_i^{\mathrm{T}}\boldsymbol{\beta}+\beta_0)\leqslant 0, \xi_i>0,\ \forall i=1,2,\cdots,n \tag{3.18}$$

其中，γ与式(3.17)中常量C的作用是一样的。式(3.17)的最优化问题可以转化为相应拉格

朗日函数的极值问题，其拉格朗日函数为

$$L(\boldsymbol{\beta},\beta_0,\boldsymbol{\alpha},\boldsymbol{\xi})=\frac{1}{2}\boldsymbol{\beta}^{\mathrm{T}}\boldsymbol{\beta}+\gamma\sum_{i=1}^{n}\xi_i-\sum_{i=1}^{n}\alpha_i\left[y_i\left(\boldsymbol{x}_i^{\mathrm{T}}\boldsymbol{\beta}+\beta_0\right)-\left(1-\xi_i\right)\right]-\sum_{i=1}^{n}\mu_i\xi_i \tag{3.19}$$

拉格朗日函数的极值问题等价于具有线性不等式约束的二次凸最优化问题，我们使用拉格朗日乘子来描述一个二次规划解。

初始化问题(3.19)重写为

$$\min_{\beta}\max_{\alpha_i\geqslant 0,\beta_0,\xi_1\geqslant 0}L(\boldsymbol{\beta},\beta_0,\boldsymbol{\alpha},\boldsymbol{\xi}) \tag{3.20}$$

式(3.20)的对偶问题为

$$\max_{\alpha_i\geqslant 0,\varepsilon_i\geqslant 0}\min_{\beta_0,\beta}L(\boldsymbol{\beta},\beta_0,\boldsymbol{\alpha},\boldsymbol{\xi}) \tag{3.21}$$

要使 L 最小，需要 L 对 $\boldsymbol{\beta}$ ， β_0 ， ξ_i 的导数为零，即

$$\boldsymbol{\beta}-\sum_{i=1}^{n}\alpha_i y_i\boldsymbol{x}_i=\boldsymbol{0} \tag{3.22}$$

$$\sum_{i=1}^{n}\alpha_i y_i=0 \tag{3.23}$$

$$\alpha_1=\gamma-\mu_i,\quad \forall i=1,2,\cdots,n$$

注意： $\alpha_i,\mu_i,\xi_i\geqslant 0$ 。

把式(3.22)，式(3.23)代入式(3.19)，得到支持向量机的最优化问题的拉格朗日对偶目标函数为

$$L_D=\sum_{i=1}^{n}\alpha_i-\frac{1}{2}\sum_{i,j=1}^{n}\alpha_i\alpha_j y_i y_j\boldsymbol{x}_i^{\mathrm{T}}\boldsymbol{x}_j \tag{3.24}$$

由式(3.24)可知：现在需要找到合适的 $\beta_0,\boldsymbol{\beta}$ 使 L_D 最大。在 $0\leqslant\alpha_i\leqslant\gamma$ 和 $\sum_{i=1}^{n}\alpha_i y_i=0$ 的约束下，考虑 Karush-Kuhn-Tucker 条件的另外三个约束：

$$\alpha_i\left[y_i(\boldsymbol{x}_i^{\mathrm{T}}\boldsymbol{\beta}+\beta_0)-(1-\xi_i)\right]=0 \tag{3.25}$$

$$\mu_i\xi_i=0 \tag{3.26}$$

$$y_i(\boldsymbol{x}_i^{\mathrm{T}}\boldsymbol{\beta}+\beta_0)-(1-\xi_i)\geqslant 0 \tag{3.27}$$

以上三式对 $i=1,2,\cdots,n$ 都成立。式(3.22)，式(3.23)，式(3.25)，式(3.26)，式(3.27)共同给出原问题和对偶问题的解。$\boldsymbol{\beta}$ 的解具有如下形式：

$$\hat{\boldsymbol{\beta}}=\sum_{i=1}^{n}\hat{\alpha}_i y_i\boldsymbol{x}_i \tag{3.28}$$

其中满足式(3.25)的观测 i 有非零系数 $\hat{\alpha}_i$ ，这些观测称为支持向量(support vector)。根据前面6个式子解出支持向量和 $\hat{\alpha}_i$ 后，可得

$$\hat{G}(\boldsymbol{x})=\operatorname{sign}(\boldsymbol{x}^{\mathrm{T}}\hat{\boldsymbol{\beta}}+\hat{\beta}_0) \tag{3.29}$$

3.7.3 支持向量机的核方法

虽然引入软松弛变量可以解决部分的线性不可分问题，但仅限于存在少量干扰线性可分点的情形，当不可分的数据成一定规模而且形成了不可忽略的模式而存在时，需要有比线性函数更富有表现力的非线性边界。核函数是解决非线性可分问题的一种想法，它的基本思想是引入基函数，将样本空间映射到高维，低维线性不可分的情况在高维上可能得到解决。

假设将 $\boldsymbol{x}_i$ 映射到高维 $\boldsymbol{h}(\boldsymbol{x}_i)$，式(3.24)有形式：

$$L_D = \sum \alpha_1 - 1/2 \sum \sum \alpha' \alpha y_i y_i' \left\langle \boldsymbol{h}(\boldsymbol{x}_i), \boldsymbol{h}(\boldsymbol{x}_i') \right\rangle \tag{3.30}$$

由(3.13)式，解函数可以重写为

$$f(\boldsymbol{x}) = \boldsymbol{h}(\boldsymbol{x})^{\mathrm{T}} \boldsymbol{\beta} + \boldsymbol{\beta}_0 = \sum_{i=1}^{n} \alpha_i \left\langle \boldsymbol{h}(\boldsymbol{x}), \boldsymbol{h}(\boldsymbol{x}') \right\rangle + \beta_0 \tag{3.31}$$

由于上式运算只涉及内积，所以不需要指定变换 $\boldsymbol{h}(\boldsymbol{x})$，只需知道内积的形式即核函数就可以。定义核函数为

$$K(\boldsymbol{x}, \boldsymbol{x}') = \left\langle \boldsymbol{h}(\boldsymbol{x}_i), \boldsymbol{h}(\boldsymbol{x}_i') \right\rangle$$

比较常见的核函数有以下 3 种。

(1) d 次多项式：$K(\boldsymbol{x}, \boldsymbol{x}') = (1 + \langle \boldsymbol{x}, \boldsymbol{x}' \rangle)^d$

(2) 径向基：$K(\boldsymbol{x}, \boldsymbol{x}') = \exp(-\| \boldsymbol{x} - \boldsymbol{x}' \|^2 / c)$

(3) 神经网络：$K(\boldsymbol{x}, \boldsymbol{x}') = \tanh(k_1 \langle \boldsymbol{x}, \boldsymbol{x}' \rangle + k_2)$

例如，考虑一个只有二维的特征空间，给定一个 2 次多项式核：

$$\begin{aligned} K(\boldsymbol{x}, \boldsymbol{x}') &= (1 + \langle \boldsymbol{x}, \boldsymbol{x}' \rangle)^2 \\ &= (1 + x_1 x_2' + x_2 x_2')^2 \\ &= 1 + 2x_1 x_1' + 2x_2 x_2' + (x_1 x_1')^2 + (x_2 x_2')^2 + 2x_1 x_1' x_2 x_2' \end{aligned}$$

这个核函数等价于基函数集

$$h(X_1, X_2) = (1, \sqrt{2} X_1, \sqrt{2} X_2, X_1^2, X_2^2, \sqrt{2} X_1 X_2)$$

注意到这个基函数可以把二维空间映射到六维空间。

如果在高维可以建立超平面，并将超平面反映射到原空间，分界面可能是弯曲的。一些学者表明如果使用充足的基函数，数据可能会可分，但可能会发生过拟合。所以 SVM 并不直接将样本空间映射到高维，而是通过核函数这种简便的方式，实现高维线性可分。

例 3.6 鸢尾花数据（见光盘数据 iris.txt）是 Fisher 收集的一个数据，该数据有 150 个观测和 5 个变量：Sepal.Length（花萼片的长度），Sepal.Width（花萼片的宽度），Petal.Length（花瓣的长度），Petal.Width（花瓣的宽度），Species（花的种类，三种）。

本例只考虑二分类问题，即只对两类花 versicolor 和 virginica，用花瓣长度和花瓣宽度建立模型预测花的类别。我们在 R 程序中还绘制了以萼片长度和萼片宽度为坐标轴的散点图，给出支持向量机模型的判别曲线和支持向量机。下面是 R 程序：

```
install.packages("e1071")
library(e1071)
data(iris)
```

```
x=iris[51: 150,c(3,4,5)]
x[,3]=as.character(x[,3])
x[,3]=as.factor(x[,3])
iris.svm=svm(Species.~,data=x)
plot(iris.svm,x,Petal.Width~Petal.Length)
```

得到结果如图 3.29 所示。

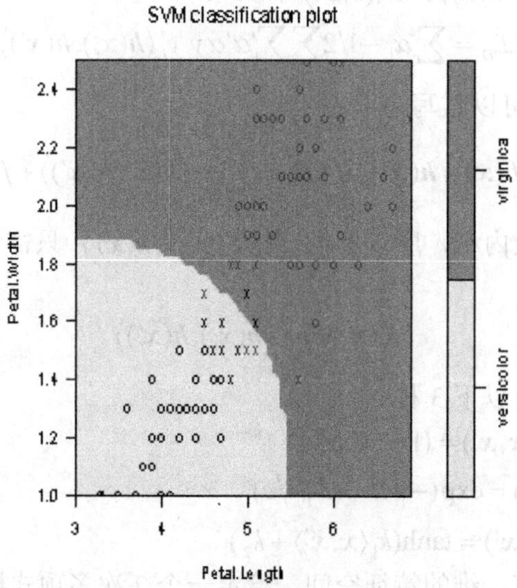

图 3.29　支持向量机分类图

JMP 中 SVM 操作步骤如下：

1. 添加 ADD-IN，一般会出现在菜单栏的插件栏下，打开 Iris 数据集，选择插件。有如图 3.30 所示的界面图。

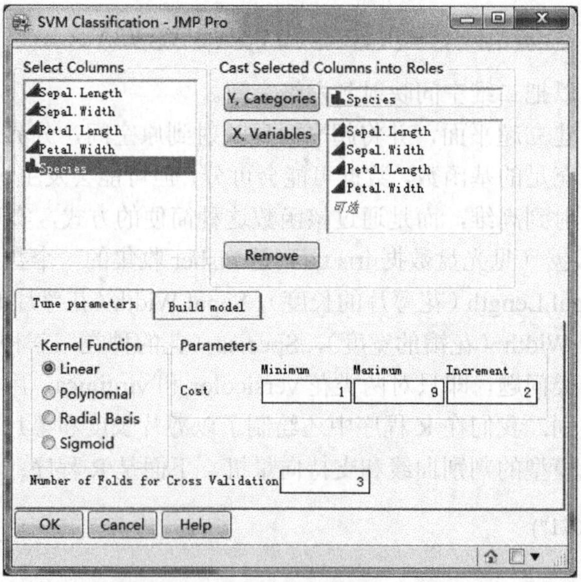

图 3.30　支持向量机数据导入界面

界面中的基本选项的说明：

Y,Categories：该项加入分类型因变量

X,Varibles：该项加入自变量

Remove：该选项表示将误选的变量从右边剔除

Tune parameters：该版块下选择核函数，且对应于每一个核函数会在右边出现不同的参数设置选项，其中核函数的形式与前面所述大致相同，只是参数会有所区别，具体如下：

Linear：$\boldsymbol{x}_i^{\mathrm{T}}\boldsymbol{x}_j$

Polynomial：$(\gamma\boldsymbol{x}_i^{\mathrm{T}}\boldsymbol{x}_j+c)^d$

Radial Basis：$\exp(-\gamma\|\boldsymbol{x}_i-\boldsymbol{x}_j\|^2)$

Sigmoid：$\tanh(\gamma\boldsymbol{x}_i^{\mathrm{T}}\boldsymbol{x}_j+c)$

其中 c 默认为 0.

Parameters 下的 Cost：表示拉格朗日函数中的松弛系数，其作用和式（3.17）中常量 C 是相同的。通过选择不同的 γ 拟合模型，通过比较可以得到最优模型和最优参数估计。

本列中，选择 Radial Basis 核，Parameters 栏下显示的含义是：γ（拉格朗日函数中的参数 γ）值取 1,3,5,7,9；Radial Basis 核中的参数 γ 取值在 0.01 到 0.1 之间，以间隔 0.001 递增；窗口底部表示采用 3 折交叉验证计算错误率。得到如图 3.31 所示的界面。

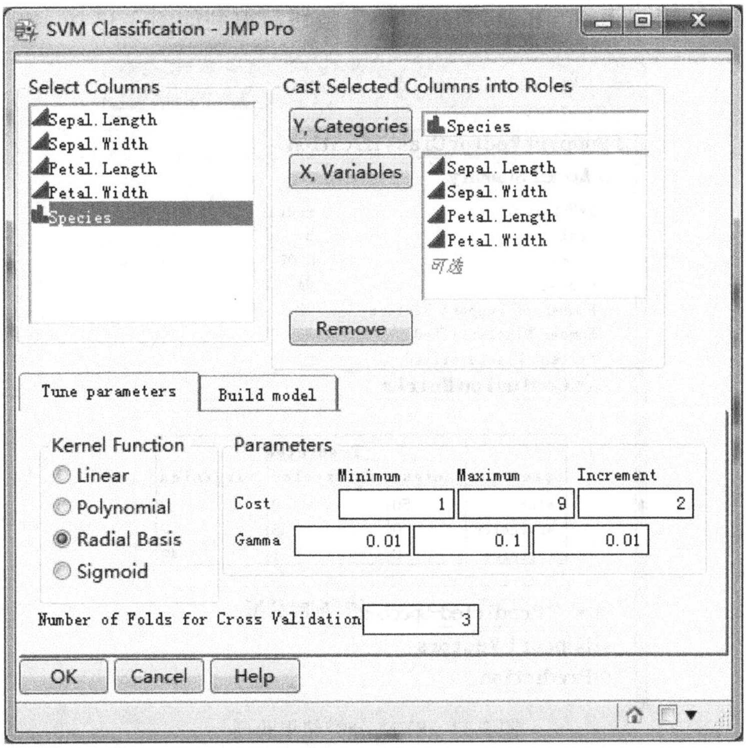

图 3.31 SVM 分析参数设置

2. 单击“OK”按钮后，进入如图 3.32 所示的界面。

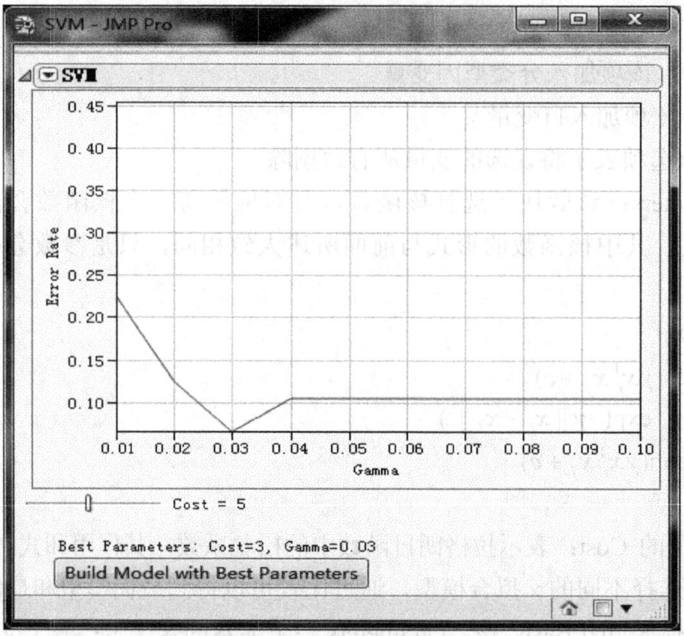

图 3.32 动态参数—效果图

该界面表示对不同的参数值，模型交叉验证的预测效果图，该图最下面的一行文字表示，对于拉格朗日参数中的γ应当选择 3，而对于核函数中的参数γ，则选择 0.03。

3. 单击“Build Model with Best Parameters”按钮，得到如图 3.33 所示的界面。

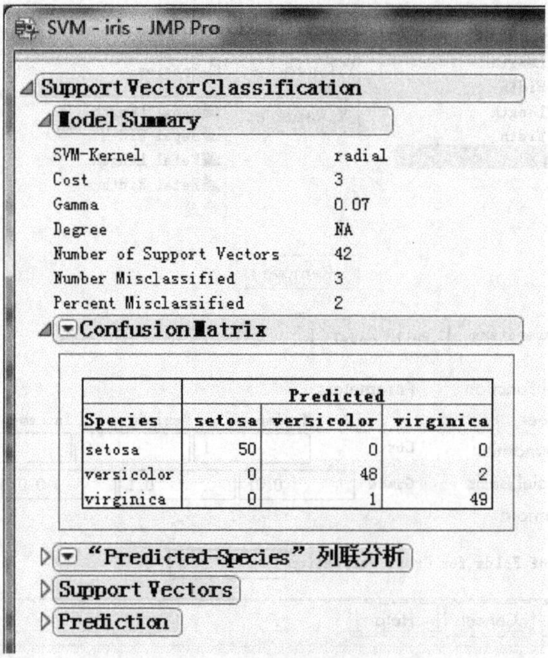

图 3.33 SVM 分类结果验证

该界面中，Model Summary 汇总了模型的核函数，选择的 Cost 值，Gamma 值等基本信息。从中可以看出，该方法最终选择了 42 个样本作为支持向量。从 Confusion Matrix（含混矩阵）中可以看到预测情况，只有 3 个样本预测错误，还可以打开 Support Vectors 查看选择的 42 个支持向量，在 Prediction 中可以输入新的数据，利用该模型进行预测。在单击上一个操作的同时，JMP 已经将源数据的预测结果保存到数据表中。

3.8 多元自适应回归样条

多元自适应回归样条法（Multivariate Adaptive Regression Spline，MARS）是 Friedman J[23] 于 1991 年基于递归分割回归法（recursive partitioning regression）与投影寻踪回归法（projection pursuit regression）提出的，该方法是专门用于解决高维回归问题的非参数方法。多元自适应回归样条的模型思想与递归分隔算法一致，它的基本原理不是用原始预测变量直接建立回归模型，而是对一组特殊的线性基建立回归。

多元自适应回归样条首先将预测变量空间划分为若干个区域，在每个区域用线性模型拟合，整个回归线的斜率在不同区域之间是变化的，不同区域的回归交点称为节点。

多元自适应回归样条预测模型表示为

$$\hat{y}=\hat{f}_M\left(x\right)=\beta_0+\sum_{m=1}^{M}\beta_m h_m(x)=\beta_0+\sum_{m=1}^{M}\beta_m\prod_{k=1}^{K_m}\left[s_{km}(x_{v(k,m)}-t_{km})\right] \tag{3.32}$$

其中 $\hat{y}$ 是因变量的预测值，β_0 为常数项参数，β_m 为第 m 个样条函数的系数，式中 $h_m(x)$ 为第 m 个样条函数，是某个基函数或多个基函数的乘积。M 是模型中样条函数的数目，K_m 是节点数，s_{km} 值取 1 或–1，表示右侧或左侧的样条函数，$v(k,m)$ 是独立变量的标识，t_{km} 表示节点的位置。

每个基函数代表响应变量的给定区域，假设 $X_1,X_2,\cdots,X_p$ 为训练集的 p 个特征，训练数据点在第 j 维特征上的坐标为 $\left\{x_{1j},x_{2j},\cdots,x_{nj}\right\}$，$n$ 为训练样本量，多元自适应回归样条基函数集定义为

$$C=\{(X_j-t)_+,(t-X_j)_+\},\quad t\in\{x_{1j},x_{2j},\cdots,x_{nj}\},j=1,2,\cdots,p \tag{3.33}$$

如果所有特征的值都不一样，则基函数集共有 $2np$ 个函数。对每个常数 t，其中 $(x-t)_+$ 和 $(t-x)_+$ 称为一个反演对。反演对中的每个函数是分段线性的，扭结在值 t 上。例如，$(x-x_{ij})_+,(x_{ij}-x)_+$ 是一个反演对。多元自适应回归样条基函数如图 3.34 所示。

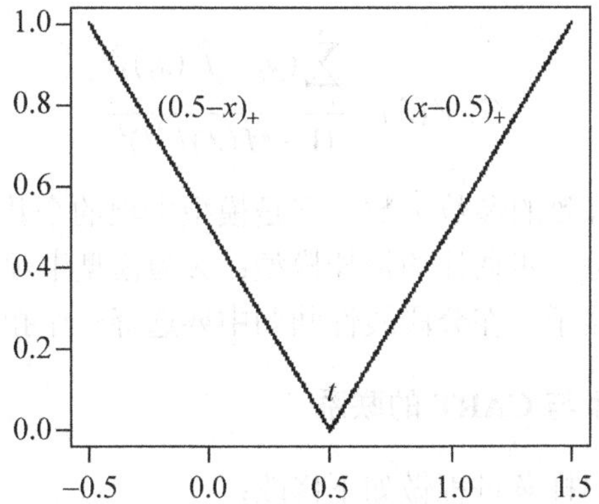

图 3.34 多元自适应回归样条基函数图

多元自适应回归样条预测模型的建立过程分为向前逐步选择基函数过程、剪枝过程和确定最优模型 3 个过程。向前逐步建模过程主要的任务是构造 $h_m(x)$ 函数，并且将其添加到模型中，直到添加的项数达到预先设定的最大项数 $M_{\max}$，类似于前向逐步线性回归。在构造 $h_m(x)$ 函数的时候，不仅用到集合 C 中的函数而且使用它们的积。选择 $h_m(x)$ 之后，系数 β_m 通过最小化残差平方和估计。这样做显然会过拟合，于是需要向后逐步建模简化模型。向后逐步过程考虑模型子项，将那些对预测影响最小的项删除，直到选到最好的项，这个过程类似于决策树的剪枝过程。

多元自适应回归样条的预测模型关键在于如何选择 $h_m(x)$。以下给出 $h_m(x)$ 的构造过程，同时也是估计系数 β_m 的过程。

（1）令 $h_0(x)=1$，用最小二乘法估计出唯一的参数 β_0，得出估计的残差 R_1。将 $h_0(x)=\beta_0$ 加入到模型集 H 中。

（2）考虑模型集 H 与 C 中反演对中一个函数的积，将所有这样的积看作是一个新的函数对。估计出如下形式的项：

$$\hat{\beta}_{M+1}h_0(x)(X_j-t)_+ + \hat{\beta}_{M+1}h_0(x)(t-X_j)_+$$

这样可得 $h_1=(X_j-t)_+$，$h_2=(t-X_j)_+$，把 $h_1(x)$, $h_2(x)$ 添加到模型集 M 中。目前的模型集 $M=\{h_0(x),h_1(x),h_2(x)\}$。使用最小二乘法拟合参数，求出残差 R_2。t 的选择是从 np 个基函数选出残差降低最快的基。

（3）考虑新的模型集 H 与 C 中反演对中一个函数的积：

$$\hat{\beta}_{M+1}h_l(x)(X_j-t)_+ + \hat{\beta}_{M+2}h_l(x)(t-X_j)_+$$

这样 h_l 就不是(1)中只有 $h_0(x)$ 一个选择，而是 3 个选择 $h_0(x),h_1(x),h_2(x)$，到底选择哪个就要结合 t 通过上式估计使(1)中的残差降到最小。参数的估计与(1)中的做法一样，将 $h_3(x)=h_i(x)(X_j-t)_+$，$h_4(x)=h_i(x)(t-X_j)_+$ 添加到模型集 M 中。这一步更新的残差为 P_3。

（4）循环上一步。

（5）直到模型集 H 中的函数项数达到指定项数 $M_{\max}$ 后，停止循环。

上述向前搜索建模过程结束后，我们得到一个如式(3.32)的大模型。同决策树一样，该模型过拟合数据，为此进入后向删除过程。每一步将从模型中删除引起残差平方和增长最小的项，产生函数项数目为 λ 的最佳估计模型 $\tilde{f}_\lambda$。λ 的最佳值可以通过交叉验证估计，但为了降低计算代价，多元自适应回归样条使用的是更为简便的广义交叉验证方法：

$$GCV(\lambda)=\frac{\sum_{i=1}^{N}(y_i-\hat{f}_\lambda(x_i))^2}{(1-M(\lambda)/N)^2}$$

其中，值 $M(\lambda)$ 是模型中有效的参数个数：它是模型中项的个数加上用于选择扭结最佳位置的参数个数。$\hat{f}_\lambda(x_i)$ 为每一步估计的最佳模型；λ 为模型中项的个数，N 表示基函数的个数。一些经验计算结果显示，在分段线性回归中要选择一个扭结一般要用 3 个参数。

1. 多元自适应回归样条与 CART 的联系

如果对多元自适应回归样条过程做如下修改：

（1）用阶梯函数 $I(x-t>0)$ 和 $I(x-t\leqslant 0)$ 代替分段线性基函数；

（2）当一个模型项包含在乘积中，它将被交叉项取代，于是交叉项将不再参与模型建设。

改变后多元自适应回归样条的前向过程与 CART 的树增长算法基本一致。一个阶梯函数乘以一个反演阶梯函数等价于在该步分裂一个节点。第二个限制意味着节点不会多次分裂。

2. 多元自适应回归样条的性质

多元自适应回归样条模型具有以下特点：

（1）多元自适应回归样条模型在处理复杂的非线性变量关系时，不需要假设预测变量和预报因子的线性关系、指数关系及正态假设。

（2）多元自适应回归样条模型是一种泛化能力很强的专门针对高维数据回归方法，以“前向”和“后向”算法逐步筛选因子，具有很强的自适应性。在整个运算过程中，基函数的确定都是根据数据自动完成，不需要人工设定。尽管线性回归和逻辑回归可以根据一定的“前向”算法进行因子的筛选，但是不能自动“后向”删除相关性不大的因子。相比较而言，多元自适应回归样条模型具有线性回归方法和逻辑回归所无法比拟的特点。

（3）整个运算过程快捷且得到的模型具有较好的解释能力，对于说明预测变量的变化往往与某几种环境因素具有重要的联系具有直观性.

（4）多元自适应回归样条过程中可以对交叉积的阶设置上界。如把阶数的上界设为 2，不允许 3 个和 3 个以上的分段线性函数相乘，这最终有助于模型的解释。阶数的上界设为 1 将产生加法模型。这也是多元自适应回归样条与决策树的一个不同点：多元自适应回归样条可以捕捉到加法结构，而决策树不可以。

因为多元自适应回归样条的非线性和基函数选择，使得它不仅适用于高维回归问题，而且适用于变量之间存在交互作用和混合变量的情形。所以相比于其他的经典回归模型，在高维、变量有交互作用、混合变量问题下，多元自适应回归样条较有优势，解释性较好。

例 3.7 数据集 trees（R 自带）取自 31 棵被砍伐的黑樱桃树，有三个特征：Girth（黑樱桃树的根部周长），Height（高度），Volume（体积）。下面我们通过多元自适应回归样条方法拟合 trees 数据，建立预测树体积的模型。以下是 R 软件的程序。

```
library(mda)
library(class)
data(trees)
fit1<-mars(trees[,-3],trees[3])
showcuts<-function(obj){
tmp<-obj$cuts[obj$sel,]
dimnames(tmp)<-list(NULL,names(trees)[-3])
tmp}
showcuts(fit1)
```

3.9 讨论题目

1.（1）在鸢尾花数据中，只选择 Sepal.Length，Setal.Width 两个输入变量，调用 R 中的 knn 函数，设置不同的 k 构造分类模型，分别计算训练分类错误率，选择合适的 k。

（2）将鸢尾花数据随机分成大小为 70:30 的训练集和测试集，对 Sepal.Length 和 Setal.Width 两个输入变量，用 R 中的 knn 函数在训练集上构造分类模型，计算测试分类错误率，选择合适的 k。

2.（1）举例说明决策树方法作为分类器的优势和劣势。

（2）修剪一棵分类树，在下面的集合上，判断是否经常还是偶尔改进或降低分类器的性能：

① 训练集

② 测试集

（3）下面的数据由输入 x_1, x_2 和输出 y 构成。

x_1	x_2	y
Red	5.1	0
Red	0.8	1
Red	6.6	0
Red	7.7	1
Red	1.3	1
Blue	4.6	1
Blue	6.0	1
Blue	4.6	0
Yellow	7.4	0
Yellow	5.9	0

假设第一个拆分变量是 x_1，使用 GINI 准则，计算每个在 x_1 上可能的拆分的增益，并确定最终的拆分点。

3.（1）试解释 Boosting 方法的原理。

（2）试叙述 Boosting 方法和 AdaBoost 算法的关系。

（3）用 Bootstrap 算法把乳腺癌数据分为测试集和训练集。用 R 软件求出下列题目：

① 用 AdaBoost 算法拟合乳腺癌数据训练集，求出其训练误差和测试误差。

② 用 AdaBoost 算法拟合乳腺癌数据训练集时，当误差有明显的下降时，怎样调整合适的迭代次数？

③ 叙述 AdaBoost 算法的原理，它和决策树、支持向量机有何分别？

4.（1）支持向量机算法的模型的基本原理是什么？怎样拟合模型参数？

（2）支持向量机算法使用核函数的目的是什么？

（3）对于南非心脏病数据（见数据光盘中的 saheart.txt），用 Bootstrap 算法抽出训练集和测试集。用 R 软件求出下列题目：

① 求出 svm 拟合南非心脏病数据训练集后的判别函数和其训练误差。

② 和 Logistic 回归方法拟合南非心脏病数据训练集进行比较，比较两种方法的训练误差和测试误差。

5.（1）比较随机森林树分类算法和决策树分类算法的区别，解释随机森林树是怎样工作的。

（2）比较随机森林树和 Boosting 算法的区别和联系，画图表示。

（3）在 Titanic 数据上，用 Bootstrap 算法分出 63:37 的训练集和测试集。用 R 软件求出下列题目：

① 用随机森林树拟合 Titanic 数据训练集，求出测试误差，并且和决策树的测试误差比较。

② 用随机森林树拟合 Titanic 数据训练集，在迭代次数为 10 次、20 次、…、100 次下，求出测试误差。

③ 用 AdaBoost 算法拟合乳腺癌数据，并作图和随机森林树比较测试误差。

6.（1）证明多元自适应回归样条可以表示成如下形式：

$$a_0+\sum_i f_i(x_i)+\sum_{i,j} f_{ij}(x_i,y_i)+\sum_{i,j,k} f_{ijk}(x_i,y_i,x_k)+\cdots$$

（2）解释多元自适应回归样条算法怎样从基函数集 C 中选择基函数 $h_m O$，也就是解释多元自适应回归样条是怎样工作的。

（3）多元自适应回归样条算法怎样避免过拟合？

（4）用例 3.2 中 Titanic 数据，建立线性回归预测树的体积的模型，并和多元自适应回归样条方法比较误差。

7. 重新运行 iris 数据做随机森林模型，观测运行结果，你发现了什么？为什么会这样？对决策树和提升树采用各自原来的参数拟合模型，比较是否相同。以此体会它们之间的区别。

3.10 推荐阅读

[1] Ben Krose, Patrick van der Smagt. An introduction to Neural network [M]. 8th ed. University of Amsterdam, 1996.

[2] Satish kumar. Neural network [M]. 北京：清华大学出版社, 2006.

[3] Anil K Jain, Jianchang Mao. Artificial Neural network: a tutorail[J]. IEEE, 1996, 3: 31-45.

[4] Breiman L, Friedman J H, Olshen R A, Stone C J. Classification and Regression Trees[M]. Belmont: Wadsworth, 1984.

[5] Leo Breiman. Random forests[J]. Machine Learning, 2001, 45(1): 5-32.

[6] Hastie T, Tibshirani R, Friedman J H.The Elements of Statistical Learning[M]. New York: Springer-Verlag, 2003.

[7] Freund,Y, Schapire,R. A decision-theoretic generalization of on-line learning and an application to boosting[J]. Journal of Computer and System Sciences, 1997, 55: 119-139.

[8] Ehrenfeucht, hrenfe, Learnability and the Vapnik-Chervonenkis Dimension–Blumer[M], M]um.

[9] Vladimir N Vapnik. The Nature of Statistical Learning Theory[M]. New York: Springer-Verlag, 1995.

[10] ANSELM BLUMER, RZEJ EHRENFEUCHT, DAVID HAUSSLER, MANFRED K. WARMUTH Learnability and the Vapnik-Chervonenkis Dimension[J]. Journal of the Association for Computing Machinery, 1989, 36(4): 929-965.

[11] Morgan J, Sonquist J. Problems in the Analysis of survey Data and a Proposal[J]. J. Amer. Statistical Assoc., 1963, 58: 415-434.

[12] Quinlan J R. Programs for Machine Learning, The Morgan Kaufman Series in Machine Learning[M], Morgan Kaufman Publ., San Mateo, Calif. 1993.

[13] Schlinner J C, Fiasher D. A case study of incremental concept induction[C]. Proceeding of AAAI-86, 1986.

[14] Tgoff P E, Brodley C E. Linear machine decision trees[R]. COINS Technical Report 91-100, University of Massachusetts, Amherst, MA.

[15] John Ross Quinlan. C4. 5: programs for machine learning[M]. Morgan Kaufmann, 1993.

[16] Yoav Freund, Robert E Schapire. A Short Introduction to Boosting[J]. Journal of Japanese Society for Artificial Intelligence, 1999, 14(5): 771-780.

[17] Friedman J. A tree-structured approach to nonparametric multiple regression. Smoothing techniques for curve estimation[M]. Springer, 1979.

[18] McCulloch,Pitt,A. logical calculus of the ideas imminent in nervous activity[M]. McCulloch, Pitts, 1943.

[19] Minsky M, Papert S. Perceptrons; An introduction to computational geometry. expanded edition. Cambridge: The MIT Press, 1969.

[20] Dr William H. Wolberg. General Surgery Dept. University of Wisconsin, Clinical Sciences Center Madison[D], WI 53792. wolberg '@' eagle.surgery.wisc.edu.

[21] Vapnik V, Chervonenkis A. Theory of Pattern Recognition[M] (in Russian). Moscow, Russia: Nauka, 1974.

[22] Vladimir Vapnik. The Nature of Statistical Learning Theory (Information Science and Statistics)[M], Springer, 1999.

[23] Friedman J H., Multivariate Adaptive Regression Splines(with discussion)[J], Annals of Statistics, 1991, 19, 1.

第 4 章　无指导的学习

本章内容

- □ 关联规则
- □ 常见的几种聚类算法
- □ 预测强度对聚类类别数的选择
- □ 聚类中的变量选择

本章目标

- □ 掌握关联规则的计算方法
- □ 掌握各种聚类方法的原理和适用情况
- □ 了解聚类数的选择和聚类变量选择问题

无指导的学习方法有两个主要的作用：一是在数据中探索寻找新的模式，这些模式使我们更深入地理解数据；二是归纳和总结数据。它能提供数据中的结构性质关系。

4.1　关 联 规 则

列联表是传统统计中度量两个分类变量关系强弱的方法，这一方法是针对两个固定变量相互关系的测量和评定方法。实际中，常常会碰到大规模变量之间关系的辨识问题。比如：超市的购物篮数据中，哪些物品在选购时更倾向于同时被选中，这是消费者购买行为分析中的一个重要问题。一些规则是常识性的规则，比如购买手机的人更倾向于购买耳机，另外一些规则具有启发性，比如：购买面包和盒装饮料的人更倾向于购买旅行包和旅游餐具，经验证后能够指导超市管理人员优化货架规划，比如通过设计面包与旅行包之间的可达路径较短促进商品的销量双双增加。在这类问题中，变量之间的组合关系和组合规则的分析潜力是首要被认识的，如何从为数众多的变量中快捷地选出关联性最强的两组或更多组变量是关联规则算法的核心问题。

设 $I=\{i_1,i_2,i_3,\cdots,i_m\}$ 是 m 个待研究的项构成的有限项集，给定事务数据表 $T=\{T_1,T_2,\cdots,T_n\}$，其中 $T_i=\{i_1,i_2,\cdots,i_k\}\subset I$，称为 k-项集。如果对于 I 的子集 X，存在事务 $T\supset X$，则称该事务 T 包含 X。一条关联规则是一个形如 $X\to Y$ 的形式，其中 $X\subseteq I$，$Y\subseteq I$，且

$X \cap Y = \varnothing$。X 称关联规则的前项，Y 称关联规则的后项。我们关注的是两组变量对应的项集 X 和项集 Y 之间因果依存的可能性。

衡量关联规则有两个基本度量：支持度和可信度。关联规则的支持度 S 定义为 X 与 Y 同时出现在一次事务中的可能性，由 X 项和 Y 项在样本数据集 D 中同时出现的事务数占总事务的比例估计，反映 X 与 Y 同时出现的可能性，即

$$S(X \Rightarrow Y) = |T(X \vee Y)| / |T|$$

其中，$|T(X \vee Y)|$ 表示同时包含 X 和 Y 的事务数，$|T|$ 表示总事务数。关联规则的支持度（support）用于度量关联规则在数据库中的普适程度，是对关联规则重要性（或适用性）的衡量。如果支持度高表示规则具有较好的代表性。

关联规则的可信度（confidence）用于度量规则中的后项对前项的依赖程度，由在出现项目 X 的事务中出现项目 Y 的比例估计，即

$$C(X \Rightarrow Y) = |T(X \vee Y)| / |T(X)|$$

其中，$|T(X)|$ 表示包含 X 的事务数。可信度高说明 X 发生引起 Y 发生的可能性高。可信度是一个相对指标，是对关联规则准确度的衡量，其值越高表示规则 Y 依赖于 X 的可能性比较高。

关联规则的支持度和可信度都是位于 0～100%之间的值。关联规则的主要目的是要找到变量值之间的可信度和支持度都比较高的关联规则。最常见的关联规则是最小支持度-可信度关联规则，即找到支持度-可信度都在给定的最小支持度和最小可信度以上的关联规则，表示为 $X \text{—>} Y$（支持度 S，可信度 C）关联规则。Apriori 算法是这类关联规则的一个代表，该算法结合了向下封闭理论和哈希树空间分配计数技术。

4.1.1 静态关联规则算法 Apriori 算法

常用的关联规则算法有 Apriori 算法、GRI(Generalized Rule Induction)算法和 Carma 算法。其中 Apriori 算法是由 Agrawal、Imielinski 和 Swami [8]于 1993 年设计的比较有代表性的发现关联规则的算法，也是常用的发现关联规则的算法。它是发现布尔关联规则所需频繁项集的基本算法。Apriori 算法是一种先验概率算法，它利用了频集特性的先验知识，采取层次顺序搜索的循环方法来完成频繁项集的挖掘工作。

Apriori 算法由两部分构成，第一部分是在给定的最小支持度 S_0 和数据库下，从 D 中找到频率大于等于 S_0 的项集，支持度超过最小支持度而且由 k 个项构成的项集称为 k-大项集或大项集，记为 L_k，L_k 的项集称为频繁项集。它所采用的基本过滤方法是集合的向下封闭性质。集合的向下封闭性质指出：一个 k-项集的支持度超过 S_0 的必要条件是 k-项集的全部子集都在 k-大项集之中。第二部分是找出可信度超过最小可信度的项集。Apriori 算法的核心是第一部分。

Apriori 算法主要以搜索满足最小支持度和可信度的频繁 k-项集为目标，频繁项集的搜索是算法的核心内容。如果 k_2-项集 B 是 k_1 项集 A 的子集（$k_1 \geqslant k_2$），那么称 A 由 B 生成。我们知道 k_1-项集 A 的支持度不大于任何它的生成集 k_2-项集 B，即支持度随项数增加呈递减规律，于是可以从较小的 k 开始向下逐层搜索 k-项集。如果较低的 k-项集不满足最小支持度条件，则由该 k-项集生成的 l-项集（$k < l \leqslant m$）都不满足最小支持度条件，从而可能有效

地截断大项集的生长，削减非频繁项集的候选项集,有效地遍历满足条件的大项集。向下封闭原则如图 4.1 所示。

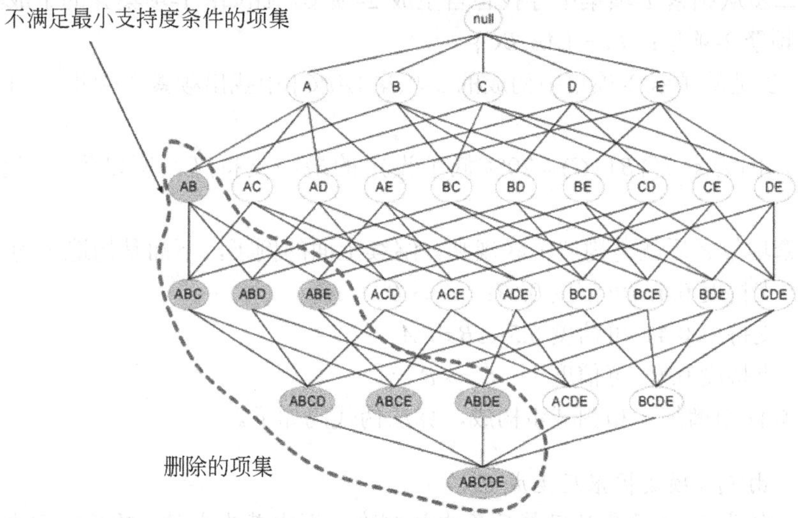

图 4.1 Apriori 算法的向下封闭原则

具体而言，首先从频繁 1-项集开始,支持度满足最小条件的项集记作 L_1。从 L_1 中寻找频繁 2 项集的集合 L_2，如此下去，直到频繁 k-项集为空，找每个 L_k 扫描一次数据库。

表 4.1 所示为假设的一个购物篮数据，这个数据有 5 次购买记录，我们以此为例说明 Apriori 算法的原理。

表 4.1 初始数据

购物篮序列号	A	B	C
T_1	1	0	0
T_2	0	1	0
T_3	1	1	1
T_4	1	1	0
T_5	0	1	1

在表 4.1 中，T_i 表示第 i 笔购物交易，$A=1$ 表示某次交易中，用户购买了 A，表 4.1 可以用等价的事务流项集表现为表 4.2。

表 4.2 项集形式

事务序号	项集
T_1	A
T_2	B
T_3	ABC
T_4	AB
T_5	BC

预先将支持度和可信度分别设定为 0.4 和 0.6。Apriori 算法执行过程如下：

（1）第一步搜索 1-项集，从中找出频繁 1-项集 $L_1 = \{A, B, C\}$。

（2）第二步从频繁 1-项集中寻找各自生成 2-项集，比如：1-项集 A 的生成集 $\{AB, AC, BC\}$ 中找出频繁 2-项集：$L_2 = \{AB, BC\}$。

（3）第三步是从频繁 2-项集中构成的 3-项集 $\{ABC\}$ 中找出频繁 3-项集，一直进行下去，直到 $L_k = \varnothing$。

上例中，因为 $s(A \cap B \cap C) = 20\%$ 低于设定的最小支持度，所以到第三步算法停止 $L_3 = \varnothing$。

找出频繁项集之后就是构造关联规则，继续上面的例子，下面是构造出的一些规则：

规则 1：支持度 0.4，可信度 0.67： $A \Rightarrow B$

规则 2：支持度 0.4，可信度 0.5： $B \Rightarrow A$

规则 3：支持度 0.4，可信度 1： $C \Rightarrow B$

Apriori 算法由增加步和删减步构成，算法伪代码如下。

增加步：由 L_{k-1} 项集扩张后生成 C_k;

删减步：任意$(k-1)$-项集从频繁项集中被删除，则由其生成的 l-项集$(l>k)$也将被删除。

伪代码:

```
Ck: k-项候选集
Lk: k-项大项集
L1 = {频繁项集};
for (k = 1; Lk !=∅; k++) do begin
    Ck+1 = 由 Lk 集扩张后生成;
    for 每添加一条事务 T 执行
        对所有 Ck+1 中的项集，如果也同时包含于 T，频数增加 1;
    Lk+1 = Ck+1 中满足支持度大于或等于最小支持度的项集;
    end
return ∪k Lk
```

Apriori 算法进行中，为了求得频繁项集，需要计算所有候选项集的支持数，当候选集很大时，需要考虑候选集中项集的排列方式，否则支持度的更新计算不能有效完成。第一次扫描之后，Apriori 算法使用哈希树(Hash tree)对项集支持度的计数过程进行分流，以便能对其进行快速查找和频数的有效更新计算。

定义 4.1 哈希树是一种 m 叉无序树。树中叶节点用来存储数据，每个叶节点的存储容量不超过负载阈值 U。分支节点起数据分流作用。其分流规律是按某个 Hash 函数进行计算。

一般采用除余法作为哈希函数：Hash(key)=key mod m，其中 key 为 k 项集，m 是分支节点的度数。首先，所有进入的项集从小到大排序，比如由{1,2,3,4,5,6,7,8,9}构成的 3 层哈希树的第一层如图 4.2(a) 所示：一个 k 项集的任何一个三项子集，如果以 1,4,7 起始的进入左分支，3,6,9 起始的子项集进入右分支。如果有 15 个候选集{1 4 5}，{1 2 4}，{4 5 7}，{1 2 5}，{4 5 8}，{1 5 9}，{1 3 6}，{2 3 4}，{5 6 7}，{3 4 5}，{3 5 6}，{3 5 7}，{6 8 9}，{3 6 7}，{3 6 8}，哈希树排列方式如图 4.2(b) 所示。

由图 4.2 来看，候选哈希树由根节点、内部节点和叶节点构成，根节点深度为 1，所有的候选项集都保存在叶节点上，每个叶节点可保存几个候选项集。树的内部节点都包含一个哈希表，深度为 d 的内部节点所属的哈希表的每个桶指向深度为 $d+1$ 的另外一个内部节点或叶节点，当一个 k-项集 X 插入哈希树，从根节点向下直到找到一个叶节点。在深度为 d 的内部节点，通过对 X 的第 d 项用哈希函数进行哈希处理来决定指向深度为 $d+1$ 的哪一个内部节点或叶节点。当叶节点中被插入候选项集的数量超过某个阈值时，该叶节点被转换为一个内部节点。哈希树中的节点结构定义如下：

```
struct node {
struct node*branchm:;  //指向下一层孩子节点的指针
int level;  //节点的层次号
int leaf node;  //该节点是否为叶节点
ItemsetsType*candidate—itemsets;  //指向候选项集
};
```

哈希树的优点是对候选项集构建哈希表后，直接从哈希树中获取各项集的支持度，而不必重复搜索数据库，能有效减小大项集的体积，有效减少数据传输量，有效减少数据库扫描数，哈希树的原理是质数分辨理论，可以实现空间最优配置。

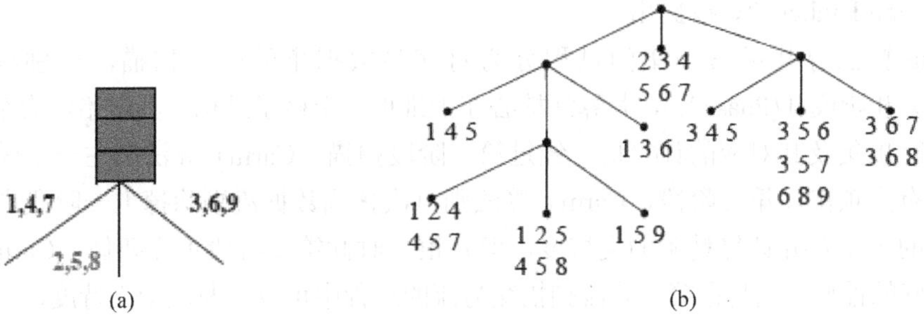

图 4.2　深度为 3 的哈希树

假设候选 k-项集为 N 个，数据库中事务总数为 n，事务平均长度为 L。若采用 Apriori 算法求解候选 k 项集的支持数，则需要将每个候选 k 项集均需与数据库中每个事务进行比较，从而计算所有候选 k 项集支持数的时间复杂度 $T(\text{Apriori}) = O(k{\cdot}L{\cdot}N{\cdot}n)$。若采用遍历哈希树算法，求解候选 k 项集的支持数，设每个叶节点上存储候选 k 项集的最大容量为 U 个，由于任何事务遍历哈希树深度不会超过树高 k，因此，从根节点遍历到叶节点的时间复杂度最多为 $O(k)$，则计算所有候选 k 项集支持数的时间复杂度为 $T(\text{Hashtree}) \leqslant O(k{\cdot}n) + O(k{\cdot}L{\cdot}U{\cdot}n) \approx O(k{\cdot}L{\cdot}U{\cdot}n)$。因为 $U < N$，所以 $T(\text{Hashtree}) < T(\text{Apriori})$，并且 $T(\text{Apriori})/T(\text{Hashtree}) > N/D$，即利用算法哈希树求解候选 k 项集的支持数，可以提高计算效率约 N/U 倍。

例 4.1　R 自带的 Adult 数据取自于 1994 年的美国人口调查局数据库，原初是用来预测个人年收入是否超过 5 万美元。它包括 age（年龄），workclass（工作类型），education（教育），race（种族），sex（性别）等 15 个变量，48842 个观测。我们对这个数据集运用 Apriori 算法来发现一些有意义的规则。以下是 R 软件程序。

```
install.packages("arules")
library(arules)
library(Matrix)
library(lattice); data("Adult")  Mine association rules myrules = apriori(Adult, parameter = list(supp = 0.5,
conf = 0.9,target = "rules")) WRITE(myrules[1:10])
```

值得注意的是，并非可信度越高的规则都是有意义的。比如，某超市里，80%的女性(A)购买了某类商品(B) ($A \to B$)，但这个商品的购买率也是 80%，也就是说，女性购买率和男性购买率是一样的，即 $P(B \mid A) = P(B \mid A^C)$, 通常这类规则可能实用性不大。如果 $P(B \mid A) > P(B)$, 则说明由 A 决定的 B 更有意义，于是就产生了评价关联规则的第三个概念提升度（lift）。定义提升度为

$$L(A \Rightarrow B) = P(A \Rightarrow B) / P(B),$$

它是关联度量 $P(A,B)/(P(A)P(B))$ 一个估计。当提升度大于 1 时,规则有意义，当提升度小于 1 时，规则意义不显著。

4.1.2 动态关联规则算法 Carma 算法

Carma 算法全称是 Continuous Association Rule Mining Algorithm，它是一种占用内存少，是能够处理在线连续交易流数据的一种新型的关联规则。最早的版本由 1999 年 Berkeley 大学的 Christian Hidber [9]教授提出。

Carma 算法寻找频繁项集的过程分为对交易数据集的两次扫描，分别称为阶段 I（Phase Ⅰ）和阶段Ⅱ(PhaseⅡ)，其算法核心在于维护一个格子结构，其初始化为空集，主要作用是保存项集及其对应的计算值。经过第一阶段扫描，Carma 算法产生一个满足给定支持度的所有大项集。第二阶段，Carma 算法则再次扫描数据流剔除掉上一阶段产生的项集中比较小的项集合并计算精确的支持度，但是很多时候第二阶段不需要做。Carma 算法还有一个很好的性质，就是在第一阶段扫描交易流的过程中可以不断改变支持度，以控制输出规则的大小和数目，频繁项集支持度域值的调整过程是可见的。

Carma 的算法基本概念和符号

V: 格子(lattice)。用来储存项集 v 和该项集对应的值向量。值向量是一个三元素向量，由 Count (v)、FirstTrans (v)和 MaxMissed (v)构成。

FirstTrans (v): 项集 v 被插入格子时的交易序列号。

Count (v): 项集 v 被插入格子以后在交易数据中出现的次数。

MaxMissed (v): 项集 v 被插入格子前在交易集合中出现次数的上界。

根据 Count (v)和 MaxMissed (v)定义了项集 v 的支持度的上界和下界，即：

MinSupport (v) = Count (v) / i, i 是当前交易的序号。

MaxSupport (v) = (MaxMissed (v) + Count (v)) / i, i 是当前交易的序号。

Support$_i$ (v): 前 i 个交易中项集 v 的支持度.

Support Lattice: 支持格。如果 V 中所有项集 v 的支持度都大于当前用户指定的最小支持度，则称 V 是支持格。所以一个支持格就是所有大项集的超集。

$\sigma = (\sigma_1, \sigma_2, \cdots)$：支持度序列 (support sequence)，是用户在算法过程中指定的一系列最小支持度的序列，其中 σ_i 是处理第 i 笔交易时设定的最小支持度。

$\lceil \sigma \rceil_i$：支持度的顶（the ceiling of σ up to i），是根据支持度序列计算出来的一个满足单调递减性质的最小的序列。

定理 4.1 对于支持度序列: $\sigma = (\sigma_1, \sigma_2, \ldots)$，$\lceil \sigma \rceil_{1,1} = \sigma_1$ 且对于 $j \geqslant 2$, $\lceil \sigma \rceil_{1,j} = 0$。当 $i>1$ 时，

$$\lceil \sigma \rceil_{i,j} = \begin{cases} \lceil \sigma \rceil_{i-1,j}, & j < i \text{且} \lceil \sigma \rceil_{i-1,j} > \sigma_i \\ \sigma_i, & j \leqslant i \text{且} \lceil \sigma \rceil_{i-1,j} \leqslant \sigma_i \\ 0, & j > i \end{cases}$$

1. 阶段 Phase Ⅰ

Phase Ⅰ产生频繁项集的超集，在 Carma 中，使用格子结构 V 来储存频繁项集 v 和该项集对应的值向量。值向量是一个三元素向量，由 Count (v)、FirstTrans (v)和 MaxMissed (v)构成。根据 Count (v)和 MaxMissed (v)可以定义项集 v 的支持度的估计值上界和下界，下界为 MinSupport (v) = Count (v) / i，上界是 MaxSupport (v) = (MaxMissed (v) + Count (v)) / i，i 是当前交易的编号。以 Support$_i$ (v)来表示前 i 个交易中项集 v 的支持度。对于每条交易记录，用户都可以指定相应的支持度，由此构成了一个支持度序列 $\sigma = (\sigma_1, \sigma_2, \cdots)$。根据支持度序列的值构建一个新的指标：$\lceil \sigma \rceil_i$ 支持度的顶（the ceiling of σ up to i），它是根据支持度序列计算出来的一个满足单调递减性质的最小的序列，支持度序列随事务进程的示意图如图 4.3 所示。

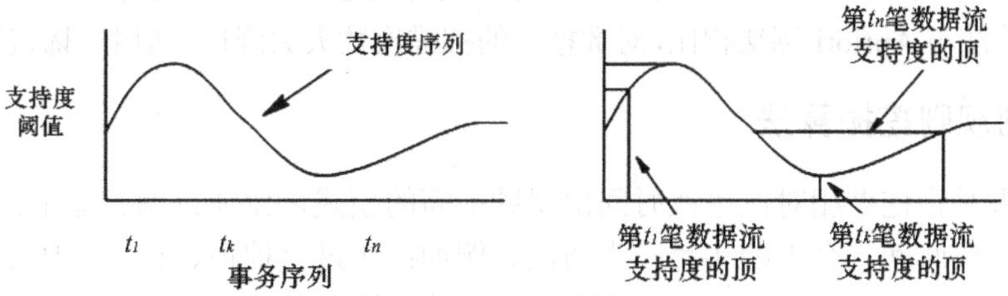

图 4.3 支持度的顶示意图

如果已经读入了 i–1 笔交易，构建了 V_{i-1}，现读入第 i 条交易数据 t_i，并将 V_{i-1} 更新为 V_i。交易数据 t_i 有 n_i 个项目，即长度为 n_i。σ_i 是处理第 i 笔交易时设定的支持度阈值。对于 t_i 中的项集的任意项集 v，如果已经在 V 中，则进行更新 Count (v) = Count (v) + 1。如果 v 不在 V 中，则根据下述规则判断是否让项集 v 进入 V 中。

在 Phase Ⅰ阶段，k-项集 v 进入 V 的主要原则：

（1）如果 v 是 1-项集，那么直接进入 V 中，并设定 Count (v) = 1，FirstTrans (v) = i，MaxMissed (v) = 0。

（2）如果 v 是 k-项集（k>1），则：

条件一：如果 v 进入 V 中，要求它的所有真子集 w 都是频繁项集且已在当前事务之前进入 V 中。

Carma 在决定 k-项集 v 进入频繁项集 V 时，应确保 v 的所有真子集已在当前事务之前

进入 V 中，这是 v 进入 V 的条件之一。因为如果一个项集是频繁项集，则其所有子集必定也是频繁项集；反之，如一个项集的某个子集不是频繁项集，则该项集必定也不是频繁项集。

用公式表述为

$$\forall w \subset v: w \in V，\text{FirstTrans}(w) < i，\text{MaxSupport}(w) \geqslant \sigma_i$$

条件二：在满足条件一的情况下，要求 $\text{MaxSupport}(v) \geqslant \sigma_i$，其中：

$$\text{Max Support}(v) = \text{Max Missed}(v) / i$$

$$\text{Max Missed}(v) = \min\left\{\left\lfloor (i-1)\text{avg}_{i-1}\left(\lceil \sigma \rceil_{i-1}\right)\right\rfloor + |v| - 1,\ \ \text{Max Missed}(w) + \text{count}(w) - 1\right\}$$

从公式上看，这些值的计算和用户设置的最小支持度序列有关。

Phase Ⅰ还设计了删枝环节，在当交易记录号能够整除 500 或者 $1/\sigma_i$ 中较大者时进行。

2. Phase Ⅱ

Phase Ⅱ先移除那些支持度上限（MaxSupport）小于用户最终指定的最小支持度的项集，再通过第二次扫描交易数据，Phase Ⅱ可以计算出项集精确的支持度，并不断移除小项集，最终得到所有的大项集和它们的支持度。但是在实际的操作过程中，如果用户对于 PhaseI 的结果感到满意，Phase Ⅱ常常可以省略。

在 Phase Ⅱ中，首先移除所有支持度上限小于用户最后一次指定的最小支持度的项集。然后通过再次扫描交易集，在这个过程中提高项集 v 的变量 Count (v)的值，降低 MaxMissed 的值，直到读到该项集在进入格子 Phase Ⅰ的交易为止。由此，设置最大遗失（MaxMissed）的值等于 0，支持度上限等于支持度下限，即为该项集精确的支持度。

Phase Ⅱ终止于再次读入的交易大于所有项集首次进入 V 的交易号。

Carma 算法与 Apriori 算法相比，对数据库的扫描次数大大降低，适用于稀疏规则的发现。

4.1.3 序列规则挖掘算法

序列挖掘是指挖掘相对次序或时间出现频率高的模式，比如：顾客通常在购买某类商品后，经过一段时间，会再购买另一类商品。例如：买过“棉被、枕头、床单”之后，经过一段时间，通常会再购买“纸尿裤、奶粉”。序列模式的概念最早是由 Agrawal 和 Srikant[10] 提出的，使用与关联规则相似的过滤算法。

例 4.2 在数据光盘的 zakiexe.txt 文件中，记录了用户 ID，用户行为发生时间，行动的数量和行动的结果项，问题是这些数据中蕴含着怎样的序列规律？

装载 R 中的 arulesSequences 工具包，使用函数 cspade,，设置最小支持度为 0.4，执行如下程序：

```
x <- read_baskets(con = system.file("misc", "zakiexe.txt", package = "arulesSequences"), info = c("sequenceID", "eventID","SIZE"))
s1 <- cspade(x, parameter = list(support = 0.4), control = list(verbose = TRUE))
as(s1,"data.frame")
```

产生如下信息：

```
parameter specification:
support : 0.4    maxsize :  10     maxlen  :  10
```

```
algorithmic control:    bfstype : FALSE verbose :    TRUE summary : FALSE
preprocessing ... 1 partition(s), 0 MB [1.4s]
mining transactions ... 0 MB [1s]
reading sequences ... [0.03s]
total elapsed time: 2.48s
```

这是程序执行日志，记录了程序主要参数、读取时间、运行时间等信息。如果将结果用 data.frame 数据框的格式进行处理，部分结果如下：

```
as(s1,"data.frame")
        sequence support
1          <{A}>    1.0
2          <{B}>    1.0
3          <{D}>    0.6
4          <{F}>    1.0
5          <{H}>    0.4
6        <{D,H}>    0.4
7        <{A,F}>    0.8
8        <{B,F}>    1.0
9      <{D},{F}>    0.6
10     <{H},{F}>    0.4
11   <{D,H},{F}>    0.4
12   <{H},{B,F}>    0.4
13   <{D},{B,F}>    0.6
14       <{A,B,F}>  0.8
15 <{D,H},{B,F}>    0.4
16 <{D},{A,B,F}>    0.4
17   <{D},{A,F}>    0.4
18       <{A,B}>    0.8
19     <{D},{B}>    0.6
20     <{H},{B}>    0.4
21   <{D,H},{B}>    0.4
22   <{D},{A,B}>    0.4
23     <{B},{A}>    0.4
24     <{D},{A}>    0.6
25     <{F},{A}>    0.4
26     <{H},{A}>    0.4
27   <{D,H},{A}>    0.4
28 <{D},{F},{A}>    0.4
29   <{B,F},{A}>    0.4
30 <{D},{B,F},{A}>  0.4
31 <{D},{B},{A}>    0.4
```

从这些结果来看，除了排在列表之前位置的单项集以外，{D}, {F}序列的支持度达到 60%，相应的{D},{B,F}也是较高的序列，在三项序列中，{D},{F},{A}的支持度为 40%，也是应该引起关注的序列。

例 4.3 (软件 Statistica 中的例子) 该例题是网站登录日志的跳转序列分析，分析的目标是发现网页链接的跳转级联序，这些序列规律的发现能够增强网页链接使用规律的认识。在 Statistica 中，使用数据表 MSWebData，该数据三列分别表示用户代码，网站 ID 码和登录的顺序，比如 0 表示首次登录时的网页，1 表示跳转到第二个网页，2 表示第二次跳转动作，依次类推。从结果来看（如图 4.4 所示），从编号为 1008 的网页跳转到网页编号为 1034 的用户比例超过 42%，同时会在这两个网页浏览的用户达到 13%，值得引起关注。

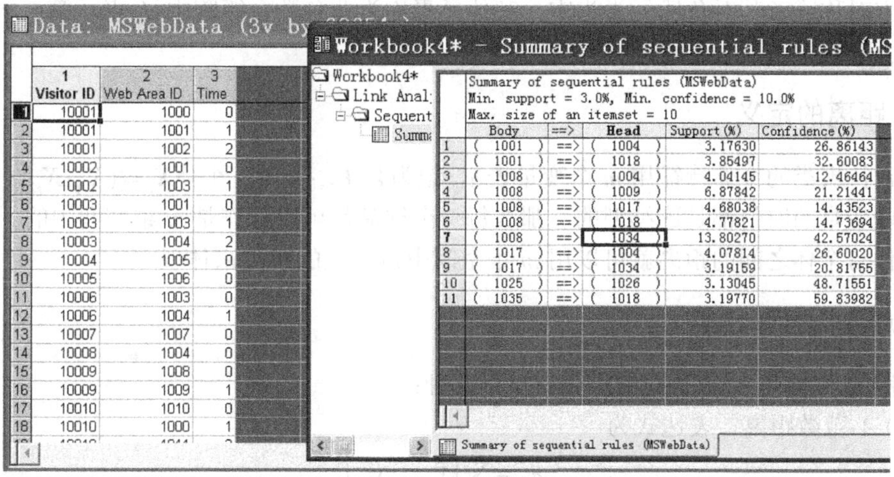

图 4.4 Statistica 软件序列规则输出结果

4.2 聚 类 分 析

4.2.1 聚类分析的含义及作用

聚类分析也称无教师学习或无指导学习，与分类学习相比，聚类的样本一般事先不做标记，需要由聚类学习算法自动确定。聚类分析是在没有训练目标的情况下将样本划分为若干簇的方法。聚类分析是数据挖掘中重要的分析方法，由于数据和问题的复杂性，数据挖掘对聚类方法有一些特殊的需要，这些需要表现为：大规模数据中块特征的认识需要，能够处理不同属性数据的聚组，适应不同形状的聚类方法，具备强抗噪声能力和较好的解释性，不受输入数据顺序的影响，高维聚类以及能够和具体的约束兼容等。以上需要造就了丰富的聚类分析方法，也使得聚类分析广泛地应用于客户细分、文本归类、结构分组和行为跟踪等问题中，成为数据挖掘中发展很快而且灵活变化丰富的一个分支。

聚类分析是一种探索数据分组的统计方法，其目的是建立一种归类方法，将一批样本或变量，按照它们在特征上的疏密程度进行分类，使得组内样品的相似度达到最大，而组间的差异达到最大。即簇内部的任意两个样本之间具有较高的相似度，而属于不同簇的两个样本间具有较高的相异度。相异度通常用样本间的距离刻画。在实际应用中，经常将一个簇中的数据样本作为同质的整体看待，有简化问题和过滤冗余信息的作用。

聚类分析处理的变量类型包括区间二值变量、分类变量、数值变量、序数型变量、比例标度型变量以及由这些变量类型构成的复合类型。聚类分析有很多年历史，研究成果主要集中在基于距离和基于相似度的聚类方法。在聚类问题中，常见的两类数据格式如下。

$$
\begin{bmatrix} x_{11} & \cdots & x_{1f} & \cdots & x_{1p} \\ \vdots & & \vdots & & \vdots \\ x_{i1} & \cdots & x_{if} & \cdots & x_{ip} \\ \vdots & & \vdots & & \vdots \\ x_{n1} & \cdots & x_{nf} & \cdots & x_{np} \end{bmatrix} \quad \begin{bmatrix} 0 & & & & \\ d(2,1) & 0 & & & \\ d(3,1) & d(3,2) & 0 & & \\ \vdots & \vdots & \vdots & & \\ d(n,1) & d(n,2) & \cdots & \cdots & 0 \end{bmatrix}
$$

其中左侧的格式表示数据矩阵，称为二模数据，是一种关系数据表结构，有两个维度：个体和个体特征两个维度；右侧的格式是距离矩阵，称为单模数据，也称为相异矩阵，它是一个正方对称阵，其对角线元素为零，其他元素均为非负数，矩阵中 d_{ij} 表示第 i 个体与第 j 个体的距离。

4.2.2 距离的定义

假设待聚类的个体特征用 m 个变量表示，记为 $\boldsymbol{V}_1,\boldsymbol{V}_2,\cdots,\boldsymbol{V}_m$，个体 $\boldsymbol{X}_i=(X_{i1},X_{i2},\cdots,X_{im})$。如果这些变量的取值都是连续型的，那么每一个样品都可以看作是 m 维空间中的一个点，于是个体与个体之间的距离就可以用 m 维空间中点与点的距离来体现。

1. 点与点之间的距离

常用的点 $\boldsymbol{X}_i$ 与点 $\boldsymbol{X}_j$ 之间的距离有以下几种：

（1）1-范数距离，表达式为

$$
d_{ij}=\sum_{k=1}^{m}\left|X_{ik}-X_{jk}\right|
$$

（2）2-范数距离，即欧式距离，表达式为

$$d_{ij}=\sqrt{\sum_{k=1}^{m}(X_{ik}-X_{jk})^2}$$

（3）∞-范数距离，表达式为

$$d_{ij}=\max_{k}\left|X_{ik}-X_{jk}\right|$$

式中 X_{ik} 和 X_{jk} 分别表示第 i 和第 j 个样品的第 k 个指标的取值，d_{ij} 为第 i 个样本点与第 j 个样品之间的距离。d_{ij} 越小，说明这两个样本点之间的性质就越接近。性质接近的样本点就可以划为一类。

由于欧式距离是聚类分析中使用得最多的一种距离度量，因此这里的聚类分析所使用的距离都是欧式距离。

2. 类与类之间

类与类之间的距离可以转化为点与点之间的距离。假定有 P 和 Q 两个类，i 和 j 分别是这两个类中的点，那么 P 与 Q 之间距离的定义有三种常见的形式：

（1）单连接法

$$d(P,Q)=\min_{i,j}d_{ij}$$

这说明两个类之间的距离由两个类的所有连接中最短的那个距离所决定。

（2）全连接法

$$d(P,Q)=\max_{i,j}d_{ij}$$

这说明两个类之间的距离由两个类的所有连接中最长的那个距离所决定。

（3）平均连接法

$$d(P,Q)=\frac{\sum_{i}\sum_{j}d_{ij}}{N(P)N(Q)}$$

其中 $N(\cdot)$ 表示类中样本点的个数。上式表明两个类之间的距离由两个类的所有连接的平均长度决定。

有了上述概念和定义，就可以对聚类的算法进行描述。

传统的统计聚类分析方法包括系统聚类、加入法、动态聚类法、有序样本聚类、有重叠聚类和模糊聚类等；采用 k-均值、k-中心点等算法。在神经网络算法中，聚类方法的例子就有自组织神经网络方法、竞争学习网络等。从计算智能的角度讲，簇相当于隐藏模式。聚类是发现数据中的结构特征。

聚类首先需要建立一个尺度，借以度量对象之间的相似性。这里的对象包括了单个的样品以及多个样品组成的类，于是相似性也就包括了样品与样品之间的相似性，以及类与类之间的相似性。相似性的度量往往是用其对立面——距离——来定义的。

从聚类方法的设计原理来看，大致可以分为五大类：空间划分法，距离分层法、模型估计法和密度估计法。

4.2.3 系统层次聚类法

距离分层的典型方法是层次聚类算法。层次聚类法也称为系统层次聚类法，其想法是，首先将所有的样品都单独作为一类，然后计算任意两个类之间的距离，将其中距离最近的两个类合并为一类，同时聚类的数量减一。不断重复这个过程，直到最后只剩下一个最大的类别。层次聚类算法的步骤可以概括如下：

（1）根据适当的距离定义准则，计算现有的 N 个类别两两之间的距离，找到其中最近的两个类（不妨记为 P 和 Q）；

（2）将 P，Q 合并，作为一个新类 PQ，加上剩下的 $N-2$ 个类，此时共有 $N-1$ 个类；

（3）重复步骤（1），（2），直到聚类数缩减为 1 停止。

系统聚类的算法复杂度是 $O(n^2)$，上述聚类的结果可以用一个树状图展示，如图 4.5 所示，其中树的最底端表示所有的样品单独成类，最顶端表示所有的样品归为一类，而在此之间，聚类数从 $N-1$ 变动到 2。在任何一个给定的高度上，都可以判断哪些样品被分在树的同一枝，而聚类数的确定，需要通过实际的情况进行判断。

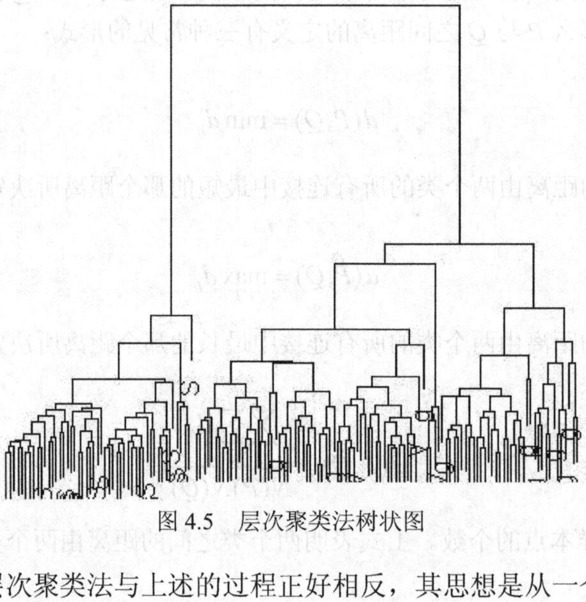

图 4.5 层次聚类法树状图

此外还有一种层次聚类法与上述的过程正好相反，其思想是从一个大类开始，不断分离那些相隔最远的类，其计算的结果同样可以用上述的树形图来展示。

4.2.4 *k*-均值算法

k-均值算法是另一种应用范围非常广的聚类方法，它是一种典型的划分聚类方法。其思想是在给定聚类数 k 时，通过最小化组内误差平方和来得到每一个样本点的分类。

k-均值算法的过程大致如下：

（1）从 n 个样本点中任意选择（一般是随机分配）k 个作为初始聚类中心；

（2）对于剩下的其他样本点，根据它们与这些聚类中心的距离，分别将它们分配给与其最相似的中心所在的类别；

（3）计算每个新类的聚类中心；

（4）不断重复步骤（2），（3），直到所有样本点的分类不再改变或类中心不再改变。

从上述过程可以看出，在 k-均值算法中，并不需要计算任意两个点之间的距离，因此对于大规模的数据，k-均值聚类往往可以得到比其他聚类方法更快的收敛速度，事实上，k-均值聚类的计算效率是 $O(tkn)$，其中 n 是样本量，k 是聚类数，t 是迭代次数。很多情况下，如果 $k, t \ll n$，则算法是线性的，而层次聚类的效率是 $O(n^2)$，k-均值被批评可能会陷入局部最优，全局最优需要借助模拟退火算法或遗传算法。

k-均值的第二个问题是容易受到初始点选择的影响，在分类数据上分辨力不强，不适用于非凸问题，受异常数据影响，受到不同类别的密度方差大小的影响，详细内容推荐阅读文献[1]。解决的方法是采用二分 k-均值过程。二分 k-均值算法是对基本 k-均值数据挖掘聚类算法的一种改进，其主要思想是：假设要将样本数据分为 k 个簇，先用基本 k-均值算法将所有的数据分为两个簇，从所得结果中选择一个较大的簇，继续使用 k-均值算法进行分裂操作，直到得到 k 个簇，算法终止。

二分 k-均值算法步骤如下。

输入：训练数据集 D，二分次数 m，目标簇数 k.

输出：簇集 $N=\{N_1, N_2, \cdots, N_k\}$.

Step 1：初始化簇集 S，它只含一个包含所有样本的簇 N，将簇数 k'初始化为 1；

Step 2：从 S 中取出一个最大的簇 N_i；

Step 3：使用 k-均值聚类算法对簇 N_i 进行 m 次二分聚类操作；

Step 4：分别计算这 m 对子簇的总 SSE 的大小，将具有最小总 SSE 的一对子簇添加到 S 中，执行 k'++ 操作；

Step 5：如果 $k'=k$，算法结束。否则重复 Step 2 ~ Step 5。

算法使用误差平方和 SSE 作为聚类的评价函数，对于二分 k-均值聚类算法是各个步骤都是只有 2 个簇中心，因此相对于基本 k-均值算法而言，更不易受到簇中心初始化问题的影响. 二分 k-均值中各步找出的 SSE 之和最小的一对子簇 N_1 和 N_2：

$$J = \sum_{x_i \in N_1} \left\| x_i - m_1^* \right\|^2 + \sum_{x_i \in N_2} \left\| x_i - m_2^* \right\|^2$$

在二分 k-均值算法中，使用误差平方和度量聚类的质量的好坏，具体的操作是对各个样本点的误差采用欧几里得距离进行计算，然后计算误差的平方。二分 k-均值算法没有初始化问题，每一步操作实际上就是从 m 对子簇中找到误差平方和最小的一对子簇，然后再进行基本的 k-均值操作。

事实上，聚类数的确定是聚类分析中一个非常重要的问题，它直接影响到聚类的效果以及对结果的解释。如果聚类数过少，那么聚类方法本身就失去了意义，即没有将样本合理地区分开来；而如果聚类数过多，则不同的类别又显得过于分散，解释力不强。对于 k-均值聚类方法而言，聚类数的指定往往只能通过主观的判断。而层次聚类法虽然由于列出了所有的可能而不需要事先指定聚类的数量，但最终对聚类数的选择依然没有一个确切的标准。

此外，在聚类分析中另一个重要的问题是对聚类变量的选择。在实际问题中，获得的数据往往具有很多个变量，如果将这些变量全部参与聚类的过程，那么会造成维数过高的难题。维数过高会使得空间中的点变得稀疏，从而使距离失效。

4.2.5 BIRCH 算法

BIRCH 是 Zhang, Ramakrishnan, Livny 在 SIGMOD'96 会议上提出的，全称为 Balanced Iterative Reducing and Clustering using Hierarchies，它是一类综合性的分层聚类方法。BIRCH 算法是一种适用于大规模数据集的聚类算法。BIRCH 中有两个新概念：聚类特征和聚类特征树。

BIRCH 算法的核心是聚类特征 CF 和聚类特征 CF 树，为此先定义聚类特征 CF 和 CF 树。

定义 4.2 (CF) 一个聚类特征（CF）是一个三元组（N, LS, SS），其中 N 是簇中的点的数目，LS 是 N 个点的线性和，SS 是 N 个点的平方和。

例 4.4 如果在二维空间上有 5 个数$(3,4)^T$, $(2,6)^T$, $(4,5)^T$, $(4,7)^T$, $(3,8)^T$，那么由这 5 个点所构成的 CF 树三元组$(5,(16,30)^T, (54,190)^T)$。

定义 4.3 (聚类特征树) 聚类特征树是一个具有两个参数因子的高度平衡树：分支因子包括非叶节点 CF 条目最大个数 B 和叶节点中 CF 条目的最大个数 L。每一个内部节点对于其每个子节点都包含一个 CF 条目。在叶节点中的子簇要有一个不超过给定阈值 T 的直径。分支因子规定了树的每个节点孩子的最多个数，而类直径体现了对一类点的直径大小的限制，也就是说这些点在多大范围内可以聚为一类。

BIRCH 的基本原理是：通过对所有叶节点设定统一阈值 T 构建聚类特征（CF）树，并分阶段变换不同的阈值重建树，达到聚类的目标。BIRCH 算法由三个阶段构成：第一个阶段对整个数据集进行扫描，根据给定的初始阈值 T 建立一棵初始聚类特征树；第二阶段通过提升阈值 T 重建 CF 树，得到一棵压缩的 CF 树；第三阶段利用全局聚类算法对已有的 CF 树进行聚类得到更好的聚类结果。

定理 4.2 CF 树具有可加性，假设 $CF_1 = (N_1, LS_1, SS_1)$，$CF_2 = (N_2, LS_2, SS_2)$，分别为两个类的聚类特征，合并后新类的聚类特征为 $CF_1 + CF_2 = (N_1 + N_2, LS_1 + LS_2, SS_1 + SS_2)$。

CF 结构概括了簇的基本统计信息，特别是二阶矩信息，是高度压缩的，它存储了少于实际数据点的聚类信息。CF 的三元组结构设置使得计算簇的半径、簇的直径、簇与簇之间的距离等非常容易。一个 CF 树结构示意图如图 4.6 所示。

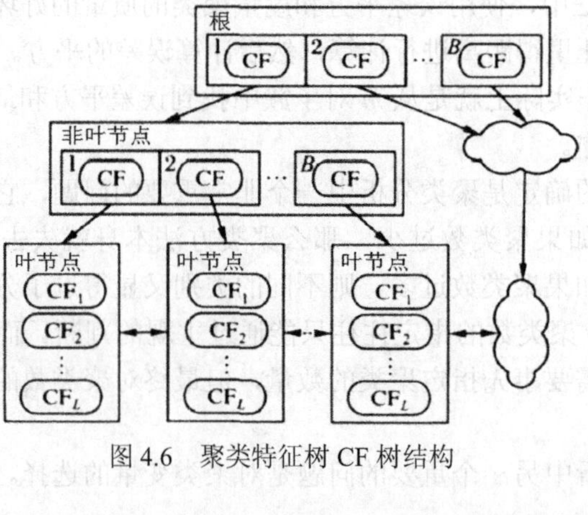

图 4.6 聚类特征树 CF 树结构

BIRCH 的主要过程如下所示：将数据对象压缩成许多子类，对子类实施基于距离自底向上的分层聚类过程。它通过一个聚类特征三元组表示一个簇的有关信息，从而使一簇点只用对应的聚类特征表示，省去了具体的每个点的信息。通过构造满足分支因子和簇直径限定条件下的聚类特征树来求聚类，综合使用了层次凝聚和迭代重定位方法。BIRCH 通过一次扫描就可以进行较好的聚类，由此可见，该算法适合于大数据量。BIRCH 算法只适用于类的分布呈凸形及球形的情况，由于 BIRCH 算法需提供正确的聚类个数和簇直径限制，比较适用于低维数据，对不可视的高维数据不可行。

例 4.5 在 R 中模拟两个二维正态分布，调用 BIRCH 算法 R 函数 birch：

```
library(birch)
par(mfrow=c(1,2))
x <- mvrnorm(1e5, mu=rep(0,2), Sigma=diag(1,2))
x <- rbind(x, mvrnorm(1e5, mu=rep(10,2), Sigma=diag(0.1,2)+0.9))
## Create birch object
birchObj <- birch(x, 2, keeptree = TRUE)
plot(x)
plot(birchObj)
```

得到如图 4.7 所示的结果。

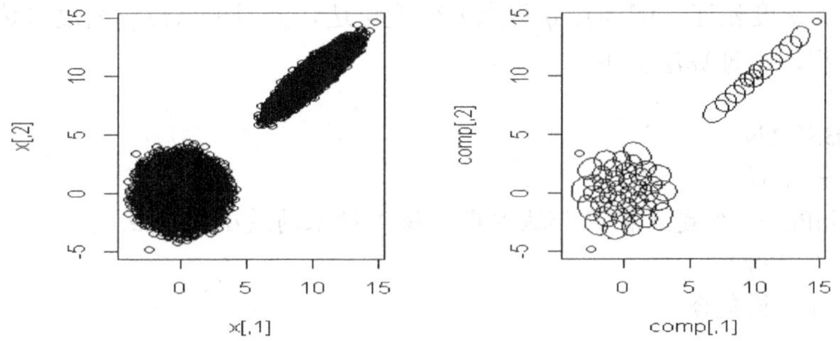

图 4.7 R 软件 birch 结果输出

从图 4.7 来看，birch 产生了 $B = 2$ 的 CF 结构，每个特征树由若干点构成，由图 4.5 的右图可见。

4.2.6 基于密度的聚类算法

由于层次聚类算法和划分聚类往往只能发现凸形的聚类簇，而且多数容易受异常值影响。为满足发现任意形状的聚类簇的需要，开发出基于密度的聚类算法。英文全称是 Density Based Spatial Clustering of Applications with Noise，简称 DBSCAN 算法。该算法认为，在整个样本空间点中，目标类簇是由一群稠密样本点构成，这些稠密样本点被低密度区域（噪声）分割，而算法的目的就是要过滤低密度区域，发现稠密样本点。DBSCAN 是一种基于高密度联通区域的聚类算法，它将类簇定义为高密度相连点的最大集合。它本身对噪声不敏感，并且能发现任意形状的类簇。

首先，先给出 DBSCAN 中几个基本的概念。

（1）**E 邻域**：给定对象半径为 E 内的区域称为该对象的 E 邻域；

（2）**核对象**：如果一个对象 E 邻域内的样本点数大于等于事先给定的最小样本点数 MinPts，则称该对象为核对象。

（3）**直接密度可达**：给定一个对象集合 D，核对象 p 的 E 邻域内的样本点 q，称对象 q 从对象 p 出发是可直接密度可达。

（4）**密度可达**：对于样本集合 D，给定一串样本点 $p_1, p_2, \ldots, p_n$，$p = p_1, q = p_n$，假如对象 p_i 从 p_{i-1} 直接密度可达，那么对象 q 从对象 p 密度可达。

（5）**密度相连**：对于样本集合 D 中的任意一点 O，如果存在对象 p 到对象 o 密度可达，并且对象 q 到对象 o 密度可达，那么对象 q 到对象 p 密度相连。

由以上概念可以发现，密度可达是直接密度可达的传递闭包，并且这种关系是非对称的。密度相连是对称关系。DBSCAN 聚类的本质就是找到密度相连对象的最大集合。

假设半径 $E = 3$，MinPts = 3，点 p 的 E 邻域中有点 $\{m, p, p_1, p_2, o\}$，点 m 的 E 邻域中有点 $\{m, q, p, m_1, m_2\}$，点 q 的 E 邻域中有点 $\{q, m\}$,点 o 的 E 邻域中有点 $\{o, p, s\}$，点 s 的 E 邻域中有点 $\{o, s, s_1\}$。那么核心对象有 p, m, o, s (q 不是核心对象，因为它对应的 E 邻域中点数量等于 2，小于 MinPts = 3)；

点 m 从点 p 直接密度可达，因为 m 在 p 的 E 邻域内，并且 p 为核心对象；

点 q 从点 p 密度可达，因为点 q 从点 m 直接密度可达，并且点 m 从点 p 直接密度可达；

点 q 到点 s 密度相连，因为点 q 从点 p 密度可达，并且 s 从点 p 密度可达。

由上述过程，整理算法如下：

```
算法: DBSCAN
输入: E — 半径
      MinPts — 给定点在 E 邻域内成为核心对象的最小邻域点数
      D — 集合
输出: 目标类簇集合
方法: repeat
(1)        判断输入点是否为核心对象
(2)        找出核心对象的 E 邻域中的所有直接密度可达点
      util 所有输入点都判断完毕
      repeat
         针对所有核心对象的 E 邻域所有直接密度可达点找到最大密度相连对象集合，
         中间涉及到一些密度可达对象的合并。
      util 所有核心对象的 E 邻域都遍历完毕
```

例 4.6 对 iris 数据使用 DBSCAN 进行聚类，将结果表示出来，如图 4.8 所示，左侧显示数据经 DBSCAN 聚类的结果，我们清晰地观察到在密度较低的三类边缘数据都被设置为边界点，为了和花的三类进行比较，我们将定量变量的两两散点图画在图 4.8 的右侧，我们发现 DBSCAN 聚类的结果与原来的三类非常相近，可以认为 DBSCAN 提取了原图的核心部分。

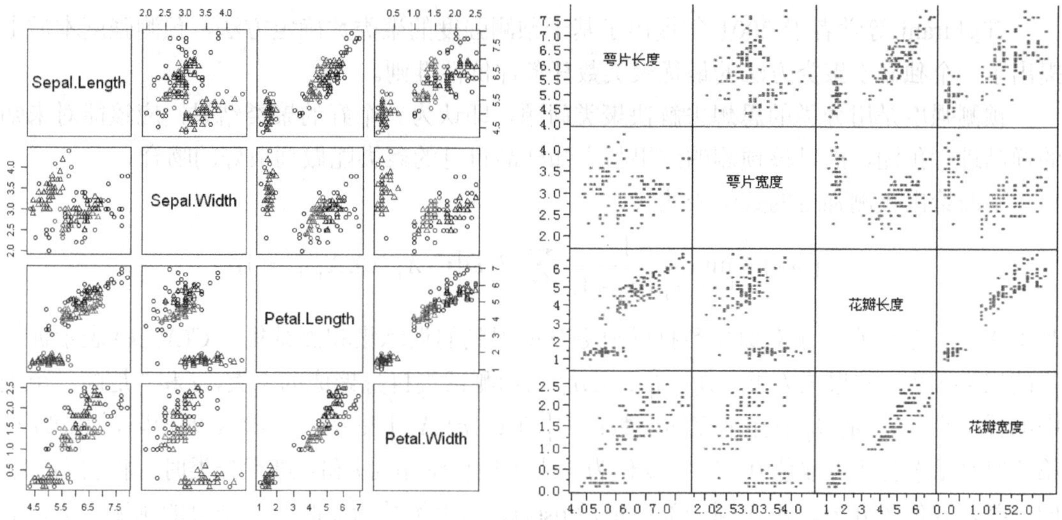

图 4.8　在 iris 数据上的 DBSCAN 聚类（左图）和实际情况（右图）的比较

4.3　基于预测强度的聚类方法

聚类问题的核心是聚类数的选择与确定。聚类数的确定与数据点的空间分布、聚类体本体位置以及类间相对位置都有关系。k-均值聚类是空间划分方法的代表，其特点是事先指定聚类数 k，在给定 k 的情况下找到使得组内误差平方和最小的划分界，优点是算法计算效率高，解决了凸形结构数据的聚类问题，缺点是没有根据数据确定 k，结果受初始点影响较大。层次聚类法的代表方法是距离层次聚类法，它通过建立距离坐标对参与聚类的个体进行层次划分，优点是可以通过距离层次树确定聚类数，缺点是对大规模数据计算效率低下。这两类方法都是非参数聚类方法，对数据的分布没有过多假设。基于模型的聚类方法（model-based clustering）是参数聚类方法的代表，其核心思想是将聚类问题视为几个分布按照不同比例的混合分布，通过估计混合模型的参数确定混合分布构成，通过分布推断确定聚类结果。在混合模型中，由于聚类数与模型中参数的个数有对应关系，于是通常采用 BIC 准则辅助选择聚类数。这种聚类数的选择依赖于数据参数分布的限定，在高斯混合分布以外的数据中不总能保证获得良好的聚类效果。基于密度的聚类（density-based clustering）则是对非凸数据结构聚类的尝试，原理是首先将数据点的作用按照密集程度分为核心点、边界点和异常点，核心点是高密度区的代表，聚类可以实现低密度区对高密度区域的划分。该方法的聚类数取决于核心点邻域半径参数和异常值阈值参数，由于两个参数的确定也相对主观，因此该方法没有给出聚类数的确定依据。

目前大部分聚类方法对聚类数的确定基本有两个方向，一是基于数据的背景资料，以定性研究为主要依据，对聚类数给出建议，即指定聚类数；二是基于参数估计理论基础，以参数估计为辅助手段，确定聚类数可能的范围。第一种研究主观性较强，缺乏必要的客观数据支持，得到的经验不具有一般适用性；第二种基于分布估计的聚类方法有一定的指导意义，对聚类数的确定，层次聚类采用距离法实质上是将多元聚类转化为一元聚类问题，这些经验还不足以扩展到高维复杂的聚类问题中。

Tibshirani 等学者于 2001 年提出了基于预测强度的聚类数确定方法，预测强度本质上提出了一个独立于聚类方法的最优聚类数任务评价性准则。

预测强度是用分类的思想去解决聚类问题，即认为一个好的聚类结果，应该能对未知的样品进行预测，而且该预测的结果与未知样品自身的聚类能做到很好的吻合。

下面给出预测强度的数学表达式：

$$\mathrm{ps}(k)=\min_{1\leqslant j\leqslant k}\frac{1}{n_{kj}(n_{kj}-1)}\sum_{i\neq i'\in A_{kj}}I(D\left[C(X_{\mathrm{tr}},k),X_{\mathrm{te}}\right]_{ii'}=1)$$

其中 X_{tr} 和 X_{te} 分别表示对原始数据随机划分所得到的训练集和测试集；$C(X_{\mathrm{tr}},k)$ 表示训练集的聚类过程，共聚成 k 类；$A_{k1},A_{k2},\cdots,A_{kk}$ 表示测试集自身聚成的 k 类，i 和 i' 是同一个类中的样本点，n_{kj} 是 A_{kj} 中样本点的个数；$D\left[C(X_{\mathrm{tr}},k),X_{\mathrm{te}}\right]$ 表示一个 $k\times k$ 的矩阵，其第 i 行第 i' 列的元素有两种取值 0 和 1，取值为 1 表示用训练集对 i 和 i' 进行分类时，将它们分在同一类，取值为 0 表示不在同一类；最后 ps(k)表示聚类数为 k 时聚类结果的预测强度，取值区间为[0, 1]。

具体来说，预测强度的计算方法如下：

（1）对于一个要进行聚类分析的数据集，将其随机分成训练集和测试集两部分；

（2）分别对这两个子集进行聚类分析，聚类数都为 k，并记此时测试集的聚类结果为 I 型分类；

（3）用训练集的聚类结果对测试集进行判别，记这样得到的测试集的分类结果为II型分类；

（4）在测试集自身聚成的每个类中，考虑任何一对样本点 i 和 i' 是否在II型分类中被错分在不同的类，并记录下被正确划分的比例。由于测试集自身被分成 k 个类，所以一共可以得到 k 个这样的比例；

（5）在这 k 个比例构成中，最小的那一个就是当前聚类数 k 下的预测强度。

计算预测强度的过程可以用图 4.9 表示。

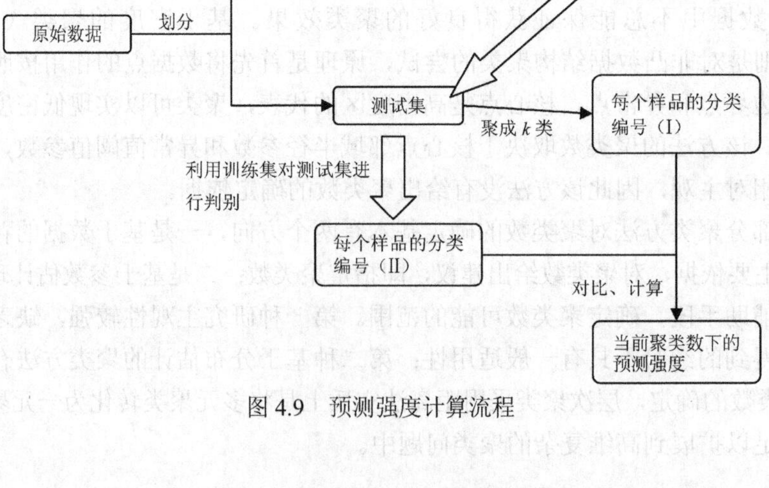

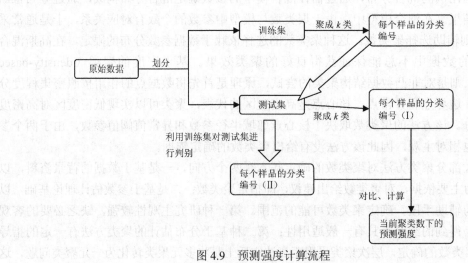

图 4.9 预测强度计算流程

4.3.1 预测强度

预测强度主要的作用就是确定聚类的数量。前文已经叙述过，预测强度的直观含义是当前聚类结果能正确预测新样本点的能力；预测强度越大，说明预测的正确率越高，聚类的效果也就越好。

然而从预测强度的计算方法可以很容易得出，当 $k=1$ 时，即所有样品都归为一类时，预测强度将能够达到 1，是其取值的最大值。但是在这种情况下，聚类本身就失去了意义，因此在大多数情形下聚类数都应该大于 1，除非数据本身确实只有一类。于是，如果以预测强度为目标函数，那么最优的聚类数应该使得预测强度最大化，而且聚类数通常都应该大于 1。

在实际问题中，聚类的数目一般都不应过多，否则结果将变得难以解释，因此需要考虑的聚类数往往只有少数几个取值，可以使用穷举法寻找最优的 k。

事实上，对预测强度的运用可以进行适当的扩展，使其不仅能选择合适的聚类数，而且能选择合适的变量子集，具体的做法就是把变量的选择也作为一个影响预测强度的因素，通过使预测强度最大化，来选择最佳的聚类数和变量子集。

4.3.2 预测强度方法的应用

1. 预测强度方法与传统聚类算法的关系

从以上对预测强度的介绍可以了解到，预测强度方法并不是一种新的聚类算法，而是对现有聚类算法的一个重要补充。事实上，在计算预测强度的过程中，仍然要使用到传统的聚类算法，例如层次聚类法或 k-均值算法。预测强度最重要的作用是为聚类数的确定和变量子集的选择提供一个科学的依据，而这恰恰是传统聚类算法的不足之处，因此预测强度方法与传统的聚类算法应该是一种互相补充、互相完善的关系。

2. 预测强度方法适用的数据类型

在预测强度的计算过程中，由于训练集和测试集是随机划分的，所以可能会有某些偶然的情形对最终计算结果造成比较大的影响。为了减弱偶然因素的影响，实际应用中往往会采用 n 折交叉验证的方法计算平均的预测强度。具体的做法是，将数据集随机等分成 n 份（n 可取 5 或 10 等），将第一份作为测试集，其余的为训练集，计算出一个预测强度；然后再将第二份作为测试集，其余的为训练集，计算出第二个预测强度；重复上述步骤，最后将得到的 n 个值取算数平均作为这一聚类数下的平均预测强度。

要完成上述的交叉验证过程，一般需要数据的样本量比较大，否则当折数 n 以及聚类数 k 都比较大时，可能会出现测试集中某一个类没有样本点的情况，进而使得预测强度无法计算。因此，预测强度方法一般适用于大数据集的情形。

4.3.3 案例分析

本案例所研究的是一个网站后台数据的案例。该网站的数据库中记录了访客的一系列网络行为信息，例如访客对特定栏目的访问次数、平均访问停留时间以及平均页面停留时间等。在这里主要采用的访客信息是访客在各栏目上的平均访问停留时间，这基于一个基本的假定——用户访问栏目的时间越长，代表用户对于该栏目的关注程度越高。利用这些访客在关注内容上的差异，就可以对访客进行聚类。下面将依照数据描述、数据清理和聚类分析的顺序来进行实证的分析。

1. 数据描述和数据清理

本数据（见数据光盘中的 Clustering.xls）共有 2861 行，15 个变量，每一行代表一位网站访客，15 个变量代表访客在网站的 15 个栏目上的平均访问停留时间，单位为秒。为简便起见，在之后的分析中，将这 15 个变量命名为 e1~e15。为了对各变量的分布有一个直观的认识，表 4.3 给出了这 15 个变量的描述统计量：

表 4.3 变量描述统计量

	e1	e2	e3	e4	e5	e6	e7	e8
下四分位数	0.00	0.00	0.00	0.00	0.00	0.00	0.00	0.00
中位数	62.94	0.00	0.00	0.00	0.00	0.00	0.00	0.00
均值	102.77	230.03	150.53	266.60	108.93	136.05	28.50	0.44
上四分位数	133.57	311.00	194.25	374.52	127.60	96.24	0.00	0.00
最大值	2648.00	6384.50	2963.24	5240.62	3113.29	7404.50	2004.00	900.00
偏度	4.72	3.91	3.29	3.59	3.94	6.69	7.92	46.82

	e9	e10	e11	e12	e13	e14	e15
下四分位数	0.00	0.00	0.00	0.00	0.00	0.00	0.00
中位数	0.00	0.00	0.00	0.00	0.00	0.00	0.00
均值	6.98	112.83	50.27	0.00	0.22	63.28	64.41
上四分位数	0.00	82.34	0.00	0.00	0.00	65.40	59.00
最大值	1850.40	6831.51	3371.73	0.00	549.80	3698.00	3233.09
偏度	17.71	7.70	7.95	—	51.63	7.42	7.76

其中变量的最小值没有列出，是因为所有变量的下四分位数已经全部为 0，因此最小值也必然为 0。

从上表可以看出，原始样本数据的分布不太规律，存在大量的零值，因此需要对变量进行一定的预处理以防止这些特殊点对聚类结果产生不良的影响。具体步骤如下：

（1）由于大量变量呈现出右偏的倾向，因此考虑对数据进行对数变换。具体变换表达式为：$x' = \ln(1+x)$。结果显示，对数变换后，数据的分布从对称性和集中性上看，都较变换前有了很大改善。以变量 e1 为例作出其变换前后的直方图，如图 4.10 所示。

（2）对数变换后，通过对数据进行考察可以发现，其中存在大量的零点（定义为所有变量取值求和为零的样本点），为了考察其频率，将变换之后的样本按各个变量求和后，作出其直方图，如图 4.11 所示。

图 4.11 显示，对数变换后，大多数样本点的变量取值之和在 7 左右，但同时也有一些样本在求和后的值非常小（接近于 0），所以本案例考虑不把这些样品加入到聚类模型中来，其原因有两个：一是这些点之间的距离非常小，实际聚类时它们也将被聚在同一类，因此预先提取出来可以减少聚类的运算量；二是这些点的取值在样本中属于异常值，它们很可

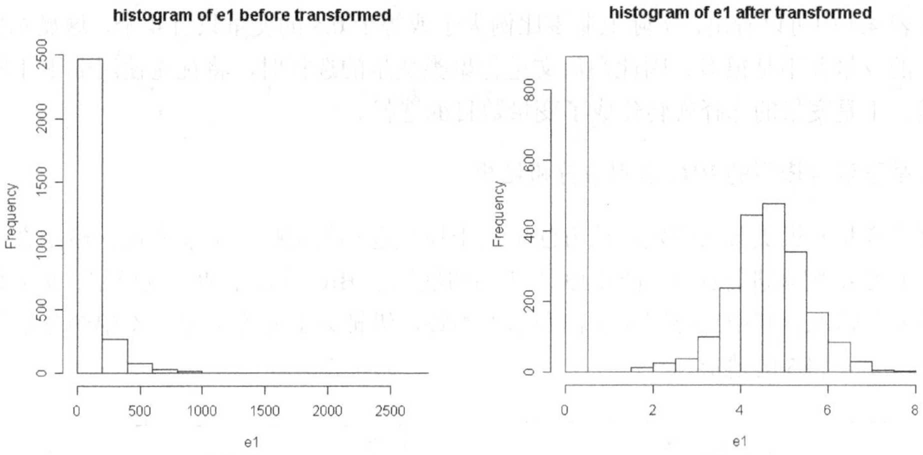

(a) 变换前　　　　(b) 变换后

图 4.10　对数变换对数据分布的影响

能对整体数据的有效聚类构成干扰。所以在这一步，只选择变量之和大于或等于 4 的样本进入聚类模型。这样一共剔除了 661 个样本点，剩下的数据按照 e1 变量作其直方图，如图 4.12 所示。

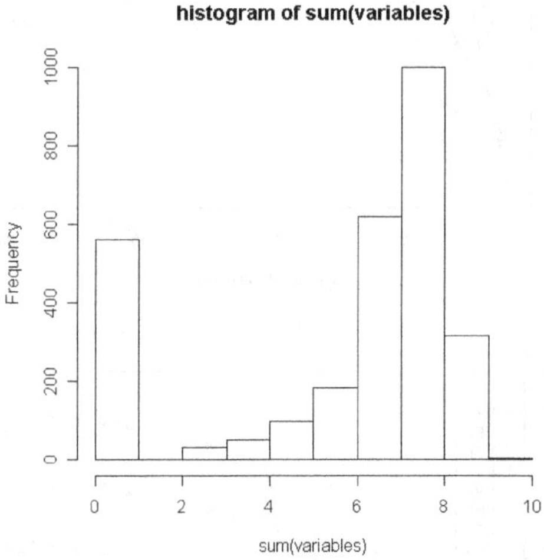

图 4.11　访客总停留时间直方图

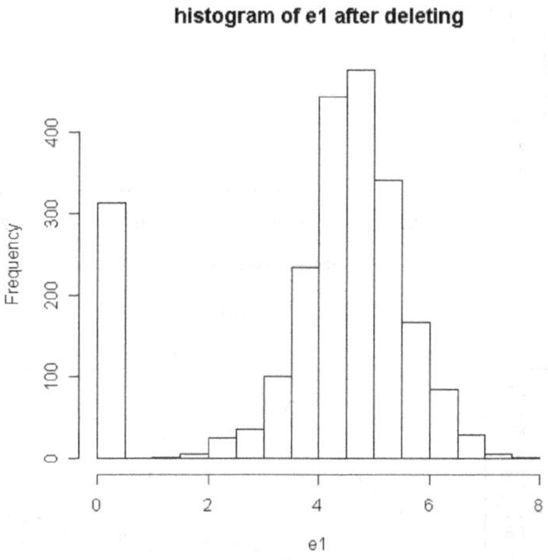

图 4.12　数据清理后 e1 变量的对数变换直方图

从图 4.12 可以明显看到，变量 e1 的零点所占比例已经有显著下降，这使得数据质量进一步得到了改善。

（3）按照非零取值所占的比例，对各变量进行了排序，以便于后续的处理。排列结果如表 4.4 所示。

表 4.4　经数据清理后变量按其非零比例排序

变量	E1	e2	e4	e3	e5	e14	e10	e15
非零比例	0.86	0.63	0.62	0.54	0.49	0.45	0.41	0.41
变量	E6	e11	e7	e9	e8	e12	e13	
非零比例	0.40	0.25	0.16	0.05	0.00	0.00	0.00	

从表 4.4 中可以看出，实际上非零比例大于或等于 0.5 的变量只有 4 个，这显示出“高质量”的变量并不是很多。因此在后文进行聚类变量的选择时，将优先使用非零比例较高的变量，于是变量的选择就转化成了变量数目的选择。

2. 基于混合模型的 BIC 准则法分析结果

聚类变量和聚类数的确定在该方法中属于模型选择的范畴。依前所述，模型之间的对比可用 BIC 准则来进行评判。图 4.13 中 4 幅图展示了 BIC 统计量随预设模型、变量数及聚类数的变化情况。其中每幅图的横轴表示聚类数，纵轴为 BIC 的取值，4 幅图分别是变量数为 2，3，4 和 5 的情形。

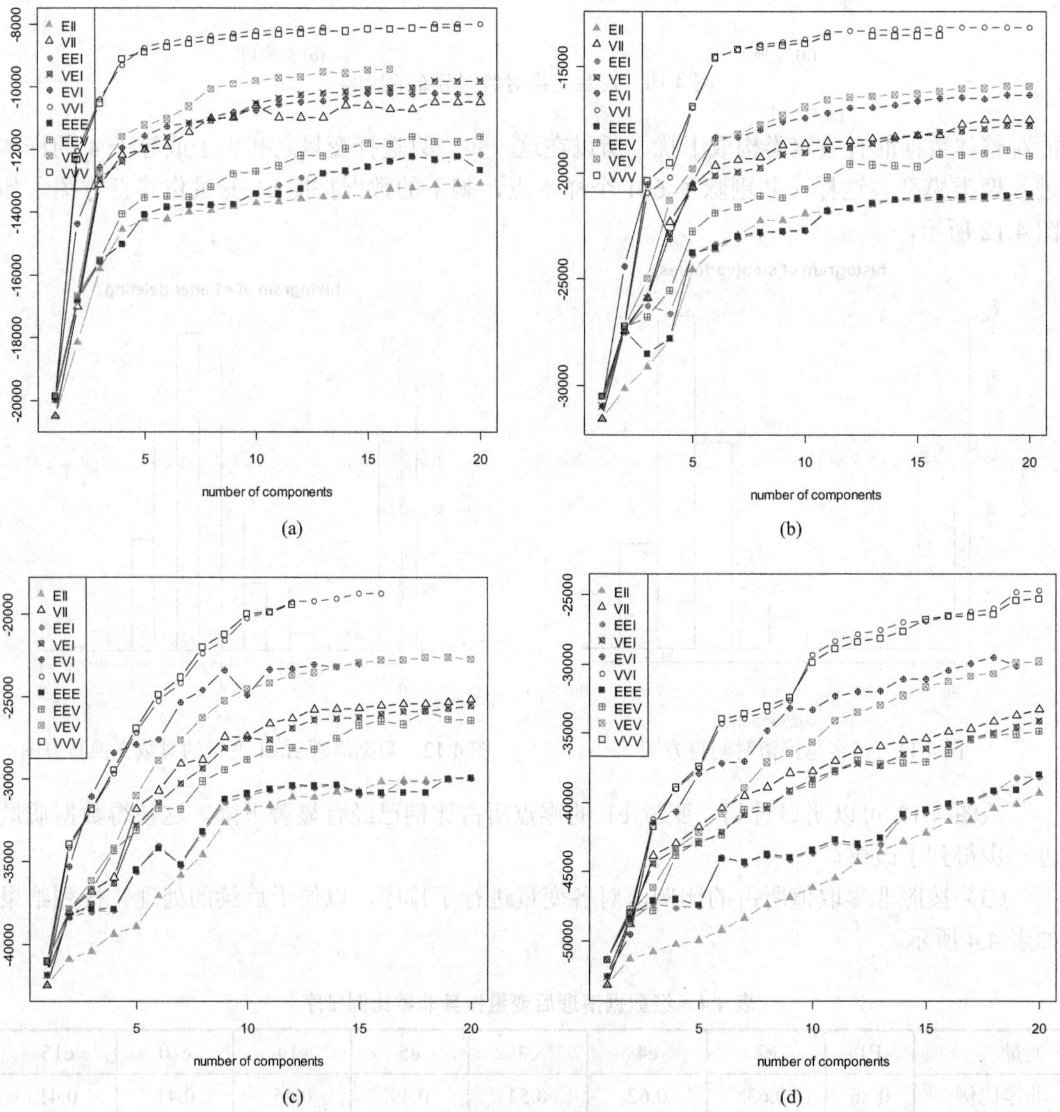

图 4.13 BIC 随变量数、聚类数和模型的变化

从图 4.13 中可以得出以下一些结论：

（1）“VVI”和“VVV”模型的 BIC 取值几乎一致高于其他模型，因此是更优的选择；

（2）在以上各种情形下，随着聚类数目的增加，BIC 几乎是一直上升，并没有明显的单峰现象，这使得 BIC 准则对于本数据的聚类数选择失效；

（3）在不同的变量数下，BIC 的取值差异非常大，互相之间不具有可比性，而且这种变化也是单调的，因此就本数据而言，BIC 准则也无法进行变量数的选择。

但从上述结果中，依然可以获取一些有关聚类数选择方面的信息。在图 4.13(a)和(b)中可以看出，当聚类数大于 4 类时，BIC 的取值变得十分平稳，几乎是一个恒定的常数，这说明此时聚类数的增加已经对模型的解释没有更大的贡献，因此最优的聚类数也应该是在这个值附近，但该方法并不能给出更精确的取值。

总而言之，就本数据而言，使用传统的基于模型的聚类法并不能得到很好的结果。究其原因，BIC 准则在本数据中失效是因为数据的分布并不满足模型的假设。由图 4.12 可知，经过数据预处理后，变量之中依然存在很多零值的点，这些点并不能很好地用混合模型来解释，同时它们会将正态分布的均值向零值靠近，使得似然函数迅速增大，从而削弱了惩罚项的影响。

然而对于大型的网络数据而言，零值出现的可能性是非常大的，换言之这种数据的分布特征是一类普遍的现象，如果此时依然使用参数的框架来处理数据，那么得出的结论将会缺乏稳定性和可靠性。为此，下文将使用预测强度这一不依赖于数据分布的指标来对聚类数和变量数进行选择。

3. 预测强度方法分析结果

如前所述，在使用预测强度方法时，需要事先选定一种聚类的算法。由于数据样本量较大，如果使用层次聚类法，那么运算量将会非常巨大，在实际中难以实现。因此采用 k-均值聚类法对数据进行聚类分析。

由于聚类数和变量子集都是离散的组合，因此可以计算出其所有的组合搭配，然后从中找出最优的一个。但是在本数据中，纯粹的穷举法是不可行的，因为本数据的聚类变量共有 15 个，所以其所有子集（除去没有变量的情形）的个数为 $2^{15}-1$；如果考虑最大的聚类数为 8，那么为了穷举所有的情况，就需要计算 $8\times(2^{15}-1)=262136$ 次预测强度，这显然不太现实。

为了解决这个问题，我们采用了与前文相同的做法，即在每个给定的变量数下，依次选择非零比例最高的那些变量。此外，由于 e11 之后的变量都只有不到 1/4 的非零数据，因此对于这 6 个变量不再予以考虑。最终，备选的聚类数是从 1 到 8，共 7 个待计算的取值（聚类数为 1 时预测强度恒为 1，不需计算）；而变量组合是从{e1}到{e1, e2, e4, ..., e6}，共 9 种组合；从而得到总的预测强度的计算次数为 $7\times9=63$ 次，相对于穷举法而言大大减少了计算量。

将上述 63 次计算结果做成图，如图 4.14 所示，其中 9 张图代表了 9 种变量子集，而每张图中纵轴是预测强度，横轴是聚类数目，图中每个点上下方的短线是 5 折交叉验证中取值的上下界。从图中可以看出，当聚类变量的个数为 3 时（变量子集为{e1, e2, e4}），整条预测强度曲线都维持在一个很高的水平上；特别地，当变量数为 3 且聚类数为 4 时，预测强度达到了全局的最大值，这说明当以预测强度为准则时，最佳的聚类方案是将 e1, e2, e4 这三个变量的数据聚成 4 类。

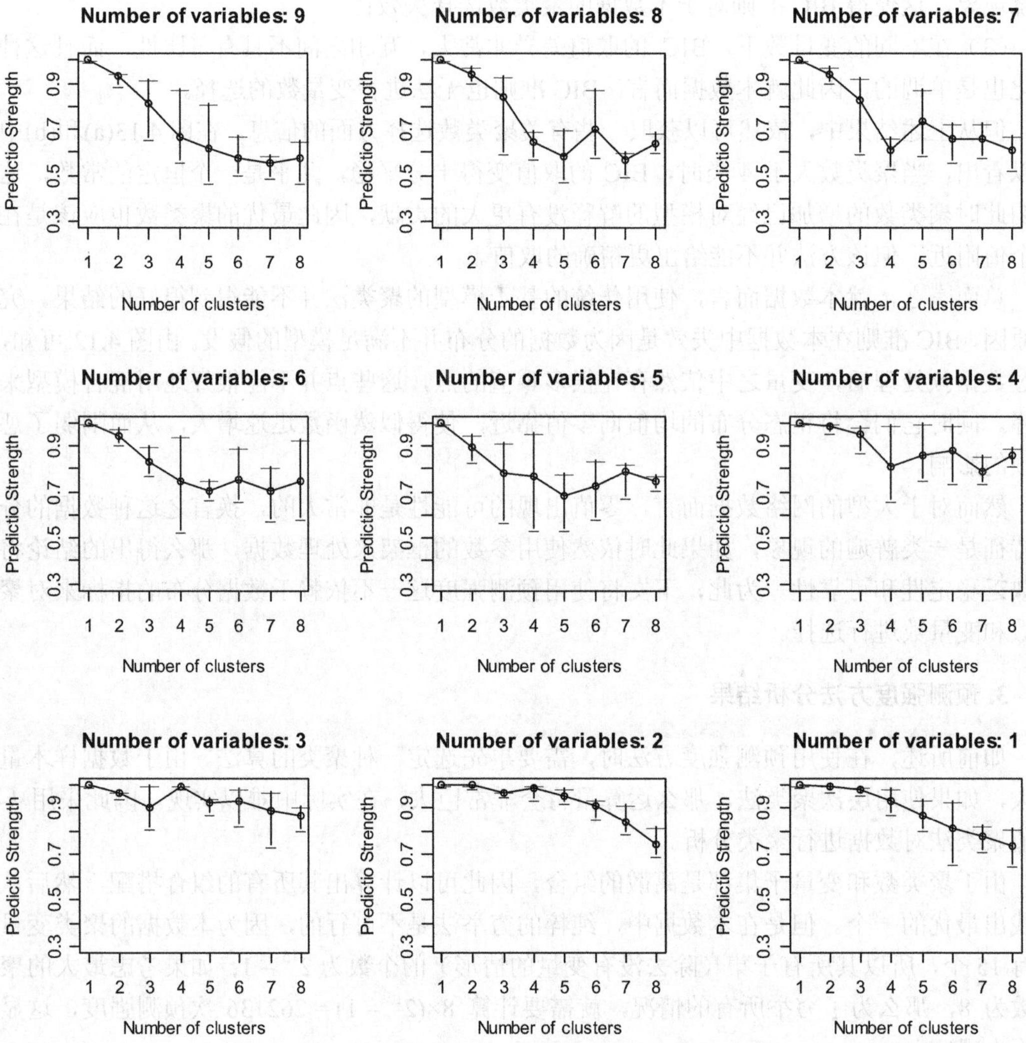

图 4.14 预测强度随聚类变量和变量子集的变化

从以上结果可以看出，相对于 BIC 准则在聚类数和变量数选择中的失效，预测强度方法得到的结果更加精确，说服力也更强。

确定了聚类方案后，利用 *k*-均值算法对数据实施聚类，并将所有的样本点展示在 e1, e2, e4 这三个变量张成的三维空间中。图像如图 4.15 所示。

从图 4.15 中可以看出聚成的四类各自的特点：第 1 类位于 e1 轴上；第 2 类位于 e2 轴以及 e1 和 e2 所成的面上；第 3 类的大部分位于立方体的中间，呈椭球状，小部分位于 e2 和 e4 所成的面上；第 4 类位于 e4 轴以及 e1、e4 所成的面上。

为了进一步看清聚类结果中各变量之间的差异，我们将不同类在所有变量上取值的均值做成如图 4.16 所示的平行折线图。

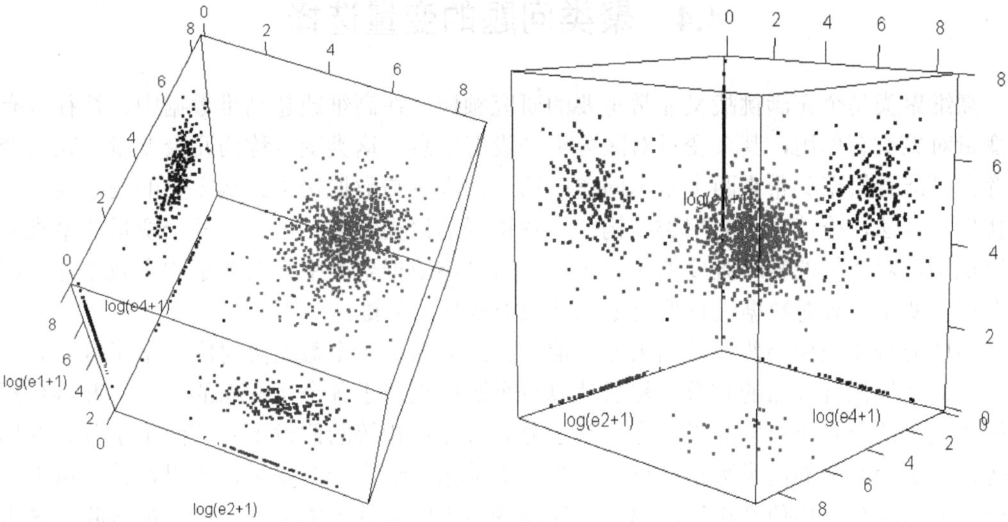

图 4.15 聚类结果的三维图展示

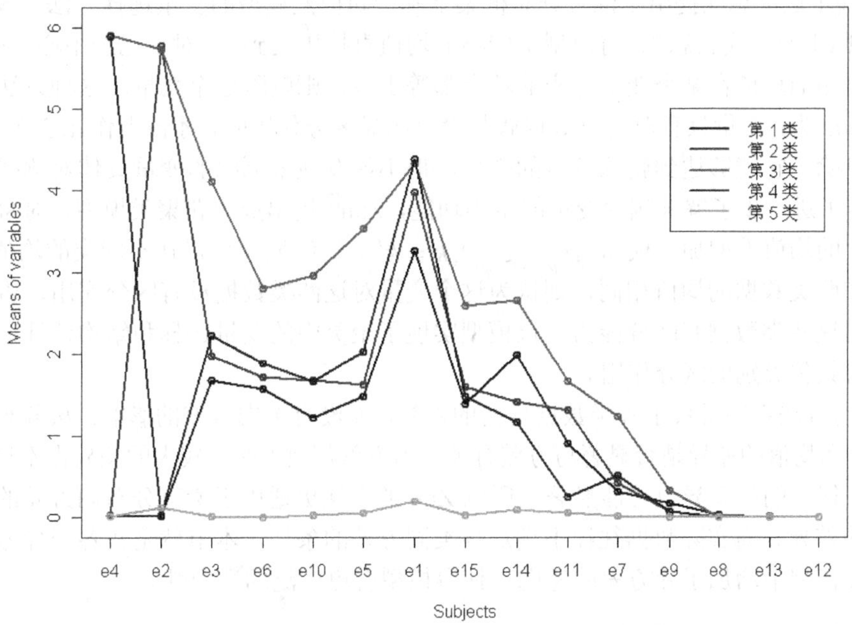

图 4.16 各类别访客在所有栏目上的平均停留时间（经对数变换）

图 4.16 中的第 5 类即是在数据清理部分被单独提取出的 661 个样本点。从图 4.16 中可以看出，第 3 类访客的图线几乎一致地在其他类别图线之上，说明第 3 类访客属于网站的高端客户，其在所有栏目上的停留时间均比较长；而第 2 类和第 4 类访客则分别在第 2、第 4 个栏目上有着极高的关注度，属于专业性的访客，他们一般只对某几个特定栏目有所关注，但关注的程度很高；第 1 类访客比较普通，属于一般的访客；而第 5 类访客则几乎没有在任何栏目上停留，属于游客类。从聚类结果的三维图和上述平行折线图可以看出，原始的样本点能够很好地被区分开，而且它们也都有明确的现实含义，这说明用预测强度方法得到的结果是可信及有意义的。

4.4 聚类问题的变量选择

高维聚类是个充满挑战又非常重要的研究领域。在高维或超高维数据中，往往只有部分变量对聚类有作用，其余变量对区分类别没有信息，这类变量称为冗余变量。冗余变量的存在可能会给聚类带来两个基本问题：第一，大量与数据聚类结构无关的变量混杂，会干扰聚类算法，掩盖真实的聚类结构，导致错误的聚类结果；第二，各个变量的聚类效果难以识别，对变量的解释难度增大。于是，对高维数据聚类中冗余变量的有效删除，即选择合适的变量子集对数据进行聚类是稳健聚类成功的关键。

高斯混合模型聚类假设数据来源于混合正态分布，每个数据类对应一个子分布。聚类首先是估计该混合分布的参数，然后计算每个数据点属于各个子分布的概率，并将数据归为概率最大的分布所对应的类。在所有子分布方差都相等的假设下，若两个子分布的均值相等，则认为对应的两类数据应该合并为一类数据。给定一个变量，如果在该变量上各个子分布的边际分布均值都相等，那么认为该变量不能区分各类数据，应该被删除。这也是混合罚模型实现高维聚类变量选择的基本机制

Pan[6]基于这个想法提出了混合分布框架下基于罚似然模型的变量选择方法。该方法利用Lasso回归中的一模罚思想，将模型中较小的均值直接压缩到零。对于已经中心化的数据，若所有子分布的均值在某个变量对应的项上都等于零，则删除这个变量。这种方法删除冗余变量的标准为：变量只有对所有数据簇都没有明显区分作用时，才被当作冗余变量删除，否则就不删除。它能够达到删除变量的效果，但不能发现未删除的变量具体对哪些数据族有作用。为了进一步了解未删除变量的聚类功能，Zhu[7]提出成对罚聚类模型，对每个变量在不同类上的均值差增加一模罚$|\mu_{kp}-\mu_{k'p}|, k\neq k'$，压缩同一变量在不同类的均值差。若同一变量在两类数据的均值相同，则认为这个变量对这两类数据没有区分作用，否则认为这个变量对这两类数据有区分能力。该模型实现了聚类中的变量选择和结构估计，同时能识别变量对具体类别的区分作用。

Zhu[7]的方法主要考察了各类数据均值的差异，而没有考虑方差的影响。从分布的角度出发，两分布均值的差异是否显著与方差有关。当方差都很大时，较大的差异也不显著，方差很小时，很小的的差异也可能显著。所以 Zhu 的方法更适用于所有分布同方差的前提下比较均值的差异。而实际数据往往不满足各类同方差的条件，本节就是在各类异方差数据假设下，在模型中增加了异方差的考虑，使得模型有更广泛的适应性。

4.4.1 高斯成对罚模型聚类

Zhu[7]希望压缩同一变量在两数据簇上的均值差，将距离比较小的一对均值压缩到相等，然后用估计的均值差是否为零来判断这个变量能否区分对应子分布。通过分析每一个变量对任意两个数据簇的区分能力，来识别变量的聚类作用。其模型的数据罚对数似然函数为

$$L_p(\Theta)=\sum_i \log\left(\sum_k \pi_k \phi\left(x_i,\boldsymbol{\mu}_k,\boldsymbol{\Sigma}\right)\right)-\lambda\sum_p\sum_{1\leqslant k<k'\leqslant K}\left|\mu_{kp}-\mu_{k'p}\right| \tag{4.1}$$

其中 π_k 是第 k 类数据所占的比例，$\phi(x_i,\boldsymbol{\mu}_k,\boldsymbol{\Sigma})$ 是 x_i 在均值为 $\boldsymbol{\mu}_k$，方差为 $\boldsymbol{\Sigma}$ 的正态分布的似然函数，模型(4.1)为pairwise模型。

模型(4.1)基于 GMM 假设，变量独立，各类同方差。在各类数据方差相同的情况下，任意两类数据在某个变量上是否有显著区别主要表现在对应两个均值之间是否有显著差别。模型的罚项由成对的均值差累加而成，有效压缩了成对均值相差不大的情况。从罚项的形式可以看出估计结果中存在互相相等的 $\mu_{kp}(k=1,2,\cdots,K)$，给定 p，对于变量 x_p，若对所有的 $k,k'=1,2,\cdots,K$，$\mu_{kp}=\mu_{k'p}$ 都成立，则说明这个变量对所有类别没有区分能力，相当于数据中心化后的 $\mu_{kp}=0,k=1,2,\cdots,K$，说明 x_p 是冗余变量，应该删除。假设变量 x_{p*} 不满足所有类别的均值都相等，则 x_{p*} 是有信息变量，不被删除，但仍然存在 k,k'，使得 $\mu_{kp*}=\mu_{k'p*}$。这说明 x_{p*} 虽然是有信息变量，但对数据中的第 k 类和第 k' 类没有区分。从这个角度来看，该模型实现了对非冗余变量聚类功能的识别。成对罚聚类模型假设数据各类同方差，变量之间相互独立。变量相互独立的假设大大减少了模型中参数的数目，使得估计更加简单。同方差假设将各类数据的区别局限为中心位置的区别，体现为各子分布均值的区别。但实际数据中不一定满足各类同方差的假设，而且当假设不满足时，模型的聚类效果容易受到影响。为了解决这个问题，下面主要解决各类异方差数据的成对聚类问题。

4.4.2　各类异方差成对罚模型聚类

1. 各类异方差成对罚模型

首先，我们在成对罚模型(4.1)中引入各类异方差，但不增加对方差的罚处理。数据的类别信息仍然以各数据簇的中心位置为主。变量是否区分各类仍然以各类的均值差是否为零确定，忽略方差不等带来的影响。这样，既考虑了数据可能出现异方差的实际情况，又没有增加模型的复杂度。

$$L_{\text{pairvar}}(\Theta)=L(\Theta)-\lambda\sum_{p}\sum_{1\leqslant k<k'\leqslant K}\left|\mu_{kp}-\mu_{k'p}\right| \tag{4.2}$$

其中

$$L(\Theta)=\sum_{i}\log\left(\sum_{k}\pi_k\phi\left(x_i,\boldsymbol{\mu}_k,\boldsymbol{\Sigma}_k\right)\right)$$

$$\boldsymbol{\Sigma}_k=\operatorname{diag}\left(\sigma_{k1}^2,\cdots,\sigma_{kp}^2\right)$$

为方便表述，这个模型为 pairwise-var 模型。

2. 各类异方差比例罚模型

模型pairwise-var忽略了两类数据方差不等的信息，认为区别数据类别的主要信息集中在数据的中心，只要两类数据的中心位置相同就认为这两类无分别，而不考虑方差的影响。这种假设是有局限的，为了解决这个问题，我们设计了一个均值方差比的成对罚模型(4.3)。

$$L_{\text{rpair}}(\Theta)=L(\Theta)-\lambda\sum_{p}\sum_{1\leqslant k<k'\leqslant K}\left|\frac{\mu_{kp}}{\sigma_{kp}^2}-\frac{\mu_{k'p}}{\sigma_{k'p}^2}\right| \tag{4.3}$$

模型(4.3)放宽了数据各类方差相同的假设，能够适应更复杂的数据。另外模型用均值方差比的绝对值之差为罚项，使得估计结果中相近的均值和方差都自动压缩到相同，对变量聚类功能的识别有更加精确的效果。

3. 模型选择

混合模型聚类假设数据是来自 K 个子分布的混合，每个分布对应一个数据簇。一般情况下，数据簇的数目 K 的大小未知，需要通过数据来决定。另外罚系数 λ 也是一个需要用数据确定的系数。模型选择需要同时选择 K 和 λ。又因为 K 和 λ 的选择范围比较大，用交叉验证等重抽样方法会带来很大的计算量，所以推荐使用修正的BIC准则选择模型。

$$BIC(K,\lambda)=-2\log(X,\hat{\Theta})+d_e\log n$$

其中 $\log(X,\hat{\Theta})$ 是模型的似然函数，$d_e=K-1+q_\mu+q_{\sigma^2}$。这里 q_μ，q_{σ^2} 等于参数 $\{\mu_{kp}\}$，$\{\sigma^2_{kp}\}$ 中显著不同的个数，K 是类别数。

4. 算法实现

这节主要关注异方差比例罚(rpairwise)模型(4.3)的算法实现。这里我们使用EM算法来估计该模型。假设每个数据的类别已知，$z_{ik}=1$ 如果 x_i 属于第 k 类，否则 $z_{ik}=0$。增加数据 Z 的罚对数似然函数为

$$L_p(\Theta,X,Z)=\sum_i\log\left(\prod_k\left(\pi_k\phi\left(x_i,\boldsymbol{\mu}_k,\boldsymbol{\Sigma}_k\right)\right)^{z_{ik}}\right)-\lambda\sum_p\sum_{1\leqslant k<k'\leqslant K}\left|\frac{\mu_{kp}}{\sigma^2_{kp}}-\frac{\mu_{k'p}}{\sigma^2_{k'p}}\right| \tag{4.4}$$

1) E 步

给定 $\Theta^{(s)}$ 为参数 $\Theta=(\pi_k,\mu_{kp},\boldsymbol{\Sigma}_k)$，$k=1,2,\cdots,K$，$p=1,2,\cdots,P$ 的估计，对似然函数(4.4)求期望 $E\left[z\mid X,\Theta^{(s)}\right]$ 得

$$Q_p\left(\Theta,\hat{\Theta}^{(s)}\right)=\sum_{ik}\hat{\tau}_{ik}^{(s+1)}\left[\log\pi_k+\log\phi\left(x_i,\boldsymbol{\mu}_k,\boldsymbol{\Sigma}_k\right)\right]-\lambda\sum_p\sum_{1\leqslant k<k'\leqslant K}\left|\frac{\mu_{kp}}{\sigma^2_{kp}}-\frac{\mu_{k'p}}{\sigma^2_{k'p}}\right| \tag{4.5}$$

其中

$$\log\phi\left(x_i,\boldsymbol{\mu}_k,\boldsymbol{\Sigma}_k\right)=\sum_{i,k}\tau_{ik}\log(\pi_k)-\frac{1}{2}\sum_{i,k}\tau_{ik}\log\left|2\pi\boldsymbol{\Sigma}_k\right|-\frac{1}{2}\sum_{i,k}\tau_{ik}\sum_p\frac{(x_{ip}-\mu_{kp})^2}{\sigma^2_{kp}}$$

$\hat{\tau}_{ik}$ 是第 i 个观测属于第 k 类的后验概率。

$$\hat{\tau}_{ik}^{(s+1)}=P\left(z_{ik}=1\mid X,\Theta^{(s)}\right)=\frac{\hat{\pi}_k^{(s)}\phi\left(x_i,\hat{\boldsymbol{\mu}}_k^{(s)},\hat{\boldsymbol{\Sigma}}_k^{(s)}\right)}{\Sigma_k\hat{\pi}_k^{(s)}\phi\left(x_i,\hat{\boldsymbol{\mu}}_k^{(s)},\hat{\boldsymbol{\Sigma}}_k^{(s)}\right)} \tag{4.6}$$

2) M 步

最大化 Q_p 函数(4.5)，得到各参数的估计。

π 的估计：

$$\frac{\partial Q_p}{\partial\pi_k}=0\Rightarrow\hat{\pi}_k^{(s+1)}=\frac{1}{n}\sum_i\hat{\tau}_{ik}^{(s)} \tag{4.7}$$

$\boldsymbol{\mu}$ 的估计：

$$\hat{\mu}_{kp}^{(s+1)}=\arg\min_{\{\mu_{kp}\}}\frac{1}{2}\sum_{ik}\left[\tau_{ik}^{(s)}\sum_p\frac{\left(x_{ip}-\mu_{kp}\right)^2}{\sigma_{kp}^{2(s)}}\right]+\lambda\sum_{\substack{p\\1\leqslant k<k'\leqslant K}}\left|\frac{\mu_{kp}}{\sigma_{kp}^{2(s)}}-\frac{\mu_{k'p}}{\sigma_{k'p}^{2(s)}}\right| \tag{4.8}$$

$\boldsymbol{\Sigma}$ 的估计:

$$\begin{aligned}\hat{\sigma}_k^{2(s+1)} = \arg\min_{\{\sigma_{kp}^2\}} \frac{1}{2}\sum_{ik}\left[\tau_{ik}^{(s)}\sum_p \log\left(\sigma_{kp}^2\right)\right] + \frac{1}{2}\sum_{ik}\left[\tau_{ik}^{(s)}\sum_p \frac{\left(x_{ip}-\mu_{kp}^{(s)}\right)^2}{\sigma_{kp}^2}\right] \\ +\lambda\sum_p \sum_{1\leqslant k<k'\leqslant K}\left|\frac{\mu_{kp}^{(s)}}{\sigma_{kp}^2}-\frac{\mu_{k'p}^{(s)}}{\sigma_{k'p}^2}\right|\end{aligned} \tag{4.9}$$

EM算法的各步骤如下:

(1) 给定模型初值 $\boldsymbol{\mu}^{(0)},\boldsymbol{\Sigma}^{(0)},\pi^{(0)}$。

(2) 第 s 次迭代后，计算每个数据点属于各类的概率 $\hat{\tau}_{ik}^{(s+1)} = P\left(z_{ik}=1 \mid X,\boldsymbol{\Theta}^{(s)}\right)$。

(3) 根据数据 $\boldsymbol{x}$ 和 $\tau_{ik}^{(s+1)}$ 重新估计 $\hat{\pi}^{(s+1)},\hat{\boldsymbol{\mu}}^{(s+1)},\hat{\boldsymbol{\Sigma}}^{(s+1)}$。

① $\hat{\pi}_k^{(s+1)} = \dfrac{1}{n}\sum_i \hat{\tau}_{ik}^{(s)}$ 。

② 根据(4.8)式估计 $\hat{\mu}_{kp}^{(s+1)}$ 。

③ 根据(4.9)式估计 $\hat{\boldsymbol{\Sigma}}^{(s+1)}$ 。

(4) 重复步骤(2)，(3)，直至收敛。

在该算法中，μ 和 Σ 两个参数的估计量并不能直接给出，下面详细介绍估计的方法。

3) 参数 $\boldsymbol{\mu}$ 和 $\boldsymbol{\Sigma}$ 的估计

对于最优化问题式(4.8), (4.9)中的绝对值部分，可以用平方项来估计。其中(4.8)式中的绝对值部分可以用(4.10)式来估计，(4.9)式中的绝对值部分可以用(4.11)式来估计。两个估计选择不同的系数 $1/2,1/4$ 的主要是考虑和模型其他部分的系数匹配。

$$\left|\frac{\mu_{kp}^{(t+1)}}{\sigma_{kp}^2}-\frac{\mu_{k'p}^{(t+1)}}{\sigma_{k'p}^2}\right| \approx \frac{\left(\dfrac{\mu_{kp}^{(t+1)}}{\sigma_{kp}^2}-\dfrac{\mu_{k'p}^{(t+1)}}{\sigma_{k'p}^2}\right)^2}{2\left|\dfrac{\hat{\mu}_{kp}^{(t)}}{\hat{\sigma}_{kp}^2}-\dfrac{\hat{\mu}_{k'p}^{(t)}}{\hat{\sigma}_{k'p}^2}\right|} + \frac{1}{2}\left|\frac{\hat{\mu}_{kp}^{(t)}}{\hat{\sigma}_{kp}^2}-\frac{\hat{\mu}_{k'p}^{(t)}}{\hat{\sigma}_{k'p}^2}\right| \tag{4.10}$$

$$\left|\frac{\mu_{kp}}{\sigma_{kp}^{2(t+1)}}-\frac{\mu_{k'p}}{\sigma_{k'p}^{2(t+1)}}\right| \approx \frac{\left(\dfrac{\mu_{kp}}{\sigma_{kp}^{2(t+1)}}-\dfrac{\mu_{k'p}}{\sigma_{k'p}^{2(t+1)}}\right)^2}{4\left|\dfrac{\hat{\mu}_{kp}}{\hat{\sigma}_{kp}^{2(t)}}-\dfrac{\hat{\mu}_{k'p}}{\hat{\sigma}_{k'p}^{2(t)}}\right|} + \frac{3}{4}\left|\frac{\hat{\mu}_{kp}}{\hat{\sigma}_{kp}^{2(t)}}-\frac{\hat{\mu}_{k'p}}{\hat{\sigma}_{k'p}^{2(t)}}\right| \tag{4.11}$$

这里指标 (t) 不同于EM算法中的迭代次数 (s)，是指用平方项逼近绝对值限的迭代次数。引入平方项估计后，我们可以通过求如下的最优化问题来逼近(4.10)式，(4.11)式的解。

$$\arg\min_{\{\mu_{kp}^{(t+1)}\}} \frac{1}{2}\sum_{ik}\left[\hat{\tau}_{ik}\sum_p \frac{\left(x_{ip}-\mu_{kp}^{(t+1)}\right)^2}{\hat{\sigma}_{kp}^2}\right] + \lambda \sum_{\substack{p \\ 1\leqslant k<k'\leqslant K}} \frac{\left(\dfrac{\mu_{kp}^{(t+1)}}{\hat{\sigma}_{kp}^2}-\dfrac{\mu_{k'p}^{(t+1)}}{\hat{\sigma}_{k'p}^2}\right)^2}{2\left|\dfrac{\hat{\mu}_{kp}^{(t)}}{\hat{\sigma}_{kp}^2}-\dfrac{\hat{\mu}_{k'p}^{(t)}}{\hat{\sigma}_{k'p}^2}\right|} \tag{4.12}$$

$$\arg\min_{\left\{\sigma_{kp}^{2(t+1)}\right\}} \frac{1}{2}\sum_i\sum_k\left[\hat{\tau}_{ik}\sum_p \log\left(\sigma_{kp}^{2(t+1)}\right)\right]+\frac{1}{2}\sum_i\sum_k\left[\hat{\tau}_{ik}\sum_p\frac{\left(x_{ip}-\hat{\mu}_{kp}\right)^2}{\sigma_{kp}^{2(t+1)}}\right]$$

$$+\lambda\sum_p\sum_{1\leqslant k<k'\leqslant K}\frac{\left(\dfrac{\hat{\mu}_{kp}}{\sigma_{kp}^{2(t+1)}}-\dfrac{\hat{\mu}_{k'p}}{\sigma_{k'p}^{2(t+1)}}\right)^2}{4\left|\dfrac{\hat{\mu}_{kp}}{\hat{\sigma}_{kp}^{2(t)}}-\dfrac{\hat{\mu}_{k'p}}{\hat{\sigma}_{k'p}^{2(t)}}\right|} \tag{4.13}$$

最优化问题式(4.12)，式(4.13)均可以分解成 P 个子问题。对每个给定的 p，$\boldsymbol{\mu}$ 的最优化表达式(4.12)对 μ_{kp} 求偏导，并令其等于零，得到一个含有 K 个方程 K 个未知数 μ_{kp} 的线性方程组 $\left(K=1,2,\cdots,K\right)$：

$$\left(\sum_i\frac{\hat{\tau}_{ik}}{\hat{\sigma}_{kp}^2}+\sum_{k'\neq k}\frac{\left(\dfrac{1}{\hat{\sigma}_{kp}^2}\right)^2}{\left|\dfrac{\hat{\mu}_{kp}}{\hat{\sigma}_{kp}^2}-\dfrac{\hat{\mu}_{k'p}}{\hat{\sigma}_{k'p}^2}\right|}\right)\mu_{kp}-\sum_{k'\neq k}\frac{\lambda\left(\dfrac{1}{\hat{\sigma}_{kp}^2\hat{\sigma}_{k'p}^2}\right)}{\left|\dfrac{\hat{\mu}_{kp}}{\hat{\sigma}_{kp}^2}-\dfrac{\hat{\mu}_{k'p}}{\hat{\sigma}_{k'p}^2}\right|}\mu_{k'p}=\sum_i\frac{\hat{\tau}_{ik}x_{ip}}{\hat{\sigma}_{kp}^2} \tag{4.14}$$

方程组(4.14)的解，即 $\boldsymbol{\mu}$ 的估计为

$$\mu_p^{(t+1)}=\left(\boldsymbol{B}_p+\boldsymbol{C}_p\right)^{-1}\times\boldsymbol{A}_p \quad p=1,2,\cdots,P \tag{4.15}$$

其中

$$\boldsymbol{B}_p=\begin{pmatrix} -\sum\limits_{k'\neq 1}b_{1k'} & b_{12} & \cdots & b_{1K} \\ b_{21} & -\sum\limits_{k'\neq 2}b_{2k'} & \cdots & b_{2K} \\ \vdots & \vdots & \ddots & \vdots \\ b_{K1} & b_{K2} & \cdots & -\sum\limits_{k'\neq K}b_{Kk'} \end{pmatrix}$$

$$b_{kk'}=\frac{\dfrac{-1}{\sigma_{kp}^2\sigma_{k'p}^2}}{\left|\dfrac{\hat{\mu}_{kp}}{\hat{\sigma}_{kp}^2}-\dfrac{\hat{\mu}_{k'p}}{\hat{\sigma}_{k'p}^2}\right|},\quad k'\neq k$$

$$\boldsymbol{C}_p=\operatorname{diag}\left(\sum_i\frac{\tau_{i1}}{\sigma_{1p}^2},\sum_i\frac{\tau_{i2}}{\sigma_{2p}^2},\cdots,\sum_i\frac{\tau_{iK}}{\sigma_{Kp}^2}\right)$$

$$\boldsymbol{A}_p=\left(\sum_i\frac{\tau_{i1}x_{ip}}{\sigma_{1p}^2},\sum_i\frac{\tau_{i2}x_{ip}}{\sigma_{2p}^2},\cdots,\sum_i\frac{\tau_{iK}x_{ip}}{\sigma_{Kp}^2}\right)^{\mathrm{T}}$$

类似地，对每个给定的 p，σ_{kp}^2 的最优化问题(4.13)对 $1/\sigma_{kp}^2$ $(k=1,2,\cdots,K)$ 求偏导并令其等于零，得到一个含有 K 个方程，K 个未知数的二次方程组(4.16)：

$$\sum_i \hat{\tau}_{ik}\left(x_{ip}-\hat{\mu}_{kp}\right)^2 \frac{1}{\sigma_{kp}^2}+\sum_{k'\neq k}\frac{\lambda\hat{\mu}_{kp}^2}{\left|\dfrac{\hat{\mu}_{kp}}{\hat{\sigma}_{kp}^2}-\dfrac{\hat{\mu}_{k'p}}{\hat{\sigma}_{k'p}^2}\right|}\left(\frac{1}{\sigma_{kp}^2}\right)^2-\sum_{k'\neq k}\frac{\lambda\hat{\mu}_{kp}\hat{\mu}_{k'p}}{\left|\dfrac{\hat{\mu}_{kp}}{\hat{\sigma}_{kp}^2}-\dfrac{\hat{\mu}_{k'p}}{\hat{\sigma}_{k'p}^2}\right|}\frac{1}{\sigma_{kp}^2}\frac{1}{\sigma_{k'p}^2}=\sum_i \hat{\tau}_{ik}$$

$$k=1,2,\cdots,K \tag{4.16}$$

方程组(4.16)的解即Σ_k的估计，可以由MATLAB里的fsolve函数得到。

4.4.3　几种聚类变量选择的比较

1. 模拟数据

本节通过模拟数据比较模型pairwise，pairwise-var和rpairwise的聚类效果，主要比较模型对数据聚类的错误率。我们构建了一个$N=80, P=220$的数据集（见表4.5），前10个变量独立将数据分成两类，分别服从正态分布$N(3.5,5), N(1,0.01)$，第11至第20个变量将数据分成两类，分别服从正态分布$N(1.5,5), N(-1.5,0.01)$，前20个变量综合将数据分成4类。后200个变量的分布分两种情况，两种不同的方差代表不同程度的冗余信息。我们从每一类(220维的联合正态分布)中随机模拟出20个数据，最终数据集为一个80×220的矩阵。

表4.5　异均值异方差模拟数据的真实分布

	Variable 1-10	Variable 11-20	Variable 21-220	Variable 21-220
Cluster 1	$N(3.5, 5)$	$N(1.5, 5)$	$N(1, 1)$	$N(1, 5)$
Cluster 1	$N(1, 0.01)$	$N(1.5, 5)$	$N(1, 1)$	$N(1, 5)$
Cluster 1	$N(1, 0.01)$	$N(-1.5, 0.01)$	$N(1, 1)$	$N(1, 5)$
Cluster 1	$N(3.5, 5)$	$N(-1.5, 0.01)$	$N(1, 1)$	$N(1, 5)$

为了避免EM算法中初值的影响。在实际计算中，对每个给定的k和λ，以k-均值的聚类结果为初值，根据这个初值计算出聚类结果和模型的似然函数值。重复k-均值方法10次，选择似然函数最大的一个模型作为给定k和λ的最终模型。

对每一个给定的k和λ，需要计算10次来降低随机初值带来的影响。而最终需要选择所有(k, λ)对中BIC最小的模型。因为计算能力有限，这里假设k已知，只给出λ的候选序列，对每个λ都计算出模型和模型的BIC值。选择最小BIC对应的模型。

2. 错误率计算

聚类问题的错误率计算并不容易，这里采用的方法是考察聚类结果中属于同一类的数据在真实数据各类的分布，选择在真实数据中最大比例的标签为该类数据的真实标签。该类数据中其他标签的点属于聚类错误的点。我们举个例子来说明具体的计算方法。

表4.6　计算错误率的例子

	x_1	x_2	x_3	x_4	x_5	x_6	x_7	x_8	x_9	x_{10}
真实聚类	1	1	1	1	1	2	2	2	2	2
聚类结果	1	2	2	2	1	1	1	1	1	2

对于表4.6的情况，聚类结果中属于第一类的点有 $x_1, x_5, x_6, x_7, x_8, x_9$，这些数据在真实聚类里的分布为第一类有2个，第二类有 5个。那么我们认为这些点的真实聚类应该是第二类，那么这些点中错误点的个数为2。类似地可以计算聚类结果中属于第二类的点的错误点的个数为 $1(x_{10})$。例子中全部错误点的个数为 3个，错误率 *ERR* 等于30%。

4.5 讨论题目

1. 考虑表 4.7 所示数据集。第一个属性是连续的，而其余两个属性是非对称二元的。如果一个规则，其支持度超过 0.15，且可信度超过 0.6，那么称该规则为强规则。

（1）判断如下规则是否为强规则，并说明理由。

$$\{(1 \leqslant A \leqslant 2), B=1\} \rightarrow \{C=1\};$$
$$\{(5 \leqslant A \leqslant 7), B=1\} \rightarrow \{C=1\};$$
$$\{(5 \leqslant A \leqslant 8), B=1\} \rightarrow \{C=1\};$$

（2）为了使用传统的 Apriori 算法找出这些规则，我们需要离散化连续属性 *A*。假定我们使用等宽分箱方法离散化该数据，其中 bin-width = 2,3,4.对于每一个 bin-width，上面的强规则是否能够被 Apriori 算法发现？（注意此处 bin-width 表示选用的窗宽，简单来讲，当 bin-width=2 时 *A* 变量就为一个具有 6 个取值的名义变量，以此类推。Bin-width 的取值取决于连续变量 *A* 的取值范围，并不必须为此处的 2,3,4）

（3）评价使用等窗分箱法对上述数据集分类的有效性。是否有合适的箱宽度能够同时发现以上的强规则？如果没有，请读者查阅其他资料，充分发挥主观能动性，选用其他方法同时发现以上两个规则。

（4）最后，请读者选用熟悉的软件，设置合适的参数，利用 Apriori 算法和 Carma 算法对数据进行分析，寻找出强规则，并进行解释。

表 4.7 用于关联规则计算的数据表

A	*B*	*C*
1	1	1
2	1	1
3	1	0
4	1	0
5	1	1
6	0	1
7	0	0
8	1	1
9	0	0
10	0	0
11	0	0
12	0	1

2. 如表 4.8 所示，表中为 6 个样本的相似矩阵，值越大表明样本之间的距离越短。请根据该矩阵利用层次距聚类算法的思想绘制出树状图显示结果。树状图应该清楚地显示合并的次序。

表 4.8 相似矩阵

	1	2	3	4	5	6
1	1	0.995999	0.786591	0.787461	0.514879	0.574649
2	0.995999	1	0.831439	0.830694	0.572977	0.632574
3	0.786591	0.831439	1	0.999452	0.928263	0.95543
4	0.787461	0.830694	0.999452	1	0.931297	0.95666
5	0.514879	0.572977	0.928263	0.931297	1	0.996008
6	0.574649	0.632574	0.95543	0.95666	0.996008	1

3. 给出两个点集，每个点集包含 100 个落在单位正方形中的点。其中，一个点集中的点在空间中均匀的分布。另一个点集由单位正方形上的均匀分布产生。

（1）这两个点集之间有差别吗？

（2）如果有，若将数据点分成 10 个类，哪个点集通常具有较小的 SSE?

（3）DBSCAN 在均匀数据集上的表现如何？在另外一个点集中又是如何？

4. 利用 iris 数据集中的 150 个数据，使用谱分析算法将样本进行聚类分析。分析聚类效果，并与 *k*-均值算法、层次聚类法、Chameleon 算法的分类效果进行比较。

4.6 推荐阅读

[1] Pang Ping Tan. 数据挖掘导论[M]. 北京：人民邮电出版社，2011.

[2] Han Jiawei. Data mining Concepts and techniques[M]. 3 版. 北京：机械工业出版社，2012.

[3] Agrawal R, Srikant R. Fast algorithms for mining association rules[C]. In: Proc. of 20 Int. Conf. on Very Large Data Base. Santiago, Chile, l994, 487-499.

[4] 卢云彬，曹汉强. 基于 Hash 表的关联规则挖掘算法的改进[J]. 计算机技术与发展，2007，17(6): 12-14.

[5] Robert Tibshirani. Cluster Validation by Predication strength[J]. 2001. http://citeseerx.ist.psu.edu/viewdoc/summary?doi=10.1.1.24.2960.

[6] Wei Pan, Xiaotong Shen. Penalized model-based clustering with application to variable selection[J]. The Journal of Machine Learning Research, 2007, 8: 1145-1164.

[7] Guo J, Levina E, Michailidis G, Zhu J. Pairwise variable selection for high-dimensional model-based clustering[J]. Biometrics, 2010,66(3): 793-804.

[8] Agrawal R, Imieliński T, Swami A . Mining association rules between sets of items in large databases[R]. ACM SIGMOD Record, 1993.

[9] Christian Hidber. Online Association Rule Mining[J]. SIGMOD Conference 1999: 145-156.

[10] Rakesh Agrawal, Ramakrishnan Srikant, Mining Sequential Patterns[C]. ICDE '95 Proceedings of the Eleventh International Conference on Data Engineering, pp3-14, IEEE Computer Society Washington, D.C., USA, 1995.

第 5 章　贝叶斯分类和因果学习

本章内容

- ☐ 贝叶斯分类
- ☐ 统计决策论
- ☐ 线性判别分析和二次判别分析
- ☐ 朴素贝叶斯
- ☐ 贝叶斯网络
- ☐ 建模案例

本章目标

- ☐ 掌握统计决策原理和贝叶斯估计
- ☐ 掌握线性判别分析和二次判别分析
- ☐ 实践贝叶斯网络

本章主要介绍两种贝叶斯分类模型——模式分类问题和因果推断问题，贝叶斯分类在机器学习领域中具有十分重要的地位和作用，它提供了一种使用分布表达不确定性分类问题的工具，学习和推理规则都用概率分布依赖关系来实现，于是分类问题转化为分布的决策问题，对分布做决策提供了两种产生分类函数的方法：第一类是分布估计法，它是根据损失函数、先验分布和似然函数，通过后验分布，由最优决策产生分类函数，在样本连续和维数不高的情况下，正态分布下的线性判别和二次判别等方法是两个典型的方法。另一类是条件依赖关系估计，针对预测变量是离散而且维数较大的情况，直接估计联合分布较为困难，如果变量之间存在少量的条件依赖关系，则可以获得高质量的估计结果，这种方法还可用于分析变量之间的逻辑依赖关系。这两类方法是朴素贝叶斯和贝叶斯网络方法。

5.1 贝叶斯分类

决策是对一件事情做决定，要做出好的决定则必须考虑后果。分类决策是对一个概念的归属做决定的过程，譬如：生物物种的分类，手写文字的识别，西瓜是否成熟，疾病的诊断，对一项新技术使用做出判断等等。决策中常见的科学问题有两个：一是决策的优良性评价标准，即如何从可选择的决策中选出更好的决策；二是最优决策的产生机制，即如何根据一种评价准则给出最优决策的产生过程。

决策优良性评价与决策状态的随机性有关。如果一个概念的自然状态是相对确定的，要对比不同决策的优劣是相对容易的。例如，一个人国籍身份的归属，根据我国国籍法规定“父母双方或一方为中国公民，本人出生在中国，具有中国国籍”。即父母的身份和一个人的出生地可以作为公民国籍归属的基本识别属性。一个不在中国出生的婴儿如果已有他国国籍，则不具有中国国籍。这是一个概念内涵相对比较确定的例子。

不幸的是现实中，自然状态不确定的概念更为普遍，不光概念的组成元素是不确定的，组成元素的取值与概念之间的关系也是不确定的。这就需要最优决策产生机制的研究。在诸如此类的问题中，我们必须借助可能收集到的概念信息作为线索进行决策的设计。也正因为如此，基于数据学习和认识概念更为重要，其中分布就是传统统计推断中比较重要的一个概念，最优估计和假设检验都是通过数据对数据背后的分布参数或分布本身进行学习的典型方法。更复杂的概念如排序(ranking)问题和预测(prediction)问题。排序问题也称为综合评价，企业协会希望从客户反馈的评分或行为信息中对某类产品的 k 种不同品牌给出优劣排序，可能的方案是 $k!$个，需要一个与数据所体现出的结果一致的排序结果。在预测问题中，目标是建立一个精确反映概念变化的、稳定的模型，模型中既包括预测的要素，也包括具体的预测表达式。

Richard Duda 在文献[5]中提到一个鲈鱼和鲑鱼识别的例子，假设鲈鱼用 ω_1 表示，鲑鱼用 ω_2 表示，在这个例子中，如果我们只能有限地知道一片海域中鲈鱼和鲑鱼的数量，那么可以根据两种鱼类在该海域的数量大小估计 $P(\omega_1)$和 $P(\omega_2)$，如果没有其他的鱼种，$P(\omega_1)+P(\omega_2)=1$，那么可以采用如下的判决规则：

$$\delta=\begin{cases}\omega_1, & P(\omega_1)>P(\omega_2)\\ \omega_2, & \text{否则}\end{cases}$$

这个决策的优点是：决策错误的风险低于 0.5，因为决策只有一个就是 $\operatorname*{argmax}_{\{\omega_1,\omega_2\}}\{P(\omega_1),P(\omega_2)\}$，判决错误是 $P(\omega_1)$和 $P(\omega_2)$较小的一个。

大多数情况下我们对研究对象会获得比概念规模更多的信息，比如可以测量到鱼的光泽度、鱼的体长等易于测量的属性，这样就可能通过多角度的观测给出一种能够识别不同鱼的方法，这样一类模型称为贝叶斯分类学习模型。在这个例子中，我们将 $P(\omega_1)$和 $P(\omega_2)$称为先验信息，用 x 表示连续随机变量，它的分布依赖于概念状态，表示为 $P(x|\omega_1)$和 $P(x|\omega_2)$，分别反映了鲈鱼与鲑鱼之间体态特征上的差异，如图 5.1 是两类成熟鱼各自的体长分布，其中深色为鲈鱼分布，浅色为鲑鱼分布。

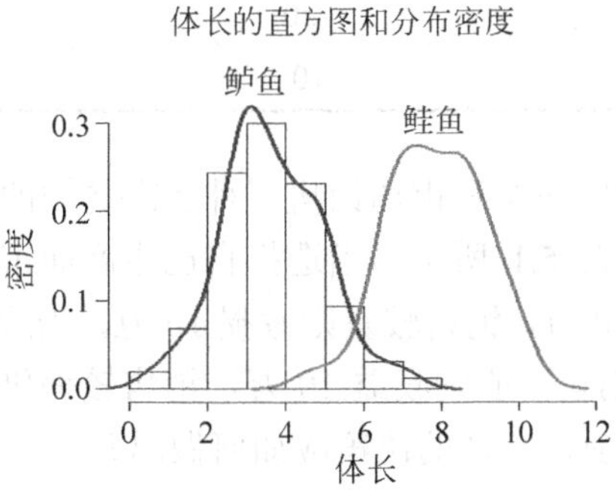

图 5.1 两类成熟鱼体长概率分布密度图

贝叶斯公式提供了通过后验分布做决策的方法：

$$\delta=\begin{cases}\omega_1, & P(\omega_1\mid x)>P(\omega_2\mid x)\\ \omega_2, & 否则\end{cases}$$

其中 $P(\omega_j|x)=P(x|\omega_j)P(\omega_j)/P(x)$，$j=1$ 或 2。$P(x|\omega_j)$是似然函数，$P(\omega_j)$是先验分布，这里边缘分布 $P(x)$是一个归一化因子，对于决策没有显著影响，于是基于后验贝叶斯决策可以看作是影响概念的特征信息和概念背景信息之间的综合结果。

5.2 决策论与统计决策论

5.2.1 决策与风险

决策就是对不确定的问题做决定，很多决策常常发生在一个信息不充分的环境，这就意味着决策不可避免地会犯错误，决策研究的核心内容是如何区分不同的决策，即决策评价。构成一个决策的三个基本元素是：

（1）参数集：概念所有可能的不同状态，在分类问题中，参数是可数个，记为$\Theta=\{\theta_1,\theta_2,\cdots\}$，预测问题中参数是连续空间；

（2）决策集：所有可能的决策结果或行动$D=\{\delta\}$；比如：买或卖，是否癌症，是否垃圾邮件，当决策的结果就是概念的归属时，决策集与参数集往往是一致的，但是当决策是更复杂的模型和结构时，决策的形式也会更复杂；

（3）损失函数：联系于参数和决策之间的一个损失函数，当概念和参数都是有限可数的情况下，概念和相应的决策所对应的损失就构成了一个矩阵。

一个决策问题和参数之间的关系是:需要做的决策和参数取的值有关系,为了说明决策中基本要素之间的关系，请看例 5.1。

例 5.1 一家高科技企业研发了一项新技术，这家公司需要对利用这项技术的方式进行决策，目标是取得盈利最大或损失最小。为达到盈利的目的，这家公司对由这项技术产生的产品销售预期进行了分析，得到了两种与销售预期情况的盈亏关系矩阵如表 5.1 所示。

表 5.1 销售预期与两种技术利用策略的损益关系表（单位：万元）

可能情况	自己产生 δ_1	转让专利 δ_2
销售好 θ_1	–80	–40
销售一般 θ_2	–20	–10
销售较差 θ_3	10	–5

表 5.1 显示出两种不同的决策和市场销售三种状态之间的损益对应关系，其中负值表示盈利，正值表示亏损，如表 5.1 所示，当选择自己生产而市场销售前景好的情况下可收益 80 万，销售一般则收益 20 万，销售较差则亏损 10 万，当选择转让专利决策时，市场销售好的情况下收益 40 万，销售一般则收益 10 万，销售较差仍可以保有转让专利的最低收益 5 万元。在这样的分析面前，合理的决策应如何做出？

这里的参数空间$\Theta=\{\theta_1,\theta_2,\theta_3\}$，决策是$\Delta=\{\delta_1,\delta_2\}$，损益函数矩阵由表 5.1 所示。一旦决

策关系被表示成损益表，则一些简单的准则可以帮助我们做出比较合理的决策，销售前景的发生将决定决策的结果。这些准则包括极大极大准则、极小极大准则、极大极小准则、这种准则和等可能准则等。其中极小极大原则是一种常见的决策过程：它首先对每种可能的决策计算最大的损失，然后对比不同的损失找到最小的损失所对应的决策。所使用的极小极大原则是一种保守决策，是在最坏的情况下选择损失较小的决策。根据这个原则，δ_1最大的损失是 10，δ_2最大的损失是–5，两者相比，较小者所对应的决策是转让专利δ_2，于是这个问题的决策是δ_2。

例 5.1 中表示了一个决策过程包括的三个基本要素：决策的几种方案，未来可能发生的几种状态以及联系决策和状态之间的损失函数，这里是一个损失矩阵。由于没有可供使用的与状态发生可能性相关的信息，所以前面的决策都是基于各种状态等可能发生的情况下做出的。在制订一项决策时，状态一般是不受决策者控制的，其发生的可能性以及影响其发生可能性的其他因素会影响到决策过程。通常有两种情况需要考虑：

情形 1. 状态参数具有随机性，可直接测量，其可能性纳入到分析决策过程中；

情形 2. 状态参数不可直接测量，但其发生可能性能够由其他更易测量和操作的变量估计产生，可通过分析观测对参数的影响解决决策问题。

两种情形如图 5.2 所示。

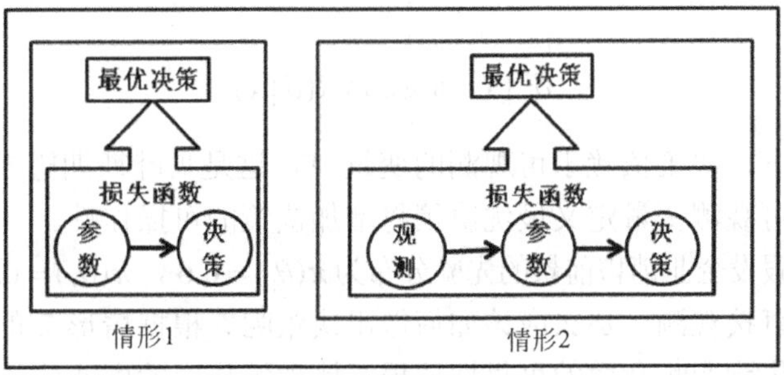

图 5.2　两种情形下的决策过程

情形 1. 状态随机，可能性由分布 $P(\theta)$刻画。如果能够较好地估计 θ的分布函数 $P(\theta)$，那么可以根据期望损失最小的原则得出损失较小的决策。

定义 5.1（贝叶斯期望损失）　参数状态集设为$\Theta=\{\theta_1,\theta_2,\cdots\}$, $D=\{\delta\}$是决策集，损失函数是$L(\theta,\delta,)$, 那么贝叶斯期望损失

$$R(\delta)E_\Theta[l(\theta,\delta)]=\int_\Theta l(\theta,\delta)\mathrm{d}P(\theta)$$

从上述定义可以看出期望损失只由θ的先验分布和决策的三要素四个方面构成，最优决策δ^*定义为

$$\delta^*=\arg\min_{\delta\in\Delta}R(\delta)=\arg\min_{\delta\in\Delta}\int_\Theta l(\theta,\delta)\mathrm{d}P(\theta)$$

例 5.1（续 1）　假设销售前景各种状态的分布为$\pi(\theta_1)=0.6$，$\pi(\theta_2)=0.3$，$\pi(\theta_3)=0.1$，则最优决策为

$$R(\delta_1)=-80\times0.6+(-20\times0.3)+10\times0.1=-53$$

$$R(\delta_2)=-40\times0.6+(-10\times0.3)+5\times0.1=-26.5$$

根据期望损失最小的原则，最优决策是 $\operatorname{argmin}\{R(\delta_1), R(\delta_2)\}=\delta_1$，即自己生产。这并不意味

着，如果决策者自己生产一定能够收益53万元，更准确地讲，会得到80万元，20万元或亏损10万元中的某一个，期望值意味着，如果这项决策对应的销售前景状态分布发生的可能性较大，则平均会有53万元的收益。

期望损失方法是根据各种状态可能发生的先验概率，再采用期望值准则来选择最佳决策方案。这样的决策具有一定的风险性：如果先验概率是根据历史资料或主观判断所确定的概率，未经试验证实，那么就会因为主观性强而对决策产生影响。为降低这种风险，需要较准确地掌握和估计这些状态发生的概率。比如通过科学试验、调查、统计分析等方法获得较为准确的情报信息，以修正先验概率，并以此确定各个方案的期望损益值，拟定出可供选择的决策方案，帮助制定正确的决策。一般来说，利用贝叶斯定理求得后验概率，据以进行决策的方法，称为条件贝叶斯决策方法。

情形2. 状态不可直接观测，但其可能性可借助其他更易观测的变量推断出来，将$P(\theta)$由分布$P(\theta|x)$代替就产生了条件风险的概念。

定义5.2（条件风险）　参数状态集设为$\Theta=\{\theta_1,\theta_2,\cdots\}$，由观测集$X$决定，$D=\{\delta\}$是决策集，损失函数是$L(\theta,\delta)$，条件风险$R(\delta\,|\,x)$定义为

$$R(\delta\,|\,x)=\int_{\Theta}l(\theta,\delta)\mathrm{d}P(\theta\,|\,x)=\int_{(\Theta,X)}\frac{1}{p(x)}l(\theta,\delta)\mathrm{d}P(x\,|\,\theta)P(\theta)$$

最优决策为

$$\delta^*\,|\,x=\arg\min_{\delta\in\Delta}R(\delta\,|\,x)$$

注意到在这种情形下，决策依赖于可观测的变量X，这是贝叶斯期望损失最小原则的一个推广。实际上，由可观测变量定义最优决策将增加决策的可操作性。

例5.1（续2）假设企业销售前景的先验分布为$\pi(\theta_1)=0.6$，$\pi(\theta_2)=0.3$，$\pi(\theta_3)=0.1$，但未来销售前景不可直接观测，那么应该如何做出决策呢？根据情形2的假设，企业可通过调查和专家咨询收集到影响参数的可靠性情报，比如销售商的商业信誉度x和销售前景参数θ之间的对应关系，于是期望决策的问题就可以转化成参数后验分布的估计问题，根据信誉与销售前景关系推测出$P(\theta|x)$。销售商信誉度高低与销售前景之间的关系如表5.2所示。

表5.2　销售商信誉度高低与销售前景之间的关系

	$x=0$	$x=1$
θ_1	0.3	0.7
θ_2	0.6	0.4
θ_3	0.7	0.3

销售商的信誉度高低用x表示，1表示信誉度高，0表示信誉度低，表5.2表示销售好的销售商中，信誉度高的销售商占0.7，信誉度低的销售商占0.3；销售一般的销售商中，信誉度高的销售商占0.4，信誉度低的销售商占0.6，在销售差的销售商中，信誉度高的销售商占0.3，信誉度低的销售商占0.7。这里将不可观测的参数决策问题转化为依赖于样本x的决策问题，对应于不同销售商可能的决策扩展为4个（x的个数）：

（1）对信誉度高的商家采取自主生产；

（2）对信誉度高的商家采取转让专利；

（3）对信誉度低的商家采取自主生产；

（4）对信誉度低的商家采取转让专利。

上面的 4 种决策实际上等价于下面的 4 种决策：

（1）δ_1'：无论信誉度高的商家还是信誉度低的商家，都采取自己生产；

（2）δ_2'：不理会信誉度高的商家还是信誉度低的商家，都采取交由这些商家生产；

（2）δ_3'：对信誉度高的商家，采取自己生产，对信誉度低的商家，采取转让专利；

（4）δ_4'：对信誉度高的商家，采取转让专利，对信誉度低的商家，采取自己生产。

这样就会产生基于观测 x 的最优决策问题，这个问题可以使用后验概率表达出来，最优决策由条件风险 $R(\delta\,|\,x)$ 决定:

$$\delta^*\,|\,x = \arg\min R(\delta\,|\,x) = \arg\min_{\delta\in\varDelta} \int_{\Theta} l(\theta,\delta)\mathrm{d}P(\theta\,|\,x)$$

其中后验概率可以使用 $P(\theta|x)=P(x|\theta)P(\theta)/P(x)$求解。当决策和参数都是离散且有限的时候，假设 c 为参数数量，t 为决策数量，$R(\delta\,|\,x)$ 可以使用更简洁的表示如下：

$$R(\delta_i\,|\,x) = \sum_{j=1}^{c} l(\delta_i,\theta_j)P(\theta_j\,|\,x),\quad i=1,2,\cdots,t$$

如果假设先验分布为 $\pi(\theta_1)=0.6, \pi(\theta_2)=0.3, \pi(\theta_3)=0.1$, 那么可以如下计算条件风险：

$$R(\delta_1\,|\,0) = -80\times0.3\times0.6+(-20\times0.6\times0.3)+10\times0.1\times0.7=-17.30$$

销售商信誉通过销售前景继而影响到获利，最优的决策需要遍历 θ 的各种情况，我们比较每一种情况下的平均损失。

表 5.3 与不同的销售商信誉度对应的可能决策

$R(\delta_1'\,|\,x=0)$	$R(\delta_2'\,|\,x=0)$	$R(\delta_1'\,|\,x=1)$	$R(\delta_2'\,|\,x=1)$
–17.30	–9.35	–35.70	–18.15

由表 5.3 和表 5.4 可以得到 4 种决策，此时 4 种决策对应如表 5.3 所示。

表 5.4 与不同信誉度销售商合作的各种决策

销售商状态\序号	δ_1'	δ_2'	δ_3'	δ_4'
$x=0$	δ_1	δ_1	δ_2	δ_2
$x=1$	δ_1	δ_2	δ_1	δ_2

假设 $P(x=0)=0.5, P(x=1)=0.5$，那么有

$R(\delta_1') = R(\delta_1\,|\,x=0)\,P(x=0) + R(\delta_1\,|\,x=1)\,P(x=1) = -26.50$

$R(\delta_2') = R(\delta_1\,|\,x=0)\,P(x=0) + R(\delta_2\,|\,x=1)\,P(x=1) = -17.725$

$R(\delta_3') = R(\delta_2\,|\,x=0)\,P(x=0) + R(\delta_1\,|\,x=1)\,P(x=1) = -22.525$

$R(\delta_4') = R(\delta_2\,|\,x=0)\,P(x=0) + R(\delta_2\,|\,x=1)\,P(x=1) = -13.75$

将 $R(\delta) = \int R(\delta\ |\,x=0)p(x)\mathrm{d}x$ 称为总风险，总风险对应的最小决策是 δ_1'，即如果无法分辨销售商信誉如何时，但是知道销售商两种信誉势力相当时，应该采取自己生产。如果已经知道销售商的信誉，那么当 $x=0$ 时 δ_1 损失最小，损失最小的决策是 δ_1，当 $x=1$ 时 δ_1 损

失最小，损失最小的决策也是δ_1。这是因为$\pi(\theta_1)$较大所至，如果选择较小的$\pi(\theta_1)$则会出现不一样的决策，请见习题。

条件风险决策的优点表现在：它提供了一个能对信息的价值以及是否需要采集新信息做出科学判断的方法；能对采集信息的结果的可靠性加以数量化的评价，而不是像一般的决策方法那样，对采集信息的结果或是完全相信，或是完全不相信。由于采集新数据的结果不可能是完全准确的，而先验知识或主观概率也不是完全可以相信的，那么条件决策则有机地将这两种信息结合在一起。它可以在决策过程中根据具体情况不断地使用，使决策逐步完善和更加科学。

条件风险决策方法的局限性表现在：它所需要更多的数据支持，引入了更多的分析环节，需要比较更多的后验风险计算。当问题比较复杂时，特别是问题的可能因素较多时，这个矛盾将更为突出，这里统计决策将有助于复杂函数的求解。有些数据必须使用主观概率，而一些人并不相信主观概率，这就妨碍了贝叶斯决策方法的推广使用。

5.2.2　统计决策

5.2.1节给出的是一般情形下最优决策的产生机制，强调了参数对决策的选择作用，体现了经典风险决策的特点，经典的决策是通过既定参数结构上的后果给出没有误差的最佳决策函数，这在许多缺乏理论支持的领域中并不可行，因为设定在既定参数上的参数假设把问题复杂化了，决策函数在参数结构的表现并不是真正的兴趣所在，在参数结构不明的情况下也能做出较好的选择是大数据理论中迫切需要的。除此之外，经典参数方法还存有两方面的问题：一是参数和行动都是离散的，在状态和行动连续的问题中不易应用；二是行动对参数状态的影响未充分体现，于是选择直接在数据基础上建立决策的选择越来越受到关注，这种决策其实就是统计模型，瓦尔德（A.Wald)于1950年[8]引入了用决策论刻画统计问题，统计模型中的决策即是推断，推断本身虽然是不计后果的但是推断的结果将体现模型的适用性，于是要求用于推断的统计模型满足分析的目的，将决策原理用于统计问题，就产生了对有分析目标的统计模型的选择。根据不同的目的给出恰当的统计模型是机器学习算法设计中的关键问题。

统计推断中通常有4类分析目标：

（1）参数估计问题：寻求重要参数，比如模型中的参数估计，估计中主要关心的问题是估计值和真实值之间的差距，常用负似然表示差距；

（2）假设检验问题：和一些特殊的值比较，表明数据是否支持某些特殊的值，检验关心的是决策的对与错，常用似然比表示差距；

（3）综合评价问题：如大学的综合排名，信用等级划分等综合评估问题，排序中主要关心可能犯错误的大小，常用协方差矩阵特征分析度量差距；

（4）预测判别问题：主要关心预测差距。

在这些问题中，参数将定义统计的目标，决策则是产生出对目标表达最合适的模型形式，而统计决策则要回答最合适的表达形式是什么的问题。接下来，我们以预测问题为例给出统计决策的3要素如下：

（1）样本空间：样本空间$(X，Y)$与样本分布族或参数空间(μ,η)，其中μ是X的边际分布，$\eta = P(Y \mid X)$ 表示条件分布，这两个要素规定了问题的概率模型。样本空间是样本可能的取值范围，样本分布族是样本可能遵循的分布集合。

（2）决策空间：$F=\{\hat{f}\}$，$\hat{f}: X \to Y$ 是用于预测推断的决策函数；由于 $\hat{f}$ 是观测的函数，很多情况下将 $\hat{f}$ 记为 $\hat{f}(x)$。

（3）损失函数：联系于参数和决策函数之间的一个损失函数，记为 $L(Y, \hat{f})$，用于衡量 Y 与 $\hat{f}$ 的距离。

当 3 个要素都已给定时，统计推断的形式将取决于样本和样本的分布。求一个统计决策问题的解，就是构造一个规则，使样本空间中每一点，在决策空间中都有一个元素与之对应，其本质是寻找一个定义于样本空间(X,Y)而取值于决策空间 F 的函数或分布函数 $\hat{\theta}$，对给定的样本 x，采取 $\hat{f}(x)$决策。

常见的损失函数如表 5.5 所示。

表 5.5 常见的损失函数

名称	损失函数	名称	损失函数
平方损失	$L(Y,\hat{f}) = (Y-\hat{f})^2$	0-1 损失	$L(Y,\hat{f}) = \begin{cases} 1, & Y = \hat{f} \\ 0, & Y \neq \hat{f} \end{cases}$
绝对损失	$L(Y,\hat{f}) = \mid Y-\hat{f} \mid$	Kullback-Leibler 损失	$L(Y,\hat{f}) = \int \log\left(\dfrac{p(x,y)}{p(x,\hat{f})}\right) p(x,y)\mathrm{d}x$
L_p 损失	$L(Y,\hat{f}) = \mid Y-\hat{f} \mid^p$		

定义 5.3（风险函数） 参数状态集设为 $\Theta = \{\theta_1, \theta_2, \cdots\}$, $D = \{\hat{\boldsymbol{\theta}}\}$ 是决策集，决策由观测集 X 决定，损失函数记为 $L(\theta, \hat{\boldsymbol{\theta}}(x))$，那么风险函数定义为

$$R(\theta, \hat{\boldsymbol{\theta}}) = E_X(L(\theta, \hat{\boldsymbol{\theta}}(x))) = \int_X L(\theta, \hat{\boldsymbol{\theta}}(x))\mathrm{d}F(x)$$

定义 5.4（贝叶斯风险） 参数状态集设为 $\Theta = \{\theta_1, \theta_2, \cdots\}$, $D = \{\hat{\boldsymbol{\theta}}\}$ 是决策集，决策由观测集 X 决定，损失函数是 $L(\theta, \hat{\boldsymbol{\theta}}(x))$，那么基于风险函数的贝叶斯风险定义为

$$R_B(\hat{\boldsymbol{\theta}}) = E_\Theta[R(\theta, \hat{\boldsymbol{\theta}})] = \int_\Theta \int_X L(\theta, \hat{\boldsymbol{\theta}}(x))\mathrm{d}F(x)\mathrm{d}P(\theta)$$

贝叶斯风险下的最优决策如下:

$$\delta^* = \arg\min_{\delta \in \Delta} R_B(\delta)$$

例 5.2 当损失函数是平方损失时，贝叶斯风险是均方误差 MSE。

解
$$R(\theta, \hat{\theta}) = E_X(\theta - \hat{\theta}(x))^2 = \int_X (\theta - \hat{\theta}(x))^2 \mathrm{d}F(x) = \mathrm{MSE}$$

对于二分类问题，假设 Y 取值为 1 或–1，定义 0-1 损失函数

$$L(Y,\hat{f}) = L(Y,\hat{Y}) = P(Y \neq \hat{Y}),$$

于是任何一个估计函数的风险定义为 $R(f) = P(f(X) \neq Y)$。可以证明此时最优估计 f^*具有如下形式：

$$R(f^*) = \inf_f R(f)$$

$$f^* = \begin{cases} 1, & \eta(x) \geqslant 1/2 \\ -1, & \text{其他} \end{cases}$$

其中 $\eta(x) = P(Y=1|x)$。

证明如定理 5.1 和定理 5.2 所示，而将形式如上的最优函数称为贝叶斯决策函数。

定理 5.1 对于函数 $f: X \to Y$,

$$R(f) - R(f^*) = E(1_{[f(X) \neq f^*(X)]} |2\eta(X) - 1|)$$

证明

$$\begin{aligned} R(f) - R(f^*) &= E_{X,Y}[1_{[f(X)\neq f^*(X)]}(1_{[f(X)\neq Y]} - 1_{[f^*(X)\neq Y]})] \\ &= E_{X,Y}[1_{[f(X)\neq f^*(X)]}(2\cdot 1_{[f(X)=Y]} - 1)] \\ &= E_{X,Y}[1_{[f(X)\neq f^*(X)]} |2\cdot\eta(X) - 1|] \end{aligned}$$

定理 5.2 对于函数 $f: X \to Y$,

$$R(f) - R(f^*) = E(1_{[f(X) \neq f^*(X)]} |2\eta(X) - 1|)$$

证明 由于 $f_{\hat{\eta}}(X) \neq f^*(X) \Rightarrow |\hat{\eta}(X) - \eta(X)| = |\hat{\eta}(X) - 1/2| + |\eta(X) - 1/2| \geqslant |\eta(X) - 1/2|$

于是有

$$\begin{aligned} R(f_{\hat{\eta}}) - R^* &= 2E\left(1\left[f_{\hat{\eta}}(X) \neq f^*(X)\right]|\eta(X) - 1/2|\right) \\ &\leqslant 2E|\hat{\eta}(X) - \eta(X)| \end{aligned}$$

5.3 线性判别函数和二次判别函数

将 5.1 节的结果推广到一般多类情形，假设有 k 个类，记为 $1,2,\cdots,k$，那么只要确定 k 个判决函数 $g_1(x), g_2(x),\cdots,g_k(x)$，将 x 判为第 i 类：如果满足 $g_i(x)>g_j(x), \forall j \neq i$. 实际中判别中，风险的作用更大，所以取风险为判别函数是自然的，一般取负风险就可以满足要求，即 $g_i(x) = -R(\alpha_i|x)$，于是风险最小的决策对应于判别函数最大的条件，在 0-1 损失函数条件下，这种选取相当于后验概率，即 $g_i(x) = P(\omega_i|x)$，此时，$g_i(x) \equiv P(x|\omega_i)P(\omega_i)$，任意一个单调增函数 $f(g(.))$作用后不影响判别函数的效果，于是可以取对数变换，令判别函数为

$$g_i(x) = \ln P(x|\omega_i) + \ln P(\omega_i)$$

此时判决空间被分成 k 个判决区域，如果 $g_i(x) > g_j(x), \forall j \neq i$，那么判别 x 属于判决空间 R_i，在二分类问题中，假设有两个状态，记为 ω_1, ω_2，定义分类函数 $h(x) \equiv g_1(x) - g_2(x)$，于是有

$$h(x) = \ln(P(\omega_1|x)) - \ln(P(\omega_2|x)) = \ln\frac{P(x|\omega_1)}{P(x|\omega_2)} + \ln\frac{P(\omega_1)}{P(\omega_2)}$$

正态分布情形下假设 ω_i 类的分布为 $p(\boldsymbol{x}|\omega_i) \sim N(\boldsymbol{\mu}_i, \boldsymbol{\Sigma}_i)$，分布密度如下：

$$P(\boldsymbol{x}|\omega_i) = \frac{1}{(2\pi)^{d/2}|\boldsymbol{\Sigma}_i|^{1/2}}\exp\left[-\frac{1}{2}(\boldsymbol{x}-\boldsymbol{\mu}_i)^{\mathrm{T}}\boldsymbol{\Sigma}_i^{-1}(\boldsymbol{x}-\boldsymbol{\mu}_i)\right]$$

那么有

$$g_i(\boldsymbol{x})=-\frac{1}{2}(\boldsymbol{x}-\boldsymbol{\mu}_i)^{\mathrm{T}}\boldsymbol{\Sigma}_i^{-1}(\boldsymbol{x}-\boldsymbol{\mu}_i)-\frac{d}{2}\ln 2\pi-\frac{1}{2}\ln\left|\boldsymbol{\Sigma}_i\right|+\ln P(\omega_i)$$

这是 $\boldsymbol{x}$ 的二次函数，称为二次判别函数，常记为 QDA。如果记

$$r_i^2(\boldsymbol{x})=\frac{1}{2}(\boldsymbol{x}-\boldsymbol{\mu}_i)^{\mathrm{T}}\boldsymbol{\Sigma}_i^{-1}(\boldsymbol{x}-\boldsymbol{\mu}_i)$$

那么

$$h(\boldsymbol{x})=\begin{cases}\omega_1, & r_1^2(x)<r_2^2(x)+2\ln\dfrac{\pi_1}{\pi_2}+\ln\dfrac{|\boldsymbol{\Sigma}_2|}{|\boldsymbol{\Sigma}_1|}\\ \omega_2, & \text{其他}\end{cases}$$

正态分布多类的情形下，$Y=\{1,2,\cdots,c\}$,若$p(\boldsymbol{x}\mid y=j)$ 是正态的，判别函数为

$$h^*(\boldsymbol{x})=\arg\max g_i(\boldsymbol{x})$$

$$g_i(\boldsymbol{x})=-\frac{1}{2}(\boldsymbol{x}-\boldsymbol{\mu}_i)^{\mathrm{T}}\boldsymbol{\Sigma}_i^{-1}(\boldsymbol{x}-\boldsymbol{\mu}_i)-\frac{1}{2}\ln|\boldsymbol{\Sigma}_i|+\ln(\pi_i)$$

定理 5.3 对于多元正态分布，判别函数可使用参数的极大似然估计，$\hat{g}_i(\boldsymbol{x})\xrightarrow{n\to\infty}g_i(\boldsymbol{x})$ 其中

$$\hat{g}_i(\boldsymbol{x})=-\frac{1}{2}(\boldsymbol{x}-\hat{\boldsymbol{\mu}}_i)^{\mathrm{T}}(\hat{\boldsymbol{\Sigma}}_i^{-1})(\boldsymbol{x}-\hat{\boldsymbol{\mu}}_i)-\frac{d}{2}\ln 2\pi-\frac{1}{2}\ln\left|\hat{\boldsymbol{\Sigma}}_i\right|+\ln P(\omega_i)$$

$$\hat{\boldsymbol{\mu}}_i=\frac{1}{n_i}\sum_{i=1}^{n_i}\boldsymbol{X}_{1.i},\hat{\boldsymbol{\Sigma}}_i=\frac{1}{n_i}\sum_{i=1}^{n_i}(\boldsymbol{X}_{1.i}-\hat{\boldsymbol{\mu}}_i)(\boldsymbol{X}_{1.i}-\hat{\boldsymbol{\mu}}_i)^{\mathrm{T}}$$

下面将分 3 种情况给出几种多元正态特例下判别函数的表达。

情形 1 $\boldsymbol{\Sigma}_i=\sigma^2\boldsymbol{I},\boldsymbol{I}$ 是单位矩阵。

这时判别函数表示为

$$g_i(\boldsymbol{x})=-\frac{\|\boldsymbol{x}-\boldsymbol{\mu}_i\|^2}{2\boldsymbol{\sigma}^2}+\ln P(\omega_i)$$

$$\|\boldsymbol{x}-\boldsymbol{\mu}_i\|^2=(\boldsymbol{x}-\boldsymbol{\mu}_i)^{\mathrm{T}}(\boldsymbol{x}-\boldsymbol{\mu}_i)=\boldsymbol{x}^{\mathrm{T}}\boldsymbol{x}-2\boldsymbol{\mu}_i^{\mathrm{T}}x+\boldsymbol{\mu}_i^{\mathrm{T}}\boldsymbol{\mu}_i$$

由于二次项对每类是相同的，决定判别函数主要在一次项，所以此时的判别函数是一次判别函数，称为线性判别函数，表达为法线截距的形式：

$$g_i(\boldsymbol{x})=\boldsymbol{b}_i^{\mathrm{T}}\boldsymbol{x}+b_{i0}\text{ 其中 }\boldsymbol{b}_i=\frac{\boldsymbol{\mu}_i}{\sigma^2};\ b_{i0}=-\frac{1}{2\sigma^2}\boldsymbol{\mu}_i^{\mathrm{T}}\boldsymbol{\mu}_i+\ln P(\omega_i)$$

线性判别函数的分界函数 $h(\boldsymbol{x})$是超平面。

令 $g_i(\boldsymbol{x})=g_j(\boldsymbol{x})$，则

$$\boldsymbol{b}^{\mathrm{T}}(\boldsymbol{x}-\boldsymbol{x}_0)=0,\quad \boldsymbol{b}=\boldsymbol{\mu}_i-\boldsymbol{\mu}_j,\quad \boldsymbol{x}_0=\frac{1}{2}(\boldsymbol{\mu}_i+\boldsymbol{\mu}_j)-\frac{\sigma^2}{\|\boldsymbol{\mu}_i-\boldsymbol{\mu}_j\|^2}\ln\frac{P(\omega_i)}{P(\omega_j)}(\boldsymbol{\mu}_i-\boldsymbol{\mu}_j)$$

这种情形二维情况如图 5.3 所示。

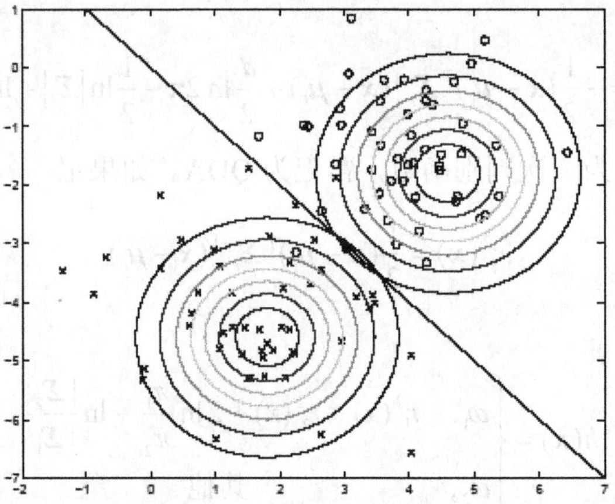

图 5.3　情形 1 中的二维示意图

例 5.3　已知二元正态分布参数，求二元正态分布的分界面，

$$\boldsymbol{\mu}_1 = \begin{pmatrix} 5 \\ 0 \end{pmatrix}, \boldsymbol{\mu}_2 = \begin{pmatrix} 3 \\ 4 \end{pmatrix}, \boldsymbol{\Sigma} = \begin{pmatrix} 2 & 0 \\ 0 & 2 \end{pmatrix}$$

$$P(\omega_1) = P(\omega_2) = 0.5$$

解　根据公式

$$\boldsymbol{x} = (u, v),$$
$$\boldsymbol{b}^{\mathrm{T}}(\boldsymbol{x} - \boldsymbol{x}_0) = 0$$

其中

$$\boldsymbol{b} = \boldsymbol{\mu}_1 - \boldsymbol{\mu}_2 = (2, -4)^{\mathrm{T}}$$

$$\boldsymbol{x}_0 = \frac{1}{2}(\boldsymbol{\mu}_1 + \boldsymbol{\mu}_2) - \frac{\sigma^2}{\|\boldsymbol{\mu}_1 - \boldsymbol{\mu}_2\|^2} \ln \frac{P(\omega_1)}{P(\omega_2)} (\boldsymbol{\mu}_1 - \boldsymbol{\mu}_2) = (4, 2)^{\mathrm{T}}$$

$$v = 0.5u$$

做出模拟图如图 5.4 所示，以下是 R 参考程序：

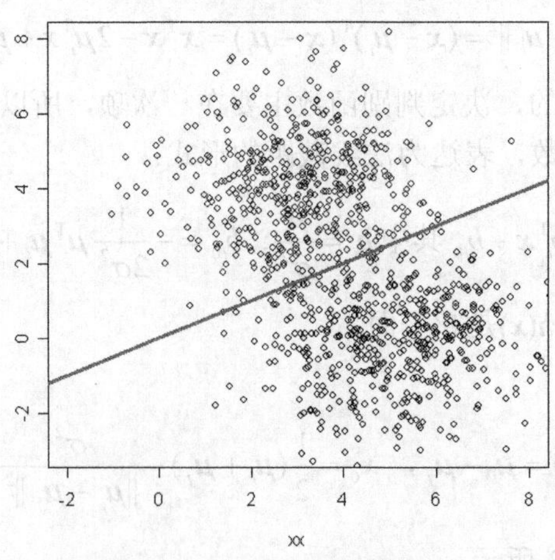

图 5.4　例 5.3 的二维模拟图

```
xx=rnorm(500,5,sqrt(2))
xy=rnorm(500,0,sqrt(2))
plot(xx,xy,xlim=c(-2,8),ylim=c(-3,8))
xa=rnorm(500,3,sqrt(2))
xb=rnorm(500,4,sqrt(2))
points(xa,xb,col=2)
abline(0,0.5,col=3,lwd=3)#add linear classifier y=0.5x
title("Linear classifier for N((5,0),2)and N((3,4),2)")
```

情形 2　$\boldsymbol{\Sigma}_i=\boldsymbol{\Sigma}$

此时判别函数表示为

$$g_i(\boldsymbol{x})=-\frac{1}{2}(\boldsymbol{x}-\boldsymbol{\mu}_i)^{\mathrm{T}}\boldsymbol{\Sigma}^{-1}(\boldsymbol{x}-\boldsymbol{\mu}_i)-\frac{d}{2}\ln 2\pi-\frac{1}{2}\ln|\boldsymbol{\Sigma}|+\ln P(\omega_i)$$

判别函数为

$$g_i(\boldsymbol{x})=\boldsymbol{b}_i^{\mathrm{T}}\boldsymbol{x}+b_{i0},\quad \boldsymbol{b}_i=\boldsymbol{\Sigma}^{-1}\boldsymbol{\mu}_i, b_{i0}=-\frac{1}{2}\boldsymbol{\mu}_i^{\mathrm{T}}\boldsymbol{\Sigma}^{-1}\boldsymbol{\mu}_i+\ln P(\omega_i)$$

线性分界面如下表述：

$$\boldsymbol{b}^{\mathrm{T}}(\boldsymbol{x}-\boldsymbol{x}_0)=0$$

$$\boldsymbol{b}=\boldsymbol{\Sigma}^{-1}(\boldsymbol{\mu}_i-\boldsymbol{\mu}_j)$$

$$\boldsymbol{x}_0=\frac{1}{2}(\boldsymbol{\mu}_i+\boldsymbol{\mu}_j)-\frac{\ln\left[P(\omega_i)/P(\omega_j)\right]}{(\boldsymbol{\mu}_i-\boldsymbol{\mu}_j)^{\mathrm{T}}\boldsymbol{\Sigma}^{-1}(\boldsymbol{\mu}_i-\boldsymbol{\mu}_j)}(\boldsymbol{\mu}_i-\boldsymbol{\mu}_j)$$

由于 $\boldsymbol{b}=\boldsymbol{\Sigma}^{-1}(\boldsymbol{\mu}_i-\boldsymbol{\mu}_j)$ 并不朝着 $\boldsymbol{\mu}_i-\boldsymbol{\mu}_j$ 的方向，因而超平面并不与均值的连线垂直，但是如果先验概率相等，那么线性分界面还是会过 $\boldsymbol{x}_0=\frac{1}{2}(\boldsymbol{\mu}_i+\boldsymbol{\mu}_j)$，但是过两个类中心连线不再是中垂线。

情形 3　$\boldsymbol{\Sigma}_i$=任意

这时每类的协方差矩阵各不相同，判别函数表示如下

$$g_i(\boldsymbol{x})=\boldsymbol{x}^{\mathrm{T}}\boldsymbol{B}_i\boldsymbol{x}+\boldsymbol{b}_i^{\mathrm{T}}\boldsymbol{x}+b_{i0}$$

这里

$$\boldsymbol{B}_i=-\frac{1}{2}\boldsymbol{\Sigma}_i^{-1},\quad \boldsymbol{b}_i=\boldsymbol{\Sigma}_i^{-1}\boldsymbol{\mu}_i,\quad b_{i0}=-\frac{1}{2}\boldsymbol{\mu}_i^{\mathrm{T}}\boldsymbol{\Sigma}_i^{-1}\boldsymbol{\mu}_i-\frac{1}{2}\ln|\boldsymbol{\Sigma}_i|+\ln P(\omega_i)$$

超二次曲面可以是超球面、超椭球面、超双曲面、超抛物面。

例 5.4　已知二元正态分布参数如下：

$$\boldsymbol{\mu}_1=\begin{pmatrix}3\\6\end{pmatrix},\boldsymbol{\mu}_2=\begin{pmatrix}3\\-2\end{pmatrix},\boldsymbol{\Sigma}_1=\begin{pmatrix}0.5&0\\0&2\end{pmatrix},\boldsymbol{\Sigma}_2=\begin{pmatrix}2&0\\0&2\end{pmatrix},P(\omega_1)=P(\omega_2)$$

求二元正态分布的分界面。

解　根据公式，如图 5.5 所示，点表示两类的类中心，黑色实线表示分界面，这是一条

抛物曲线，曲线函数如下所示：

$$x_2 = 3.514 - 1.125x_1 + 0.1875x_1^2$$

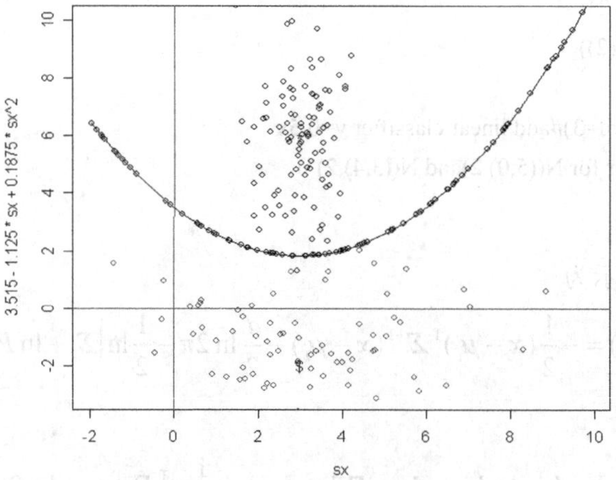

图 5.5 例 5.4 的分界面

例 5.5 南非心脏病诊断模型

在数据文件 saheart.txt 中有 462 个来自 3 个农村地区年龄在 15～64 岁之间的男性，cdh 变量表示是否出现冠心病，其中有 9 个协变量：收缩压，累积烟草量(kg)，低密度脂蛋白(ldl)，家族心脏病病史，肥胖症(famhast)，A-型行为 (type)，脂肪指标(obesity)酒精和年龄等。比较 lda，qda 和线性分类 3 种方法的效果。

解 R 参考程序如下：

```
sa=read.table("e:\\teaching\\saheart\\saheart.txt",sep=",",head=T) #首先读入数据
attach(sa)
yhat1 = predict (lda(chd~.,sa),sa)$class #使用 lda 函数对训练数据进行拟合
tmp = predict(lm(chd~ . ,data=sa))
yhat2 = rep(0,n)
yhat2[tmp > .5] = 1
yhat3 = predict(qda(chd~.,sa),sa)$class
```

表 5.6 3 种方法的判别矩阵和判错率

	chd=0		chd=1		判错率
	yhat=0	yhat=1	yhat=0	yhat=1	
Lda	258	44	77	83	0.2619
Lm	260	76	42	84	0.2554
Qda	255	47	66	94	0.2446

从表 5.6 中，可以看到，总体判错率二次判别结果优于线性判别结果和线性回归结果，线性判别分析和二次判别分析将健康人判为心脏病的错误率较低，线性回归将心脏病判为有健康人的错误率较低，如果该模型被用于诊断，考虑到心脏病的误诊会为病人带来严重的后果，于是从诊断的应用来看，选择线性模型更符合要求。如果该模型被用于基本心脏

保健，考虑到健康人被误诊为心脏病将增添健康人继续检查确诊的负担，于是从应用来看，选择线性判别模型或二次判别模型更贴近需要。

5.4 朴素贝叶斯分类

5.3 节的贝叶斯分类涉及到的是目标变量 y 离散，x 连续的情形，这是一种较为简单的情形，参数较少，当预测变量 x 离散时，则需要估计的量就多起来了。根据贝叶斯公式，我们需要先验分布 $P(Y=y_i)$和条件概率 $P(X=x_k|Y=y_i)$，$P(Y=y_i)$ 容易从数据中估计出来，假设在训练样本 D 中有 n_i 个个体 y_i，那么 $P(Y=y_i)=n_i/|D|$。但是联合概率 $P(X_1, X_2, \cdots, X_p)$的估计却涉及很多参数，例如假设每个变量只取二值，则有 2^p 可能的值，其中涉及 2^{p-1} 个独立关系。如果变量不是二值的话，则是 NP 难问题。在各种可能的关系中，最简单的是独立关系，即 $P(X_1, X_2, \cdots, X_p)=P(X_1)\, P(X_2)\cdots P(X_p)$。一般情况下，由链式法则可以表示联合分布：

$$\begin{aligned}P(X_1, X_2, \cdots, X_p)&=P(X_1)\, P(X_2|X_1)\, P(X_3|X_2X_1)\cdots P(X_p|X_{p-1}, \cdots, X_1)\\&=P(X_p)\, P(X_{p-1}|\, X_p)\, P(X_{p-2}|\, X_{p-1}X_p)\cdots P(X_1|X_2, \cdots, X_p)\end{aligned}$$

在比较特殊的情况下，如果联合分布满足条件独立性，即

$$P(X_1, X_2, \cdots, X_{\mathrm{p}}|Y)=\prod_{i=1}^{p}P(X_i\,|Y)$$

贝叶斯公式可以简化表达为

$$\begin{aligned}P(Y=y_k\,|\,X_1,X_2,\cdots,X_p)&=\frac{P(Y=y_k)P(X_1,X_2,\cdots,X_p\,|\,Y=y_k)}{\sum_j P(Y=y_j)P(X_1,X_2,\cdots,X_p\,|\,Y=y_j)}\\&=\frac{P(Y=y_k)\prod_{i=1}^{p}P(X_i\,|\,Y=y_k)}{\sum_j P(Y=y_j)\prod_{i=1}^{p}P(X_i\,|\,Y=y_k)}\end{aligned}$$

此时可以得到朴素贝叶斯的求解方法：

$$y_{NB}=\arg\max\prod_{i=1}^{p}P(X_i=x_i\,|\,Y=y_k)P(Y=y_k)$$

使用极大似然估计估计以上概率得

$$\hat{\pi}_k=\hat{P}(Y=y_k)=\frac{\#D\{Y=y_k\}}{|D|}$$

$$\theta_{ijk}=\hat{P}(X_i=x_{ij}\,|\,Y=y_k)=\frac{\#D\{X_i=x_{ij},Y=y_k\}}{\#D\{Y=y_k\}}$$

在很多情况下，频率为零概率的极大似然估计给分析造成很大困难，乘积中有一项为零则该乘积的整体为零，为避免这个问题，可以使用贝叶斯估计参与计算，常见的是使用狄利克雷（Dirichlet）先验分布，得到调整后的频率估计如下：

$$\hat{\pi}_{k-D}=\hat{P}_D(Y=y_k)=\frac{\#D\{Y=y_k\}+l}{|D|+t}$$

$$\theta_{ijk-D}=\hat{P}_D(X_i=x_{ij}\mid Y=y_k)=\frac{\#D\{X_i=x_{ij},Y=y_k\}+l}{\#D\{Y=y_k\}+u}$$

例 5.6 本例的目标是建立夏天根据天气判断是否适合进行网球运动的统计模型，训练数据是 14 个专家意见，数据如表 5.7 所示，天气情况由 4 个离散的自变量天气（Outlook，分三种情况：晴朗（sunny）、多云（overcast）和下雨（rain）），温度（Temperature，分三种情况：炎热（hot）、适度（mild）和凉爽（cool）），空气湿度（Humidity，分两种情况：湿度大（high）、湿度一般（normal））构成，风情（Windy，分两种情况：有风（true）、无风（false））构成，是否适合进行网球运动的目标变量（Class，适合用 P 表示，不适合用 N 表示）。

表 5.7 网球运动训练数据

Outlook	Temperature	Humidity	Windy	Class
sunny	hot	high	false	N
sunny	hot	high	true	N
overcast	hot	high	false	P
rain	mild	high	false	P
rain	cool	normal	false	P
rain	cool	normal	true	N
overcast	cool	normal	true	P
sunny	mild	high	false	N
sunny	cool	normal	false	P
rain	mild	normal	false	P
sunny	mild	normal	true	P
overcast	mild	high	true	P
overcast	hot	normal	false	P
rain	mild	high	true	N

从表 5.7 中直接可以得到表 5.8，假设在给定目标的情况下，天气的情况是彼此条件独立的，如表 5.8 所示。

表 5.8 网球运动各条件概率

outlook		
P(sunny|p) = 2/9	P(sunny|n) = 3/5	
P(overcast|p) = 4/9	P(overcast|n) = 0	
P(rain|p) = 3/9	P(rain|n) = 2/5	
temperature		
P(hot|p) = 2/9	P(hot|n) = 2/5	
P(mild|p) = 4/9	P(mild|n) = 2/5	
P(cool|p) = 3/9	P(cool|n) = 1/5	
humidity		
P(high|p) = 3/9	P(high|n) = 4/5	
P(normal|p) = 6/9	P(normal|n) = 1/5	
windy		P(p) = 9/14
P(true|p) = 3/9	P(true|n) = 3/5	P(n) = 5/14
P(false|p) = 6/9	P(false|n) = 2/5	

考虑样本 Outlook=sunny,Temprature=cool,Humid=High,Windy=true，根据朴素贝叶斯模型，由公式分别计算出：

$$P(p)P(\text{rain}\mid p)P(\text{cool}\mid p)P(\text{high}\mid p)P(\text{true}\mid p)=0.001$$
$$P(N)P(\text{rain}\mid N)P(\text{cool}\mid N)P(\text{high}\mid N)P(\text{true}\mid N)=0.004$$

于是可以得到 Y=N，即不适于打网球。

5.5 贝叶斯网络

5.5.1 基本概念

高维变量之间相互影响关系的确定是非常困难的，常常需要高维变量联合分布的估计，而这常常也是 NP 难的问题。贝叶斯网络是一种研究变量和变量之间关系的重要方法，最早由 Pearl 于 1988 年提出，目前已成功地应用于知识发现和模式识别领域，成为表示不确定性知识和推理的一种有效的理论模型。

贝叶斯网络由结构图和条件概率表（Conditional Probability Tabulate，CPT）两部分构成，其中结构图是一个有向无环图(Directed Acyclic Graph, DAG)，由代表变量的节点及连接节点的有向边构成，图中不存在由一个节点出发经其他节点返回到自身节点的路径。节点代表随机变量，节点间的有向边代表了节点间的相互关系，由出箭头的父节点指向入箭头的后代节点。有向边表示后代节点在父节点的影响下用条件概率表达后代节点与父节点的关系强度，没有父节点的节点用先验概率表达节点变量的分布。节点变量可以是连续变量也可以是布尔变量等。如图 5.6 所示，图 5.6 中显示了有 5 个节点 A, B, C, D, E 和 6 条有向边连接形成的贝叶斯网络。

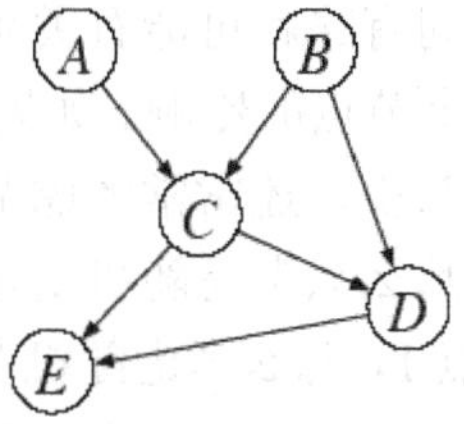

图 5.6 一个有向无环图

设贝叶斯网络由 n 个节点构成，记为 $U=\{X_1, X_2, \cdots, X_n\}$，$n>0$，表达成二元组记为 $B=\{G,\Theta\}$，其中 $G=\{\Pi_1, \Pi_2, \cdots, \Pi_n\}$是一个有向无环图，也称为网络结构，$\Pi_i \subset 2^U, i=1,2,\cdots,n$ 是第 i 个节点的父节点集合。$\Theta=\{P(X_i|\Pi_i), X_i \in U, i=1,2,\cdots,n\}$是一组条件概率的结合，称为网络参数，也称为条件概率分布表。网络的联合分布可以表示为

$$P(U)=\prod_{i=1}^{n} P(X_i \mid \Pi_i)$$

由贝叶斯网络的定义可知：贝叶斯网络满足条件独立性。

性质 1 贝叶斯网络中的任何一个节点，在给定其父节点的条件下，该节点条件独立于其所有非后代节点。

每个节点 X_i 都有一个条件概率分布表：$P(X_i|\Pi_i)$,，每个节点受其他节点的影响都可以转化为只受其父节点对该节点的影响。于是贝叶斯网络满足以下性质：

定义 5.5 贝叶斯网络任意三个节点 X,Y 和 Z 的条件独立性定义为：如果给定节点变量 Z 条件下，X 和 Y 称为条件独立的，若三个变量之间的概率满足

$$p_{(x,y)|z}(x,y \mid z)=p_{x|z}(x \mid z)p_{y|z}(y \mid z)$$

记作：$X \perp Y \mid Z$。

根据这个定义，在图 5.6 所示，给定节点 C 和 D，那么节点 E 条件独立于 B 和 A，记作：$E\perp(A,B)|(C,D)$。

在建网过程中，如果对于网中任意两个节点 X 和 Y，能够找到一个不包含 X 和 Y 的变量集使得在给定 S 的条件下 X 和 Y 条件独立，则可将 X 和 Y 之间的边移去。这类条件独立性关系可以通过图论中的有向分隔表示如下。

定义 5.5（d-分隔） 设 X, Y 和 Z 是三组变量集合，彼此之间没有交集。如果给定 Z 条件下，X 中变量到 Y 中变量之间所有的路径都阻塞的，称 Z d-分隔 X 和 Y。

定理 5.4（整体马尔可夫性） 设 X 和 Y 为贝叶斯网中的两个变量，Z 为贝叶斯网中任意一个不包含 X 和 Y 的节点集合，如果 Z d-分隔 X 和 Y，则 X 和 Y 在给定 Z 时条件独立。

定理 5.5（局部马尔可夫性） 在一个贝叶斯网中，给定变量 X 的父节点 $\pi(X)$ 变量，则 X 条件独立于它的所有非后代节点，即 $X\perp[nd(X)\setminus\pi(X)]|\pi(X)$，其中 nd($X$)表示 X 的所有非后代节点组成的集合。

文献中还常常出现贝叶斯网络的其他名称，比如信念网（Belief Network）、概率网络（Probability Network）、因果网络（Causal Network）、知识图（Knowledge Map）、图模型（Graphical Model）或概率图模型（PGM）、决策网络（Decision Network）和影响图（Influence Diagram）等。

在贝叶斯网络中，两个节点之间有路就可能有关系。我们不仅关心每个节点的分布，更关心一个节点如何受到一个或多个节点的影响。如果两个节点之间没有边，则视为独立。一般，根据指向节点 X 节点数的多与少，还常常考虑节点 X 处其他三类概率分布：

（1）如果节点 X 没有父节点，那么只考虑随机变量先验分布 $p(X)$；

（2）如果节点 X 只有一个父节点 Y，那么考虑随机变量受节点 Y 影响的条件分布 $P(X|Y)$；

（3）如果节点 X 有多个父节点$\{Y_1,Y_2,\cdots,Y_k\}$，那么需要考虑随机变量的条件分布 $P(X|Y_1, Y_2,\cdots,Y_k)$。

5.5.2 贝叶斯网络的应用

贝叶斯网络主要有三种功用：因果预测、原因诊断和解释远离。下面以 Ethem Alpaydm 一书[9]中列举的例子来说明三种推理模式的用法。

例 5.7 4 节点贝叶斯网络如图 5.7 所示，C 表示天气（多云记为 T，或晴朗记为 F），R 表示是否下雨（下雨记为 T，或无雨记为 F），S 表示草坪喷水器是否工作（工作记为 T，或停止记为 F），W 表示邻近草坪的便道是否积水（积水记为 T，或无水记为 F）。

首先，由条件分布表可以很容易推算出路面积水节点的分布，如图 5.8 所示。贝叶斯网络一般有三种主要的应用：

（1）原因诊断，即求在子节点发生某一状况下父节点发生的可能性，比如知道路面积水，判断下雨或喷水器喷水两种原因哪一种大。可以如下计算：

$$P(S=1|W=1)=\sum P(S=1, W=1)\,/\,P(W=1)=0.2781/0.539=0.5160$$

$$P(R=1|W=1)=\sum P(R=1, W=1)\,/\,P(W=1)=0.4581/0.539=0.8499$$

结果是下雨的可能性大。

（2）因果预测，即求在父节点发生某种状况下子节点发生的可能性，比如下雨（R）引

$P(C=F)$	$P(C=T)$
0.5	0.5

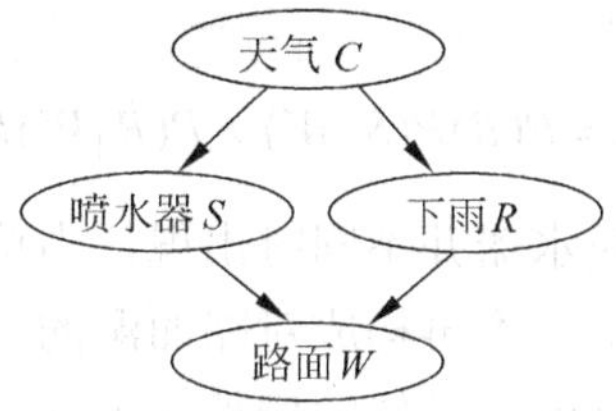

C	P(S=F)	P(S=T)
F	0.5	0.5
T	0.9	0.1

C	P(R=F)	P(R=T)
F	0.8	0.2
T	0.2	0.8

S	R	P(W=F)	P(W=T)
F	F	1.0	0.0
T	F	0.1	0.9
F	T	0.1	0.9
T	T	0.01	0.99

图 5.7 路面积水贝叶斯网络

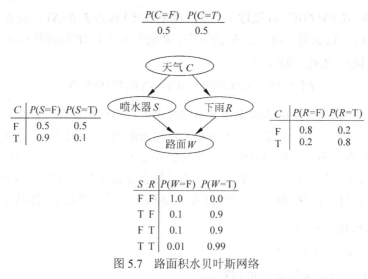

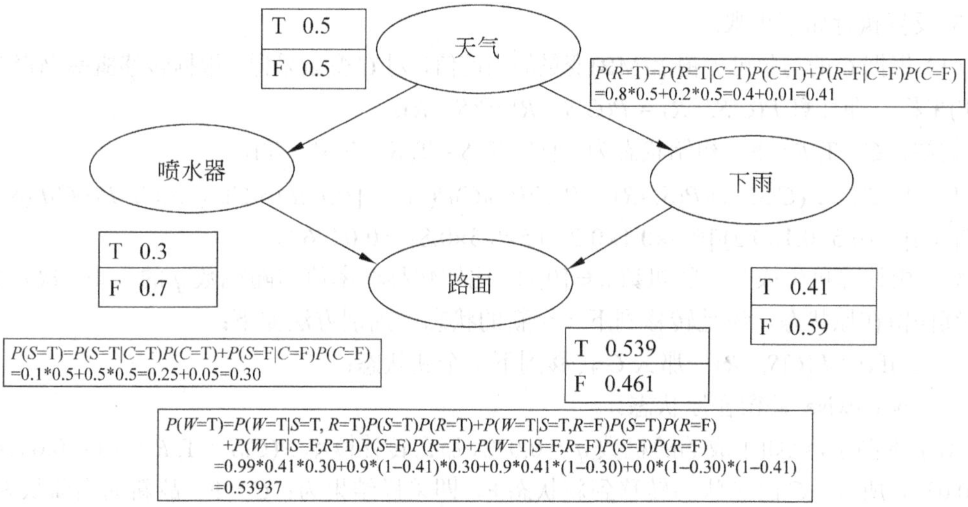

图 5.8 路面积水节点分布

起路面湿（W）之间的关系，假设当地下雨的可能性为 40%，引起路面湿的可能性为 90%，也就是说，还有 10%的下雨并不引起路面湿，可能的原因是下雨量不够。随机变量为二元变量。如果要确定 R 和 W 的联合分布 $P(W\mid R)$，只需要有三个数值就可以完全确定，比如 $P(R)=0.41$，$P(W\mid R,S)=0.99, P(W\mid R,\bar{S})=0.90, P(R,S)=P(R)P(S)$，于是，根据概率分布可以对路面湿这个结果做出可能性预测为

$$P(W\mid R)=\frac{P(W\mid R,S)P(R,S)+P(W\mid R,\bar{S})P(R,\bar{S})}{P(R)}=0.7518,$$

（3）解释远离，即当影响到结果（子节点）的原因多于一个时，结果与其中一个原因发生的条件下，另外一个原因不会发生的可能性，比如观察到路面湿（W）和喷水器开放的情况下，不会下雨的可能性，这时需要计算下面这个概率：

$$P(R\mid S,W)=\frac{P(W\mid R,S)P(R\mid S)}{P(W\mid S)}$$

如果当 $P(W|S,R)/P(W|S)$ 接近 1，那么 $P(R|S,W)$ 接近 $P(R|S)$，而 R 与 S 独立，即有 $P(R|S)=P(R)$，这说明 S 决定了 W 的发生，R 则发生了对 W 的解释远离，已知 W 存在时，R 与 S 之间相互依赖。原因是

$$P(RS|W)=P(R)P(S|W)\neq P(R|W)P(S|W)$$

实际中这是符合逻辑的，下雨和喷水器并不同时出现，当草地潮湿时，得知喷水器是开的时候，可以断定不会下雨，于是下雨不再构成对路面湿的一个原因。这说明在路面湿的条件下，喷水器和下雨不是条件独立的，虽然它们彼此独立。对是否发生解释远离的计算常常需要更上一层节点的信息，这时联合分布的计算会更为复杂，所以实际中并不采用直接求解的方式，而是使用 MCMC 方法逐步求解上述概率，以下给出求解的算法。

MCMC 算法执行步骤：

1. 证据变量 S, W 固定为 T
2. 隐变量 C 和查询变量 R 随机初始化
3. 反复执行如下步骤：

（1）根据 C 的马尔可夫覆盖(MB)变量的当前值，对 C 变量采样，根据转移概率 $P(C|S=\mathrm{T}, R=\mathrm{F})$采样。即计算 $P(C|S,\sim R)=P(C,S,\sim R)/P(S,\sim R)$。

例如，$C=\mathrm{T}, R=\mathrm{F}$，初始状态为：$[C=\mathrm{T}, S=\mathrm{T}, R=\mathrm{F}, W=\mathrm{T}]$，

$P(C|S,\sim R)=P(C,S,\sim R)/P(S,\sim R)=P(C)P(S|C)P(\sim R|C)[P(C)P(S|C)P(\sim R|C)+P(\sim C)P(S|\sim C)P(\sim R|\sim C)]=(0.5\times0.1\times0.2)/[0.5\times0.1\times0.2+0.5\times0.5\times0.8]=0.04762$.

（2）由计算机生成一个随机数 $q\in[0,1]$。比较转移概率值与随机数 q 的大小，决定是将 C 继续停留在原状态，还是转移到下一个新的状态。判别方法如下：

if $q<P(C|S,\sim R)$　那么 C 转移到下一个新状态；

otherwise　停留在原状态。

对于本例子，比如生成的随机数 $q=0.032$，那么转移概率 $P(C|S=\mathrm{T}, R=\mathrm{F})=0.04762>q=0.032$，所以，$C$ 由 T 状态转移到新状态 F，即采样结果为：$C=\mathrm{F}$。故新的当前状态为：$[C=\mathrm{F}, S=\mathrm{T}, R=\mathrm{F}, W=\mathrm{T}]$。

（3）根据 R 节点的马尔可夫覆盖(MB)变量的当前值，对 R 采样，即根据 $P(R|C=\mathrm{F}, S=\mathrm{T}, W=\mathrm{T})$来采样。假设采样结果为：$R=\mathrm{T}$。故新的当前状态为：$[C=\mathrm{F}, S=\mathrm{T}, R=\mathrm{T}, W=\mathrm{T}]$。

（4）重复上述步骤，直到所要求的访问次数 N。若为 T，F 的次数分别为 n_1，n_2，则查询解为：Normalize($\langle n_1, n_2\rangle$) = $\langle n_1/N, n_1/N\rangle$，若上述过程访问了 600 个 $R=\mathrm{T}$ 的状态和 400 个 $R=\mathrm{F}$ 的状态，则所求查询的解为<0.25, 0.75>。

5.5.3　贝叶斯网络的构建

贝叶斯网络学习主要包括结构学习与参数学习两个方面。结构学习是指根据训练样本结合先验知识确定合适的贝叶斯网络拓扑结构；参数学习是指在网络结构确定的情况下从数据中学习每一个节点的条件概率表，并评价选择通过训练样本数据学习到的最优网络。

贝叶斯网络建模一般有 3 种方法：

（1）依靠专家和背景建模；

（2）从数据中学习；

（3）从知识库中创建。

贝叶斯网络分类器结构学习是一个 NP 难问题，在建构贝叶斯网络的过程中，并不能对所有的结构分别进行计算评估，只能通过采用启发式搜索算法，在有限的搜索空间中寻优。在数据完整情况下的学习算法主要分为两类：一类是基于评分-搜索的学习方法，比如 K2 算法、爬山法，基于贝叶斯评分和基于 MDL 评分的方法等，这些方法是将学习视为结构优化的过程，根据评分函数寻找与样本数据匹配程度最高的网络结构；另一类是将学习视为约束满足问题，通过识别节点变量间的条件独立性关系来构造贝叶斯网络结构，识别方法主要有互信息检验和卡方检验等。

对有缺失数据的贝叶斯网络结构学习也是研究的热点，同时也是一个难点。数据的丢失导致两方面问题的出现：一方面，评分函数不再具有可分解形式，不能进行局部搜索；另一方面，一些充分统计因子不存在，无法直接进行结构评分。Heckerman[10,11]等人在充分统计因子方面进行研究，首先对选择的贝叶斯网络结构基于梯度优化或 EM 算法进行最大后验参数估计，然后使用拉普拉斯近似或贝叶斯信息准则等大样本近似方法进行近似结构评分。Heckerman 于 1995 年指出，当参数独立、参数模块性、似然等价以及机制独立、部件独立等假设成立的前提下，可以将学习贝叶斯非因果网络的方法用于因果网络学习。1997 年又提出在因果马尔可夫条件下，可以由网络的条件独立和条件相关关系推断因果关系。这使得在干涉（扰动）出现时可以预测其影响。但由于搜索空间大以及存在近似评分的误差，使得学习效率较低且结果不够可靠。Friedman[12,13]等人提出的 SEM 算法也常用来进行具有缺值数据的贝叶斯网络结构学习。但 SEM 算法易收敛到局部最优结构而且算法中的期望充分统计因子的计算量也是其应用的一个瓶颈。针对 SEM 算法的局部最优问题，已有许多改进算法。

设 $B=\{G,\Theta\}$ 是以 $X_1,X_2,\cdots,X_n$ 为节点的贝叶斯网络结构，结构建立的一般方法是引入一个评分函数评价利用训练数据学习到的各种可能结构。常用的评分函数有：对数似然函数评分准则，贝叶斯框架下的 CH 评分准则，大样本前提下的 BIC 准则。此外，贝叶斯网络的结构学习中还有一些常用的模型选择准则，如 MDL 评分（Rissanen[14]）、AIC 评分（Green[15]）、HVL 评分（Cowell 等[16]）和交叉验证（Stone[17]）方法等。

1. 评分准则

（1）对数似然评价准则

在贝叶斯网络的结构学习当中，G 和 Θ 都是需要确定的对象，结合参数学习中的极大似然估计方法，D 是训练样本集，记 $U=\{X_1,X_2,\cdots,X_n\}$，$\log P(U\mid G_D,\Theta)$ 为二元参数 (G_D,Θ) 的对数似然函数。

最优的贝叶斯网络（G^*,Θ^*）满足对数似然最大，即

$$(G^*,\Theta^*)=\arg\max_{G_D}\sup_{\theta}\log P(G_D,\Theta\mid U)$$

（2）CH 评分准则

基于贝叶斯结构学习同时包含结构学习和参数学习两方面的内容，假设模型结构 G 和模型参数 Θ 为随机变量。结构的先验分布记为 $P(G)$，模型参数 Θ 的分布记为 $P(\Theta\mid G)$，于

是模型结构 G 和模型参数 Θ 的联合分布密度表示为

$$P(G,\Theta)=P(G)P(\Theta\mid G)$$

于是，在观测到完整数据集 D 后，只需计算后验概率分布

$$P(G,\Theta\mid D)\propto P(D\mid\Theta)P(\Theta,G)$$

贝叶斯结构学习过程主要由两步构成：一、找出后验概率最大的结构 G^*；二、在 G^* 之下给出贝叶斯参数估计

$$G^*=\arg\max P(G\mid D)$$

上式等价于使下面函数达到最大：

$$\log P(G,D)=\log P(D\mid G)+\log P(G)$$

$\log P(G,D)$ 称为贝叶斯评分。

如果假设参数先验分布为乘积狄利克雷分布，可以得到

$$P(G,D)=C\prod_{i=1}^{n}\max_{\pi_i}\left[\prod_{j=1}^{s_i}\frac{(r_i-1)!}{(N_{ij}+r_i-1)!}\prod_{k=1}^{r_i}N_{ijk}\,!\right]$$

上式给出 Cooper-Herskovits 评分，简称 CH 评分。s_i 是 π_i 中父节点所构成的所有可能不同组合数，N_{ij} 表示第 j 个组合中的数据量，r_i 表示变量 X_i 属性值，N_{ijk} 表示第 j 个组合 X_i 取值 k 时的样本量。当假设数据中各种结构是均匀分布时，贝叶斯评分选择模型就相当于用 CH 评分选择模型。

（3）BIC 信息准则

贝叶斯信息准则（Bayesian information criterion, BIC）是实际中最常用的模型评分函数，简称 BIC 评分。BIC 评分是在大样本前提下对边缘似然函数的近似。通常利用拉普拉斯近似方法对 $P(D\mid G)$ 进行大样本近似从而得出 BIC 评分函数。基本的想法就是在最大似然估计附近将对数似然函数做泰勒展开，将计算转化为一个多元正态分布函数在极值点的邻域的积分，具体如下：

用 $\boldsymbol{\theta}^*$ 表示 $\boldsymbol{\theta}$ 的极大似然估计，假设 $P(D\mid G)$ 在 $\boldsymbol{\theta}^*$ 的附近光滑的且不为零，记 $l(\boldsymbol{\theta})=P(D\mid G,\boldsymbol{\Theta})$，将 $l(\boldsymbol{\theta})$ 在 $\boldsymbol{\theta}^*$ 的一个邻域展开得

$$l(\boldsymbol{\theta})\approx l(\boldsymbol{\theta}^*)+\frac{1}{2}(\boldsymbol{\theta}-\boldsymbol{\theta}^*)^{\mathrm{T}}l''(\boldsymbol{\theta}^*)(\boldsymbol{\theta}-\boldsymbol{\theta}^*)$$

用 A 表示 $-l''(\boldsymbol{\theta}^*)$，$\log P(D\mid G)$ 的拉普拉斯近似为

$$\log P(D\mid G)\approx\log P(D\mid G,\boldsymbol{\theta}^*)-\frac{d}{2}\log A$$

上式称为模型结构 G 的 BIC 评分，记为 BIC($G|D$)。

2. 两种爬山算法

（1）K2 算法

K2 算法是由 Cooper 和 Herskovits[18]于 1992 年提出来的，是一种对完整数据进行结构学习的、启发式贪心搜索算法，是较早的贝叶斯网络结构学习算法之一，核心思想是在某

种评价网络结构模型优劣性准则下使用贪婪算法搜索好的网络结构模型。基本原理如下：设有变量$U=\{X_1,X_2,\cdots,X_n\}$是一组结构待判的变量，该算法中使用了节点模块化想法，即各节点的父节点集相互独立，X_i有r_i个属性值记为$(V_{i1},V_{i2},\cdots,V_{ir_i})$，$\pi_i$如前所述是第$i$个节点的所有父节点，$s_i$是$\pi_i$中父节点所构成的所有可能不同组合数。K2 算法旨在确定父节点不超过预先给定的正整数M和一个变量优先序的最优模型，为简化模型评分计算，K2 假设所有的先验分布为均匀分布。K2 算法的出发点是一个包含所有节点，但却没有边的无边图，在搜索过程中 K2 按顺序逐个考察排序中的变量，确定父节点，然后添加相应的边。对某一变量X_i，如果X_i的父节点个数未超过M，那么需要继续寻找其父节点。具体做法是首先考察那些在排序中排在X_i之前的但还不是X_i的父节点的变量，从这些变量中选出X_i使得新家族的CH评分达到最大，然后将其与旧家族CH评分进行比较。

输入：贝叶斯网络的节点集U、依据先验信息确定节点变量的偏序$\{X_1,X_2,\cdots,X_n\}$、每个节点允许的最大父节点数M，训练样本D。

评分函数：$\max[P(G,D)]=C\prod_{i=1}^{n}\max_{\pi_i}\left[\prod_{j=1}^{s_j}\frac{(r_i-1)!}{N_{ij}+r_i-1}\prod_{k=1}^{r_i}N_{ijk}!\right]$

输出：每个节点的父节点。

K2 算法流程如下：

初始化：对偏序节点集中的每一个节点i，令节点i的父节点集π_i=空集

第t步：对第i个节点和其父节点参数有评分函数$P^{(t)}(i,\ \pi_i)$

当$|\pi_i|<M$执行

从节点偏序集排在节点 i 前面的节点集 Pred(X_i)中寻找一个节点 k，使 k 在节点集 Pred(X_i) − π_i中，使评分函数$P(i,\pi_i\cup\{k\})$最大化。

如果$P^{(t+1)}(i,\pi_i\cup\{k\})>P^{(t)}(i,\ \pi_i)$，$\pi_i=\pi_i\cup\{k\}$

第$t+1$次对第i个节点及其父节点参数的评分估计$P^{(t+1)}(i,\pi_i\cup\{k\})=P(i,\ \pi_i\cup\{k\})$

遍历所有节点：（“节点”，“节点所对应的父节点”，π_i）

K2 算法并非寻找最高的 CH 评分模型，而是寻找在如下两个条件下的最优模型G：

（1）G中任一变量的父节点个数不超过M；

（2）沿着一个变量偏序集寻找评分函数最优的结构。

这两个搜索条件使搜索空间大大缩小。算法 K2 的时间复杂度是$O(mu^2n^2r)$，其中m表示样本个数，u表示父节点个数，n表示网络节点数，r表示每个节点的取值。

K2 是典型的爬山算法，它的目标是寻找评分最高的模型，基本原理是从一个初始模型（通常设为无边模型）出发开始搜索。在搜索的每一步，首先用搜索算子对当前模型进行局部修改，得到一系列候选模型；然后计算每个候选模型的评分，并将最优候选模型与当前模型比较；若最优候选模型的评分高，则以它为下一个当前模型继续搜索；否则就停止搜索，并返回当前模型。通常使用的搜索算子由三种；加边、减边、转边。但所有算子的使用有一个前提，即不能形成有向圈。爬山法可以使用任何评分函数。不同的评分函数有不同的要求：CH评分要求关于先验分布的超参数，而 HVL 及 CVL 评分准则要求把数据分成训练集和验证集。爬山法最复杂的一步在于计算候选模型的参数的极大似然估计及其评分。由于

每个候选模型与当前模型差别不大，因此爬山法可能陷入局部最优。

（2）MCMC 算法

MCMC 算法是一种简单且行之有效的贝叶斯计算方法。Giudici[19]在 2003 年将 Metropolis-Hastings 算法应用在网络结构学习中。该学习算法的主要思想是：由于网络结构的后验分布 $P(G|D)$是无法直接计算得到的，可以首先构造一个马尔可夫链，使其极限分布收敛于网络结构的后验分布 $P(G|D)$；然后使用 Monte Carlo 方法对此马尔可夫链进行抽样，得到网络结构的样本序列，即$(G_0,G_1,\cdots,G_i,\cdots)$；最后从该序列中挑出具有最大后验概率的网络结构来近似网络的最优结构。算法中从第 i 个网络结构 G 转移到新网络结构 G'的接受概率为

$$\alpha(G,G')=\min\{1,R_\alpha\},\quad R_\alpha=\frac{\#(nbd(G)P(G'\mid D))}{\#(nbd(G')P(G\mid D))}$$

式中，$nbd(G)$表示由 G 和那些对 G 实行一次边的简单操作得到的图构成的集合，称为 G 的邻域。$\#nbd(G)$表示 G 的邻域中的元素个数。由 G 生成的新的网络结构 G'具有较大的后验概率，则 $R_\alpha=1$，使得 $G_{t+1}=G'$，否则 $G_{t+1}=G$。由此可以看出，网络结构抽样序列有着向网络结构模型空间中具有较大后验的模型逼近的趋势。该方法仍然是解决结构未知和数据完整情况下的网络结构学习问题。但是它不需要邻域的先验知识，对于大多数知识发现邻域具有极大优势。但是该算法受初始网络结构影响较大，且学习结果易陷入局部最大化。评分-搜索方法过程简单、规范，但由于搜索空间大，效率偏低，而且易于陷入局部最优结构；依赖分析方法过程虽然比较复杂，但在一些假设条件下学习效率较高，而且能够获得全局最优结构。

以上描述用算法表示如下：

1. 初始化网络结构 S^0

2. i 从 1 到 $n-1$

2.1 从 0~1 的均匀分布中抽取样本 u

2.2 从产生概率 $G(S^i,S^*)$ 分布中生成一个新的网络结构 S^*

2.3 如果 $u<A(S^i,S^*)=\min\left\{1,\dfrac{G(S^*,S^i)P(D\mid S^*)P(S^*)}{G(S^i,S^*)P(D\mid S^i)P(S^i)}\right\}$

$S^{i+1}=S^*$

否则 $S^{i+1}=S^i$

其中：$P(D\mid S^i)$ 表示在原结构结构 S^i 下得到样本 D 的概率，$P(S^i)$ 表示新结构的先验概率。$P(D\mid S^*)$ 表示在新结构 S^* 下得到样本 D 的概率，$P(S^*)$ 表示新结构的先验概率。从而上述过程当 $P(D\mid S^*)P(S^*)$ 大于 $P(D\mid S^i)P(S^i)$ 时，由于 $G(S^i,S^*)$ 等于 $G(S^*,S^i)$，则结构 S^i 最终收敛与后验分布最大的结构。

3. 条件独立性检验法

设 X，Y 和 Z 为三个离散型随机变量，与此相联系的有一个三维列表 $r\times c\times t$，作 n 次观察，在第(i,j,k)单元格中的观测频数记为 n_{ijk}，$i=1,2,\cdots,r$, $j=1,2,\cdots,c$, $k=1,2,\cdots,t$。考虑在给

定一个变量后另外两个变量之间的条件独立性问题，若给定 Z 之下 X 与 Y 独立，那么满足：

$$P(X=i,Y=j\mid Z=k)=P(X=i\mid Z=k)P(Y=j\mid Z=k)$$

于是有 $P_{ijk}=\dfrac{P_{i\cdot k}P_{\cdot jk}}{P_{\cdot k}}$，其中 $P_{i\cdot k}$，$P_{\cdot jk}$ 和 $P_{\cdot k}$ 分别是变量$(X, Z)(Y, Z)$和 Z 的边缘分布。这个条件下极大似然估计为

$$\hat{P}_{ijk}=\frac{\hat{P}_{i\cdot k}\hat{P}_{\cdot jk}}{\hat{P}_{\cdot k}}=\frac{n_{i\cdot k}n_{\cdot jk}}{n_{\cdot k}}$$

检验该条件独立的似然比统计量记为 T

$$T=2\sum_{i=1}^{r}\sum_{j=1}^{c}\sum_{k=1}^{t}n_{ijk}\ln\left(\frac{n_{\cdot\cdot k}n_{ijk}}{n_{i\cdot k}n_{\cdot jk}}\right)$$

则 T 的极限分布服从自由度为 $t(r-1)(c-1)$的 χ^2 分布。若 $T>\chi^2_{1-\alpha}(t(r-1)(c-1))$，则在置信水平 $1-\alpha$ 下认为变量 X 与 Y 不独立，反之亦然。

设是 $X_1,\cdots,X_n$ 是 n 个变量对应贝叶斯网络中的 n 个节点，假设变量 X_i 分别取 r_i 个值，节点 X_i 的取值集合记为$\{1,2,\cdots,r_i\}$,i=1,2,$\cdots$,n。设样本集足够大，可以保证试验结果的精确性。记

$$\chi^2_{ij|k}=2\sum_{i=1}^{r_i}\sum_{j=1}^{r_j}\sum_{k=1}^{r_k}n_{ijk}\ln\left(\frac{n_{\cdot\cdot k}n_{ijk}}{n_{i\cdot k}n_{\cdot jk}}\right)$$

其中：n_{ijk} 表示样本集中满足$\{X_i=x_i, X_j=y_j, X_k=z_k\}$的样本个数；

$n_{i\cdot k}$ 表示样本集中满足$\{X_i=x_i, X_k=z_k\}$的样本个数，$n_{\cdot jk}$ 同理表示；

$n_{\cdot\cdot k}$ 表示样本集中满足$\{X_k=z_k\}$的样本个数。

$x_i\in\{1,2,\cdots,r_i\},y_j\in\{1,2,\cdots,r_j\},z_k\in\{1,2,\cdots,r_k\}$，则 $\chi^2_{ij|k}$ 用于检验在给定变量 z_k 下，变量 X_i 与变量 X_j 是否独立。

在贝叶斯网络中，节点间的边可看作互通信息的通道，如图 5.6 中节点 A 和 D 通过 B 和 C 传递信息，若 B 和 C 中断则 A 和 D 之间就无信息传递，因此独立变量之间的信息传递是有条件的；而非独立变量之间的信息传递却是无条件的，比如节点 A 和 B 之间有边，则它们之间有信息传递，不管 C、D 处于何种状态，都不会影响 A 和 B 的信息传递。在此意义下，有相依系数定义如下。

定义 5.6 设 $X_1,X_2,\cdots,X_n$ 是 n 个随机变量，$0<\alpha<1$ 为显著性水平，称为置信水平，称 $C_{ij,\alpha}$ 为显著性水平 $1-\alpha$ 下变量 X_i 与 X_j 的相依系数。其中 $C_{ij,\alpha}=\min\{\chi^2_{ij|k}-\chi^2_{d_k,\alpha}\}$，式中 $\chi^2_{d_k,\alpha}$ 表示自由度为 $d_k=r_k(r_i-1)(r_j-1)$ 的 χ^2 分布 α 上侧分位点。

$C_{ij,\alpha}$ 的含义是在置信水平 $1-\alpha$ 下衡量 X_i 与 X_j 的独立性。若 $C_{ij,\alpha}>0$，则表示变量 X_i 与 X_j 条件不独立，在对应节点与之间加边；若 $C_{ij,\alpha}<0$，则表示变量 X_i 与 X_j 条件独立，在对应节点与之间没有边。

由相依系数的定义可得出的条件独立性的一个充分条件。

定理 5.6　设变量 X_i 与变量 X_j 为贝叶斯网络中的两个变量，Z 为贝叶斯网络中任意一个不包含变量 X_i 与变量 X_j 的节点集合，若对 $\forall Y_k \in Z, \chi^2_{ij|k} < \chi^2_{d_k,\alpha}$ 恒成立，则在置信水平 $1-\alpha$ 下变量 X_i 与变量 X_j 在给定 Z 时条件独立。

定理 5.7　相依矩阵 $\boldsymbol{C}=(c_{ij})$ 为对称矩阵，其中

$$c_{ij}=\begin{cases} C_{ij,\alpha}, & i \neq j \\ 0, & i=j \end{cases}$$

通过计算得到相依矩阵后，可按如下两步获得由所给变量组成的贝叶斯网络：

（1）找出相依矩阵中所有满足 $c_{ij}>0(i>j)$ 的元素，在对应变量 X_i 与变量 X_j 之间加边；

（2）根据因果关系确定连接各节点边的方向。

由于贝叶斯网络中连接各节点间的边可看作是信息传送的通道，当所要构造的贝叶斯网络节点众多而且连接稠密时，会有大量的信息重复传送。此时适当调小显著性水平 α 的值就可使得相依矩阵中一些偏小的正值变为负值，既简化了网络结构，又不会影响网络的整体结构。当贝叶斯网络涉及较少节点时，可适当增大 α 值以确保信息传递的完整性。此外，通过对数据结果进行分析发现在相依矩阵 C 中，若 $c_{ij}>0$ 且 c_{ij} 的值越大，表示变量 X_i 与 X_j 的相依性就越强，这对确定贝叶斯网络参数有一定的指导作用。

4. SEM 算法

SEM 算法是关于二元变量的 EM 算法，它是从某初始模型出发开始迭代，同时包括数据插补和模型、参数优化两个步骤。它并非每次迭代都同时优化模型结构和参数，而是先固定模型结构，进行数次参数优化后，再进行一次结构加参数优化，如此交替进行。

设 (G,Θ) 是一贝叶斯网络，定义 (G,Θ) 的 BIC 评分如下：

$$BIC(G,\Theta \mid D)=\log P(D \mid G,\Theta)-\frac{d(G)}{2}\log A$$

当数据缺失时，所需解决的问题就是在缺值数据情况下如何寻找 BIC 评分最高的贝叶斯网络 (G^*,Θ^*)，使得

$$BIC(G^*,\Theta^* \mid D) \geqslant BIC(G,\Theta \mid D) \quad \forall G,\Theta$$

假设从初始网出发，经过一系列优化步骤后，在第 t 步 SEM 得到了贝叶斯网络 (G_t,Θ_t)，则基于插补数据 D_c 的 BIC 评分为

$$BIC(G,\Theta \mid D_c)=\sum_{l=1}^{m}\sum_{X_i}P(X_l \mid D_l,B_t,\Theta_t)\log P(D_l,X_l \mid B_t,\Theta)-\frac{d(B)}{2}\log A$$

$BIC(G,\Theta \mid D_c)$ 称为期望 BIC 评分，而且有

$$BIC(G,\Theta \mid D_c)=\sum_{i=1}^{n}\sum_{j=1}^{t_i}\sum_{k=1}^{r_i}m_{ijk}\log\theta_{ijk}-\frac{d(G)}{2}\log A$$

其中

$$m_{ijk}=\sum_{l=1}^{m}P(X_i=k,\pi(X_i)=j \mid D_l,B_t,\Theta)$$

若下一步要优化参数，SEM 规定 $D=D_c$，并计算使 $BIC(G,\Theta\,|\,D_c)$ 达到最大的参数值：

$$\theta_{ijk}=\frac{m_{ijk}}{\sum_{k=1}^{r_i} m_{ijk}}$$

若下一步要同时优化模型结构和参数，SEM 首先构造出所有能够通过 G 进行一次加边、减边或转边而得到的候选模型，这些候选模型的集合记为 L，SEM 用上式对其中任一候选模型进行参数优化，然后找出使 $BIC(G,\Theta\,|\,D_c)$ 达到最大的模型，即

$$(G^*,\Theta^*)=\arg\max_{G\in L}\sup_{\Theta} BIC(G,\Theta\,|\,D)$$

5.6 案例：贝叶斯网络模型在信用卡违约概率建模中的应用

1. 案例背景

信用卡对于每一个人来说都不陌生，其在 50 多年的发展历程中，给广大消费者带来了购物支付和个人融资消费的极大便利，促进了商家的支付结算和销售，同时给发卡银行带来了巨大的业务和利润，所以一直保持着快速发展的势头，遍及社会的每个角落，成为人们日常生活中不可或缺的一部分。但与此同时，在追求信用卡业务的高收益潜力时，各商业银行不得不面对一个现实：有些信用卡账户会产生一定的违约拖欠、严重拖欠，甚至是呆账损失。因此，银行管理的专业领域产生了各种“催收管理”方式，其中一个重要模型为：逾期评分模型，它的作用旨在利用该模型预测回收的可能性或回收比例，对用户分类之后采取不同的催收策略，以合理的人力、物力最大限度的收回坏账，减少损失。而违约概率模型则是其重要组成部分，本案例旨在介绍贝叶斯网络模型如何在信用卡违约概率模型中变量的选择中进行应用。

2. 数据准备

建模时所采用的数据集 Creditcard（数据光盘中的 bayes 数据.xls）是从某银行信用卡中心数据仓库提取的用于开发逾期评分卡的逾期客户数据，隐去了客户姓名和证件号等隐私信息。该数据集有 11 个变量，其中 10 个特征变量（自变量），而“Payment”是响应变量（因变量），如表 5.9 所示。

Payment = 0 表示客户是“优质”客户，Payment =1 表示客户是“违约”客户。

本研究应用的是违约概率模型，即预测早期拖欠客户最终进入违约（拖欠 90 天以上）的概率，据此可以挑选出对某类客户最有效的催收策略，从而在风险可控的前提下实现收益最大化。

3. 变量筛选

所采用的 Creditcard 数据集是业务专家通过定性研究的方法，根据自身的业务经验遴选出 10 个特征变量，显然，不是所有的特征变量都具备一样的预测功能，同一个变量也不是在所有资产组合、所有模型都具备同样的预测功能。因此在建立最终的信用卡违约概率

模型时需要对变量进行选择。选择的目的则是选取对因变量有影响的变量，贝叶斯网络模型能够探索变量之间的关系，因此结合其他变量筛选方法可以得到理想的效果。

表 5.9 Creditcard 数据集变量表

变量名	变量标记	变量类型	备注
Account status	当前逾期期数	分类变量	
Age account	账龄（月）	连续变量	
Arrears Times	逾期次数	分类变量	
Payment vs balance	还款余额比	连续变量	0：0% 1:10% 2:20% … 10:100%
Worst stat 6m	最近 6 个月最高逾期期数	分类变量	
BP times	打破承诺次数	分类变量	
Times last 3m	最近 3 个月逾期次数	分类变量	
Cash Advance	是否取现	分类变量	1：预借现金 2：无预借现金
Broken promise flag	是否打破承诺	分类变量	1：打破承诺 2：未打破承诺
Over limit flag	是否超限使用	分类变量	1：超限 2：未超限
Payment	是否违约	分类变量	

4. 基于贝叶斯网络的变量选择

针对 Creditcard 数据集建立所有变量之间的关系结构图，从输出的贝叶斯图（图 5.9）中可以看出，当选择的容错率为 0.05 时，payment 与 Over_limit_flag、times_last_3m、BP_times 之间有显著地关系，但由于选择的容错率较高，得到的关系模型相对粗糙。

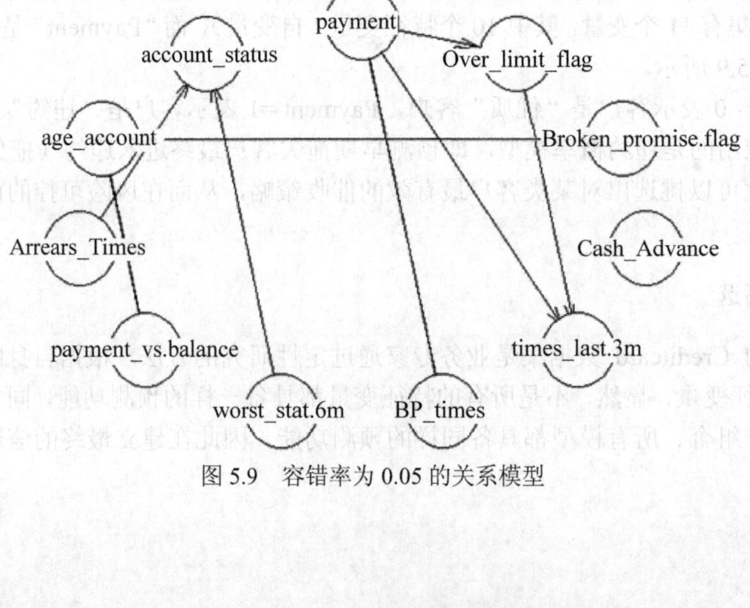

图 5.9 容错率为 0.05 的关系模型

当降低容错率为 0.02 时，将得到更加精细的关系（见图 5.10），当然付出的代价是估计参数增多等随之带来的问题。此时可以得到与 payment 有决定关系的是 Over_limit_flag，times_last_3m；有相互直接作用的是 BP_times，account_status；有间接作用的是 Arrears_Times 和 worst_stat_6m。虽然当模型中变量关系不完全时不能计算出其 AIC 值，但是贝叶斯网络图确实提供了参数选择基本的指导信息。

结合岭回归变量选择结果，最终得到对 payment 有显著影响的变量为：times_last_3m，account_status，worst_stat_6m，Arrears_Times，BP_times，Over_limit_flag。将这七个变量构建贝叶斯网络图，可以看出它们对因变量的影响大致可以分为 3 组变量：近期违约情况，累计逾期情况以及承诺无兑现情况。有的是双向的，有的是单向的，还有的是间接的。它们对 payment 的影响均是显见的。

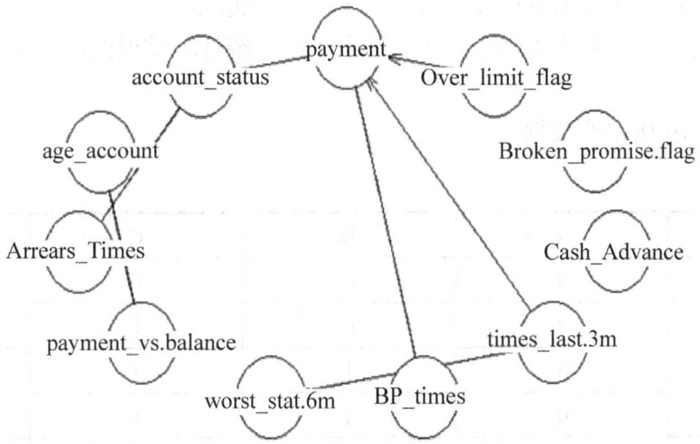

图 5.10　容错率为 0.02 的关系模型

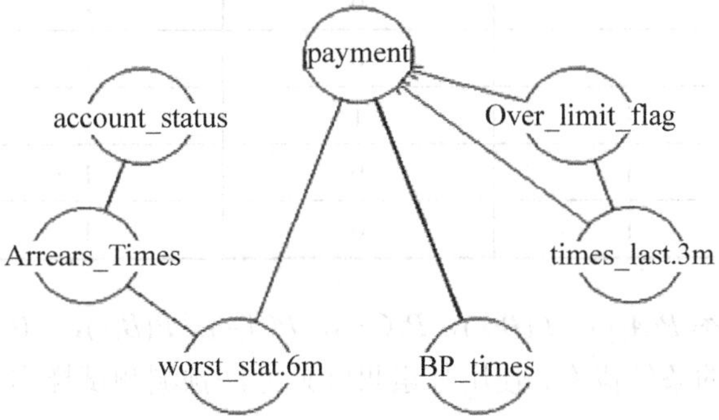

图 5.11　可以应用的贝叶斯网络图

5.7 讨论题目

1. 根据 P.Supes 的理论，他认为：事件 B_s 初步引起事件（prima facie cause）A_t，如果满足如下条件：

$s<t$,

$P(B_s)>0$,

$P(A_t \mid B_s) > P(A_t)$.

其中 s, t 可以认为是时间变量，那么 $s < t$ 则表示事件 B_s 比 A_t 先发生。

同理，事件 B_s 初步逆引起事件（prima negative facie cause）A_t，如果满足如下条件：在药物研究中，很多情况下都关注某种药物对疾病的逆引起效应。现在，问题如下：

$s < t$,

$P(B_s) > 0$,

$P(A_t \mid B_s) < P(A_t)$.

从上面可以看出，初步逆引起事件其实是指减少某个时间发生的可能性。

（1）证明如果事件 B^c 初步逆引起事件 A，那么 B 初步引起事件 A。

（2）证明如果事件 B 初步引起事件 A，那么 B^c 初步引起 A^c。同时请证明如果事件 B 初步你引起事件 A，那么 B^c 初步你引起 A^c。

（3）从该例题中，你发现统计决策的特点了吗？统计上常说的因果和真正的因果是相同的吗？

2. 考虑表 5.10 所示的数据集。

表 5.10

记录	A	B	C	类
1	0	0	0	−
2	0	0	1	−
3	0	1	1	−
4	0	1	1	−
5	0	0	1	+
6	1	0	1	+
7	1	0	1	−
8	1	1	1	−
9	1	0	1	+
10	1	0	1	+

（1）估计条件概率 $P(A|+)$，$P(B|+)$，$P(C|+)$，$P(A|-)$，$P(B|-)$，$P(C|-)$。

（2）根据（1）中的条件概率，使用朴素贝叶斯方法预测测试样本（$A = 0$，$B = 1$，$C = 0$）的类标号。

（3）比较 $P(A = 1)$，$P(B = 1)$和 $P(A = 1, B = 1)$。陈述 A，B 之间的关系。

（4）对于 $P(A = 1)$，$P(B = 0)$和 $P(A = 1，B = 0)$重复（3）的分析。

（5）比较 $P(A = 1，B = 1|类=+)$与 $P(A = 1|类 = +)$和 $P(B = 1|类 = +)$。给定类+，变量 A，B 条件独立吗？

3. 贝叶斯网络给出数据集 carrisk.txt 对应的贝叶斯网络（所有属性都是二元的）。

（1）画出网络中每个节点对应的概率表。

（2）使用贝叶斯网络计算 P（引擎=差，空调=不可用）。

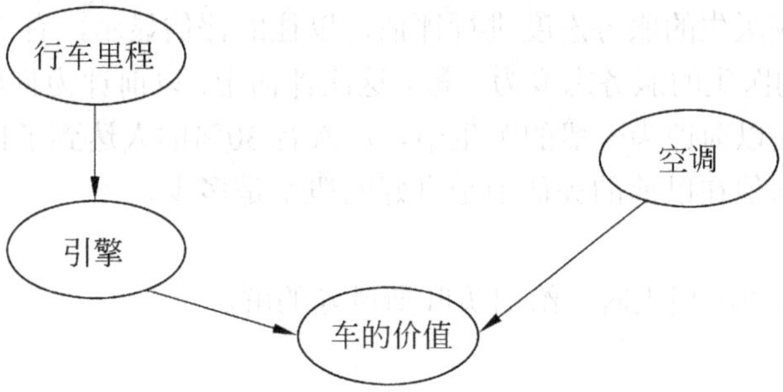

图 5.12 行车里程、引擎和空调情况对车的价值的影响贝叶斯网络

4. 常用的风险型决策方法有哪几种？试对它们加以比较。

5. 请说明如下的马尔可夫覆盖原理

如图 5.13 所示，给定节点 X 的父节点 $U_1,U_2,\cdots,U_m$，节点 X 与它的非后代节点（即 Z_{ij}）是条件独立的。

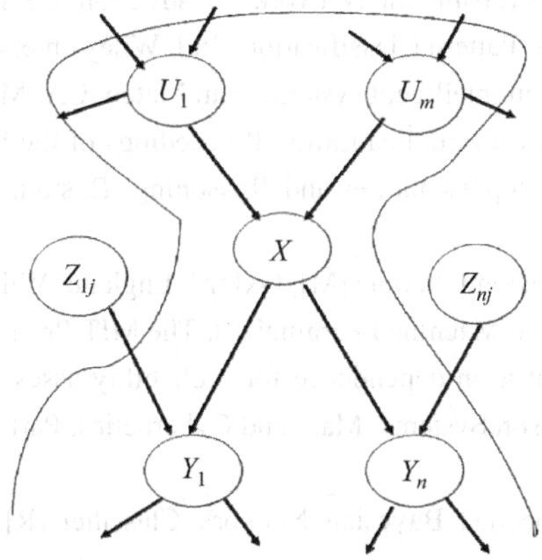

图 5.13 节点与其非后代节点的条件独立性

6. 如图 5.14 所示，给定节点 X 的父节点 $U_1,U_2,\cdots,U_m$，节点 X 与它的非后代节点（即 Z_{ij}）是条件独立的。

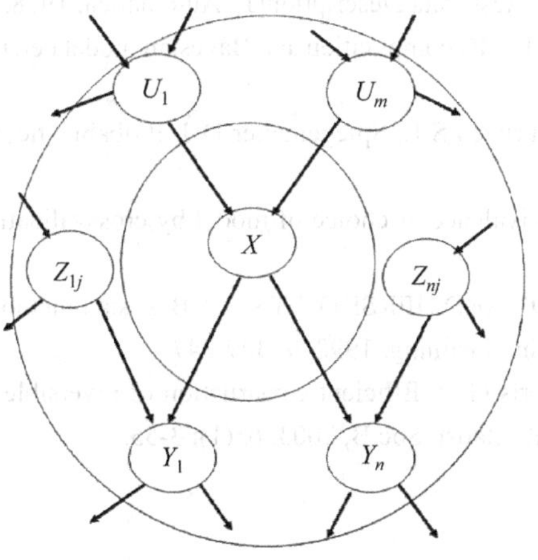

图 5.14 节点与其非后代节点的条件独立性

7. 某医院对本院医生的服务态度进行评估，以往的评估显示，有 70%的医生的服务态度为良好，有 30%的医生的服务态度为一般。这次评估中，以前评为良好的医生中，有 80%人仍然是良好；而在以前评为一般的医生中，这次有 30%的人达到了良好。现在有一名医生的评估是良好，问他在以前的评估中是良好的概率是多少？

8. 证明定理 5.6

9. 当损失函数是 0-1 损失时，给出贝叶斯风险的解。

5.8 推荐阅读

[1] Cooper G F，Herskovits E. A bayesian method for the introduction of probabilistic networks from data[J]. Machine Learning. 1992, 9: 309-347.

[2] 张连文,郭海鹏. 贝叶斯网引论[M]. 北京:科学出版社, 2006.

[3] Friedman N. The Bayesian Structural EM Algorithm[M]，UAI-98, 1998.

[4] Herskovits E. Computer-based Probabilistic Network Construction. USA: Stanford University, 1991.

[5] Duda R O, Hart P E, Stork D G. Pattern Classification. 2nd. Wiley-Interscience, 2000.

[6] Pearl J. Probabilistic reasoning in intelligent systems. San Mateo, CA: Morgan Kaufmann, 1988.

[7] Pearl J, Verma T S. A theory of inferred causality. Proceedings of the Second International Conference on the Principles of Knowledge Representation and Reasoning. Boston, MA: Morgan Kaufmann[C] 1991. 441-452.

[8] Wald, Abraham, Statistical decision functions[M], Oxford, England: Wiley. 1950.

[9] Ethem Alpaydin. Introduction To Machine Learning[M]. The MIT Press, 2004.

[10] Heckerman D, Breese J S. Causal in dependence for probability assessment and inference using Bayesian networks[J]. IEEE Transactionson Systems, Man, and Cybernetics, PartA:Systemsa nd Humans,1996, 26(6): 826-831.

[11] Heckerman D, Meek C. Embedded Bayesian Network Classifiers[R].Technical Report MSR-TR-97-06, Microsoft Research,USA, 1997.

[12] Nir Friedman, Kevin Murphy, Stuart Russell. Learning the Structure of Dynamic Probabilistic Networks[C]. Proceedings of the Fourteenth Conference on Uncertainty in Artificial Intelligence, 1998.

[13] Nir Friedman. Learning belief networks in the presence of missing values and hidden variables[C]. In: JCML-97, 1997.

[14] Rissanen J. Modeling By Shortest Data Description[J]. Automatica, 1978, 14: 465-471.

[15] Green P J. Reversible jump MCMC computation and Bayesian model determination[J]. Biometrika, 1995, 92: 711-732.

[16] Cowell R G, Dawid A P, Lauritzen S L, Spiegelhalter D J. Probabilistic Networks and Expert Systems[M]. Springer, 1999.

[17] Stone M. An asymptotic equivalence of choice of model by crossvalidation and Akaike’s criterion[J]. J. R. Stat. Soc., 1977, 39: 44-47.

[18] GREGORY F COOPER, EDWARD HERSKOVITS， A Bayesian method for the induction of probabilistic networks from data[J].Machine Learning, 1992, 9: 309-347.

[19] Brooks S P, Giudici P, Roberts G O. Efficient construction of reversible jump Markov chain Monte Carlo proposal distributions[J]. J. R. Statist. Soc.B, 2003, 65(1): 3-55.

第 6 章　高维回归及变量选择

本章内容

- □ 回归模型基本概念回顾
- □ 广义线性模型回顾
- □ 惩罚回归
- □ R 和 JMP 高维回归建模

本章目标

- □ 掌握惩罚回归的模型估计理论
- □ 使用 R 和 JMP 交互高维回归建模
- □ 比较罚回归和普通回归估计结果的差异

6.1　线性回归模型

一般地，响应变量（或称因变量）Y 与自变量（或称协变量、预测变量）$X_1, X_2 \cdots, X_p$ 的关系为

$$Y = m(X_1, X_2, \cdots, X_p) + \varepsilon$$

其中 ε 为误差项。对于变量 Y 的每个观测值，模型由两部分构成：第一部分 $m(X_1, X_2, \cdots, X_p)$ 由自变量 $X_1, X_2, \cdots, X_p$ 决定，第二部分 ϵ 是与 $X_1, X_2, \cdots, X_p$ 无关的随机因素。

1. 线性回归及其参数估计

线性回归假设 $m(X_1, X_2, \cdots, X_p)$ 是随机变量 $X_1, X_2, \cdots, X_p$ 的线性函数，即

$$m(X_1, X_2, \cdots, X_p) = \beta_0 + \beta_1 X_1 + \beta_2 X_2 + \cdots + \beta_p X_p$$

且假设随机误差 ε 的均值为 0，方差为 σ^2，各观测的随机误差不相关。通常，我们对自变量或响应变量有多个观测。假设共有 n 个观测，

$$(x_{i1}, x_{i2}, \cdots, x_{ip}, y),\quad i = 1, 2, \cdots, n$$

矩阵 $\boldsymbol{X}$ 的每行对应一个观测，每列对应一个变量，第一列常数 1 对应回归方差的截距项。

$$\boldsymbol{X}=(\boldsymbol{1},\boldsymbol{X}_1,\boldsymbol{X}_2,\cdots,\boldsymbol{X}_p)=\begin{pmatrix}1 & x_{11} & x_{12} & \cdots & x_{1p}\\ 1 & x_{21} & x_{22} & \cdots & x_{2p}\\ \vdots & \vdots & \vdots & & \vdots\\ 1 & x_{n1} & x_{n2} & \cdots & x_{np}\end{pmatrix}=\begin{pmatrix}\boldsymbol{x}_1^{\mathrm{T}}\\ \boldsymbol{x}_2^{\mathrm{T}}\\ \vdots\\ \boldsymbol{x}_n^{\mathrm{T}}\end{pmatrix}$$

这一章我们用大写的 $\boldsymbol{X}_j$ 表示矩阵 $\boldsymbol{X}$ 的第 $j+1\,(j=1,2,\cdots,p)$ 列，$\boldsymbol{X}_{-j}$ 表示矩阵 $\boldsymbol{X}$ 的移除第 $j+1\,(j=1,2,\cdots,p)$ 列后所得的矩阵；小写的 $\boldsymbol{x}_i$ 表示矩阵 $\boldsymbol{X}$ 的第 i 行的转置。

此外，记向量 $\boldsymbol{y}=(y_1,y_2,\cdots,y_n)^{\mathrm{T}}$ 为 n 个观测的响应变量，而向量 $\boldsymbol{\varepsilon}=(\varepsilon_1,\varepsilon_2,\cdots,\varepsilon_n)^{\mathrm{T}}$ 为 n 个观测的随机误差，向量 $\boldsymbol{\beta}=(\beta_0,\beta_1,\cdots,\beta_p)^{\mathrm{T}}$ 为 $p+1$ 个待估的回归系数。这些量的关系可以表达为

$$\boldsymbol{y}=\boldsymbol{X\beta}+\boldsymbol{\varepsilon} \tag{6.1}$$

1）最小二乘估计

已知 $\boldsymbol{y}$ 和 $\boldsymbol{X}$，我们的目标是估计 $\boldsymbol{\beta}$ 和 $\boldsymbol{\varepsilon}$。自然地，我们希望 $\boldsymbol{X\beta}$ 能尽可能地逼近 $\boldsymbol{y}$，对于某个向量 $\boldsymbol{\beta}$，用残差平方和（Residual Sum of Squares）来描述这种逼近关系

$$\mathrm{RSS}(\boldsymbol{\beta})=(\boldsymbol{y}-\mathbf{X}\boldsymbol{\beta})^{\mathrm{T}}(\boldsymbol{y}-\boldsymbol{X\beta})=\sum_{i=1}^{n}\left(y_i-\beta_0-\sum_{j=1}^{p}x_{ij}\beta_j\right)^2 \tag{6.2}$$

假设 $\hat{\boldsymbol{\beta}}$ 使得 $\mathrm{RSS}(\boldsymbol{\beta})$ 达到最小，则使用 $\hat{\boldsymbol{\beta}}$ 作为 $\boldsymbol{\beta}$ 的估计，这种估计方法称为最小二乘估计（Least squares estimate）。

假设矩阵 $\boldsymbol{X}$ 列满秩，那么可以求 $\hat{\boldsymbol{\beta}}$ 的显示解，将 $\mathrm{RSS}(\boldsymbol{\beta})$ 对 $\boldsymbol{\beta}$ 求导可得

$$\frac{\partial\,\mathrm{RSS}(\boldsymbol{\beta})}{\partial\boldsymbol{\beta}}=-2\boldsymbol{X}^{\mathrm{T}}(\boldsymbol{y}-\boldsymbol{X\beta}) \tag{6.3}$$

$$\frac{\partial^2\,\mathrm{RSS}(\boldsymbol{\beta})}{\partial\boldsymbol{\beta}\boldsymbol{\beta}^{\mathrm{T}}}=2\boldsymbol{X}^{\mathrm{T}}\boldsymbol{X} \tag{6.4}$$

当 $\boldsymbol{X}$ 列满秩时，$\boldsymbol{X}^{\mathrm{T}}\boldsymbol{X}$ 构成 p 阶列满秩、正定矩阵。由 $\dfrac{\partial^2\,\mathrm{RSS}(\boldsymbol{\beta})}{\partial\boldsymbol{\beta}\boldsymbol{\beta}^{\mathrm{T}}}$ 的正定性可知 $\mathrm{RSS}(\boldsymbol{\beta})$ 是凸函数，故有唯一的最小值点。令一阶导数(即(6.3)式)为零可以解得

$$\hat{\boldsymbol{\beta}}=(\boldsymbol{X}^{\mathrm{T}}\boldsymbol{X})^{-1}\boldsymbol{X}^{\mathrm{T}}\boldsymbol{y} \tag{6.5}$$

利用 $\hat{\boldsymbol{\beta}}$ 可以计算对观测响应向量 $\boldsymbol{y}$ 的拟合值

$$\hat{\boldsymbol{y}}=\boldsymbol{X}\hat{\boldsymbol{\beta}}=\boldsymbol{X}(\boldsymbol{X}^{\mathrm{T}}\boldsymbol{X})^{-1}\boldsymbol{X}^{\mathrm{T}}\boldsymbol{y}=\boldsymbol{Hy}$$

上式中的 $\boldsymbol{H}=\boldsymbol{X}(\boldsymbol{X}^{\mathrm{T}}\boldsymbol{X})^{-1}\boldsymbol{X}^{\mathrm{T}}$ 被称为帽子矩阵，因为帽子矩阵将 $\boldsymbol{y}$ 转换为 $\hat{\boldsymbol{y}}$。事实上，$\hat{\boldsymbol{y}}$ 为向量 $\boldsymbol{y}$ 对 $\boldsymbol{X}$ 列空间的投影，即有(6.6)式成立

$$(\boldsymbol{y}-\hat{\boldsymbol{y}})^{\mathrm{T}}\hat{\boldsymbol{y}}=\boldsymbol{0} \tag{6.6}$$

上式中

$$\hat{\boldsymbol{\varepsilon}} = \boldsymbol{y} - \hat{\boldsymbol{y}} = (\boldsymbol{I} - \boldsymbol{H})\boldsymbol{y} \tag{6.7}$$

为模型拟合残差，它是对(6.1)式中随机误差$\boldsymbol{\varepsilon}$的估计。对应的残差平方和可以表达为以下多种形式

$$\mathrm{RSS} = \hat{\boldsymbol{\varepsilon}}^{\mathrm{T}}\hat{\boldsymbol{\varepsilon}} = \boldsymbol{y}^{\mathrm{T}}(\boldsymbol{I} - \boldsymbol{H})\boldsymbol{y} = \boldsymbol{y}^{\mathrm{T}}\boldsymbol{y} - \boldsymbol{y}^{\mathrm{T}}\boldsymbol{H}\boldsymbol{y} = \boldsymbol{y}^{\mathrm{T}}\boldsymbol{y} - \hat{\boldsymbol{\beta}}\boldsymbol{X}^{\mathrm{T}}\boldsymbol{y} \tag{6.8}$$

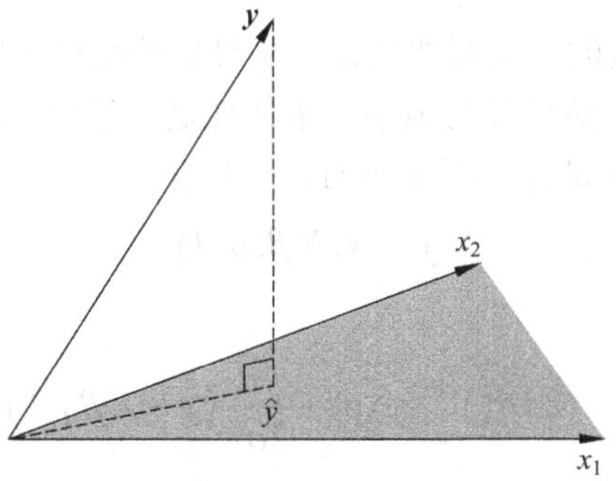

图 6.1 回归可视为$\boldsymbol{y}$对$\boldsymbol{X}$的列空间投影

由于$\boldsymbol{X}$的第一个列向量为$\mathbf{1} = (1,1,\cdots,1)^{\mathrm{T}}$，且(6.3)式中向量$\dfrac{\partial \mathrm{RSS}(\boldsymbol{\beta})}{\partial \boldsymbol{\beta}}$的第一个分量在$\hat{\boldsymbol{\beta}}$处为 0，得

$$\mathbf{1}^{\mathrm{T}}\boldsymbol{y} + \mathbf{1}^{\mathrm{T}}\boldsymbol{X}\hat{\boldsymbol{\beta}} = 0$$

即对于$\overline{y} = \mathbf{1}^{\mathrm{T}} y = \dfrac{1}{n}\sum_{i=1}^{n} y_i$，$\hat{\boldsymbol{y}} = \boldsymbol{X}\hat{\boldsymbol{\beta}}$有

$$\overline{y} = \mathbf{1}^{\mathrm{T}}\hat{\boldsymbol{y}}/n \tag{6.9}$$

即响应变量的样本均值等于拟合向量$\hat{\boldsymbol{y}}$的均值。

可以将响应变量的样本全变差 TSS（total sum of sqaures）

$$(\boldsymbol{y} - \overline{y}\mathbf{1})^{\mathrm{T}}(\boldsymbol{y} - \overline{y}\mathbf{1}) = \sum_{i=1}^{n}(y_i - \overline{y})^2$$

拆分成两部分：一部分被回归模型解释(SS)、另一部分未被回归模型解释(RSS)。

$$\begin{aligned}(\boldsymbol{y} - \overline{y}\mathbf{1})^{\mathrm{T}}(\boldsymbol{y} - \overline{y}\mathbf{1}) &= (\boldsymbol{y} - \hat{\boldsymbol{y}} + \hat{\boldsymbol{y}} - \overline{y}\mathbf{1})^{\mathrm{T}}(\boldsymbol{y} - \hat{\boldsymbol{y}} + \hat{\boldsymbol{y}} - \overline{y}\mathbf{1}) \\ &= (\boldsymbol{y} - \hat{\boldsymbol{y}})^{\mathrm{T}}(\boldsymbol{y} - \hat{\boldsymbol{y}}) + (\hat{\boldsymbol{y}} - \overline{y}\mathbf{1})^{\mathrm{T}}(\hat{\boldsymbol{y}} - \overline{y}\mathbf{1}) + 2(\hat{\boldsymbol{y}} - \overline{y}\mathbf{1})^{\mathrm{T}}(\boldsymbol{y} - \hat{\boldsymbol{y}})\end{aligned}$$

上式中第一项为 RSS，定义第二项为被回归模型解释的成分 SS，且由(6.6)式和(6.9)式可知第三项为零。最终可得

$$\mathrm{TSS} = \mathrm{RSS} + \mathrm{SS} \tag{6.10}$$

利用此关系式，可以定义R^2统计量衡量模型的拟合优度

$$R^2 = \frac{\mathrm{SS}}{\mathrm{TSS}} = 1 - \frac{\mathrm{RSS}}{\mathrm{TSS}} \tag{6.11}$$

它是介于 0 和 1 之间的数，表示样本全变差被模型解释部分所占比重。通常，这个值越大表示模型拟合的越好。但随着因变量数目的增加，这个值也随着单调增加，不利于模型选择。因此，定义调整的 R^2 为

$$R_{\mathrm{Adj}}^2 = 1 - \frac{\mathrm{RSS}/(n-p-1)}{\mathrm{TSS}/(n-1)} \tag{6.12}$$

与上式相比，此式分子分母同时除以了对应的自由度（见定理 6.2）。

2）极大似然估计

现在我们探讨回归参数的极大似然估计。从最后的结论可以看出，在误差服从正态分布的假设下，对 $\boldsymbol{\beta}$ 的极大似然估计与最小二乘估计是一致的。现在假设中的误差向量 $\boldsymbol{\epsilon}$ 服从分布 $N(\mathbf{0},\sigma^2\boldsymbol{I})$，即各分量是独立同分布的。于是有

$$\boldsymbol{y} \sim N(\boldsymbol{X\beta},\sigma^2\boldsymbol{I})$$

它有似然函数

$$L(\boldsymbol{\beta},\sigma^2) = (2\pi\sigma^2)^{-n/2}\exp\left\{-\frac{1}{2\sigma^2}(\boldsymbol{y}-\boldsymbol{X\beta})^{\mathrm{T}}(\boldsymbol{y}-\boldsymbol{X\beta})\right\}$$

对数似然为

$$\ell(\boldsymbol{\beta},\sigma^2) = -\frac{n}{2}\ln(2\pi\sigma^2) - \frac{1}{2\sigma^2}(\boldsymbol{y}-\mathbf{X}\boldsymbol{\beta})^{\mathrm{T}}(\boldsymbol{y}-\boldsymbol{X\beta})$$

为了计算极大似然估计，对参数求偏导并令其为 $\mathbf{0}$，即

$$\frac{\partial}{\partial\boldsymbol{\beta}}\ell(\boldsymbol{\beta},\sigma^2) = \frac{1}{\sigma^2}\boldsymbol{X}^{\mathrm{T}}(\boldsymbol{y}-\boldsymbol{X\beta}) = \mathbf{0}$$

$$\frac{\partial}{\partial\sigma^2}\ell(\boldsymbol{\beta},\sigma^2) = -\frac{n}{2\sigma^2} + \frac{1}{2\sigma^4}(\boldsymbol{y}-\mathbf{X}\boldsymbol{\beta})^{\mathrm{T}}(\boldsymbol{y}-\mathbf{X}\boldsymbol{\beta}) = 0$$

由此解得

$$\hat{\boldsymbol{\beta}} = (\boldsymbol{X}^{\mathrm{T}}\boldsymbol{X})^{-1}\boldsymbol{X}^{\mathrm{T}}\boldsymbol{y}$$

$$\hat{\sigma}^2 = (\boldsymbol{y}-\boldsymbol{X}\hat{\boldsymbol{\beta}})^{\mathrm{T}}(\boldsymbol{y}-\boldsymbol{X}\hat{\boldsymbol{\beta}})$$

于是可以得出结论：回归模型(6.1)在误差向量 $\boldsymbol{\varepsilon}$ 服从分布 $N(\mathbf{0},\sigma^2\boldsymbol{I})$ 的假设下，参数 $\boldsymbol{\beta}$ 的极大似然估计与最小二乘估计是一致的。

3）估计的性质及假设检验

（1）模型的性质。有了模型的估计，我们不加证明地给出这些估计的性质，主要可以总结为以下两个定理。

定理 6.1 对于回归模型，假设对任意 $i,j=1,2,\cdots,n$ 且 $i \neq j$，ε_i 与 ε_j 等方差且不相关，即 $\mathrm{Var}(\varepsilon_i)=\mathrm{Var}(\varepsilon_j)=\sigma^2$ 且 $\mathrm{Cov}(\varepsilon_i,\varepsilon_j)=0$，那么有以下结论成立：

① 最小二乘估计 $\hat{\boldsymbol{\beta}}=(\boldsymbol{X}^{\mathrm{T}}\boldsymbol{X})^{-1}\boldsymbol{X}^{\mathrm{T}}\boldsymbol{y}$ 为 $\boldsymbol{\beta}$ 的无偏估计，即 $E\hat{\boldsymbol{\beta}}=\boldsymbol{\beta}$。

② $\hat{\boldsymbol{\beta}}$ 的协方差矩阵 $\mathrm{Var}(\hat{\boldsymbol{\beta}})=\sigma^2(\boldsymbol{X}^{\mathrm{T}}\boldsymbol{X})^{-1}$。

③ $\dfrac{1}{n-p}\mathrm{RSS}(\hat{\boldsymbol{\beta}})$ 是 σ^2 的无偏估计。

定理 6.2 进一步假设 $\varepsilon_i (i=1,2,\cdots,n)$ 独立同分布来自 $N(0,\sigma^2)$，那么

① $\hat{\boldsymbol{\beta}} \sim N(\boldsymbol{\beta},\sigma^2(\boldsymbol{X}^{\mathrm{T}}\boldsymbol{X})^{-1})$；

② $\mathrm{RSS}(\hat{\boldsymbol{\beta}}) \sim \sigma^2\chi^2_{n-p}$；

③ $\hat{\boldsymbol{\beta}}$ 与 $\mathrm{RSS}(\hat{\boldsymbol{\beta}})$ 相互独立。

（2）回归系数显著性检验。对于 $\hat{\boldsymbol{\beta}}$ 的某个分量 $\hat{\beta}_i (i=1,2,\cdots,p)$，为了检验它显著地非零，可以有以下原假设

$$H_0:\beta_i=0$$

在此原假设下有 $\hat{\beta}_i \sim N(0,\sigma^2 c_{ii})$，其中 c_{ii} 是矩阵 $\boldsymbol{X}^{\mathrm{T}}\boldsymbol{X}$ 的第 i 个对角元。由于 σ^2 未知，还需要借助估计量 $\hat{\sigma}^2=\dfrac{1}{n-p}\mathrm{RSS}(\hat{\boldsymbol{\beta}})$ 构造以下统计量

$$t_i=\frac{\hat{\beta}_i}{\sqrt{c_{ii}}\hat{\sigma}}=\frac{\hat{\beta}_i/(\sqrt{c_{ii}}\sigma)}{\hat{\sigma}/\sigma}\sim t_{n-p} \tag{6.13}$$

服从自由度为 $n-p$ 的 t 分布。

例 6.1（健身数据） 利用 JMP 自带的“健身”数据拟合线性模型,考虑其中的运动指标对吸氧量的影响。选择“分析”菜单下的“拟合模型”命令。JMP 将打开图 6.2 所示对话框。在“选择列”选项组中选择“吸氧量”选项并单击“Y”按钮。同时，将跑步时间、跑步时脉搏、休息时脉搏、最大脉搏作为预测变量。将它们选中后单击“添加”按钮。然后单击“运行”按钮。JMP 将输出各相关统计量的计算结果，结果如图 6.3(a)所示。参数估计值区域即为回归系数 $\boldsymbol{\beta}$，同时显示了它的估计标准差、t 统计量及其 p 值。从中可见，休息时脉搏的 p 值为 0.8140，是不显著的，应将其从模型中剔除，剔除后重新拟合的模型如图 6.3(b)所示。其他模型诊断内容见 6.1.2 节。

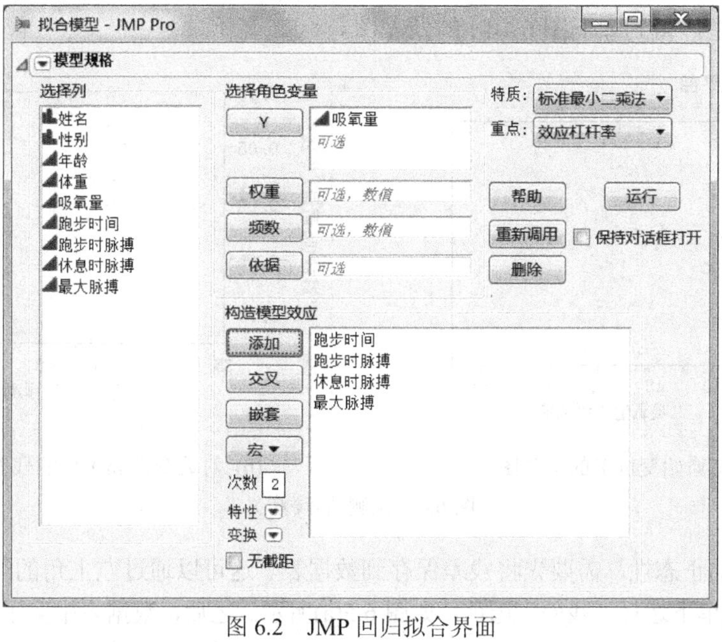

图 6.2 JMP 回归拟合界面

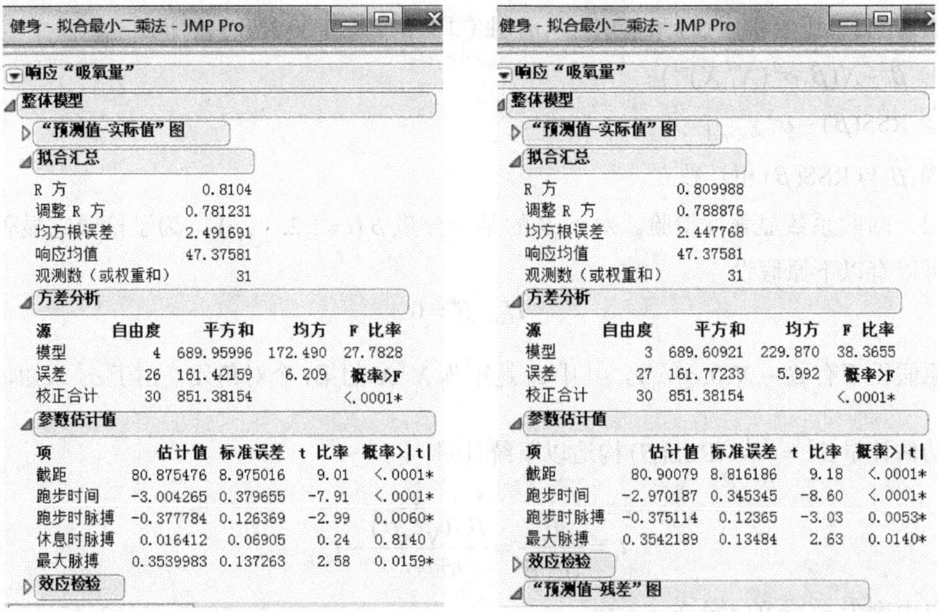

(a) 含四个协变量的模型　　　　(b) 去除一个不显著变量的模型

图 6.3　回归拟合输出结果

2. 回归诊断

1）残差图

建立回归模型后，需要分析残差的分布，主要是考察残差的异方差性以及残差的正态性。JMP 回归结果直接提供了“预测值-残差”图，其纵坐标为每个样本的残差，横坐标为每个样本的预测值。由图 6.4(a) 可见，随着预测值的增大，残差的方差也有增大的趋势。这暗示数据存在异方差性，所以可考虑对样本变量进行转换。例如对变量 Y 进行对数变换后，再拟合线性模型，得到如下图 6.4(b) 的残差图。

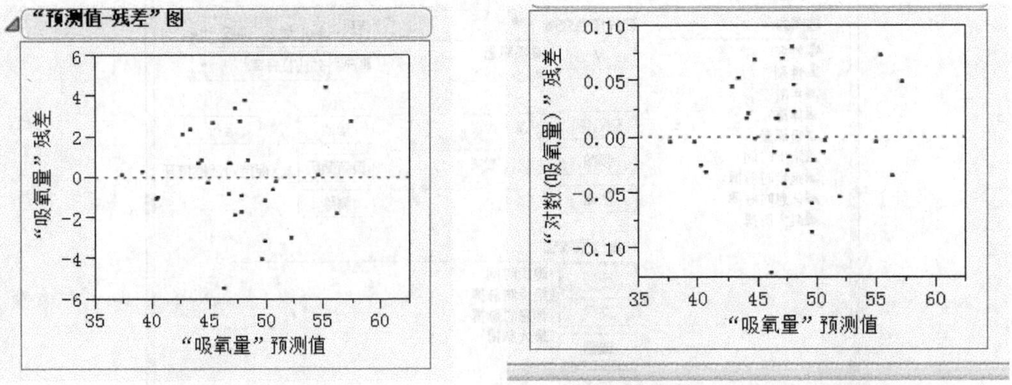

(a) 原始变量 Y 的参数图　　　　(b) 对数变换 $\ln Y$ 后的残差图

图 6.4　预测值-残差图

检验残差的正态性，需要先将残差保存到数据表。这可以通过左上角的红色三角菜单中“保存列”子菜单下选择“残差”选项，如图 6.5(a)所示。之后，数据表中多了“残差吸氧量”

一列。注意在“保存列”子菜单中还有“学生化残差”一项，这将在随后的异常点检验中用到。

用 JMP 对“残差吸氧量”进行分布分析。选择“分析”菜单下的“分布”命令，并选“残差吸氧量”为要分析的列。在运行结果对话框中，通过“残差吸氧量”左侧的红色三角菜单，选择器“连续拟合”子菜单下的“正态”一项。结果对话框中将出现正态拟合结果，在“正态拟合”左侧的红色三角菜单下选择“诊断图”命令。会出现如期的诊断图，由图 6.5(b) 可见，所有样本点落在置信曲线之内。可见数据并未违反残差是正态分布的假设。

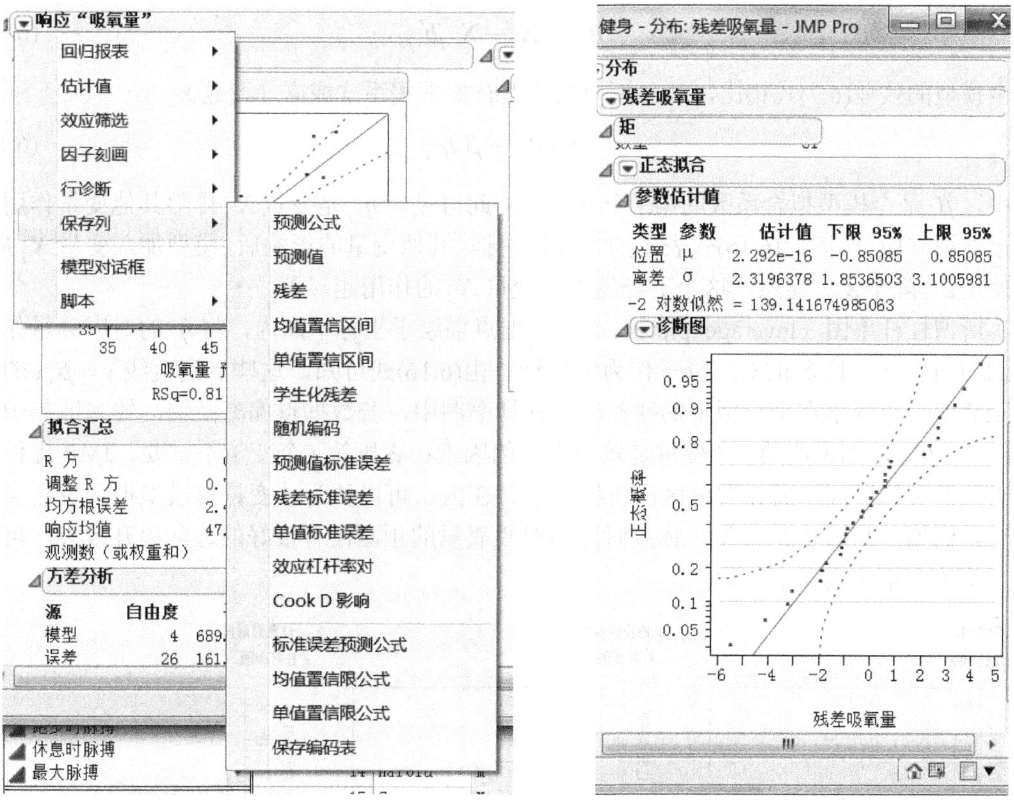

(a) 在模型拟合界面保存残差　　(b) 将保存的残差进行分布分析

图 6.5　残差的正态拟合、诊断

2）杠杆率图

杠杆率图（leverage plot）也被称为偏杠杆率图（partial leverage plot）、偏残差图（partial residual plot）或偏回归图（partial regression plot）。当考虑某个变量 j 对响应变量的影响，杠杆率图假设其他变量都已纳入模型之中，考察再将 $\boldsymbol{X}_j$ 加入模型的边际效用。这样，排除其他变量的影响，我们可以知道变量 $\boldsymbol{X}_j$ 的边际重要性。

对于回归模型，为了考察第 j 个变量的边际效用，我们首先考虑将变量 j 从回归模型中移除。假设 $\boldsymbol{X}_{-j}$ 是矩阵 $\boldsymbol{X}$ 移除第 j 列后的矩阵，$\boldsymbol{b}_{-j}$ 是对应的回归系数，拟合模型 $\boldsymbol{y}=\boldsymbol{X}_{-j}\boldsymbol{b}_{-j}+\boldsymbol{\varepsilon}_{-j}$ 可得

$$\hat{\boldsymbol{b}}_{-j}=(\boldsymbol{X}_{-j}^{\mathrm{T}}\boldsymbol{X}_{-j})^{-1}\boldsymbol{X}_{-j}\boldsymbol{y}$$

此拟合所对应的残差记为

$$\hat{\boldsymbol{\varepsilon}}_{-j} = \boldsymbol{y} - \boldsymbol{X}_{-j}\hat{\boldsymbol{b}}_{-j} \tag{6.14}$$

理解变量 $\boldsymbol{X}_j$ 的效用，实际是要分析全模型残差(6.7)式相比于限制模型有多大提升。

现在，将 $\boldsymbol{X}_{-j}$ 作为自变量，第 j 个变量作为响应变量，拟合模型 $\boldsymbol{X}_j = \boldsymbol{X}_{-j}\boldsymbol{b}^*_{-j} + \boldsymbol{\eta}_{-j}$ 可得

$$\hat{\boldsymbol{b}}^*_j = (\boldsymbol{X}^{\mathrm{T}}_{-j}\boldsymbol{X}_{-j})^{-1}\boldsymbol{X}_{-j}\boldsymbol{X}_j$$

其残差为

$$\hat{\boldsymbol{\eta}}_{-j} = \boldsymbol{X}_j - \boldsymbol{X}_{-j}\hat{\boldsymbol{b}}^*_{-j} \tag{6.15}$$

与全模型的残差(6.7)式相比，部分模型的残差有如下关系式成立（习题）

$$\hat{\boldsymbol{\varepsilon}} = \hat{\boldsymbol{\varepsilon}}_{-j} - \hat{\beta}_j\hat{\boldsymbol{\eta}}_{-j} \tag{6.16}$$

其中，$\hat{\beta}_j$ 是全模型拟合系数的第 j 个分量。由此可见，$\hat{\boldsymbol{\eta}}_{-j}$ 是变量 $\boldsymbol{X}_j$ 排除其他变量作用后自己的独立成分。因此(6.16)式表示的含义是，排除其他变量的影响后，模型加入变量 $\boldsymbol{X}_j$ 后，残差由 $\hat{\boldsymbol{\varepsilon}}_{-j}$ 降至 $\hat{\boldsymbol{\varepsilon}}$。显然，这个下降越大，变量 $\boldsymbol{X}_j$ 的作用越显著。

所谓杠杆率图（leverage plot），n 个数据点描绘于坐标平面内，将 $\hat{\boldsymbol{\eta}}_j$ 的对应分量作为观测的横坐标，将 $\hat{\boldsymbol{\varepsilon}}_j$ 的对应分量作为纵坐标。由(6.16)式可知，这些点到直线 $y = \hat{\boldsymbol{\beta}}_j x$ 的垂直距离即为该样本在全模型下的残差。在杠杆率图中，若数据点偏离横轴，较多地集中于直线 $y = \hat{\beta}_j x$，则说明第 j 个变量是较为重要的因素；否则第 j 个变量不重要。JMP 提供了该直线的直线区间，若该置信区间将横轴包含在内，可以认为该变量对模型拟合没有显著提升。例如，从图 6.6 可见，休息时脉搏对吸氧量的预测没有很好的边际提升效果，可以考虑将该变量从模型中移除。

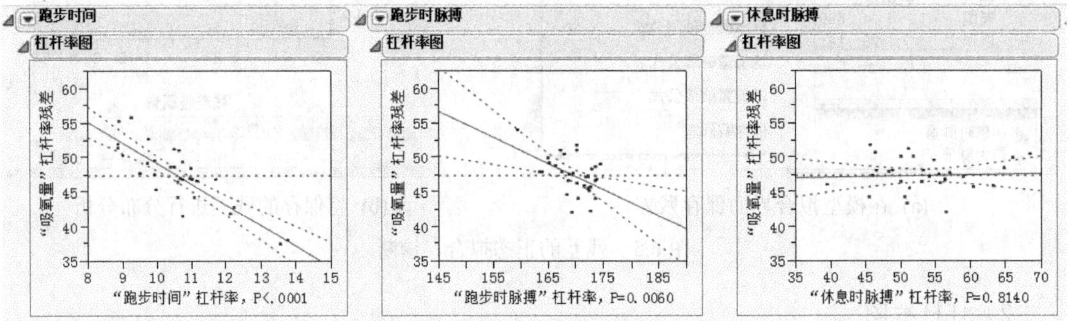

图 6.6 各回归变量的杠杆率图

3）异常点检测

检验回归模型时，还需要考虑异常点对模型的影响。因为有时一个样本的加入，会显著地改变回归模型的参数估计。特别地，考虑第 j 个样本对模型估计的影响，可以考虑以下漂移模型

$$\begin{aligned} y_i &= \boldsymbol{x}_i^{\mathrm{T}}\boldsymbol{\beta}^* + \varepsilon_i,\ \ i \neq j \\ y_j &= \boldsymbol{x}_j^{\mathrm{T}}\boldsymbol{\beta}^* + \eta + \varepsilon_j \end{aligned} \tag{6.17}$$

对第 j 个样本观测，存在非随机的漂移。通过对模型的系数估计，并检验参数 j 是否显著地非零，可以判断第 j 个样本是否为异常点。

令 $\boldsymbol{d}_j=(0,\cdots,0,1,0,\cdots,0)^{\mathrm{T}}$ 为 n 维向量，除第 j 个元素为 1，其余元素为 0。且令 $\tilde{\boldsymbol{X}}=(\boldsymbol{X},\boldsymbol{d}_j)$，$\tilde{\boldsymbol{\beta}}=(\boldsymbol{\beta}^{\mathrm{T}},\eta)^{\mathrm{T}}$，于是模型可以改写为

$$\boldsymbol{y}=\tilde{\boldsymbol{X}}\tilde{\boldsymbol{\beta}}+\boldsymbol{\varepsilon}$$

解得

$$\tilde{\boldsymbol{\beta}}=(\tilde{\boldsymbol{X}}^{\mathrm{T}}\tilde{\boldsymbol{X}})^{-1}\tilde{\boldsymbol{X}}^{\mathrm{T}}\boldsymbol{y}=\begin{pmatrix}(\boldsymbol{X}^{\mathrm{T}}\boldsymbol{X})^{-1} & \boldsymbol{x}_j\\ \boldsymbol{x}_j^{\mathrm{T}} & 1\end{pmatrix}\begin{pmatrix}\boldsymbol{X}^{\mathrm{T}}\\ \boldsymbol{d}_j^{\mathrm{T}}\end{pmatrix}\boldsymbol{y}$$

借助分块矩阵的求逆公式可得

$$\hat{\boldsymbol{\beta}}^*=\hat{\boldsymbol{\beta}}-\frac{1}{1-p_{jj}}(\boldsymbol{X}^{\mathrm{T}}\boldsymbol{X})^{-1}\boldsymbol{x}_j(\boldsymbol{y}_j-\boldsymbol{x}_j^{\mathrm{T}}\hat{\boldsymbol{\beta}}) \tag{6.18}$$

$$\hat{\eta}=\frac{1}{1-p_{jj}}(\boldsymbol{y}_j-\boldsymbol{x}_j{}^{\mathrm{T}}\hat{\boldsymbol{\beta}}) \tag{6.19}$$

其中，$\hat{\boldsymbol{\beta}}$ 是如(6.5)式所示的原模型的最小二乘估计，行向量 $\boldsymbol{x}_j$ 是矩阵 $\boldsymbol{X}$ 的第 j 行转置，且

$$p_{jj}=x_j^{\mathrm{T}}(\boldsymbol{X}^{\mathrm{T}}\boldsymbol{X})^{-1}\boldsymbol{x}_j$$

于是可得模型的残差平方和

$$\mathrm{RSS}^*=\boldsymbol{y}^{\mathrm{T}}\boldsymbol{y}-\tilde{\boldsymbol{\beta}}^{\mathrm{T}}\tilde{\boldsymbol{X}}^{\mathrm{T}}\boldsymbol{y}=\boldsymbol{y}^{\mathrm{T}}\boldsymbol{y}-\hat{\boldsymbol{\beta}}^*\boldsymbol{X}^{\mathrm{T}}\boldsymbol{y}-\hat{\eta}\boldsymbol{d}_j^{\mathrm{T}}\boldsymbol{y} \tag{6.20}$$

将(6.18)式和(6.19)式代入上式，可

$$\begin{aligned}\mathrm{RSS}^*&=(\boldsymbol{y}^{\mathrm{T}}\boldsymbol{y}-\hat{\boldsymbol{\beta}}\boldsymbol{X}^{\mathrm{T}}\boldsymbol{y})+\frac{y_j-\boldsymbol{x}_j^{\mathrm{T}}\hat{\boldsymbol{\beta}}}{1-p_{jj}}\boldsymbol{x}_j^{\mathrm{T}}(\boldsymbol{X}^{\mathrm{T}}\boldsymbol{X})^{-1}\boldsymbol{X}^{\mathrm{T}}\boldsymbol{y}-\frac{y_j}{1-p_{jj}}(y_j-\boldsymbol{x}_j^{\mathrm{T}}\hat{\boldsymbol{\beta}})\\&=\mathrm{RSS}+\frac{y_j-\boldsymbol{x}_j^{\mathrm{T}}\hat{\boldsymbol{\beta}}}{1-p_{jj}}\boldsymbol{x}_j^{\mathrm{T}}\hat{\boldsymbol{\beta}}-\frac{y_j}{1-p_{jj}}(y_j-\boldsymbol{x}_j^{\mathrm{T}}\hat{\boldsymbol{\beta}})\\&=\mathrm{RSS}-\frac{(y_j-\boldsymbol{x}_j^{\mathrm{T}}\hat{\boldsymbol{\beta}})^2}{1-p_{jj}}\end{aligned} \tag{6.21}$$

其中 RSS 是原模型的残差平方和(见(6.8)式)。定义统计量

$$F=\frac{\mathrm{RSS}-\mathrm{RSS}^*}{\mathrm{RSS}^*/(n-p-1)}=\frac{(y_j-x_j^{\mathrm{T}}\tilde{\boldsymbol{\beta}})^2/(1-p_{jj})}{(\boldsymbol{y}^{\mathrm{T}}\boldsymbol{y}-\tilde{\boldsymbol{\beta}}^{\mathrm{T}}\tilde{\boldsymbol{X}}^{\mathrm{T}}\boldsymbol{y})/(n-p-1)} \tag{6.22}$$

服从自由度为 $(1,n-p-1)$ 的 F 分布

$$F=\frac{\mathrm{RSS}-\mathrm{RSS}^*}{\mathrm{RSS}^*/(n-p-1)}\sim F_{1,n-p-1}$$

结合(6.21)式进一步对(6.22)式化简，由于

$$\mathrm{RSS}^*=(n-p)\hat{\sigma}^2-\frac{(y_j-\boldsymbol{x}_j^{\mathrm{T}}\hat{\boldsymbol{\beta}})^2}{1-p_{jj}}$$

所以

$$F = \frac{(n-p-1)r_j^2}{n-p-r_j^2}$$

其中

$$r_j = \frac{y_j - \boldsymbol{x}_j^{\mathrm{T}}\hat{\boldsymbol{\beta}}}{\hat{\sigma}\sqrt{1-p_{jj}}}$$

是学生化残差，JMP 提供了此残差。通过将此残差保存成列，可以对每个观测做出诊断。具体见图 6.7 及图 6.8 所示。

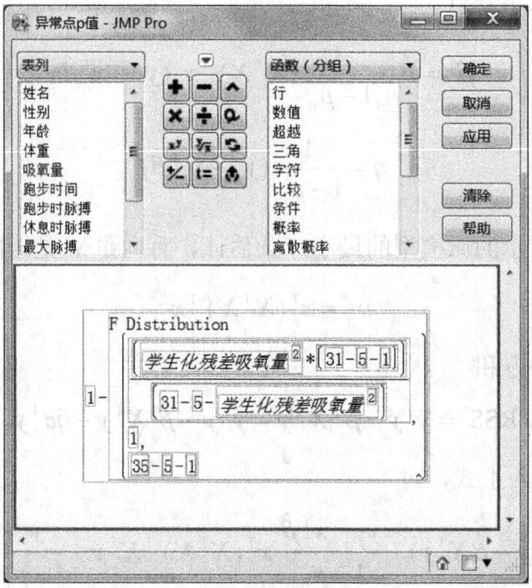

图 6.7　残差 p 值公式编辑

	脉搏	最大脉搏	残差吸氧量	学生化残差吸氧量	异常点p值
1	40	172	4.4082503694	1.9557826742	0.0468024905
2	48	186	2.6980741541	1.4945819723	0.13614214 2
3	45	168	-1.867605232	-0.839830806	0.4105860282
4	48	155	0.046452208	0.02114085	0.9836026293
5	44	185	-3.042079203	-1.369119591	0.1739940005
6	55	180	-0.67903573	-0.291360531	0.7767822659
7	56	188	-1.165397914	-0.519296693	0.6126155116
8	48	166	-4.09839698	-1.726560165	0.0823823748
9	49	155	-0.26008549	-0.11554108	0.9105526485
10	48	168	-3.219382783	-1.332116703	0.1864330459
11	62	185	-1.926801509	-0.855988023	0.4014966838
12	67	168	2.6918313086	1.2669883757	0.2097863215
13	45	168	3.3561090439	1.4518660011	0.1482950515
14	48	164	-0.950323509	-0.400955943	0.6961779744
15	50	170	3.7253381512	1.5279721734	0.1271541492
16	59	188	-0.883070907	-0.381393488	0.710361403
17	53	172	0.601964733	0.2473675125	0.8098312756
18	47	164	0.6165811094	0.2616004099	0.7991015906
19	64	170	0.782653155	0.3469280099	0.7355759687
20	57	172	-5.49833143	-2.25705888	0.019718224

图 6.8　残差诊断输出结果

3. 主成分回归

回归中的因变量有较强的线性相关关系时，回归估计带来较大误差和不稳定性。解决此问题的一个方法是构造因变量 $\boldsymbol{X}_1,\boldsymbol{X}_2,\cdots,\boldsymbol{X}_p$ 的线性组合 $\boldsymbol{Z}_1,\boldsymbol{Z}_2,\cdots,\boldsymbol{Z}_m(m\leqslant p)$ 。然后估计新的回归方程

$$\boldsymbol{Y}=\boldsymbol{\beta}_0+\sum_{j=1}^{m}\boldsymbol{\beta}_j\boldsymbol{Z}_j+\boldsymbol{\varepsilon}' \tag{6.23}$$

一种构造线性组合 $\boldsymbol{Z}_1,\boldsymbol{Z}_2,\cdots,\boldsymbol{Z}_m(m\leqslant p)$ 的方式是主成分分析（principal component analysis）。在 $\boldsymbol{X}_1,\boldsymbol{X}_2,\cdots,\boldsymbol{X}_p$ 这 p 个向量张成的空间中，主成分 $\boldsymbol{Z}_1,\boldsymbol{Z}_2,\cdots,\boldsymbol{Z}_m(m\leqslant p)$ 是这个空间中相互正交的向量，且样本在这些方向上的方差递减。为了计算第一主成分，我们要寻找 p 维单位向量 $\boldsymbol{v}(\boldsymbol{v}^{\mathrm{T}}\boldsymbol{v}=1)$，使得 $\boldsymbol{z}=\boldsymbol{X}\boldsymbol{v}$ 的方差 $\boldsymbol{z}^{\mathrm{T}}\boldsymbol{z}=\boldsymbol{v}^{\mathrm{T}}\boldsymbol{X}^{\mathrm{T}}\boldsymbol{X}\boldsymbol{v}$ 最大。假设 $\sigma_1(\boldsymbol{X}^{\mathrm{T}}\boldsymbol{X})$，$\sigma_2(\boldsymbol{X}^{\mathrm{T}}\boldsymbol{X}),\cdots,\sigma_q(\boldsymbol{X}^{\mathrm{T}}\boldsymbol{X})$ 是矩阵 $\boldsymbol{X}^{\mathrm{T}}\boldsymbol{X}$ 递减的特征值（q 是矩阵 $\boldsymbol{X}^{\mathrm{T}}\boldsymbol{X}$ 的秩），$\boldsymbol{\xi}_1,\boldsymbol{\xi}_2,\cdots,\boldsymbol{\xi}_q$ 为对应的相互正交的特征向量，矩阵谱分解可知 $\boldsymbol{X}^{\mathrm{T}}\boldsymbol{X}$ 可以表示为

$$\boldsymbol{X}^{\mathrm{T}}\boldsymbol{X}=\boldsymbol{\xi}_1\boldsymbol{\xi}_1^{\mathrm{T}}\sigma_1(\boldsymbol{X}^{\mathrm{T}}\boldsymbol{X})+\boldsymbol{\xi}_2\boldsymbol{\xi}_2^{\mathrm{T}}\sigma_2(\boldsymbol{X}^{\mathrm{T}}\boldsymbol{X})+\cdots+\boldsymbol{\xi}_q\boldsymbol{\xi}_q^{\mathrm{T}}\sigma_q(\boldsymbol{X}^{\mathrm{T}}\boldsymbol{X})$$

因此 $\boldsymbol{v}^{\mathrm{T}}\boldsymbol{X}^{\mathrm{T}}\boldsymbol{X}\boldsymbol{v}\leqslant\sigma_1(\boldsymbol{X}^{\mathrm{T}}\boldsymbol{X})$，且当 $\boldsymbol{v}=\pm\boldsymbol{\xi}_1$ 时等号成立。于是得到第一主成分 $\boldsymbol{Z}_1=\boldsymbol{X}\boldsymbol{\xi}_1$。第二主成分要求在与第一主成分正交的限制下，样本方差最大。这时，$\boldsymbol{v}=\pm\boldsymbol{\xi}_2$ 恰是满足此条件的向量，于是得到第二主成分 $\boldsymbol{Z}_2=\boldsymbol{X}\boldsymbol{\xi}_2$。以此类推，得到 q 个主成分

$$\boldsymbol{Z}_1=\boldsymbol{X}\boldsymbol{\xi}_1,\boldsymbol{Z}_2=\boldsymbol{X}\boldsymbol{\xi}_2,\cdots,\boldsymbol{Z}_q=\boldsymbol{X}\boldsymbol{\xi}_q$$

主成分回归中，我们只选择前 $m(\leqslant q)$ 个主成分作为预测变量。它们用于解释样本变差占总变差量的比例为

$$\frac{\sum_{i=1}^{m}\sigma_i(\boldsymbol{X}^{\mathrm{T}}\boldsymbol{X})}{\sum_{i=1}^{q}\sigma_i(\boldsymbol{X}^{\mathrm{T}}\boldsymbol{X})} \tag{6.24}$$

一种计算主成分的途径是借助奇异值分解（singular value decomposition）。$n\times p$ 的中心化输入矩阵 $\boldsymbol{X}$ 奇异值分解为

$$\boldsymbol{X}=\boldsymbol{U}\boldsymbol{D}\boldsymbol{V}^{\mathrm{T}}$$

其中，$\boldsymbol{U}$ 和 $\boldsymbol{V}$ 分别是 $n\times p$ 和 $p\times p$ 的列正交矩阵，$\boldsymbol{D}=\{d_1,d_2,\cdots,d_p\}$ 是 $p\times p$ 的对角矩阵，且对角元递减，即 $d_1\geqslant d_2\geqslant\cdots\geqslant d_p$。奇异值分解与主成分分析有直接的联系。由奇异值分解的表达式我们知道，样本协方差矩阵 $\boldsymbol{S}=\boldsymbol{X}^{\mathrm{T}}\boldsymbol{X}/N$ 中

$$\boldsymbol{X}^{\mathrm{T}}\boldsymbol{X}=\boldsymbol{V}\boldsymbol{D}^2\boldsymbol{V}^{\mathrm{T}}$$

恰好对应样本协方差矩阵的谱分解。$\boldsymbol{V}=(\boldsymbol{v}_1,\boldsymbol{v}_2,\cdots,\boldsymbol{v}_p)$ 的列向量 $\boldsymbol{v}_i(i=1,2,\cdots,p)$ 构成样本空间的主成分方向。在标准化的样本矩阵 $\boldsymbol{X}$ 的行空间中，在 $\boldsymbol{v}_1$ 方向上有最大的样本方差，在

v_p 方向上有最小的样本方差。对于方向 $v_1, v_2, \cdots, v_p$，样本方差递减。例如，把矩阵 X 投影到 v_1 上的向量记为 $z_1 = Xv_1$，在此方向的样本方差为

$$\mathrm{Var}(z) = \mathrm{Var}(Xv_1) = v_1^{\mathrm{T}} X^{\mathrm{T}} X v_1 / N = v_1^{\mathrm{T}} V D^2 V^{\mathrm{T}} v_1 / N = d_1^2 / N \tag{6.25}$$

事实上，$z = Xv_1 = d_1 u_1$ 被称为样本矩阵的主成分（principal component），而 u_1 为标准化的主成分。由此可见，$u_j (j = 1, 2, \cdots, p)$ 构成样本矩阵 X 的主成分，d_j^2 对应每个主成分上的样本方差。

再回到拟合健身数据的例子，现在我们使用主成分回归对其进行分析。打开原始的“健身”数据，选择“分析”菜单“多元”子菜单下的“主成分”命令。在打开的“主成分”对话框中，选择跑步时间、跑步时脉搏、休息时脉搏、最大脉搏四列进行主成分分析（见图 6.9）。

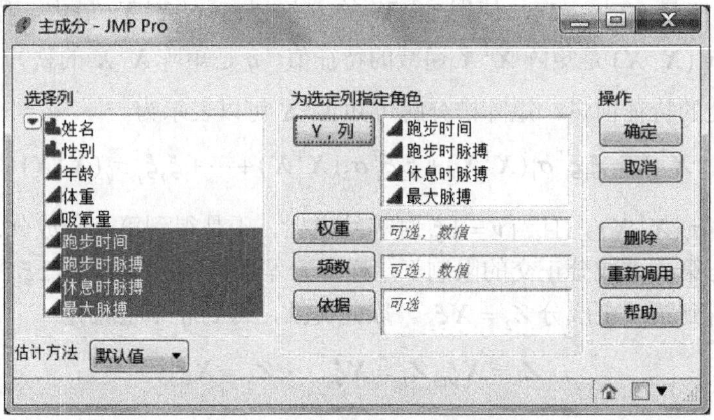

图 6.9　JMP 主成分分析界面

运行后显示结果如图 6.10 所示。最左侧图中的柱状图形表示各个主成分的特征值，其中的曲线为特征值的累积量，即主成分部分。中间的图为各个样本在前两个主成分上的投影。右图为荷载图。

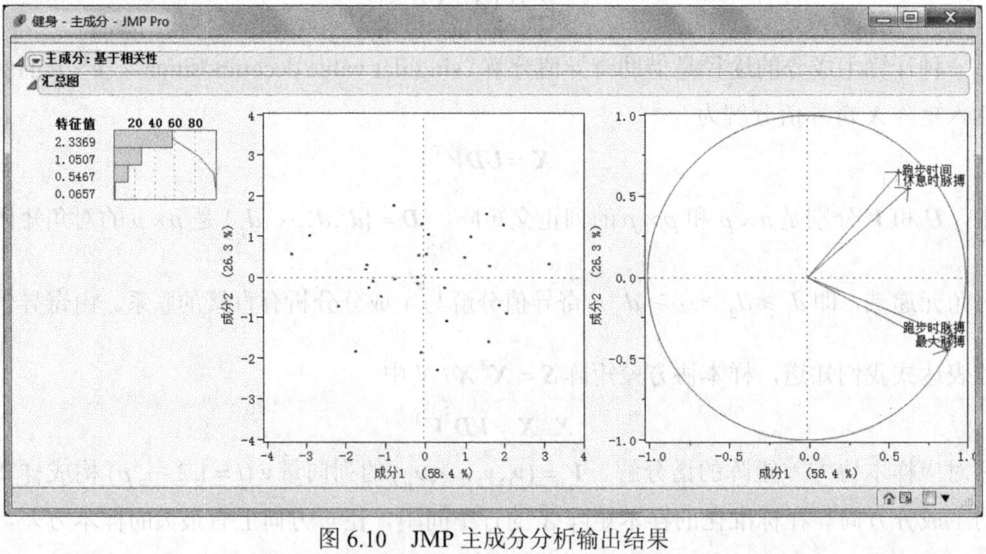

图 6.10　JMP 主成分分析输出结果

通过主成分分析界面左上角的红箭头菜单，保存前三个主成分，它们将被添加到数据表中。再用这前三个主成分对“吸氧量”做回归分析，可以得到如图 6.11 所示的结果。由杠杆率图 6.12 可见，这是三个主成分对“吸氧量”的预测，都是显著的。

休息时脉搏	最大脉搏	主成分1	主成分2	主成分3
40	172	-1.712993381	-1.835610977	0.0961390414
48	186	-0.042653625	-1.866741679	-0.398257039
45	168	-2.142679709	-0.731174046	-0.227834708
48	155	-3.301842439	0.5646467944	-0.47837367
44	185	0.3459079808	-2.299162174	0.2082044842
55	180	0.5893891696	-1.096606538	-0.745126987
56	188	1.6593981818	-1.599978119	-0.685024386
48	166	-1.372291445	-0.254698826	0.0085363054
49	155	-2.856457288	1.0258379066	-0.070729583
48	168	-1.263003995	-0.11239146	0.1788125684
62	185	1.9224587162	-0.696250786	-0.950960505
67	168	0.1436940877	1.0529274349	-1.57546646
45	168	-1.041856764	-0.470748273	0.5716266145

图 6.11 JMP 保存主成分结果

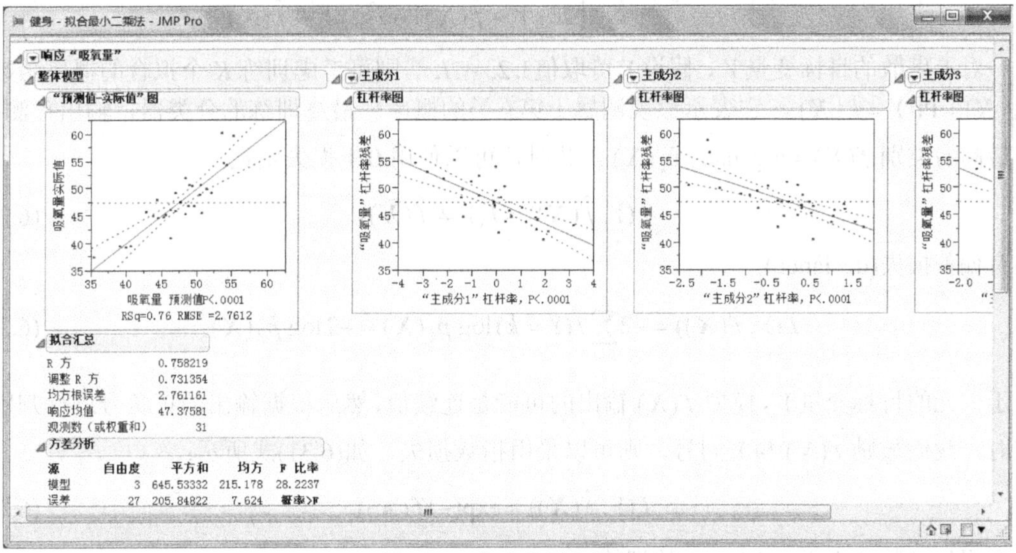

图 6.12 主成分回归结果

6.2 模型选择

本小节中假设连续目标变量 Y，输入向量 $\boldsymbol{X}$，为了对 $\boldsymbol{X}$ 和 Y 的关系建模，我们通过训练集 $\mathcal{T}$ 得到模型 $\hat{f}(\boldsymbol{X})$。在诸可供选择的多模型中，并非对训练数据拟合程度越高模型就越好。如何评价模型的优劣？如何才能选择合适的模型呢？本节将就此问题展开讨论，探讨如何在拟合训练数据与模型复杂度之间进行权衡，从而使得模型有较好的泛化能力。我们将讨论一系列模型选择的方法和准则，通过偏差-方差分解来深入理解模型选择，最后介绍逐步线性回归和向前分阶段回归。

6.2.1 模型选择概述

1. 损失函数

可以通过损失函数来衡量模型的精确程度。假设目标变量 Y 是连续变量，常用损失函数有平方损失函数

$$L(Y,\hat{f}(\boldsymbol{X}))=(Y-\hat{f}(\boldsymbol{X}))^2 \tag{6.26}$$

以及绝对损失函数

$$L(Y,\hat{f}(\boldsymbol{X}))=|Y-\hat{f}(\boldsymbol{X})| \tag{6.27}$$

绝对损失函数比平方损失函数有更好的稳健性，即更易排除异常点的影响。也就是说，当 $|Y-\hat{f}(\boldsymbol{X})|$ 较大时，平方项进一步将这个数值放大，影响模型训练精度。但是平方损失估计的是条件均值 $E(Y|\boldsymbol{X})$，而绝对值损失估计中位数 $\text{Median}(Y|\boldsymbol{X})$。除此之外，Huber 损失也是常用的损失函数，它综合了平方损失和绝对损失，使得估计效率接近平方损失，但同时排除异常点的影响，具体为

$$L(Y,\hat{f}(\boldsymbol{X}))=f(\boldsymbol{X})=\begin{cases}(Y-\hat{f}(\boldsymbol{X}))^2, & Y-\hat{f}(\boldsymbol{X})<\delta\\ 2\delta|Y-\hat{f}(\boldsymbol{X})|-\delta^2, & Y-\hat{f}(\boldsymbol{X})\geqslant\delta\end{cases} \tag{6.28}$$

对于离散的目标变量 Y，假设 Y 可取值 $1,2,\cdots,K$，则可考虑训练 K 个拟合的概率函数，$\hat{p}_k(\boldsymbol{X})=\Pr(Y=k|\boldsymbol{X})$，它表示该观测属于第 k 类的概率。最终训练的分类器，输出预测概率最高的类别 $\hat{f}(\boldsymbol{X})=\arg\max_k \hat{p}_k(\boldsymbol{X})$。此时，可以使用 0-1 损失函数

$$L(Y,\hat{f}(\boldsymbol{X}))=I(Y\neq\hat{f}(\boldsymbol{X})) \tag{6.29}$$

还有偏差损失(deviance):

$$L(Y,\hat{f}(\boldsymbol{X}))=-2\sum_{k=1}^{K}I(Y=k)\log\hat{p}_k(\boldsymbol{X})=-2\log\hat{p}_Y(\boldsymbol{X}) \tag{6.30}$$

对于二元的目标变量 Y，模型 $\hat{f}(\boldsymbol{X})$ 输出的可能是连续值，然后根据输出的正负号进行判别。这时，我们鼓励 $\hat{f}(\boldsymbol{X})$ 与 Y 同号，则可以采用指数损失，如(6.31)式所示：

$$L(Y,\hat{f}(\boldsymbol{X}))=\exp(-Y\hat{f}(\boldsymbol{X})) \tag{6.31}$$

这个损失函数被用于 Adaboost 的训练。

2. 模型误差

评价模型的优劣时，需要区分模型在不同数据集上的误差。模型对于训练集

$$\mathcal{T}=\{(x_1,y_1),(x_2,y_2),\cdots,(x_n,y_n)\}$$

的误差，描述了模型 $\hat{f}(\boldsymbol{X})$ 对训练数据的拟合程度，被称为训练误差（training error），用 $\overline{\text{err}}$ 表示

$$\overline{\text{err}}=\frac{1}{n}\sum_{i=1}^{n}L(y_i,\hat{f}(x_i))$$

训练误差通常乐观地估计了模型在独立数据集上的表现。随着模型复杂度的增加，模型的

训练误差一般随之减小。当模型足够复杂时，训练误差甚至可能为零。然而，这样的过拟合（over-fitting）却使模型对新数据有较差的预测能力。

为此，引入模型的泛化误差（generalization error）或者测试误差（test error）。表示模型对新数据 $\mathcal{S}$ 的预测能力

$$\mathrm{Err}_{\mathcal{T}} = E_{(\boldsymbol{X}^0, Y^0)}[L(Y^0, \hat{f}(\boldsymbol{X}^0)) \mid \mathcal{T}]$$

该误差固定训练集 $\mathcal{T}$，并对损失函数取期望。新数据 (x_0, y_0) 与训练数据 $\mathcal{T}$ 来自同样的分布，但与训练数据独立。为了获得对的估计，假设有测试集

$$\mathcal{S} = \{(x_1^s, y_1^s), (x_2^s, y_2^s), \cdots, (x_m^s, y_m^s)\}$$

它与训练集同分布但独立。那么可以用下式作为测试误差的估计

$$\widehat{\mathrm{Err}}_{\mathcal{T}} = \frac{1}{m}\sum_{i=1}^{m} L(y_i^s, \hat{f}(x_i^s))$$

如果同时考虑训练集、测试集两者的随机性。可以得到更易估计处理的期望误差（expected error）。

$$\mathrm{Err} = E_{\mathcal{T}} E_{(\boldsymbol{X}^0, Y^0)}[L(Y^0, \hat{f}(\boldsymbol{X}^0)) \mid \mathcal{T}] \tag{6.32}$$

期望误差能够更加客观地反映模型的预测能力，且可以用本小节随后介绍的 K 折交叉验证（算法 6.1）、自助法（算法 6.2）等估计。

例 6.2（平滑最近邻） 考虑一种平滑的最近邻方法，Nadaraya-Watson 估计量

$$\hat{f}(\boldsymbol{x}_0) = \frac{\sum_{(\boldsymbol{x}, y)\in\mathcal{T}} K_h(\|\boldsymbol{x} - \boldsymbol{x}_0\|) y}{\sum_{(\boldsymbol{x}, y)\in\mathcal{T}} K_h(\|\boldsymbol{x} - \boldsymbol{x}_0\|)} \tag{6.33}$$

其中 $\|\cdot\|$ 是二范数，对于向量 $\boldsymbol{x} = (x_1, x_2, \cdots, x_p)^{\mathrm{T}}$ 有 $\|\boldsymbol{x}\|^2 = \sum_{i=1}^{p} x_i^2$。且 $K_h(\cdot)$ 是核函数，窗框 h 是调节参数。如果 h 取整数，d_h 是 $\boldsymbol{x}_0$ 与其 h-近邻的距离，定义

$$K_h(d) = \begin{cases} 1, & d \leqslant d_h \\ 0, & d > d_h \end{cases} \tag{6.34}$$

则 Nadaraya-Watson 估计退化为 h-近邻估计。此外，还可以令

$$K_h(d) = \exp(-d^2 / h) \tag{6.35}$$

其中 h 可以取任意正实数。对于(6.34)式或(6.35)式，可以认为 h 越小，模型的自由度越大——因为较小的 h 增强了 $\hat{f}(\boldsymbol{x}_0)$ 在空间不同区域的变化能力。

现在，结合(6.33)式与(6.35)式分析 JMP 自带的“健身”数据。在 JMP 的“帮助”菜单下打开“样本数据”窗口，在“按分析类型分类的样本文件”中选择“回归”下的“健身”数据。该数据一共有 31 个样本，每个样本有 9 个属性记录（包括姓名、性别、年龄等）。

我们用“跑步时间”、“跑步时脉搏”、“最大脉搏”三个变量来预测响应变量“吸氧量”。首先将自变量、响应变量都进行标准化（即减去各变量的均值、除以各变量的标准差）。其次，随机选取 8 个样本作为测试集，其他观测作为训练集。最后，令调节参数 h 从 0.01 到

0.1 变化，且选用平方损失函数(6.26)式，得到在不同参数取值下的训练误差与测试误差，如图 6.13 所示。

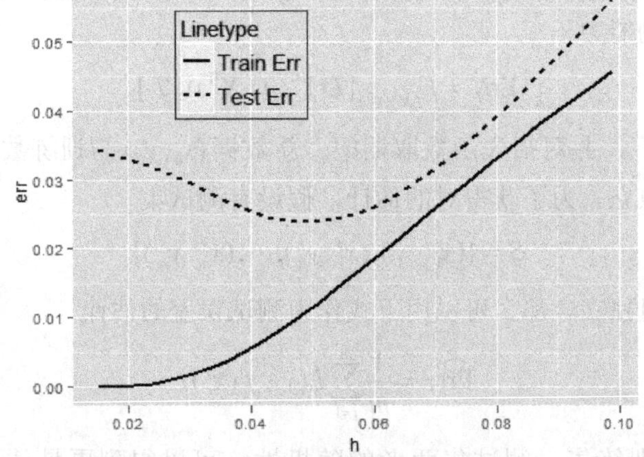

图 6.13　平滑最近邻方法在不同调节参数下训练误差与测试误差的比较。
黑色实线为训练集上的误差，虚线为测试集上的误差。
h 越小（横轴向左）自由度越大

由图 6.13 可见，随着 h 的减小（即模型自由度的增大），模型的训练误差（黑色实线）一直在减小。但随着 h 的减小，测试误差在 0.045 达到最小，之后开始增大。从图中可以得到两点结论：（1）训练误差过于乐观地估计了模型预测能力；（2）过小的训练误差导致过拟合，降低了模型的预测能力。

3. 自由度

为了防止模型过拟合，首先需要描述模型的复杂程度。模型的复杂度的描述常借助有效参数的个数（effective number of parameters）或自由度（degree of freedom）。对应经典的线性回归模型中，协变量的个数 p 定义为自由度。即

$$\mathrm{df} = p \tag{6.36}$$

其中 p 是协变量的个数。对于 6.2.4 节中介绍的逐步向前回归，随着第一个自变量的加入，自由度从 0 增加到 1；加入第二个自变量后，自由度从 1 增加到 2；……

考虑一般的线性模型

$$\hat{\boldsymbol{y}} = \boldsymbol{S}\boldsymbol{y} \tag{6.37}$$

其中 $\boldsymbol{S}$ 是一个 $N \times N$ 的矩阵，且只依赖于预测变量矩阵 $\boldsymbol{X}$。可以定义自由度为

$$\mathrm{df} = \mathrm{tr}(\boldsymbol{S}) \tag{6.38}$$

经典的线性回归模型中，$\boldsymbol{S} = \boldsymbol{X}(\boldsymbol{X}^{\mathrm{T}}\boldsymbol{X})^{-1}\boldsymbol{X}^{\mathrm{T}}$，此时(6.38)式退化为(6.36)式，即(6.36)式是(6.38)式的特殊情况。

现在利用(6.38)式计算平滑最近邻模型(6.33)式的自由度。假设各观测的误差独立，那么(6.33)式对应的 $\boldsymbol{S} = (s_{ij})$ 矩阵，第 i 个对角元素为

$$s_{ii} = \frac{K_h(0)}{\sum\limits_{(\boldsymbol{x},y)\in T} K_h\left(\|\boldsymbol{x} - \boldsymbol{x}_i\|\right)}$$

于是自由度为

$$\mathrm{df} = \mathrm{tr}(\boldsymbol{S}) = \sum_{i=1}^{n} \frac{K_h(0)}{\sum\limits_{(x,y)\in\mathcal{T}} K_h\left(\|\boldsymbol{x}-\boldsymbol{x}_i\|\right)} \tag{6.39}$$

由此可见，对于核函数(6.35)式，h 越小，自由度越大。

还可以将定义的自由度进一步扩展。考虑可加误差模型 $Y = f(\boldsymbol{X}) + \varepsilon$，其中误差的方差为 $\mathrm{Var}(\epsilon) = \sigma_\varepsilon^2$。此时，自由度定义为

$$\mathrm{df} = \frac{\sum\limits_{i=1}^{n} \mathrm{Cov}(\hat{y}_i, y_i)}{\sigma_\varepsilon^2} \tag{6.40}$$

从直观的角度理解(6.40)式，它描述了模型拟合量 $\hat{y}_i$ 与实际数据 y_i 的接近程度。模型拟合越能够向实际数据靠近，模型自由度越高。对于线性模型(6.37)式或平滑最近邻模型(6.33)式，假设各观测的误差独立，可以验证(6.40)式退化为(6.38)式。一般这个自由度未知，需要用自助法估计。

假设当前的估计模型为 $\hat{f}(\cdot)$，我们要衡量它的自由度。$\bar{f}(\cdot)$ 和 $\bar{\sigma}^2$ 分别是全模型（备选模型中自由度最大的）所拟合的函数及估计的残差方差。如果使用参数自助法，则可以从以下正态分布中获得 n 个样本

$$y_i^b \sim N(\bar{f}(x_i), \bar{\sigma}^2) \quad i = 1, 2, \cdots, n$$

这样做重复 B 次，上角标 b 表示第 $b(b = 1, 2, \cdots, B)$ 次重复。每次重复时，利用当前模型 $\hat{f}(\cdot)$（比全模型自由度小）的训练方法，在重抽样数据集上获得新的拟合模型 $\hat{f}^b(\cdot)$，进而得到自由度的估计为

$$\widehat{\mathrm{df}} = \frac{1}{\bar{\sigma}^2} \frac{1}{B-1} \sum_{b=1}^{B} \sum_{i=1}^{n} f^b(x_i, y_i^b - \bar{y}_i^{\mathrm{boot}})$$

其中 $\bar{y}_i^{\mathrm{boot}} = \frac{1}{B} \sum_{b=1}^{B} \hat{f}^b(x_i)$。也可以不对残差进行正态假设，从而利用非参数自助法获得新的样本。即令 $\bar{\varepsilon}_j = y_j - \bar{f}(x_j)$，然后从所有残差 $\{\bar{\varepsilon}, \bar{\varepsilon}_2, \cdots, \bar{\varepsilon}_n\}$ 中通过放回的抽样得到 $\{\varepsilon_1^b, \varepsilon_2^b, \cdots, \varepsilon_n^b\}$，再令 $y_i^b = \bar{f}(x_i) + \varepsilon_i^b$ 便得到重抽样数据。

4. 模型选择

由例 6.2 可见，模型选择是需要慎重的过程。如果我们有丰富的数据，一种模型选择及其测试方法是，将数据分为训练集、验证集和测试集。首先用训练集训练模型，然后通过验证集在模型中选择，最后通过测试集比较模型的误差。选择模型时需要用到各种评价准则，例如选择 BIC 最小的模型。

图 6.14　利于模型选择的数据集划分方式

估计期望误差的最常用方法为 K 折交叉验证（K-fold cross validation），K 为大于 1 的正整数。这种方法将数据分为不相交的 K 等分 $\mathcal{T}=\mathcal{T}_1\cup\mathcal{T}_2\cup\cdots\cup\mathcal{T}_K$，依次以其中一份作为测试集，其他 $K-1$ 份作为训练集，其中训练集、测试集和验证集的划分如图 6.14 所示。

算法 6.1 K 折交叉验证

1: 将数据分为不相交的 K 份，$\mathcal{T}=\mathcal{T}_1\cup\mathcal{T}_2\cup\cdots\cup\mathcal{T}_K$

2: for j=1 to K

3: 从数据中移除第 j 份得到训练数据 $\mathcal{T}_{-j}=\bigcup_{k\neq j}\mathcal{T}_j$

4: 在数据 $\mathcal{T}_{-j}$ 上训练得到模型 $\hat{f}_j$

5: 计算模型在测试数据 $\mathcal{T}_j$ 上的误差

$$\mathrm{err}_j=\frac{1}{|\mathcal{T}_j|}\sum_{(x_i,y_i)\in\mathcal{T}_j}L(y_i,\hat{f}_j(x_i))$$

6: next j

7: 输出交叉验证误差，$\overline{\mathrm{err}}_{cv}=\frac{1}{K}\sum_{j=1}^{K}\overline{\mathrm{err}}_j$

K 折交叉验证按照事先对数据的划分，每次在一定子集上进行模型训练、测试。自助法则对数据集划分加入了随机性。每次从数据集 $\mathcal{T}$ 中通过有放回抽样得到等样本量的数据集 $\mathcal{T}_j'$，并在此抽样得到的数据集上训练模型 $\hat{f}_j$，然后在原始数据集 $\mathcal{T}$ 上计算模型误差

$$\overline{\mathrm{err}}_j^{\mathrm{boot}}=\frac{1}{|\mathcal{T}|}\sum_{(x_i,y_i)\in\mathcal{T}}L(y_i,\hat{f}(x_i))$$

如此重复 B 次，并以平均值 $\frac{1}{B}\sum_{j=1}^{B}\overline{\mathrm{err}}_j^{\mathrm{boot}}$ 作为自助法误差。但此误差也不能客观衡量模型的预测误差，因为抽样数据集 $\mathcal{T}_b'$ 与原数据集 $\mathcal{T}$ 有很多重合的样本。为此，可以在未被抽样选中的样本 $\mathcal{S}_b=\mathcal{T}/\mathcal{T}_b'$ 上计算误差。

算法 6.2 Bootstrap 误差

1: for b=1 to B

2: 从数据集 $\mathcal{T}$ 中通过有放回抽样得到等样本量的数据集 $\mathcal{T}_b'$

3: 在数据 $\mathcal{T}_b'$ 上训练得到模型 $\hat{f}_b$

4: 将在原始数据集 $\mathcal{T}$ 中但不在 $\mathcal{T}_b'$ 中的所有样本作为测试数据 $\mathcal{S}_b=\mathcal{T}/\mathcal{T}_b'$

5: 在测试集上计算误差

$$\mathrm{err}_b=\frac{1}{|\mathcal{S}_b|}\sum_{(x_i,y_i)\in\mathcal{S}_b}L(y_i,\hat{f}_j(x_i))$$

6: next b

7: 输出自助法误差，$\overline{\mathrm{err}}_{\mathrm{boot}}=\frac{1}{B}\sum_{b=1}^{B}\overline{\mathrm{err}}_b$

在自助法误差的基础上，可以计算模型的过拟合率。首先定义无信息误差率 γ（no-information error rate），它表示预测变量与响应变量不相关时的误差率。无信息误差率 γ 的估计量为

$$\hat{\gamma} = \frac{1}{N^2}\sum_{i,j=1}^{N} L(y_i, \hat{f}(x_j))$$

它是给定数据集上的最坏的误差率。与此同时，训练误差 $\overline{\text{err}}$ 是对误差较为乐观的估计，而自助法误差 $\overline{\text{err}}_{\text{boot}}$ 则是检验模型泛化能力的误差。有此可定义相对过拟合率为

$$\hat{R} = \frac{\overline{\text{err}}_{\text{boot}} - \overline{\text{err}}}{\hat{\gamma} - \overline{\text{err}}}$$

它是介于 0 与 1 直接的。当模型不存在过拟合，即 $\overline{\text{err}}_{\text{boot}} = \overline{\text{err}}$，那么 $\hat{R} = 0$；当模型过拟合较为严重时 $\hat{R} = 1$。

例 6.3（平滑最近邻（续）） 继续例 6.2 考虑平滑最近邻的模型选择问题。我们在不同的参数 h 下计算自助法误差、无信息误差率 γ 以及相对过拟合率。自助法重抽样 $B = 500$ 次。所得结果如图 6.15 所示，图中黑点是一系列等间隔 h 值下的计算结果，曲线使用了 LOESS 方法拟合，阴影区域是置信带。由图可见，图 6.15(a)，图 6.15(c)的曲线变化趋势一致，且参数 h 都在 0.045 左右达到最优——这一点与例 6.2 的结果一致。最优的相对过拟合率小于 0.3。图 6.15(b)中，随着 h 增大（自由度降低），无信息误差率也在降低。

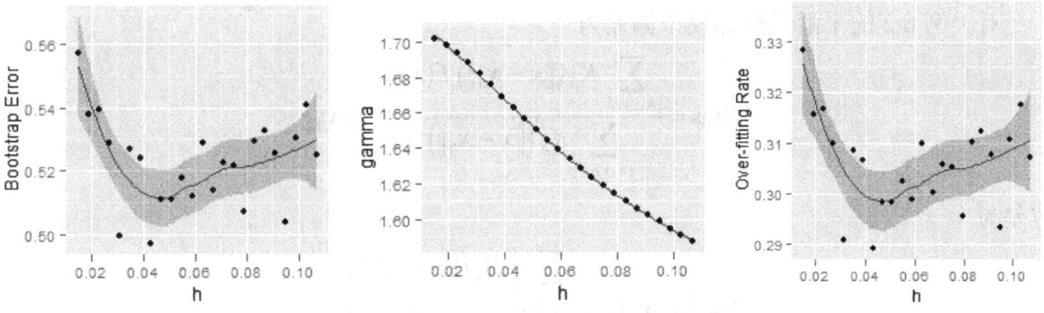

(a) 自助法误差 (b) 无信息误差率 (c) 相对过拟合率

图 6.15 平滑最近邻模型选择的几种误差比较

6.2.2 偏差-方差分解

假设产生数据的模型为 $Y = f(\boldsymbol{X}) + \varepsilon$，且 $\hat{f}(\boldsymbol{x}_0)$ 为拟合的模型，那么模型在一点 $\boldsymbol{X} = \boldsymbol{x}_0$ 的误差可以分解。首先

$$E[(f(\boldsymbol{x}_0) - E\hat{f}(\boldsymbol{x}_0))(Y - f(\boldsymbol{x}_0)) \mid \boldsymbol{X} = \boldsymbol{x}_0] = (f(\boldsymbol{x}_0) - E\hat{f}(\boldsymbol{x}_0))E[(Y - f(\boldsymbol{x}_0)) \mid \boldsymbol{X} = \boldsymbol{x}_0] = 0$$

类似地

$$\begin{aligned}&E[(f(\boldsymbol{x}_0) - E\hat{f}(\boldsymbol{x}_0))(E\hat{f}(\boldsymbol{x}_0) - \hat{f}(\boldsymbol{x}_0)) \mid \boldsymbol{X} = \boldsymbol{x}_0]\\&= (f(\boldsymbol{x}_0) - E\hat{f}(\boldsymbol{x}_0))E[(E\hat{f}(\boldsymbol{x}_0) - \hat{f}(\boldsymbol{x}_0)) \mid \boldsymbol{X} = \boldsymbol{x}_0] = 0\end{aligned}$$

除此之外，假设在 $\boldsymbol{X}=\boldsymbol{x}_0$ 点 ε 与 $\hat{f}(\boldsymbol{x}_0)$ 独立，那么

$$
\begin{aligned}
&E[(Y-f(\boldsymbol{x}_0))(E\hat{f}(\boldsymbol{x}_0)-\hat{f}(\boldsymbol{x}_0))\mid \boldsymbol{X}=\boldsymbol{x}_0]\\
&=E[(f(\boldsymbol{x}_0)+\varepsilon)(E\hat{f}(\boldsymbol{x}_0)-\hat{f}(\boldsymbol{x}_0))\mid \boldsymbol{X}=\boldsymbol{x}_0]+f(\boldsymbol{x}_0)E[E\hat{f}(\boldsymbol{x}_0)-\hat{f}(\boldsymbol{x}_0)\mid \boldsymbol{X}=\boldsymbol{x}_0]\\
&=E[\varepsilon(E\hat{f}(\boldsymbol{x}_0)-\hat{f}(\boldsymbol{x}_0))\mid \boldsymbol{X}=\boldsymbol{x}_0]\\
&=E\hat{f}(\boldsymbol{x}_0)E[\varepsilon\mid \boldsymbol{X}=\boldsymbol{x}_0]-E[\varepsilon\hat{f}(\boldsymbol{x}_0)\mid \boldsymbol{X}=\boldsymbol{x}_0]=0
\end{aligned}
$$

综合以上各式，便得到均方误差分解式

$$
\begin{aligned}
E[(Y-\hat{f}(\boldsymbol{x}_0))^2\mid \boldsymbol{X}=\boldsymbol{x}_0]&=E[(Y-f(\boldsymbol{x}_0)+f(\boldsymbol{x}_0)-E\hat{f}(\boldsymbol{x}_0)+E\hat{f}(\boldsymbol{x}_0)-\hat{f}(\boldsymbol{x}_0))^2\mid \boldsymbol{X}=\boldsymbol{x}_0]\\
&=\sigma_\varepsilon^2+[E\hat{f}(\boldsymbol{x}_0)-f(\boldsymbol{x}_0)]^2+E[E\hat{f}(\boldsymbol{x}_0)-\hat{f}(\boldsymbol{x}_0)]^2
\end{aligned}
$$

由此可见均方误差由三部分构成，第一部分 σ_ϵ^2 是数据的固有误差，任何模型都不能将它减小。第二部分是偏差

$$\text{Bias}=E\hat{f}(\boldsymbol{x}_0)-f(\boldsymbol{x}_0)$$

的平方，表示模型的均值与 $\boldsymbol{x}_0$ 点数据均值的差距。第三部分则是拟合模型的内在方差

$$\text{Var}(\hat{f}(\boldsymbol{x}_0))=E[E\hat{f}(\boldsymbol{x}_0)-\hat{f}(\boldsymbol{x}_0)]^2$$

由于模型的固有误差不可减少，我们只能希望降低模型偏差、拟合模型的方差来提高模型拟合精度。但是，通常模型偏差和模型方差存在此消彼长的关系，即当我们试图减小其中一个时，另一个却在增大。

对于例 6.2 的平滑最近邻模型偏差为

$$\text{Bias}=\frac{\sum\limits_{(\boldsymbol{x},y)\in\mathcal{T}}K_h\left(\|\boldsymbol{x}-\boldsymbol{x}_0\|\right)f(\boldsymbol{x})}{\sum\limits_{(\boldsymbol{x},y)\in\mathcal{T}}K_h\left(\|\boldsymbol{x}-\boldsymbol{x}_0\|\right)}-f(\boldsymbol{x}_0)$$

方差为

$$\text{Var}\left(\hat{f}(\boldsymbol{x}_0)\right)=\frac{\sum\limits_{(\boldsymbol{x},y)\in\mathcal{T}}\left[K_h\left(\|\boldsymbol{x}-\boldsymbol{x}_0\|\right)\right]^2}{\left[\sum\limits_{(\boldsymbol{x},y)\in\mathcal{T}}K_h\left(\|\boldsymbol{x}-\boldsymbol{x}_0\|\right)\right]^2}\sigma^2$$

可见，为了使偏差的绝对值减小，我们需要使得参数 h 减小，但这会使得模型方差增大。

6.2.3 模型选择准则

通过以下准则来衡量模型的优劣、选择模型。这些准则包括 AIC、BIC、C_p 统计量。这些准则是模型拟合程度与模型自由度的一个权衡。它们可以避免统计检验，方便地比较不同分布假设的模型。

1. C_p 统计量

对于 $i=1,2,\cdots,n,$ 假设数据 y_i 独立地来自均值为 μ_i 方差为 σ^2 的分布；且令 $\hat{y}_i$ 为当前模

型对响应变量的拟合值。C_p 统计量试图从这些数据中估计均方预测误差（mean squared prediction error）

$$\frac{1}{\sigma^2}E\{\sum_{i=1}^{n}(\hat{y}_i-\mu_i)\}$$

下面由此定义推导 C_p 统计量。由于

$$(\hat{y}_i-\mu_i)^2=(\hat{y}_i-y_i)^2-(y_i-\mu_i)^2+2(\hat{y}_i-\mu_i)(y_i-\mu_i)$$

通过对上式两端求和、取期望可得均值均方预测误差

$$E\left\{\sum_{i=1}^{n}\left(\hat{y}_i-\mu_i\right)^2\right\}=E\left\{\sum_{i=1}^{n}\left(\hat{y}_i-y_i\right)^2\right\}-n\cdot\sigma^2+2\sum_{i=1}^{n}\mathrm{Cov}\left(\hat{y}_i,y_i\right)$$

结合自由度df的定义（6.40）式可得

$$\frac{1}{\sigma^2}E\left\{\sum_{i=1}^{n}\left(\hat{y}_i-\mu_i\right)^2\right\}=\frac{1}{\sigma^2}E\left\{\sum_{i=1}^{n}\left(\hat{y}_i-y_i\right)^2\right\}-\left(n-2\mathrm{df}\right)$$

由此可得 C_p 统计量为

$$C_p=\frac{1}{\sigma^2}\sum_{i=1}^{n}(\hat{y}_i-y_i)^2-(n-2\mathrm{df}) \tag{6.41}$$

特别地，对于线性回归模型，如果全模型共有 p 个备选变量，且当前已选择其中 $q(\leqslant p)$ 个变量时，C_p 统计量(6.41)式化简为

$$C_p=\frac{1}{\sigma^2}\sum_{i=1}^{n}(\hat{y}_i-y_i)^2-(n-2q) \tag{6.42}$$

其中 $\hat{y}_i$ 是当前 q 个变量的模型（非全模型）的拟合值。

注意在(6.41)式或(6.42)式中，方差 σ^2 以及自由度df未知。一般用全模型估计的残差的方差 $\bar{\sigma}^2$ 代入计算。其自由度用6.2.1节介绍的自助法估计。

2. AIC

AIC（Akaike Information Criterion）准则由Akaike, Hirotugu（1974）提出，这个准则试图选择与真实模型较为接近的模型。假设真实的模型为 f，建模的候选模型集合为

$$\mathcal{G}=\{g_1(\cdot\,|\,\boldsymbol{\theta}_1),g_2(\cdot\,|\,\boldsymbol{\theta}_2),\cdots,g_K(\cdot\,|\,\boldsymbol{\theta}_K)\}$$

$\theta_k(k=1,2,\cdots,K)$ 为参数向量。这里为了表示方便，只考虑有限备选模型，读者可以很容易向无限多个备选模型扩展。

对于某个 $k=1,2,\cdots,K$，记 $\hat{\boldsymbol{\theta}}_k(\mathcal{T})$ 为模型 $g_k(\cdot\,|\,\boldsymbol{\theta})$ 从数据 $\mathcal{T}$ 得到的估计（如极大似然估计）。以下将 $\hat{\boldsymbol{\theta}}_k(\mathcal{T})$ 简记为 $\hat{\boldsymbol{\theta}}_k$，但读者需记住 $\hat{\boldsymbol{\theta}}_k$ 是 $\mathcal{T}$ 的函数。AIC的出发点，是寻找 $k=1,2,\cdots,K$，使得 $g_k(x\,|\,\hat{\boldsymbol{\theta}}_k)$ 与真实 $f(\cdot)$ 的K-L距离（Kullback-Leibler divergence）最小，即使

$$\min_k\left\{I(f,g_k(\mathcal{S}\,|\,\hat{\boldsymbol{\theta}}_k))\right\}$$

其中

$$I\left(f,g_k(\mathcal{S}\mid\hat{\boldsymbol{\theta}}_k)\right)=\int f(\mathcal{S})\log\left(\frac{f(\mathcal{S})}{g_k(\mathcal{S}\mid\hat{\boldsymbol{\theta}}_k)}\right)\mathrm{d}\mathcal{S}$$

但在实际应用中，真实的模型 f 未知，只能进一步对训练数据 $\mathcal{T}$ 取期望，并通过逼近的方法获得上式的近似值。

$$E_{\mathcal{T}}\left[I(f,g_k(\mathcal{S}\mid\hat{\boldsymbol{\theta}}_k))\right]=\int f(\mathcal{S})\log\left(f(\mathcal{S})\right)\mathrm{d}\mathcal{S}-E_{\mathcal{T}}\left[\int f(\mathcal{S})\log(g_k(\mathcal{S}\mid\hat{\boldsymbol{\theta}}_k))\mathrm{d}\mathcal{S}\right]$$

由于真实的模型是固定的，所以等号右边的第一项是常数。要使得上式最小等价于使等号右边第二项最大，即寻找编号为 k 的备选模型使得

$$E_{\mathcal{T}}\left[\int f(\mathcal{S})\log(g_k(\mathcal{S}\mid\hat{\boldsymbol{\theta}}_k))\mathrm{d}\mathcal{S}\right]$$

最大，或写成

$$\mathcal{K}=E_{\mathcal{T}}E_{\mathcal{S}}\left[\log(g_k(\mathcal{S}\mid\hat{\boldsymbol{\theta}}_k))\right] \tag{6.43}$$

从(6.43)式可以看出 AIC 与交叉验证的极限等价关系。上式的期望针对两个独立样本 $\boldsymbol{y}$ 和 x，可分别视为训练集和验证集。在对数似然损失下，随着样本量的增大，交叉验证准则收敛于上式（Fang, Y.[7]）。

可以通过泰勒展开获得对上式的近似（Burnham, K. P., and Anderson, D. R.[4]第 7 章），事实上，我们有 $-2\mathcal{K}=\text{AIC}$，其中 AIC 的表达式如下

$$\text{AIC}=-\frac{2}{N}\text{loglik}+2\frac{\text{df}}{N} \tag{6.44}$$

其中 loglik 表示对数似然函数，df 是模型自由度。实践中，我们选择使得 AIC 最小的模型。

3. AICc (The Corrected AIC)

(6.44)式只是对(6.43)式的逼近。如果我们假设真实模型 f 和备选模型

$$\mathcal{G}=\{g_1(\cdot\mid\boldsymbol{\theta}_1),g_2(\cdot\mid\boldsymbol{\theta}_2),\cdots,g_K(\cdot\mid\boldsymbol{\theta}_K)\}$$

都为普通的线性回归模型，那么我们可以计算得到(6.43)式准确的表达式。与本章前几节类似，假设回归模型为

$$\boldsymbol{Y}=\boldsymbol{X\beta}+\epsilon$$

其中 $\boldsymbol{\varepsilon}\sim N(\boldsymbol{0},\sigma^2\boldsymbol{I})$。于是（6.43）式等于

$$\mathcal{K}=E_{\mathcal{T}}E_{\mathcal{S}}\left[\log(g_k(\mathcal{S}\mid\hat{\boldsymbol{\theta}}_k))\right]=E_{\mathcal{T}}E_{\mathcal{S}}\left[-\frac{n}{2}\log(\hat{\sigma}^2)-\frac{1}{2}\frac{(y_0-\boldsymbol{X}_0^{\mathrm{T}}\hat{\boldsymbol{\beta}})^{\mathrm{T}}(y_0-\boldsymbol{X}_0^{\mathrm{T}}\hat{\boldsymbol{\beta}})}{\hat{\sigma}^2}\right]$$

上式中，期望符号 $E_{\mathcal{T}}$ 是对训练样本及从训练样本得到的估计值 $\hat{\boldsymbol{\beta}}$、$\hat{\sigma}$ 取期望。另外，$E_{\mathcal{S}}$ 是对与训练样本独立的验证样本 $(\boldsymbol{y}_0,\boldsymbol{X}_0)$ 取期望。

通过转换可以得到

$$\begin{aligned}&E_{\mathcal{S}}\left[-\frac{n}{2}\log(\hat{\sigma}^2)-\frac{1}{2}\frac{(\boldsymbol{y}_0-\boldsymbol{X}_0\hat{\boldsymbol{\beta}})^{\mathrm{T}}(\boldsymbol{y}_0-\boldsymbol{X}_0\hat{\boldsymbol{\beta}})}{\hat{\sigma}^2}\right]\\&=-\frac{n}{2}\log(\hat{\sigma}^2)-\frac{1}{2}\frac{(\boldsymbol{X}_0\boldsymbol{\beta}-\boldsymbol{X}_0\hat{\boldsymbol{\beta}})^{\mathrm{T}}(\boldsymbol{X}_0\boldsymbol{\beta}-\boldsymbol{X}_0\hat{\boldsymbol{\beta}})+n\sigma^2}{\hat{\sigma}^2}\end{aligned}$$

再结合线性回归估计量的性质可得

$$\mathcal{K}=E_{\mathcal{T}}\left[-\frac{n}{2}\log(\hat{\sigma}^2)\right]-\frac{1}{2}[(n+K-1)\sigma^2]E_{\mathcal{T}}\left[\frac{1}{\hat{\sigma}^2}\right]$$

注意到

$$\frac{n\hat{\sigma}^2}{\sigma^2}\sim\chi^2_{n-K+1}$$

记 $\mathrm{df}=n-K+1$ 为自由度，χ^2_{df} 表示自由度为 df 的卡方分布。且由于

$$E\left[\frac{1}{\chi^2_{\mathrm{df}}}\right]=\frac{1}{\mathrm{df}-2}$$

最终得到

$$\begin{aligned}\mathcal{K}&=E_{\mathcal{T}}\left[-\frac{n}{2}\log(\hat{\sigma}^2)\right]-\frac{n}{2}\cdot\frac{n+K-1}{n-K-1}\\&=E_{\mathcal{T}}\left[-\frac{n}{2}\log(\hat{\sigma}^2)-\frac{n}{2}-K\right]-\frac{K(K+1)}{n-K-1}\end{aligned}$$

括号内的函数为对数极大似然，因此有

$$-2\mathcal{K}=E_{\mathcal{T}}[\mathrm{AIC}]+\frac{2K(K+1)}{n-K-1}$$

所以有定义 $\mathrm{AIC_c}$ 如下

$$\mathrm{AIC_c}=-2\cdot\log\mathrm{lik}+2K+\frac{2K(K+1)}{n-K-1}\tag{6.45}$$

4. BIC

BIC（The Bayesian Information Criterion）也被称为 Schwarz 准则，它从贝叶斯的观点进行模型选择。假设我们的备选模型属于参数族

$$\mathcal{G}=\{g_1(\cdot|\boldsymbol{\theta}_1),g_2(\cdot|\boldsymbol{\theta}_2),\cdots,g_K(\cdot|\boldsymbol{\theta}_K)\}$$

选择第 k 个模型的先验分布为 $\Pr(g_k)$，参数 $\boldsymbol{\theta}_k$ 的先验分布为 $\pi_k(\boldsymbol{\theta}_k)$，且在模型 $g_k(\cdot|\boldsymbol{\theta}_k)$ 下获得数据 $\boldsymbol{t}_i=(x_i,y_i)$ 的概率为 $g_k(t_i|\boldsymbol{\theta}_k)$。于是，已知数据观测 $\boldsymbol{t}_1,\boldsymbol{t}_2,\cdots,\boldsymbol{t}_n$ 全体 $\mathcal{T}$，模型 $g_k(\cdot|\theta_k)$ 及其参数的后验分布

$$\Pr(g_k(\cdot|\boldsymbol{\theta}_k)|\mathcal{T})\propto\Pr(g_k)\times\int\prod_{i=1}^{n}g_k(\boldsymbol{t}_i|\boldsymbol{\theta}_k)\pi_k(\boldsymbol{\theta}_k)\mathrm{d}\boldsymbol{\theta}_k$$

通常，假设模型的先验概率相等，即 $\Pr(g_k)$ 为常数。通过对以上积分项的拉普拉斯逼近等变换，得到最终的准则表达式（参见 Bhat, H. S., and Kumar, N.[2]）

$$\mathrm{BIC}=-\frac{2}{N}\cdot\log\mathrm{lik}+2\log N\frac{\mathrm{df}}{N} \tag{6.46}$$

其中 df 是自由度。特别地，对于正态线性模型对数似然可表示为

$$\log\mathrm{lik}=-\frac{1}{2}\sum_{i=1}^{N}\left(y_i-\beta_0-\sum_{j=1}^{p}x_{ij}\beta_j\right)^2 \tag{6.47}$$

6.2.4 回归变量选择

本节介绍的回归模型选择方法，来确定哪些自变量应该被纳入模型中。并用 AICc、BIC 等准则选择模型。最优子集、逐步回归都是离散的模型选择策略，因为一个变量要么被完全纳入模型，要么被完全剔除。与此相反，分阶段回归、邻回归、LASSO 都是连续的模型选择策略。

最优子集

当存在很多预测变量时，变量选择能提高估计、预测精确度，还能获得更好的解释性。最优子集（best subset selection）回归在预测变量的所有子集中寻找使 AICc、BIC 等某个准则最小的一个。例如当我们有 X_1,X_2,X_3 三个因变量时，所有可供考虑的回归模型有

$$Y=\beta_0+\beta_1X_1+\varepsilon \quad Y=\beta_0+\beta_1X_2+\varepsilon \quad Y=\beta_0+\beta_1X_3+\varepsilon$$

$$Y=\beta_0+\beta_1X_1+\beta_2X_2+\varepsilon \quad Y=\beta_0+\beta_1X_1+\beta_3X_3+\varepsilon \quad Y=\beta_0+\beta_2X_2+\beta_3X_3+\varepsilon$$

$$Y=\beta_0+\beta_1X_1+\beta_2X_2+\beta_3X_3+\varepsilon$$

随着变量数的增多，需要遍历的模型数目呈指数级增多。当有 p 个变量式，一共有 2^p-1 个模型需要计算。即便使用较为巧妙的搜索方法（如分支定界法），当 p 超过 40 时所需要的计算时间都超出我们能够承受的范围。因此我们需要其他的搜索方法。

逐步回归

逐步回归（stepwise selection）可以分为向前逐步回归和向后逐步回归两种。向前逐步变量选择由常数项开始，每次加入一个变量，这个变量使得模型拟合度提升最优。向后逐步回归则从全模型开始——即所有回归变量都纳入模型，每次移除一个对模型拟合贡献最弱的变量。选择每次加入或移除的变量时，可以使用线性回归中介绍的 F 统计量，也可以根据变量与残差的相关性选择。

逐步回归是一种贪心算法（greedy algorithm），产生一系列嵌套模型。虽然与最优子集变量选择相比，逐步回归只能得到次优的结果，但逐步回归也有自身的优势。当预测变量很多时，逐步回归方法比最优子集回归运算速度快，减轻过拟合程度。此外，逐步回归能帮我们提高模型的精确度以及可解释性。然而，这是一个离散的选择过程，每个变量被加入或者丢弃——这通常会带来较大的方差、较弱的模型预测能力。

向前分阶段回归

逐步回归一致贪心策略，每次直接加入或移除一个变量。与逐步回归相反，向前分阶段回归（forward stagewise selection）采取了非常保守的策略——每个变量以很小的步长逐渐进入模型。首先预测变量中心化，并且模型初始为截距项 $\hat{\mu}_0$。在每一步计算时，模型检测和当前残差最相关的预测变量。假设 $\hat{\mu}_k$ 是当前模型（第 k 步）对响应变量 y 的拟合，那么第 $j(=1,2,\cdots,p)$ 个变量与残差的相关系数正比于

$$c_j = \frac{1}{\boldsymbol{X}_j^{\mathrm{T}}\boldsymbol{X}_j}\boldsymbol{X}_j^{\mathrm{T}}(\boldsymbol{y}-\hat{\boldsymbol{\mu}}_k)$$

与残差相关系数最高的分量为

$$j_0 = \arg\max_j \{|c_j|\}$$

令 $s_{j_0} = \mathrm{sign}(c_j)$，那么对 $\hat{\boldsymbol{\mu}}_k$ 的更新表达式为

$$\hat{\boldsymbol{\mu}}_{k+1} = \hat{\boldsymbol{\mu}}_k + \varepsilon\, s_{j_0} \boldsymbol{X}_{j_0} \tag{6.48}$$

其中 ε 是分阶段回归的步长，通常设定为一个很小的正数。回归系数仅对第 j_0 个分量更新，其他保持不变，

$$\beta_{j_0+} = \beta_{j_0} + \varepsilon\, s_{j_0} \tag{6.49}$$

$\hat{\boldsymbol{\mu}}_k$ 最终会达到全模型的拟合值 $\overline{\boldsymbol{y}} = \boldsymbol{X}(\boldsymbol{X}^{\mathrm{T}}\boldsymbol{X})^{-1}\boldsymbol{X}^{\mathrm{T}}\boldsymbol{y}$。由此可见

$$\mathrm{sign}(\beta_{j_0+} - \beta_{j_0}) = s_{j_0} \tag{6.50}$$

即回归系数的改变量 $\beta_{j_0+} - \beta_{j_0}$ 与相关系数 c_j 同号。换言之，当相关系数 c_j 不变号时，回归系数单调变化。

图 6.16 说明了只有两个回归自变量 $\boldsymbol{X}_1$，$\boldsymbol{X}_2$ 时，分阶段回归的拟合过程。$\hat{\boldsymbol{\mu}}_0$ 是各分量都等于响应变量均值的向量。$\overline{\boldsymbol{y}}_2$ 是最终的拟合值，也是向量 $\boldsymbol{y}$ 在 $\boldsymbol{X}_1$，$\boldsymbol{X}_2$ 张成的空间中的投影。从 $\hat{\boldsymbol{\mu}}_0$ 出发，两个变量的初始回归系数都是 0，且 $\boldsymbol{X}_1$ 与初始残差 $\boldsymbol{y}$ 有较大的相关系数，于是拟合值沿 $\boldsymbol{u}_1 = \boldsymbol{X}_1$ 的方向以步长 ϵ 前进。经过多步后直到到达 $\hat{\boldsymbol{\mu}}_1$ 的位置—— $\boldsymbol{X}_2$ 与残差的

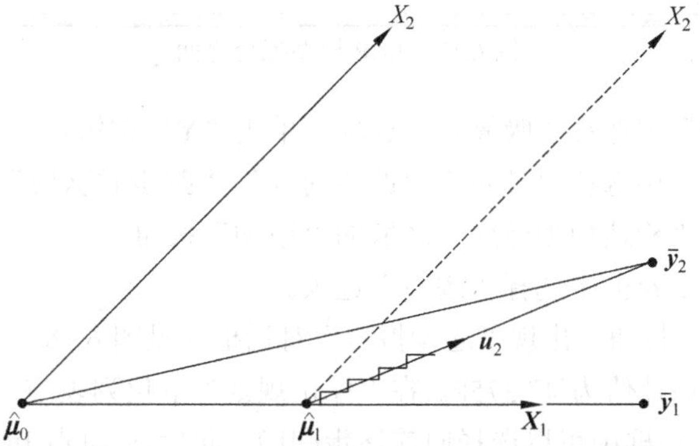

图 6.16 向前分阶段回归计算步骤示意图(Efron[5])

$\hat{\boldsymbol{\mu}}_0$ 沿 $\boldsymbol{X}_1$ 方向小步前进到 $\hat{\boldsymbol{\mu}}_1$，再沿 $\boldsymbol{u}_2$ 方向呈阶梯状小步前进到 $\overline{\boldsymbol{y}}_2$

相关系数超过了 $\boldsymbol{X}_1$ 与残差的相关系数。此后拟合值沿着 $\boldsymbol{u}_2$ 的方向呈阶梯状到达 $\overline{\boldsymbol{y}}_2$。事实上，$\boldsymbol{u}_2$ 是 $\boldsymbol{X}_1$ 与 $\boldsymbol{X}_2$ 夹角的方向，沿此方向 $\boldsymbol{X}_1$，$\boldsymbol{X}_2$ 两个变量与残差的相关系数等速率地减小。

由以上的讨论还可以发现，分阶段回归是一种较为保守的策略，计算速度较慢。如图 6.16 所示，对响应变量的拟合值，首先可以直接从 $\hat{\boldsymbol{\mu}}_0$ 到 $\hat{\boldsymbol{\mu}}_1$ 的，避免小步的前行。从 $\hat{\boldsymbol{\mu}}_1$ 到 $\overline{\boldsymbol{y}}_2$ 的过程中，当步长 ε 足够小甚至趋于零时，可以认为是沿着 $\boldsymbol{u}_2$ 到达 $\overline{\boldsymbol{y}}_2$——因此我们也可以避免过多的计算，直接令从 $\hat{\boldsymbol{\mu}}_1$ 沿等夹角方向 $\boldsymbol{u}_2$ 到达 $\overline{\boldsymbol{y}}_2$。这种方法比分阶段回归激进，比逐步回归保守的策略将在 6.4.4 节中介绍——它是最小角回归算法(LARS)。

例 6.4（JMP 中的逐步回归）沿用例 6.1 的健身数据，我们以“吸氧量”作为响应变量，以“体重”、“跑步时间”、“跑步时的脉搏”、“休息时的脉搏”、“最大脉搏”作为预测变量，并在 JMP 中实现逐步回归。

（1）在“分析”菜单下选择“拟合模型”选项，打开“拟合模型”对话框（见图 6.17）。

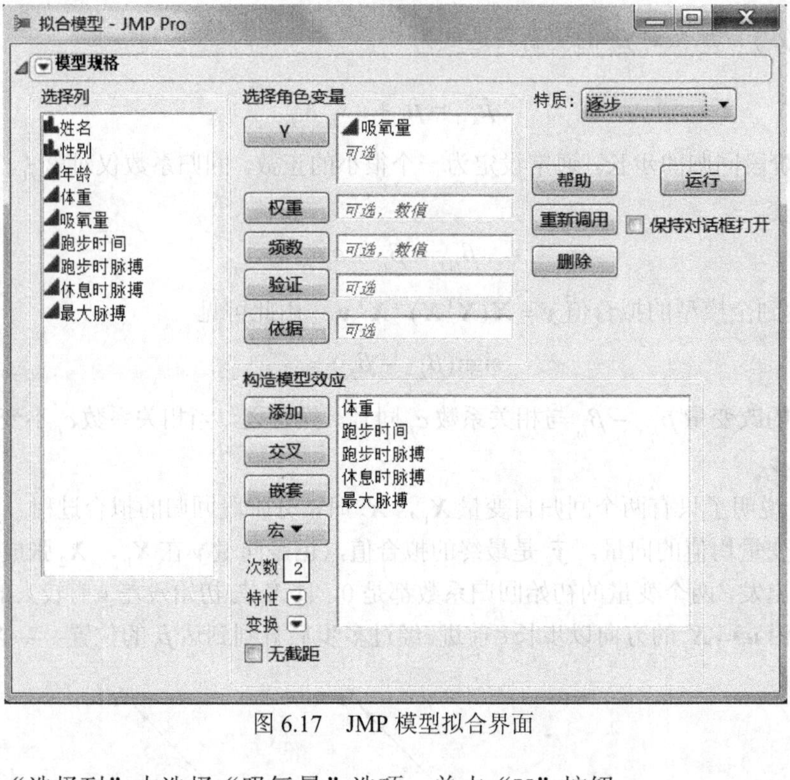

图 6.17 JMP 模型拟合界面

（2）在“选择列”中选择“吸氧量”选项，单击“Y”按钮。

（3）在“选择列”中选择“体重”、“跑步时间”、“跑步时脉搏”、“休息时脉搏”、“最大脉搏”选项，单击“构造模型效应”区域的“添加”按钮。

（4）在“特质”下拉框中选择“逐步”选项。

（5）单击“运行”按钮。出现“逐步拟合”对话框（见图 6.18）。JMP 已经把截距项纳入模型，此时的截距估计值为 47.3758。在“停止规则”下拉列表中，可以选择不同的模型评价准则。“方向”下拉框中可以选择向前逐步回归、向后逐步回归或者混合方法。这里我们选择最小 BIC 作为评价准则。

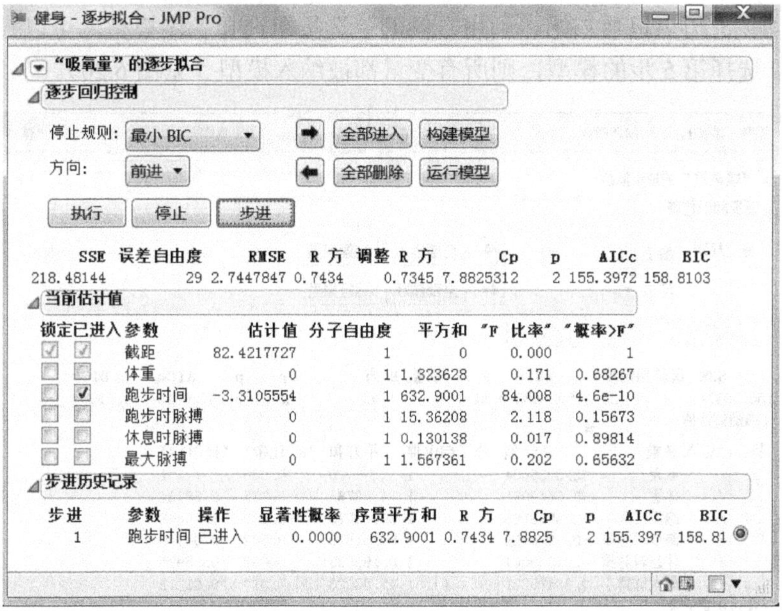

图 6.18 JMP 逐步回归

（6）单击“步进”按钮。JMP 加入对模型拟合提升最高的“跑步时间”变量。可以看到，在“步进历史记录”中显示了第一步加入的变量。

（7）如果再次单击“步进”按钮，JMP 会加入下一个模型拟合提升最大的变量。现在，单击“执行”按钮，JMP 直接运行到最后结果，并且根据最小 BIC 选择了最佳模型。“跑步时间”、“跑步时脉搏”，“最大脉搏”三个变量被纳入模型（见图 6.19）。

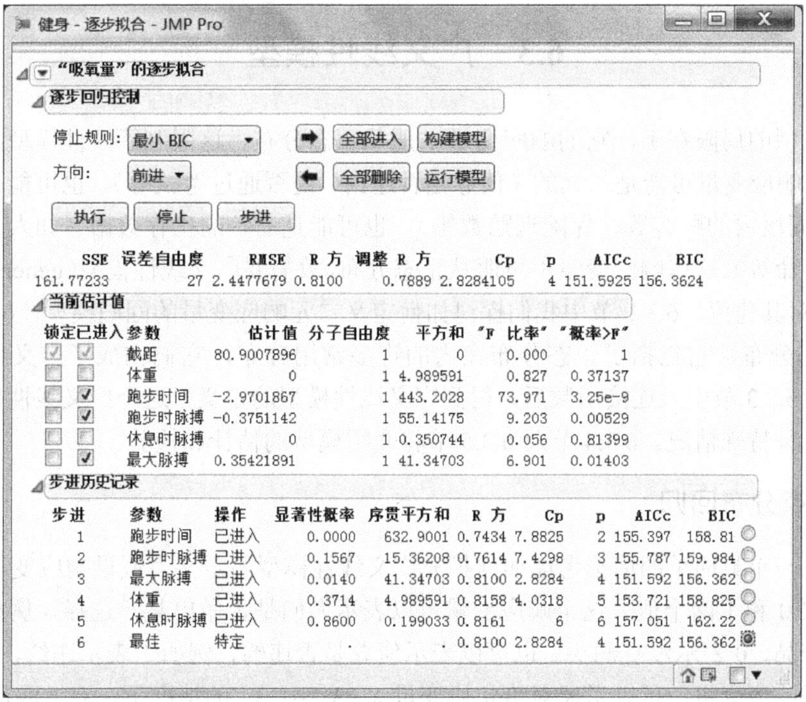

图 6.19 JMP 逐步回归

（8）在“步进历史记录”中，利用右侧的单选按钮选择各步模型，可以查看不同模型结果。例如，选择第 5 步的模型，则所有变量都被纳入模型（见图 6.20）。

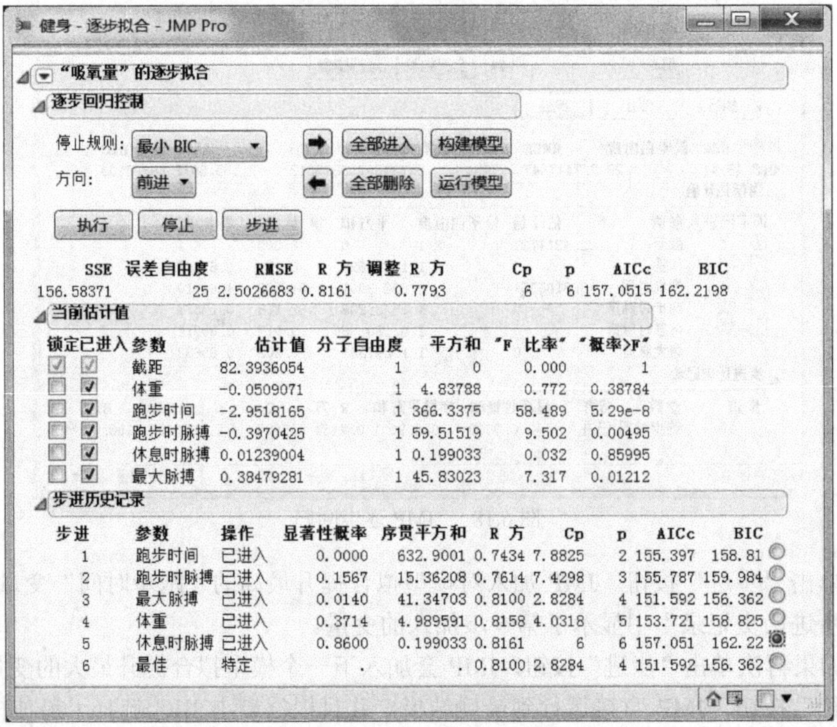

图 6.20 JMP 逐步回归

6.3 广义线性模型

线性模型的局限在于，它的响应变量 Y 服从正态分布，这限制了线性模型的应用。实际应用中，响应变量可能是二元的（债券是否违约、是否通过考试等），也可能是计数数据（如某个时间段内的顾客数、保险理赔数等），也可能是非负的生存数据（如人的寿命、机器的使用寿命等）。这些响应变量不再服从正态分布，故需要广义线性模型（generalized linear model）来对其建模。6.3.1 节中我们探讨如何定义二元响应变量的回归模型。6.3.2 节介绍指数族概率分布，它包括了正态分布在内的许多常用分布，它们构成了广义线性模型的分布基础。6.3.3 节引入连接函数后，得到广义线性模型的定义，这个广义线性模型将线性模型视为一种特殊情况。6.3.4 节及 6.3.5 节将介绍模型的估计和检验。

6.3.1 二点分布回归

我们从一个最简单的情形考虑如何扩充广义线性模型的定义。假设响应变量 Y 是二元的，只能取 0 和 1 两个值。这个响应变量可以表示人们是否做出某一选择，例如 1 表示顾客购买了产品，0 表示没有购买。也可以表示债券是否违约，例如 1 表示违约，0 表示不违约。对这类响应变量，可以考虑对给定协变量 $X_1, X_2, \cdots, X_p$ 的情况下，对 Y 取值 1 和 0 的

概率建模。即考虑两个非负概率

$$P(Y=1|X_1,X_2,\cdots,X_p),\ P(Y=0|X_1,X_2,\cdots,X_p)$$

且它们的和为 1。特别地，可以考虑前者与线性函数$U=\beta_0+\beta_1X_1+\cdots+\beta_pX_p$的关系。一种简单的关系是假设

$$P(Y=1|U)=\beta_0+\beta_1X_1+\cdots+\beta_pX_p$$

但是，读者很快发现，等号右边的取值不能限制在区间[0,1]内。假设$\Phi(u)$是标准正态分布的累积量分布函数，于是可令

$$P(Y=1|U)=\Phi(u)$$

或者用$\Psi(u)$表示 Logistic 分布的累积量分布函数，即

$$\Psi(u)=\frac{\mathrm{e}^u}{1+\mathrm{e}^u}$$

那么可用$P(Y=1|U)=\Psi(u)$描述Y的概率分布。注意，$\Phi(u)$和$\Psi(u)$的值域为[0,1]，这使得由此定义的$P(Y=1|U)$符合概率分布的要求。此外，$\Phi(u)$和$\Psi(u)$都是严格单调的函数，这使得每个协变量都对$P(Y=1|U)$有单调的影响，这样的单调性与线性模型是类似的。我们当然还可以选择其他概率累积量函数来定义$P(Y=1|U)$，实际上，只要函数是单调递增、值域为[0,1]都可用来定义$P(Y=1|U)$。当我们用$\Phi(u)$定义$P(Y=1|U)$，所得的模型被称为 Probit 模型，使用$\Psi(u)$则得到 Logistic 回归模型——后者的计算更简单，因而被广泛使用。

参数的估计一般使用极大似然估计。对于观测$(\boldsymbol{x}_i,y_i)(i=1,2,\cdots,n)$，似然函数可表示为

$$\prod_{i=1}^{n}[P(Y=1|\boldsymbol{x}_i^{\mathrm{T}}\boldsymbol{\beta})]^{y_i}[1-P(Y=1|\boldsymbol{x}_i^{\mathrm{T}}\boldsymbol{\beta})]^{1-y_i}$$

对于 Logistic 回归，它等于

$$\prod_{i=1}^{n}\left[\frac{\mathrm{e}^{\boldsymbol{x}_i^{\mathrm{T}}\boldsymbol{\beta}}}{1+\mathrm{e}^{\boldsymbol{x}_i^{\mathrm{T}}\boldsymbol{\beta}}}\right]^{y_i}\left[\frac{1}{1+\mathrm{e}^{\boldsymbol{x}_i^{\mathrm{T}}\boldsymbol{\beta}}}\right]^{1-y_i}=\prod_{i=1}^{n}[\mathrm{e}^{\boldsymbol{x}_i^{\mathrm{T}}\boldsymbol{\beta}}]^{y_i}\left[\frac{1}{1+\mathrm{e}^{\boldsymbol{x}_i^{\mathrm{T}}\boldsymbol{\beta}}}\right]$$

对数似然为

$$\ell(\beta)=\sum_{i=1}^{n}\boldsymbol{y}_i\boldsymbol{x}_i^{\mathrm{T}}\boldsymbol{\beta}-\log(1+\mathrm{e}^{\boldsymbol{x}_i^{\mathrm{T}}\boldsymbol{\beta}})$$

用 6.3.4 节介绍的 Fisher 得分迭代或者 Newton-Raphson 迭代都能很容易的推导迭代更新的表达式（习题）。

考虑表 6.1 的客户消费数据，它记录了 18 位客户的年龄，以及客户是否购买了某一产品（1 表示购买，0 表示没有购买）。我们希望建立年龄预测购买行为的 Logistic 回归模型。数据散点图可参见图 6.21，从图中可以看出年龄越大的顾客，越有可能购买此产品。通过 6.3.4 节介绍的参数估计方法，可得估计的$\hat{\boldsymbol{\beta}}=(-7.413,\ 0.1471)^{\mathrm{T}}$，对应的拟合概率为

$$P(Y=1|\mathrm{Age})=\frac{\mathrm{e}^{-7.413+0.1471\mathrm{Age}}}{1+\mathrm{e}^{-7.413+0.1471\mathrm{Age}}}$$

这个概率曲线在图 6.21 用黑色实线表示。可见这条曲线反映了购买行为随年龄的变化趋势。

表 6.1 客户消费数据

年龄	购买	年龄	购买	年龄	购买
30	0	69	1	37	0
27	0	43	1	40	0
25	0	26	0	56	1
50	0	55	1	63	1
70	1	49	1	48	0
62	0	33	0		

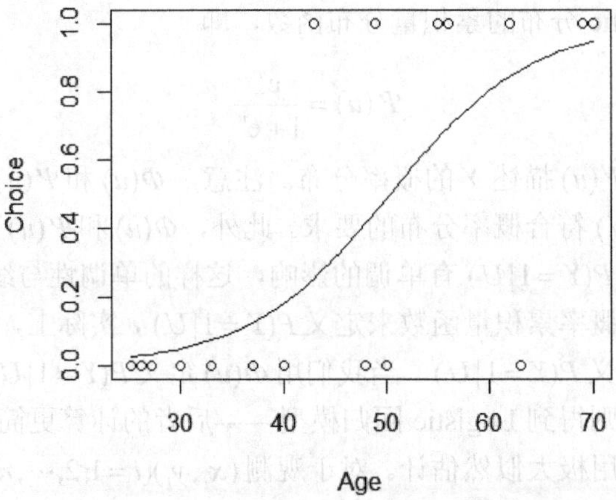

图 6.21 简单的 Logistic 回归示例。
图中的点为数据散点图。曲线为拟合的 Logistic 曲线

如何理解 Logistic 的回归系数呢？首先，事件发生发生的概率与不发生的概率之比称为优势比（odds）。即

$$\text{Odds} = \frac{P(Y=1|U)}{1-P(Y=1|U)}$$

它从相对的角度描述事件发生可能性的大小。例如，投掷一个均匀的骰子，出现数字 3 的概率是 1/6，而这个事件的优势比是 1/5——这是特定事件与其他事件“个数”的比例。对于 Logistic 回归模型，这个值等于

$$\text{Odds} = \exp(\beta_0 + \beta_1 X_1 + \cdots + \beta_p X_p) = \mathrm{e}^{\beta_0}\mathrm{e}^{\beta_1 X_1}\cdots\mathrm{e}^{\beta_p X_p}$$

由此可见，对于变量 $X_j (j=1,2,\cdots,p)$，取值每增大一个单位，优势比就增大 $\exp(\beta_j)$ 倍。

6.3.2 指数族概率分布

指数族概率分布（exponential distribution family）包含了二项分布、正态分布等。借助指数族分布，我们对响应变量 Y 的描述将不再局限于正态分布，称观测 $y_1, y_2, \cdots, y_n$ 来自指数族分布，如果其概率密度函数可以表达为如下形式：

$$f(y_i \mid \theta_i, \phi_i) = \exp\left\{\frac{y_i\theta_i - b(\theta_i)}{\phi_i} + c(y_i, \phi_i)\right\} \tag{6.51}$$

其中：

（1）θ_i 是指数族的自然参数（natural parameter），是我们感兴趣的参数；ϕ_i 称为尺度参数或讨厌参数；

（2）$b(\cdot)$ 以及 $c(\cdot)$ 是依据不同指数族而确定的函数。注意 $c(\cdot)$ 只由 y_i 和 ϕ 决定。

指数族的均值、方差都有简洁的表达式。由于

$$0 = \frac{\partial}{\partial\theta_i}E\big(\log f(y_i \mid \theta_i, \phi_i)\big) = E\left(\frac{\partial}{\partial\theta_i}\log f(y_i \mid \theta_i, \phi_i)\right) = E\left(\frac{y_i - b'(\theta_i)}{\phi_i}\right)$$

因此可知随机变量 Y_i 的均值为

$$E(Y_i) = b'(\theta_i) \tag{6.52}$$

此外，由于

$$E\left(\frac{y_i - b'(\theta_i)}{\phi_i}\right)^2 = E\left(\frac{\partial}{\partial\theta_i}\log f(y_i \mid \theta_i, \phi_i)\right)^2 = -E\left(\frac{\partial^2}{\partial\theta_i^2}\log f(y_i \mid \theta_i, \phi_i)\right) = b''(\theta_i)/\phi_i$$

可以得到方差公式

$$\mathrm{Var}(Y_i) = E(Y_i - b'(\theta))^2 = \phi_i b''(\theta_i)$$

指数族包含了很多常用的概率分布。例如，正态分布 $N(\mu, \sigma^2)$ 的密度函数为

$$f(y \mid \mu, \sigma^2) = \frac{1}{\sqrt{2\pi\sigma^2}}\exp\left\{-\frac{(y-\mu)^2}{2\sigma^2}\right\}$$

它可以化为(6.51)式的形式

$$f(y \mid \mu, \sigma^2) = \exp\left\{\frac{y\mu - \mu^2/2}{\sigma^2} - \frac{y^2}{2\sigma^2} - \frac{1}{2}\log(2\pi\sigma^2)\right\}$$

对应于(6.51)式，我们有 $\theta = \mu$ ，$\phi = \sigma^2$ ，$b(\mu) = \mu^2/2$ 以及 $c(y, \phi) = \frac{y^2}{2\phi} + \frac{1}{2}\log(2\pi\phi)$ 。由此可见，正态分布属于(6.51)式所定义的概率指数族。

同样地，Bernoulli 分布 $B(1, \pi)$ 也属于指数族，这是因为它的概率密度函数

$$f(y \mid \pi) = \pi^y(1-\pi)^{1-y}, \quad y \in \{0, 1\}$$

可以化为

$$f(y \mid \pi) = \exp\left\{y\log\frac{\pi}{1-\pi} + \log(1-\pi)\right\}$$

再令 $\theta = \log\frac{\pi}{1-\pi}$ 可得

$$f(y \mid \theta) = \exp\left\{y\theta - \log(1 + \mathrm{e}^\theta)\right\}$$

对应于(6.51)式，我们有 $\theta = \log\dfrac{\pi}{1-\pi}$，$\phi = 1$，$b(\mu) = \log(1+\mathrm{e}^{\theta})$ 以及 $c(y,\phi) = 0$。

此外，泊松分布 $P(\lambda)$ 的密度函数为

$$f(y \mid \lambda) = \frac{\lambda^y}{y!}\mathrm{e}^{-\lambda}, \quad y = 0,1,2,\cdots \tag{6.53}$$

伽玛分布 $G(\mu,\nu)$ 的密度函数为

$$f(y \mid \mu,\nu) = \frac{1}{\mu^{\nu}\Gamma(\nu)} y^{\nu-1}\mathrm{e}^{-y/\mu} \tag{6.54}$$

请读者验证泊松分布 $P(\lambda)$ 和伽玛分布 $G(\mu,\nu)$ 都属于指数族。我们将这些内容总结于表 6.2 中。

表 6.2　指数族分布总结

	θ	ϕ	$b(\theta)$	$E(y) = b'(\theta)$	$\mathrm{Var}(y) = \phi b''(\theta)$
正态分布 $N(\mu,\sigma^2)$	μ	σ^2	$\theta^2/2$	θ	σ^2
两点分布 $B(1,\pi)$	$\log\left(\dfrac{\pi}{1-\pi}\right)$	1	$\log(1+\mathrm{e}^{\theta})$	$\pi = \dfrac{\mathrm{e}^{\theta}}{1+\mathrm{e}^{\theta}}$	$\pi(1-\pi)$
二项分布 $B(n,\pi)$	$\log\left(\dfrac{\pi}{1-\pi}\right)$	1	$n\log(1+\mathrm{e}^{\theta})$	$n\pi$	$n\pi(1-\pi)$
泊松分布 $P(\lambda)$	$\log\lambda$	1	$\lambda = \mathrm{e}^{\theta}$	$\lambda = \mathrm{e}^{\theta}$	$\lambda = \mathrm{e}^{\theta}$
伽玛分布 $G(\mu,\nu)$	$-\dfrac{1}{\mu\nu}$	ν^{-1}	$-\log(\theta)$	$\mu\nu$	$\mu^2\nu$

6.3.3　广义线性模型

利用指数族概率分布，我们可以对各类响应变量类型建模。两点分布可以描述二元响应变量，二项分布、泊松分布适用于离散变量，正态分布、伽玛分布用于连续变量。

然而，为了做到模型的建立，需要建立响应变量 y_i 与协变量 $\boldsymbol{x}_i = (1, x_{i1}, x_{i2}, \cdots, x_{ip})^{\mathrm{T}}$ 的关系。为此，假定响应变量 y_i 服从的指数族分布的均值 μ_i 与协变量 x_i 有如下关系

$$g(\mu_i) = \boldsymbol{x}_i^{\mathrm{T}}\boldsymbol{\beta} \ \text{或}\ \mu_i = g^{-1}(\boldsymbol{x}_i^{\mathrm{T}}\boldsymbol{\beta}) \tag{6.55}$$

其中，$\boldsymbol{\beta}$ 是回归系数；$g(\cdot)$ 被称为连接函数(link function)，它可以被指定为不同的形式。由此可见，$\boldsymbol{x}_i^{\mathrm{T}}\boldsymbol{\beta}$ 决定了指数族分布的均值，而由均值可以确定指数族的参数 θ（见表 6.2），最终通过这样的关系链决定了 Y 的分布。这就是广义线性模型的思想基础。

连接函数的选取 $g(\cdot)$ 依赖于具体的问题、数据。一种被称为典则连接或自然连接的函数，产生了很多经典的回归模型，它的选取使得

$$\theta_i = g(\mu_i) = \boldsymbol{x}_i^{\mathrm{T}}\boldsymbol{\beta}$$

对于正态分布，由表 6.2 可知，典则连接使得 $\mu_i = \boldsymbol{x}_i^{\mathrm{T}}\boldsymbol{\beta}$，于是得到了 6.1 节介绍的线性回归模型。对与两点分布，典则连接使得 $\log\left(\dfrac{\pi}{1-\pi}\right) = \boldsymbol{x}_i^{\mathrm{T}}\boldsymbol{\beta}$，或等价地 $\pi = \dfrac{\mathrm{e}^{x_i^{\mathrm{T}}\beta}}{1+\mathrm{e}^{x_i^{\mathrm{T}}\beta}}$，由此得到

了 6.3.1 节介绍的 Logistic 回归。泊松分布与对数连接则得到泊松回归模型，使用于计数型的响应变量。常用的连接函数总结于表 6.3 中。

表 6.3 常用连接函数

名称	连接函数
恒等连接	$g(\mu)=\mu$
Logit 连接	$g(\mu)=\log\left(\dfrac{\mu}{1-\mu}\right)$
Probit 连接	$g(\mu)=\Phi^{-1}(\mu)$，Φ 是标准正态分布的累积量分布函数
对数连接	$g(\mu)=\log(\mu)$
重对数连接	$g(\mu)=\log(-\log(1-\mu))$
倒数连接	$g(\mu)=1/\mu$
乘方	$g(\mu)=\begin{cases}\mu^{\lambda}, & 若\ \lambda>0\\ \log(\mu), & 若\ \lambda=0\end{cases}$

6.3.4 模型估计

广义线性模型的估计系数 $\boldsymbol{\beta}$ 方法为极大似然估计。假设数据 $(\boldsymbol{x}_i,y_i)(i=1,2,\cdots,n)$ 来自某指数族分布(6.51)式，那么数据的对数似然正比于

$$\log\left\{\prod_{i=1}^{n} f(y_i\mid\theta_i,\phi_i)\right\}\propto l=\sum_{i=1}^{n}\frac{y_i\theta_i-b(\theta_i)}{\phi_i}$$

注意到参数 θ_i 是均值 $\mu_i=g^{-1}(\boldsymbol{x}_i^{\mathrm{T}}\boldsymbol{\beta})$ 的函数。求解 $\boldsymbol{\beta}$ 极大似然估计等价于求解下列方程的根

$$\frac{\partial}{\partial\boldsymbol{\beta}}l=\sum_{i=1}^{n}\frac{\partial\theta_i}{\partial\mu_i}\frac{\partial\mu_i}{\partial\boldsymbol{\beta}}\left[y_i-\frac{\partial b(\theta_i)}{\partial\theta_i}\right]/\phi_i=\sum_{i=1}^{n}\frac{\partial\theta_i}{\partial\mu_i}\frac{\partial\mu_i}{\partial\boldsymbol{\beta}}\left[y_i-\mu_i\right]/\phi_i=0 \tag{6.56}$$

第二个等式用到了关系式(6.52)。此外

$$\frac{\partial\theta_i}{\partial\mu_i}=\left[\frac{\partial\mu_i}{\partial\theta_i}\right]^{-1}=\left[b''(\theta_i)\right]^{-1},\qquad \frac{\partial\mu_i}{\partial\boldsymbol{\beta}}=\frac{\partial g^{-1}(\boldsymbol{x}_i^{\mathrm{T}}\boldsymbol{\beta})}{\partial\boldsymbol{\beta}}=\frac{1}{g'(\mu_i)}\boldsymbol{x}_i$$

代入(6.56)式可得

$$\sum_{i=1}^{n}\frac{y_i-\mu_i}{\phi_i b''(\theta_i)g'(\mu_i)}\boldsymbol{x}_i=\mathbf{0} \tag{6.57}$$

下面我们分两种情况考虑此方程的解。

（1）线性模型求解

首先考虑线性回归模型，即假设正态分布、恒等连接函数。此时 $g'(\mu_i)=1$ 且 $\phi_i b''(\theta_i)=\sigma_i^2$。令对角矩阵 $\boldsymbol{V}=\mathrm{diag}\{\sigma_1^2,\sigma_2^2,\cdots,\sigma_n^2\}$，向量 $\boldsymbol{y}=(y_1,y_2,\cdots,y_n)^{\mathrm{T}}$ 且有矩阵 $\boldsymbol{X}=(\boldsymbol{x}_1,\boldsymbol{x}_2,\cdots,\boldsymbol{x}_n)^{\mathrm{T}}$，于是可写为

$$\boldsymbol{X}^{\mathrm{T}}\boldsymbol{V}^{-1}\boldsymbol{y}-\boldsymbol{X}^{\mathrm{T}}\boldsymbol{V}^{-1}\boldsymbol{X}\boldsymbol{\beta}=\mathbf{0}$$

于是对于线性模型，可以直接求解 $\boldsymbol{\beta}$ 得到

$$\hat{\boldsymbol{\beta}} = (\boldsymbol{X}^{\mathrm{T}}\boldsymbol{V}^{-1}\boldsymbol{X})^{-1}\boldsymbol{X}^{\mathrm{T}}\boldsymbol{V}^{-1}\boldsymbol{y}$$

这对应于加权最小二乘（weighted least squares）或广义最小二乘(generalized least squares)的结果。

（2）一般模型求解

现在我们考虑非线性模型情况下的解。此时回归系数 $\boldsymbol{\beta}$ 没有显示解，只能通过迭代求解。可以考虑 Fisher 得分迭代或者 Newton-Raphson 迭代。其中 Newton-Raphson 迭代通过一阶泰勒展开逼近等式(6.57)左边，即设当前估计值为 $\boldsymbol{\beta}^k, \theta_i^k, \mu_i^k$，那么将(6.57)式化为

$$\frac{\partial}{\partial \boldsymbol{\beta}} l(\boldsymbol{\beta}^k) + \frac{\partial^2}{\partial \boldsymbol{\beta} \partial \boldsymbol{\beta}^{\mathrm{T}}} l(\boldsymbol{\beta}^k)(\boldsymbol{\beta} - \boldsymbol{\beta}^k) = 0$$

解得迭代的更新表达式为

$$\boldsymbol{\beta}^{k+1} = \boldsymbol{\beta}^k + \left[-\frac{\partial^2}{\partial \boldsymbol{\beta} \partial \boldsymbol{\beta}^{\mathrm{T}}} l(\boldsymbol{\beta}^k) \right]^{-1} \frac{\partial}{\partial \boldsymbol{\beta}} l(\boldsymbol{\beta}^k) \tag{6.58}$$

其中

$$\mathcal{I}_{obs} = -\frac{\partial^2}{\partial \boldsymbol{\beta} \partial \boldsymbol{\beta}^{\mathrm{T}}} l(\boldsymbol{\beta}^k)$$

是观测的 Fisher 信息矩阵(observed Fisher Information matrix)。它一般难以求解，于是用期望 Fisher 信息矩阵(expected Fisher Information matrix)代替，便得到 Fisher 得分迭代法。期望信息矩阵为

$$\mathcal{I}(\boldsymbol{\beta}^k) = E\left(-\frac{\partial^2}{\partial \boldsymbol{\beta} \partial \boldsymbol{\beta}^{\mathrm{T}}} l(\boldsymbol{\beta}^k) \right) = E\left\{ -\left[\frac{\partial}{\partial \boldsymbol{\beta}} l(\boldsymbol{\beta}^k) \right] \left[\frac{\partial}{\partial \boldsymbol{\beta}} l(\boldsymbol{\beta}^k) \right]^{\mathrm{T}} \right\} = \sum_{i=1}^{n} \frac{1}{\phi_i b''(\theta_i^k)[g'(\mu_i^k)]^2} \boldsymbol{x}_i \boldsymbol{x}_i^{\mathrm{T}}$$

令对角矩阵

$$\boldsymbol{W}_k = \mathrm{diag}\left(\phi_1 b''(\theta_1^k), \phi_2 b''(\theta_2^k), \cdots, \phi_n b''(\theta_n^k) \right)$$
$$\boldsymbol{V}_k = \mathrm{diag}\left(g'(\mu_1^k), g'(\mu_2^k), \cdots, g'(\mu_n^k) \right)$$

于是，用 $\mathcal{I}(\boldsymbol{\beta}^k)$ 替代(6.58)式中 $-\frac{\partial^2}{\partial \boldsymbol{\beta} \partial \boldsymbol{\beta}^{\mathrm{T}}} l(\boldsymbol{\beta}^k)$，得到与(6.58)式对应的迭代公式

$$\boldsymbol{\beta}^{k+1} = \boldsymbol{\beta}^k + \left[\boldsymbol{X}^{\mathrm{T}} (\boldsymbol{W}_k \boldsymbol{V}_k^2)^{-1} \boldsymbol{X} \right]^{-1} \boldsymbol{X}^{\mathrm{T}} (\boldsymbol{W}_k \boldsymbol{V}_k^2)^{-1} (\boldsymbol{y} - \boldsymbol{\mu}^k)$$

6.3.5 模型检验与诊断

假设 $\hat{\boldsymbol{\beta}}, \hat{\mu}_i, \hat{\theta}_i$ 是通过模型估计中介绍的迭代方法对回归系数、均值、模型参数的估计。广义线性模型的学生化残差可表示为

$$\boldsymbol{\epsilon} = \hat{\boldsymbol{\Sigma}}^{-1/2} (\boldsymbol{y} - \hat{\boldsymbol{\mu}})$$

其中 $\boldsymbol{\Sigma} = \mathrm{diag}(\phi_1 b''(\hat{\theta}_1), \phi_2 b''(\hat{\theta}_2), \cdots, \phi_n b''(\hat{\theta}_n))$。借助残差，我们可以找出没有被很好拟合的观

测。类似线性回归的残差平方和，定义 Pearson 统计量来衡量模型的拟合优度

$$\chi^2 = \boldsymbol{\epsilon}^{\mathrm{T}}\boldsymbol{\epsilon} = \sum_{i=1}^{n} \frac{(y_i - \hat{\mu}_i)^2}{\phi_i b''(\hat{\theta}_i)}$$

此外，还有偏差（deviance）也能衡量模型的拟合优度

$$D = -2\sum_{i=1}^{n} \{l_i(\boldsymbol{x}_i^{\mathrm{T}}\hat{\boldsymbol{\beta}}) - l_i(g(y_i))\}$$

$l_i(\boldsymbol{x}_i^{\mathrm{T}}\hat{\boldsymbol{\beta}})$ 则是第 i 个观测当前拟合的似然，$l_i(g(y_i))$ 是单个观测能达到的最优拟合似然，g 是连接函数。Pearson 统计量和偏差都渐近服从分布 χ^2_{n-p}。

与线性回归类似，可以定义 t-统计量衡量单个回归变量的显著性。令 $\hat{\alpha}_i$ 为期望信息矩阵 $[\mathcal{I}(\hat{\boldsymbol{\beta}})]^{-1}$ 的逆的第 i 个对角元素。那么 t-统计量定义为

$$t_i = \hat{\beta}_i / \sqrt{\hat{\alpha}_i} \ (i = 1, 2, \cdots, p)$$

它的平方渐近服从 χ^2_1 分布。

例 6.5 Logistic 回归模型应用

JMP 中使用 Logistic 回归模型有两种办法：

（1）分析→拟合模型→特质中选择 Logistic 回归模型或者序数型 Logistic 回归模型；

（2）分析→拟合模型→特质中选择广义线性模型。

二者所得到的模型是完全相同的，只是在第一种方式中，需要将因变量定义为名义型变量或者为序数型变量。而在第二种方式中除了可以定义为名义型或序数型之外，还可以定义因变量为 (0,1) 数值型，选择连接函数 Logit。

此外，两种方式的出发点是不同的，第一种方式的目标在于分类，拟合因变量的类别特征，得到的模型用于判断类别。而第二种方式的目标是得到 $P(Y=1|\boldsymbol{X}_i)$。由于我们在广义线性模型的理论范围讨论 Logistic 回归模型，所以我们选用第二种方式。

建模过程：

（1）打开数据集 churn.txt；分析→拟合模型，在“特质”中选择广义线性模型，“分布”中选择二项分布，“连接函数”选择为 Logit 函数。如前文所述，“分布”代表的是因变量的分布。将违约情况选择为因变量（1 代表发生违约，0 代表不发生违约）。其余 4 个变量（性别、年龄、频率、收入）作为自变量，得到窗口如图 6.22 所示，并执行运行。

图 6.22 的界面说明：

选择角色变量：

权重：选择一列作为相应行的权重，该值影响模型估计中该行的重要性，即如“加权最小二乘法”需要添加该列权重。

频数：频数列表示每一行在样本出现的次数，它将用于自由度的计算，常用于对样本加权。

位移：位移是一个特殊选项，其作用相当于在模型中加入一个自变量，且该系数为 1。

依据：选择一分类变量，则 JMP 按照各类分布拟合所选择的模型。

构造模型效应：

宏：该选择项提供构造变量效应的一些方便方法；详见 JMP 帮助文档。

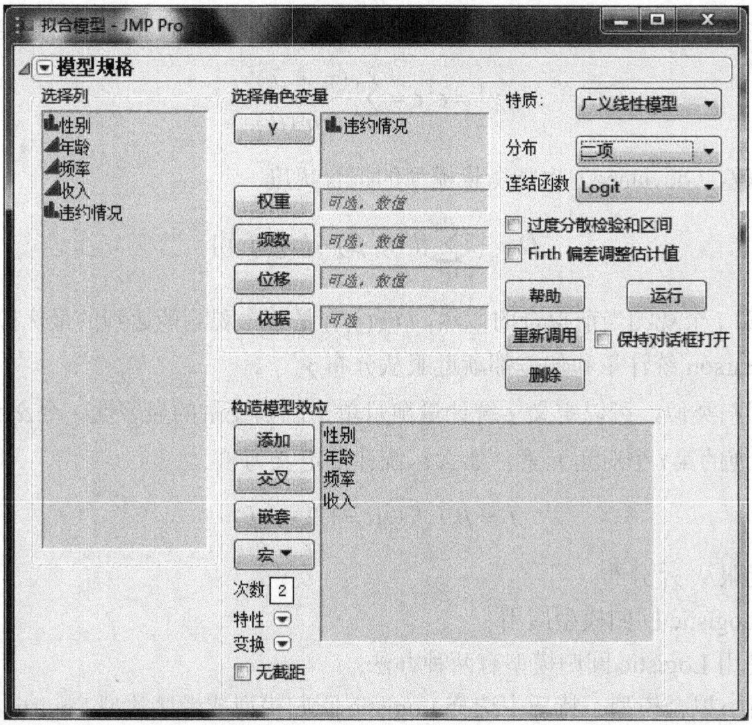

图 6.22 JMP 模型拟合界面

JMP 提供了拟合多种效应的方式:

交叉：添加多个变量的交叉效应；如同时选中“收入”和“年龄”，则会将“收入*年龄”作为一个解释变量添加到自变量中。

嵌套：考虑某个变量 B 仅在 A 的一个水平下有影响，则需要该选项，操作是注意顺序，如该子列添到自变量框中表现为 B[A];

其他选项:

特质：该选项提供了用于拟合模型的方法。通常 JMP 会根据所选入变量的性质，自动选择方法，也支持用户自行修改，当用户选择的方式不符合理论要求时，JMP 会自动报错。其包含的方法有:

标准最小二乘法：采用最小二乘法拟合模型并输出相应检验结果。它实际包含了处理两种类型的数据的方法，一种是传统的最小二乘法，能够用残差来检验模型的拟合效果。一种是筛选和响应曲面法，该方法通常应用于实验设计中。

逐步法：与逐步回归中类似，用于变量选择。但这里可以搜索更多的模型，而逐步法仅限于响应变量为一个的模型。

多元方差分析：用于多重因素的方差分析模型。

对数线性方差：其目标是拟合具有最小方差的线性模型。

广义线性回归：拟合广义线性模型。

（2）执行操作后，得到如图 6.23 所示的结果界面。

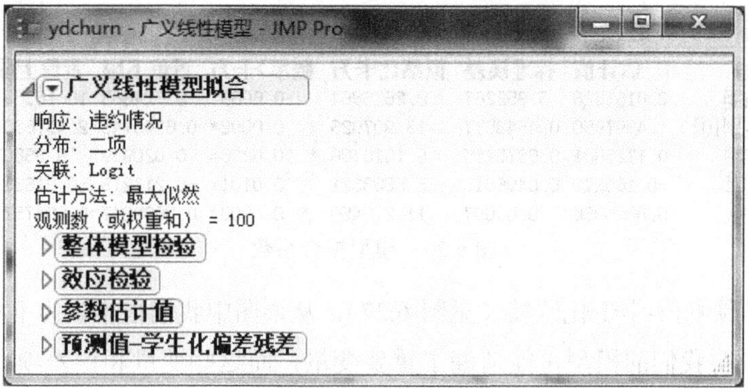

图 6.23　拟合模型结果

默认输出结果包含五个部分：

首先是模型拟合的基本信息，响应变量为违约情况，其服从二项分布，选用的关联函数为 Logit 函数，并采用最大似然的估计方式。

第二部分为整体模型检验（见图 6.24），该检验是指将所有变量建立的模型得到的对数似然函数最终拟合值与仅包含常数项的模型的似然函数最终拟合值进行比较，使用 F 分布得到显著性指标，从图 6.24 中可以看出模型是高度显著的。

整体模型检验

模型	-对数似然	似然比卡方	自由度	概率>卡方
差分	32.6525715	65.3051	4	<.0001*
完全	23.580943			
简化	56.2335145			

拟合优度统计量	卡方	自由度	概率>卡方
Pearson	205.7107	95	<.0001*
偏差	47.1619	95	1.0000

AICc
57.8002

图 6.24 模型拟合优度

第三部为效应检验，该部分是检验各个自变量对因变量的影响是否显著，类似于多元回归模型中对回归系数的检验，从图 6.25 中可以看出输入的 4 个变量对因变量的影响都是显著的。

效应检验

源	自由度	似然比卡方	概率>卡方
性别	1	13.907925	0.0002*
年龄	1	5.1816786	0.0228*
频率	1	5.5883321	0.0181*
收入	1	11.270459	0.0008*

图 6.25　模型拟合系数效应检验

第四部分为参数估计值，该部分是对模型参数的详细估计结果（见图 6.26），从该图可以看出各个变量对违约情况的影响。

参数估计值

项	估计值	标准误差	似然比卡方	概率>卡方	置信下限	置信上限
截距	2.0161528	3.952267	0.2626864	0.6083	-5.724885	10.163631
性别[0]	1.4397956	0.4543577	13.907925	0.0002*	0.6346745	2.4576864
年龄	0.1726001	0.0873485	5.1816786	0.0228*	0.020939	0.36807
频率	-0.105279	0.0496816	5.5883321	0.0181*	-0.217218	-0.016819
收入	0.0025956	0.00097	11.270459	0.0008*	0.0009247	0.0047577

图 6.26　模型拟合系数

第五部分是预测值-学生化残差（见图 6.27），从该图中我们很难认为 $\hat{y}$ 和学生化残差项是独立的，这说明我们的模型可能遗漏了重要变量，而这些变量和误差项存在线性关系。

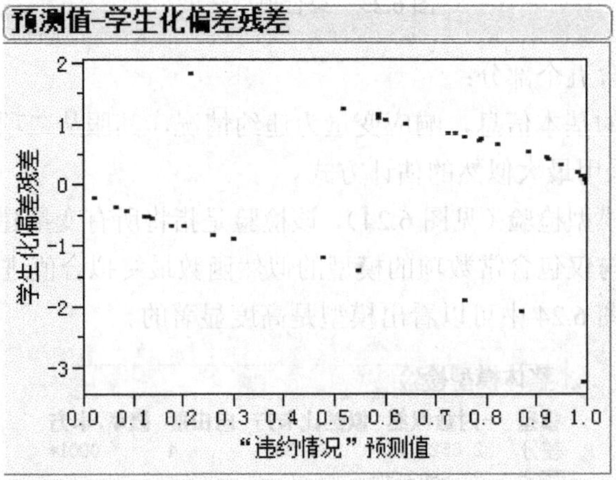

图 6.27　学生化残差

（3）分析展示

除了自动显示的内容之外，读者还可以点击广义线性模型的下拉列表，会得到（图 6.28）中的下拉窗口，从中可以得到所对应的分析结果，在此介绍“对比”分析和“逆预测”的使用。

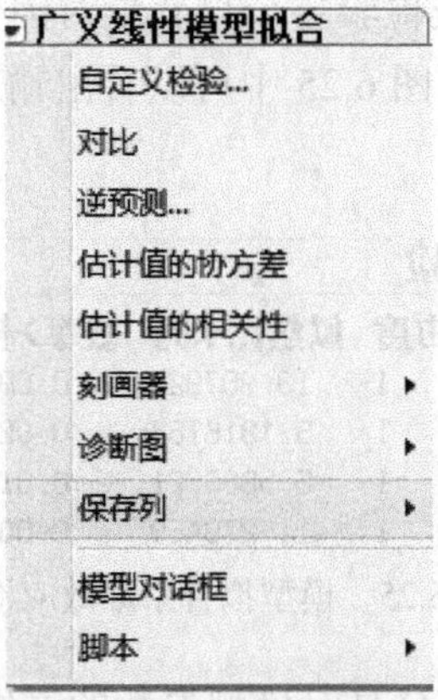

图 6.28　其他分析选项

对比分析：对比分析是比较名义变量内部不同状态之间的影响效果是否有显著差异，一般用于两类或者更多类别的情况，如本例题中，由于名义自变量只有性别，则得到如

图 6.29 所示的窗口：

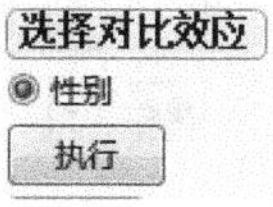

图 6.29　比较分析

单击执行后得到图 6.30 所示的窗口。

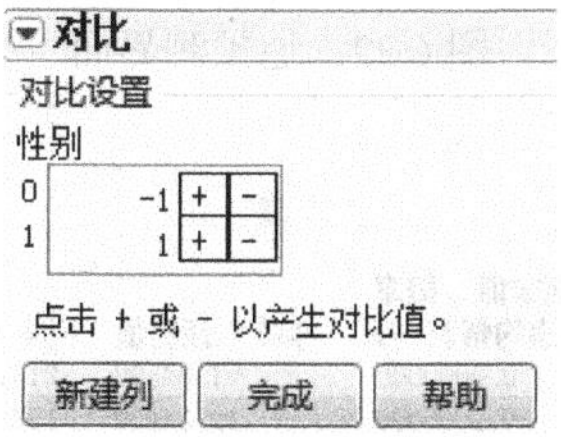

图 6.30　对比设置

在图 6.30 中需要设置将性别中的两类设置不同的权重，当符号相异时，表示进行对比，但选择的符号相同的是，表示类别信息的叠加，设置完成后，单击“完成”按钮，得到图 6.31 所示的结果。

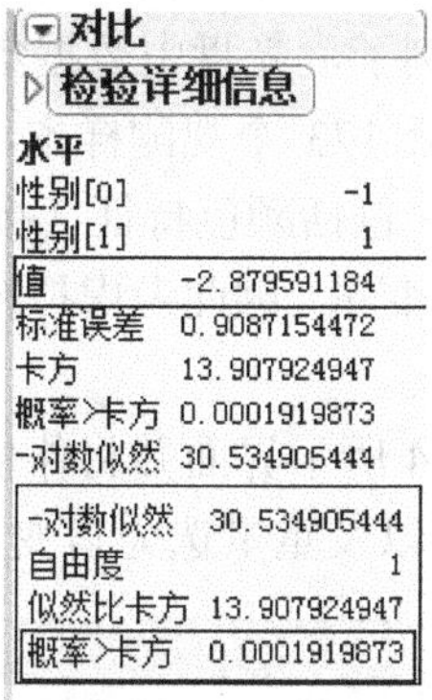

图 6.31　对比结果

在之前研究中已经说明不同性别对因变量的影响是显著的，在这里它表明男女性别的影响程度是存在差异的。

（4）最终结果展示

如前所示，Logistic 回归模型最终得到的是 $P(Y=1|X)$，读者只需要在按下图 6.31 界面的左上角红色按钮，单击“保存”按钮，然后选择预测值即可。如果是采用第一种方式，读者可以选择“保存概率公式”选项，读者可以得到 $P(Y=1|X), P(Y=0|X)$，以及 0~1 型预测值。

逆预测

逆预测是指在给定一定的置信区间下，对因变量和自变量中的所有变量中的缺失变量进行预测，如果缺失变量为因变量那么就是通常情况下的预测，如果缺失的变量是自变量中的一个，则称为逆预测，所得界面如图 6.32 所示，在该界面中设置如图所示，在该设置中预测年龄，JMP 可以进行多组预测。

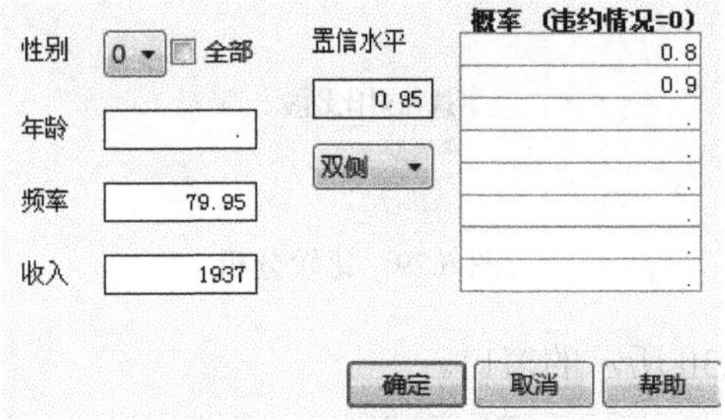

图 6.32 逆预测界面

得到如图 6.33 所示的结果。

	指定值：概率（违约情况=0）	"年龄"预测值	下限 95%	上限 95%
性别 0				
频率 79.95	0.8000000	7.64598	-2131.45	22.32150
收入 1937	0.9000000	12.34430	-1554.43	26.86797

图 6.33 预测结果

该结果表示给定的置信度为 0.95 时，不违约概率为 0.8 的女性中，其收入水平为 1937、频数为 79.95 时，其年龄在[7.65,22.32]之间。

例 6.6 Possion 回归

下面来看一个研究生物行为的例子，光盘中数据集"蟹伴侣"是在研究母蟹伴侣数目的影响因素时获得的，原始数据包括 173 个观测样本，5 个自变量，因变量为母蟹伴侣个数，自变量为母蟹的生物体态特征，包括颜色特征（按照深浅程度区分为四种特征），脊，宽度以及重量。由于因变量是计数型变量，因此考虑拟合 Possion 回归。在 JMP 中操作如下。

（1）打开数据集"蟹伴侣"

分析→拟合模型；进入如图 6.34 所示界面并将伴侣数选为因变量，颜色特征（按照深浅程度区分为四种特征），脊，宽度以及重量选为自变量。

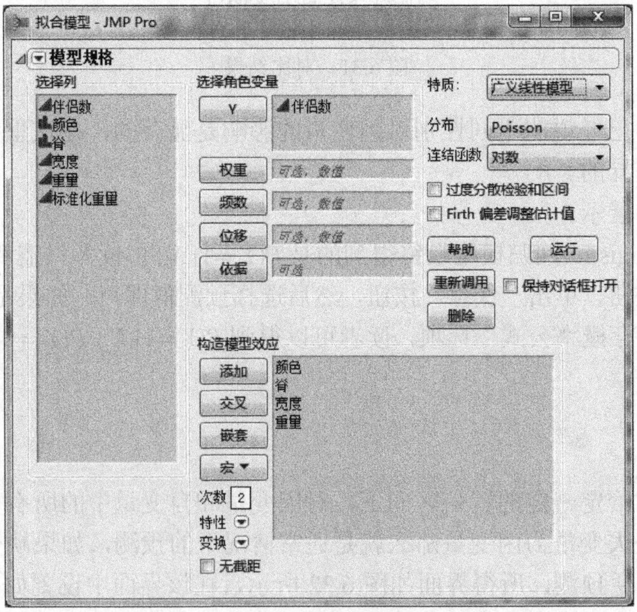

图 6.34 拟合模型变量选择界面

（2）读者会注意到，当在特质中选择广义线性模型时，如上案例所述，JMP 将根据所选的数据特征，有自动推荐能力；图 6.35 所示界面与例 6.5 中的相同，不再赘述。

（3）单击执行，得到如图 6.35 所示的输出界面。

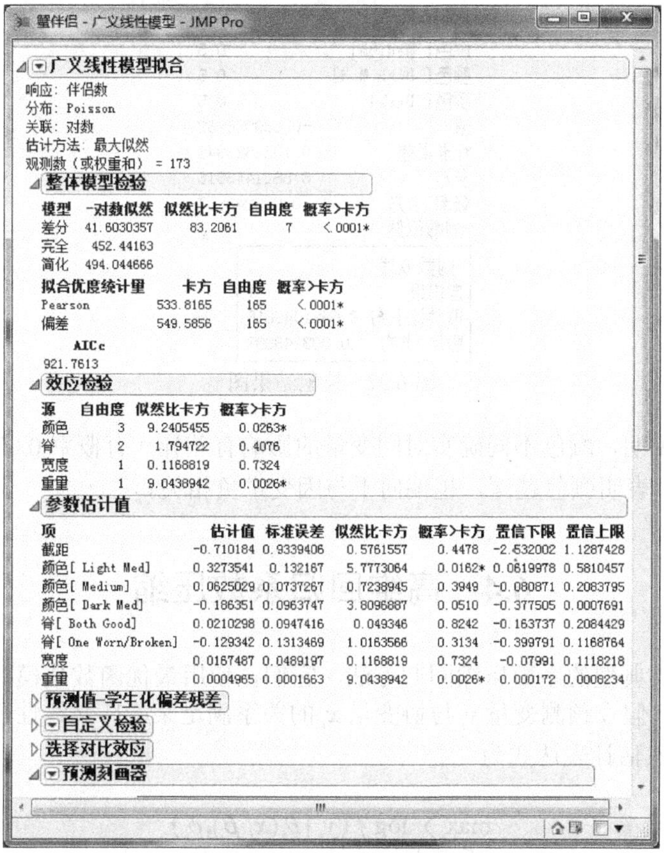

图 6.35 Possion 模型输入图

模型输出形式与例 6.5 中类似，从整体模型检验中可以看出，整体模型是高度显著的，效应检验中，可以发现，四个自变量中只有颜色和重量是显著的，其他两个变量效果不显著，因此在接下来的建模中可以考虑剔除它们。

（4）其他分析

与例 6.5 类似，读者可以利用“比较”选项来比较深色和浅色是否在影响上有差异。按图 6.36 所示的对比设置进行取值。

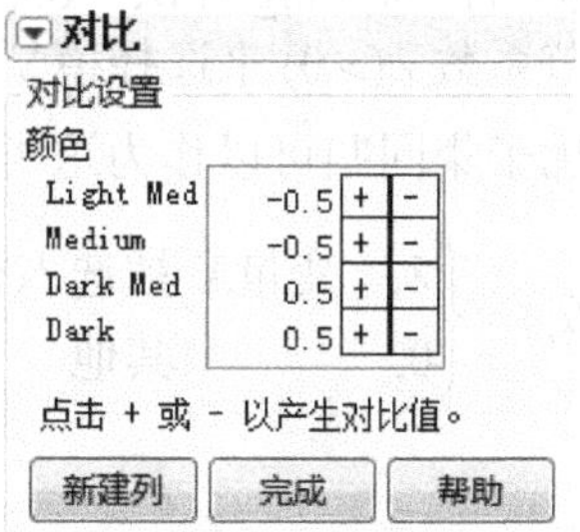

图 6.36 对比设置

该设置表示将 Light Med 的效应和 Medium 效应按同等重要的方式合并在一起，称为浅色，而 Dark Med 和 Dark 的效应也按照同等重要的方式合并在一起，称为深色，得到最终结果如图 6.37 所示。

颜色[Light Med]	-0.5
颜色[Medium]	-0.5
颜色[Dark Med]	0.5
颜色[Dark]	0.5
值	-0.389856982
标准误差	0.1324623948
卡方	8.6621445816
概率>卡方	0.003248887
-对数似然	.

-对数似然	.
自由度	1
似然比卡方	8.6621445816
概率>卡方	0.003248887

图 6.37 检验结果图

该检验结果说明，颜色不同确实对因变量的影响有差异（有概率 0.0003248 得到）；从表中的"值"为负，表明颜色越深，越偏向于与因变量负相关。

6.4 高维回归系数压缩

本节介绍几类典型的系数压缩回归方法，它们在使用最优函数建模时，加入额外的惩罚函数。一般地，假设预测变量 y_i 与协变量 $\boldsymbol{x}_i$ 的关系满足某一广义线性模型，那么对回归系数 $\boldsymbol{\beta}$ 的极大似然估计表达式为

$$\max_{\boldsymbol{\beta}} \sum_{i=1}^{n} \log f\left(y_i \mid \theta_i(\boldsymbol{x}_i^{\mathrm{T}}\boldsymbol{\beta}), \phi_i\right)$$

加入惩罚项后，可以将其写为

$$\min_{\boldsymbol{\beta}} \left\{-\sum_{i=1}^{n} \log f\left(y_i \mid \theta_i(\boldsymbol{x}_i^{\mathrm{T}}\boldsymbol{\beta}), \phi_i\right) + \sum_{j=1}^{p} p_{\lambda}(\beta_j)\right\}$$

这样做可以控制模型的估计和预测误差，甚至还能起到变量选择的作用。我们将在本节重点介绍线性回归模型，一般广义线性模型有类似的性质。特别地，当 $p_{\lambda}(\beta_j)=\lambda\beta_j^2$ 时得到 6.4.1 节介绍的岭回归；当 $p_{\lambda}(\beta_j)=\lambda|\beta_j|$ 时得到 6.2.4 节介绍的 LASSO，它能将一些系数压缩为 0，能快速求解 LASSO 的 Shooting 算法（6.4.3 节）以及路径算法（6.4.4 节）。

我们可以根据不同大小的调节系数 $\lambda(>0)$ 来选择模型。这是比 6.2.4 节介绍的离散模型选择更精确的模型选择方法，最优子集回归可以作为这类模型的特例。如果

$$p_{\lambda}(\beta_j)=\begin{cases}\lambda, & \text{变量}X_j\text{被选入模型}\\ 0, & \text{其他}\end{cases}$$

那么退化为最优子集回归。

在 6.4.5 节中，我们将讨论许多常见的惩罚函数。虽然 LASSO 能起到变量选择的作用，

但它一般会选出比真实模型更多的变量。需要在很强的条件下，LASSO 才能选出正确的模型。在 6.4.5 节中，我们还将讨论 Oracle 性质。一些非凸惩罚项、两步估计方法都能使估计具有 Oracle 性质。

本节中，响应变量用 $\boldsymbol{y}=(y_1,y_2,\cdots,y_n)^{\mathrm{T}}$ 表示。$n\times p$ 的变量矩阵用 $\boldsymbol{X}$ 表示，每行对应一个观测，每列对应一个协变量。用 $X_1,X_2,\cdots,X_p$ 表示矩阵 $\boldsymbol{X}$ 的各列，此时设计矩阵第一列不是常数列 $\mathbf{1}$，即 $\boldsymbol{X}=(X_1,X_2,\cdots,X_p)$。本节中额外假设响应变量、协方差矩阵都已归一化，即

$$\boldsymbol{y}^{\mathrm{T}}\boldsymbol{y}=1,\ \boldsymbol{y}^{\mathrm{T}}\mathbf{1}=0 \tag{6.59}$$

且对 $j=1,2,\cdots,p$ 有

$$\boldsymbol{X}_j^{\mathrm{T}}\boldsymbol{X}_j=1,\boldsymbol{X}_j^{\mathrm{T}}\mathbf{1}=0 \tag{6.60}$$

其中 $\mathbf{1}$ 是各分量全为 1 的 n 维向量。因为归一化，所以回归系数没有常数项。

此外，本节中将使用 Efron[19]内的糖尿病数据，该数据位于 R 包 lars 中。该数据包含 442 个糖尿病患者的数据，包括年龄、性别、体重指标（BMI）、平均血压（BP）以及一些血液的测量值。响应变量表示一年后病情的发展情况。我们希望从这个数据中了解哪些因素对糖尿病发展起到了影响。

6.4.1 岭回归

当预测变量存在较为明显的相关关系时，通过对回归系数的控制，岭回归（ridge regression）能达到减小方差的目的。用$\|\cdot\|$表示向量的二范数，那么有

$$\|\boldsymbol{y}-\boldsymbol{X\beta}\|^2=\sum_{i=1}^{n}\left(y_i-\sum_{j=1}^{p}x_{ij}\beta_j\right)^2$$

对于线性回归模型（正态假设），极大似然等价于最小二乘，加入 $\boldsymbol{\beta}$ 的二范数惩罚项后，岭回归的解可以表示为

$$\hat{\boldsymbol{\beta}}^{\text{ridge}}=\arg\min_{\beta}\left\{\frac{1}{2}\|\boldsymbol{y}-\boldsymbol{X\beta}\|^2+\lambda\sum_{j=1}^{p}\beta_j^2\right\} \tag{6.61}$$

或等价地有

$$\hat{\boldsymbol{\beta}}^{\text{ridge}}=\arg\min_{\beta}\left\{\frac{1}{2}\|\boldsymbol{y}-\boldsymbol{X\beta}\|^2\right\} \tag{6.62}$$

$$\text{s.t.}\ \ \lambda\sum_{j=1}^{p}\beta_j^2\leqslant t \tag{6.63}$$

它在运用最小二乘法的同时，把系数的 l_2 范数控制在一个范围内。这是一个带约束的二次优化问题。其中，t 是控制模型复杂度的参数，这个参数需要根据 6.2 节中介绍的各种准则设置。(6.62)式最优化问题等价的 Lagrangian 形式为(6.61)式，其中的 λ 也是控制模型复杂的参数，它与(6.63)式中的 t 有一一对应关系。由此可以解得岭回归的解的表达式为

$$\hat{\boldsymbol{\beta}}^{\text{ridge}}=(\boldsymbol{X}^{\mathrm{T}}\boldsymbol{X}+\lambda\boldsymbol{I})^{-1}\boldsymbol{X}^{\mathrm{T}}\boldsymbol{y}$$

通过显示表达式，我们可以分析岭回归的性质。

回顾最小二乘的表达式 $\hat{\boldsymbol{\beta}}=(\boldsymbol{X}^{\mathrm{T}}\boldsymbol{X})^{-1}\boldsymbol{X}^{\mathrm{T}}\boldsymbol{y}$，现在我们假设矩阵 $\boldsymbol{X}$ 是列正交的，即 $\boldsymbol{X}^{\mathrm{T}}\boldsymbol{X}=\boldsymbol{I}$。这时，可以发现岭回归估计 $\boldsymbol{\beta}$ 系数的任一分量与最小二乘估计有如下对应关系：

$$\hat{\beta}_j^{\text{ridge}}=\frac{\hat{\beta}_j}{1+\lambda}$$

可以看出，岭回归将最小二乘的系数缩小。

根据 6.1.3 节介绍的奇异值分解，可以考虑更一般的情况。回顾矩阵奇异值分解是将矩阵 $\boldsymbol{X}$ 分解为

$$\boldsymbol{X}=\boldsymbol{U}\boldsymbol{D}\boldsymbol{V}^{\mathrm{T}}$$

其中 $\boldsymbol{U}$ 和 $\boldsymbol{V}$ 都是列正交矩阵。并且由 6.1.3 节的讨论可知，矩阵奇异值分解与主成分分析有直接的联系。矩阵 $\boldsymbol{D}$ 的对角元的平方 d_j^2 对应于第 j 个主成分的样本方差。

根据这个分解形式，最小二乘拟合的结果为

$$\hat{\boldsymbol{y}}=\boldsymbol{X}\hat{\boldsymbol{\beta}}=\boldsymbol{X}(\boldsymbol{X}^{\mathrm{T}}\boldsymbol{X})^{-1}\boldsymbol{X}^{\mathrm{T}}\boldsymbol{y}=\boldsymbol{U}\boldsymbol{U}^{\mathrm{T}}\boldsymbol{y}=\sum_{j=1}^{p}\boldsymbol{u}_j\boldsymbol{u}_j^{\mathrm{T}}\boldsymbol{y}$$

$\boldsymbol{u}_j$ 是 $\boldsymbol{U}$ 的列向量，即 $\boldsymbol{U}=(\boldsymbol{u}_1,\boldsymbol{u}_2,\cdots,\boldsymbol{u}_p)$。由此可见，拟合的结果是将 $\boldsymbol{y}$ 投影到 $\boldsymbol{U}$ 的每个列向量上，并表达为这些列向量的线性组合。

对于岭回归，我们有

$$\begin{aligned}\hat{\boldsymbol{y}}^{\text{ridge}}&=\boldsymbol{X}(\boldsymbol{X}^{\mathrm{T}}\boldsymbol{X}+\lambda\boldsymbol{I})^{-1}\boldsymbol{X}^{\mathrm{T}}\boldsymbol{y}\\&=\boldsymbol{U}\boldsymbol{D}(\boldsymbol{D}^2+\lambda\boldsymbol{I})^{-1}\boldsymbol{D}\boldsymbol{U}^{\mathrm{T}}\boldsymbol{y}\\&=\sum_{j=1}^{p}\frac{d_j^2}{d_j^2+\lambda}\boldsymbol{u}_j\boldsymbol{u}_j^{\mathrm{T}}\boldsymbol{y}\end{aligned}$$

注意到 $d_j^2/(d_j^2+\lambda)\leqslant 1$，且 d_j^2 越小这个比值越小——即在样本方差较小的主成分上有较大压缩。这里的潜在假设是，响应变量更能被有较大方差的主成分解释；也就是说，响应变量在有较大方差的主成分方向上变化较大。

岭回归的自由度（参见 6.2.1 节）通过以下式子衡量

$$\mathrm{df}(\lambda)=\mathrm{tr}\{\boldsymbol{X}(\boldsymbol{X}^{\mathrm{T}}\boldsymbol{X}+\lambda\boldsymbol{I})^{-1}\boldsymbol{X}^{\mathrm{T}}\}=\sum_{j=1}^{p}\frac{d_j^2}{d_j^2+\lambda}$$

它是参数 λ 的单调递减函数。尽管 p 个变量的系数非零，但它们已经被压缩，所以自由度比 p 小。

6.4.2 LASSO

虽然岭回归能提升模型拟合的精确度，但拟合的系数都非零。也就是说，岭回归并不能达到变量选择的目的。Tibshirani[16]提出的 LASSO（Least Absolute Shrinkage and Selection Operator）通过一阶惩罚项，能将一些系数恰好压缩为零，实现变量选择。除此以外，在高维问题中，LASSO 有较高的预测精确度和计算能力

$$\hat{\boldsymbol{\beta}}^{\text{LASSO}}=\arg\min_{\beta}\left\{\frac{1}{2}\|\boldsymbol{y}-\boldsymbol{X}\boldsymbol{\beta}\|^2+\lambda\sum_{j=1}^{p}|\beta_j|\right\}\tag{6.64}$$

或者等价地

$$\hat{\boldsymbol{\beta}}^{\text{LASSO}} = \arg\min_{\beta}\left\{\frac{1}{2}\|\boldsymbol{y}-\mathbf{X}\boldsymbol{\beta}\|^2\right\} \tag{6.65}$$

$$\text{s.t.} \sum_{j=1}^{p}\left|\beta_j\right| \leqslant t \tag{6.66}$$

这种 l_1 罚似然的思想能应用到更广泛的模型中。我们在第 7 章（图模型）中将看到 l_1 罚似然在高维图模型中的应用。图 6.38 解释了 LASSO 为何能够达到选择变量的目的。假设截距项为零且 $\boldsymbol{\beta}=(\beta_1,\beta_2)^{\mathrm{T}}$ 是二维的。那么最优化式子中的第一项

$$f(\beta_1,\beta_2)=\sum_{i=1}^{n}(y_i - x_{i1}\beta_1 - x_{i2}\beta_2)^2$$

的等高线为 (β_1,β_2) 平面上的椭圆。在最小二乘估计得到的点 $\hat{\boldsymbol{\beta}}$ 处取值最小，向外延伸取值增大。然而，岭回归、LASSO 约束项（6.66）式则要求 $\boldsymbol{\beta}=(\beta_1,\beta_2)^{\mathrm{T}}$ 在图 6.38 的黑色区域内。因此，无论 LASSO 或岭回归，最优值解都是某条等高线与黑色约束区域的交点。从图 6.38 中我们可以发现，由于 LASSO 约束区域的形状特殊，在数轴上呈尖角状，所以等高线更容易与某个角相交，使得某些系数恰好被估计为零。若是在高维空间，这样的尖角会有更多，从而使得一些系数更容易被估计为零。

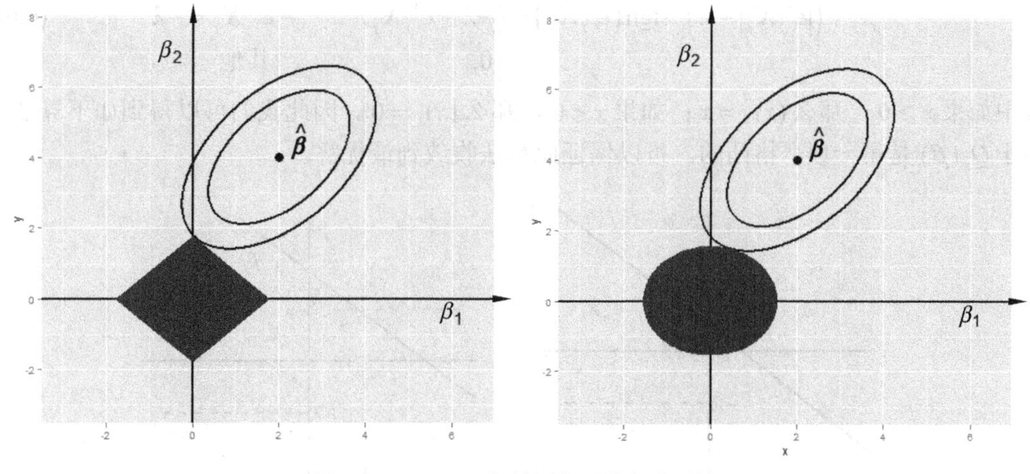

图 6.38 LASSO 与岭回归最优解的对比

6.4.3 Shooting 算法

Fu, W[11]提出了针对 LASSO 的 Shooting 算法，该算法每次迭代更新 $\boldsymbol{\beta}$ 的一个分量——因此属于坐标下降算法（coordinate descent algorithm）。虽然需要反复迭代多次，但 Shooting 算法每次迭代所需运算量很小，因此整体有较高的计算效率。记

$$Q_\lambda(\boldsymbol{\beta})=\frac{1}{2}\|\boldsymbol{y}-\boldsymbol{X}\boldsymbol{\beta}\|^2+\lambda\sum_{j=1}^{p}|\boldsymbol{\beta}_j| \tag{6.67}$$

Shooting 算法每次更新 $\boldsymbol{\beta}$ 的一个分量 $\beta_j(j=1,2,\cdots,p)$，其他分量固定。$Q_\lambda(\boldsymbol{\beta})$ 对 β_j 的下梯

度（sub-gradient）为

$$\frac{\partial}{\partial \beta_j} Q_\lambda(\boldsymbol{\beta}) = -\left(\boldsymbol{y} - \boldsymbol{X}\boldsymbol{\beta}\right)^{\mathrm{T}} \boldsymbol{X}_j + \lambda r_j$$

其中，$\boldsymbol{X}_j$ 是回归矩阵 $\boldsymbol{X}$ 的第 j 个列向量；若 $\beta_j > 0$ 有 $r_j = 1$；若 $\beta_j < 0$ 有 $r_j = -1$；若 $\beta_j = 0$ 有 $r_j \in [-1,1]$，即此时下梯度不唯一。当 $\boldsymbol{\beta}$ 的其他分量固定，β_j 达到最优解的必要条件是存在下梯度等于 0，即

$$\frac{\partial}{\partial \beta_j} Q_\lambda(\boldsymbol{\beta}) = -\left(\boldsymbol{y} - \boldsymbol{X}_{-j}\boldsymbol{\beta}_{-j} - \boldsymbol{X}_j \beta_j\right)^{\mathrm{T}} \boldsymbol{X}_j + \lambda r_j = -\boldsymbol{\epsilon}_{-j}^{\mathrm{T}} \boldsymbol{X}_j + \beta_j \boldsymbol{X}_j^{\mathrm{T}} \boldsymbol{X}_j + \lambda r_j = 0$$

$\boldsymbol{\epsilon}_{-j} = \boldsymbol{y} - \boldsymbol{X}_{-j}\boldsymbol{\beta}_{-j}$ 为移除变量 j 后的残差，$\boldsymbol{X}_{-j}$ 是矩阵 $\boldsymbol{X}$ 移除第 j 列后所得矩阵。上式最后一个等式可改写为

$$-\lambda r_j = \boldsymbol{X}_j^{\mathrm{T}} \boldsymbol{X}_j \beta_j - \boldsymbol{\epsilon}_{-j}^{\mathrm{T}} \boldsymbol{X}_j$$

等式左边是阶梯状的折线（如图 6.39 中虚线所示），右边是以 $\boldsymbol{X}_j^{\mathrm{T}} \boldsymbol{X}_j (=1)$ 为斜率、以 $-\boldsymbol{\epsilon}_{-j}^{\mathrm{T}} \boldsymbol{X}_j$ 为截距的直线（如图 6.39 中实线所示）。β_j 的解恰位于此折线与直线的交点处。这可以分三种情况讨论：当 $-\boldsymbol{\epsilon}_{-j}^{\mathrm{T}} \boldsymbol{X}_j > \lambda$ 时，交点在 $\boldsymbol{\beta}_j$ 的负半轴 (图 6.39(b))；类似地，当 $-\boldsymbol{\epsilon}_{-j}^{\mathrm{T}} \boldsymbol{X}_j < -\lambda$ 时，交点在 $\boldsymbol{\beta}_j$ 的正半轴；当 $\lambda \geqslant -\boldsymbol{\epsilon}_{-j}^{\mathrm{T}} \boldsymbol{X}_j \geqslant -\lambda$ 时 (图 6.39(a))，$\beta_j = 0$。总结为以下迭代更新表达式

$$\beta_j = \left(\left|\boldsymbol{\epsilon}_{-j}^{\mathrm{T}} \boldsymbol{X}_j\right| - \lambda\right)_+ \operatorname{sign}\left(\boldsymbol{\epsilon}_{-j}^{\mathrm{T}} \boldsymbol{X}_j\right) = \begin{cases} \lambda + \boldsymbol{\epsilon}_{-j}^{\mathrm{T}} \boldsymbol{X}_j, & -\boldsymbol{\epsilon}_{-j}^{\mathrm{T}} \boldsymbol{X}_j > \lambda \\ -\lambda + \boldsymbol{\epsilon}_{-j}^{\mathrm{T}} \boldsymbol{X}_j, & -\boldsymbol{\epsilon}_{-j}^{\mathrm{T}} \boldsymbol{X}_j < -\lambda \\ 0, & \text{其他} \end{cases} \tag{6.68}$$

其中如果 $x \geqslant 0$，那么 $(x)_+ = x$；如果 $x < 0$，那么 $(x)_+ = 0$。因此我们可以得到如下算法。由于 $Q_\lambda(\boldsymbol{\beta})$ 是第一项严格凸的，可以保证此算法收敛到最优解。

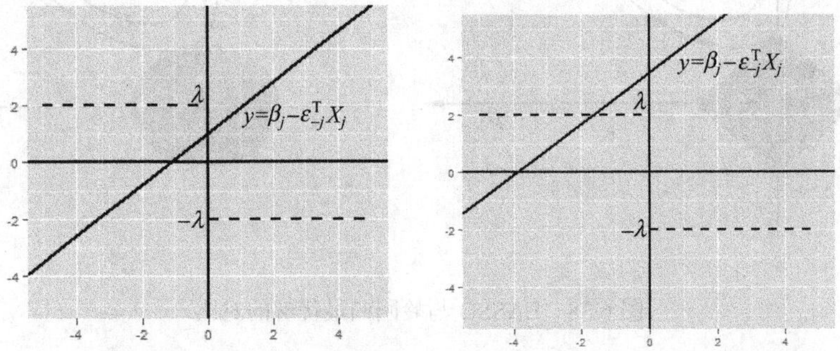

(a) 截距绝对值小于 λ，最优解为 0　　(b) 截距大于 λ，最优解为负值

图 6.39　坐标下降算法迭代更新表达式分类推断示图

算法 6.3　Shooting

获取初始化变量 $\boldsymbol{\beta}^0 \in \mathbb{R}^p$，令 $j = -1$

　repeat

　　令 $j = (j+1) \bmod p + 1$，即在各个分量上循环；

　　用(6.68)式更新 $\boldsymbol{\beta}$ 第 j 个分量 β_j；

until 计算收敛

6.4.4 路径算法

通常，我们需要对不同的 λ 计算 $\hat{\boldsymbol{\beta}}^{\text{LASSO}}$（记为 $\hat{\boldsymbol{\beta}}^{\text{LASSO}}(\lambda)$），然后通过交叉验证（cross-validation）、C_p 统计量等方法选择较好的参数 λ。事实上，我们能够以较低的计算成本，计算所有 λ 取值下的参数 $\hat{\boldsymbol{\beta}}^{\text{LASSO}}(\lambda)$ 估计。这是由于 LASSO 的正则化估计路径（regularized solution path）是分段线性的（习题 5(c)）。也就是说有如下定理。

定理 6.3 存在 $\lambda_0 = 0 < \lambda_1 < \cdots < \lambda_{m-1} < \lambda_m = \infty$ 以及 $\gamma_0, \gamma_1, \cdots, \gamma_{m-1} \in \mathbb{R}^p$，使得当 $\lambda_k \leqslant \lambda < \lambda_{k+1}$ $0 \leqslant k \leqslant m-1$ 时，$\hat{\boldsymbol{\beta}}^{\text{LASSO}}(\lambda) = \hat{\boldsymbol{\beta}}^{\text{LASSO}}(\lambda_k) + (\lambda - \lambda_k)\boldsymbol{\gamma}_k$。

首先，存在最大值 $\lambda_{\max} = \lambda_{m-1}$ 使得 $\lambda \geqslant \lambda_{\max}$ 时 $\hat{\boldsymbol{\beta}}^{\text{LASSO}}(\lambda) = \mathbf{0}$，即各个分量为零；而当 $\lambda < \lambda_{\max}$ 时，存在某个分量非零。这个最大值 $\lambda_{\max}$ 可由下式计算：

$$\lambda_{\max} = \max_{1 \leqslant j \leqslant p} \{| 2\boldsymbol{X}_j^{\text{T}} \boldsymbol{y} | / n\}$$

利用正则化估计路径是分段线性的特点，我们能方便地计算不同的 λ 下的 $\hat{\boldsymbol{\beta}}^{\text{LASSO}}(\lambda)$。我们需要计算的仅仅是有限个 $(\lambda_k, \boldsymbol{\gamma}_k)(k = 1, 2, \cdots, m-1)$，对其他 λ 取值下的解，只需要通过线性插值即可获得。通常，λ_k 的个数为 $O(n)$。整个路径的计算复杂度为 $O(np\min(n, p))$；当 $p \gg n$ 时，计算复杂度为 $O(p)$。

1. 最小角回归算法

最小角回归算法（Least Angle Regression，LARS）效率很高，与普通的最小二乘算法计算量相当。并且，在一定限制条件下，我们可以通过最小角回归算法得到 LASSO 或分阶段回归的正则化估计路径。

在介绍最小角回归算法前，需要指出，该算法假定 p 个预测变量 $\boldsymbol{X}_1, \boldsymbol{X}_2 \cdots, \boldsymbol{X}_p$ 是线性独立的。当 $p > n$ 时，线性独立的条件不可能得到满足。此时，算法会从 $\boldsymbol{X}_1, \boldsymbol{X}_2 \cdots, \boldsymbol{X}_p$ 选出极大线性独立的向量，这些向量的数目不会超过 n，即最终所选择的变量数不超过 n。

6.2.4 节介绍了逐步回归和分阶段回归。逐步回归是一种贪心算法，每次加入或移除一个变量，并且这个变量被完全纳入模型中；虽然逐步回归有较高的计算效率，但它损失了模型精度。分阶段回归则采取保守的策略，每次只加入该变量很小的一部分，但其计算速度较慢。

最小角回归则可视为两种方法的折中。它也从所有系数都为零开始，每次加入最相关的变量。虽然没有把变量完全加入，但却计算了可能的最大步长——这点使其效率优于分阶段回归。这个最大步长恰是下一个变量进入活动集合（即回归系数非零）的转折点。

首先，以两个自变量的情形为例说明最小角回归的计算步骤。假设只有两个变量 $\boldsymbol{X}_1$ 和 $\boldsymbol{X}_2$，我们从这个简单的情形了解最小角回归的一般估计过程。最小二乘估计 $\hat{\boldsymbol{y}}$ 是向量 $\boldsymbol{y}$ 在向量 $\boldsymbol{X}_1$ 和 $\boldsymbol{X}_2$ 构成的空间中的投影。初始状态下，两个变量的系数都为 0，此时对 $\boldsymbol{y}$ 的估计值为 $\hat{\boldsymbol{\mu}}_0 = \mathbf{0}$，残差为原响应向量 $\boldsymbol{\epsilon} = \boldsymbol{y}$。假设 $\boldsymbol{X}_1$ 与残差 $\boldsymbol{\epsilon} = \boldsymbol{y}$ 的相关系数最大，即 $\boldsymbol{X}_1^{\text{T}} \boldsymbol{y} > \boldsymbol{X}_2^{\text{T}} \boldsymbol{y}$。那么，我们沿着 $\boldsymbol{u}_1 = \boldsymbol{X}_1$ 的方向增大对 $\boldsymbol{y}$ 的估计。

$$\hat{\boldsymbol{\mu}}_1 = \hat{\boldsymbol{\mu}}_0 + \gamma_1 \boldsymbol{u}_1 (\gamma_1 \geqslant 0)$$

随着 γ_1 从零逐渐增大，残差向量 $\boldsymbol{y} - \hat{\boldsymbol{\mu}}_1$ 与变量 $\boldsymbol{X}_1$ 的相关性在减小，与变量 $\boldsymbol{X}_2$ 的相关性增

大。直到 γ_1 增大到一定程度，残差 $\boldsymbol{y}-\hat{\boldsymbol{\mu}}_1$ 与向量 $\boldsymbol{X}_1$、$\boldsymbol{X}_2$ 的相关性相等。此时，令 $\boldsymbol{u}_2$ 为 $\boldsymbol{X}_1$ 与 $\boldsymbol{X}_2$ 夹角相等的方向，按下式进一步改变对响应变量的估计

$$\hat{\boldsymbol{\mu}}_2=\hat{\boldsymbol{\mu}}_1+\gamma_2\boldsymbol{u}_2(\gamma_2\geqslant 0)$$

当 γ_2 从零开始逐渐增大，残差 $\boldsymbol{y}-\hat{\boldsymbol{\mu}}_2$ 与向量 $\boldsymbol{X}_1$、$\boldsymbol{X}_2$ 的相关性会以相等的速率减小，直到 $\hat{\boldsymbol{\mu}}_2$ 等于 $\boldsymbol{y}$ 的最小二乘估计。估计过程如图 6.40 所示，注意到该图与图 6.16 的估计过程完全一样，请思考两种估计过程的相似性，并给出习题解答。

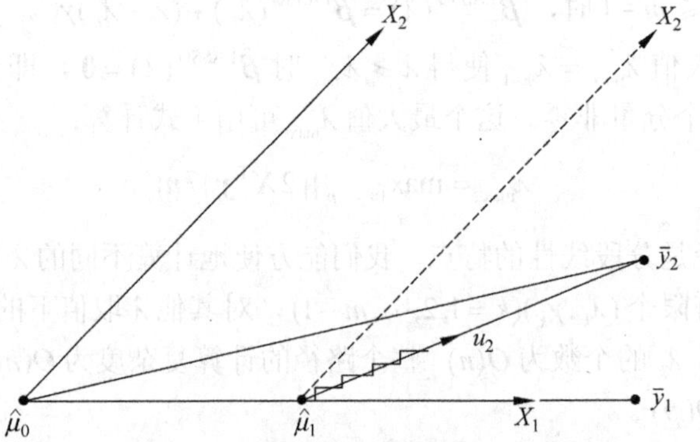

图 6.40 最小角回归计算步骤示意图

有了以上的直观了解，现在考虑多个变量的一般情况。记 $\hat{\boldsymbol{\mu}}_{\mathcal{A}}$ 为当前对 $\boldsymbol{y}$ 的估计，那么第 j 个变量与残差的相关系数正比于

$$\hat{c}_j=\boldsymbol{X}_j^{\mathrm{T}}(\boldsymbol{y}-\hat{\boldsymbol{\mu}}_{\mathcal{A}}) \tag{6.69}$$

此外，记 $\mathcal{A}$ 为活动集（active set），它是当前回归系数非零的自变量指标集合，与残差有最大的相关系数绝对值，即

$$\hat{C}=\max_j\{|\hat{c}_j|\}\ \text{且}\ \mathcal{A}=\{j:|\hat{c}_j|=\hat{C}\}$$

并且定义一个回归系数矩阵 $\boldsymbol{X}_{\mathcal{A}}=(\cdots,s_j\boldsymbol{x}_j,\cdots)_{j\in\mathcal{A}}$，其中 $s_j=\mathrm{sign}(c_j)$。这样 $\boldsymbol{X}_{\mathcal{A}}$ 的各列与残差有小于 90° 的夹角。

现在需要确定下一步更新的方向——它是与 $\boldsymbol{X}_{\mathcal{A}}$ 中各列等夹角的单位向量，且使得活动集中的变量与残差的相关系数等速率减小。记 $\tilde{\boldsymbol{u}}_{\mathcal{A}}$ 为与 $\boldsymbol{X}_{\mathcal{A}}$ 中各列等夹角的向量，且要求 $\tilde{\boldsymbol{u}}_{\mathcal{A}}$ 在 $\boldsymbol{X}_{\mathcal{A}}$ 各列张成的空间中，即存在 $\boldsymbol{w}_{\mathcal{A}}$ 使得 $\tilde{\boldsymbol{u}}_{\mathcal{A}}=\boldsymbol{X}_{\mathcal{A}}\boldsymbol{w}_{\mathcal{A}}$。又由于 $\tilde{\boldsymbol{u}}_{\mathcal{A}}$ 与 $\boldsymbol{X}_{\mathcal{A}}$ 各列相关且小于 90° 的夹角，

$$\boldsymbol{X}_{\mathcal{A}}^{\mathrm{T}}\tilde{\boldsymbol{u}}_{\mathcal{A}}=1$$

可以解得 $\boldsymbol{w}_{\mathcal{A}}=(\boldsymbol{X}_{\mathcal{A}}^{\mathrm{T}}\boldsymbol{X}_{\mathcal{A}})^{-1}\mathbf{1}_{\mathcal{A}}$，因此 $\tilde{\boldsymbol{u}}_{\mathcal{A}}=\boldsymbol{X}_{\mathcal{A}}(\boldsymbol{X}_{\mathcal{A}}^{\mathrm{T}}\boldsymbol{X}_{\mathcal{A}})^{-1}\mathbf{1}_{\mathcal{A}}$。进一步将 $\tilde{\boldsymbol{u}}_{\mathcal{A}}$ 归一化，得

$$\|\tilde{\boldsymbol{u}}_{\mathcal{A}}\|^2=\tilde{\boldsymbol{u}}_{\mathcal{A}}^{\mathrm{T}}\tilde{\boldsymbol{u}}_{\mathcal{A}}=\mathbf{1}_{\mathcal{A}}^{\mathrm{T}}(\boldsymbol{X}_{\mathcal{A}}^{\mathrm{T}}\boldsymbol{X}_{\mathcal{A}})^{-1}\mathbf{1}_{\mathcal{A}}$$

记 $A_{\mathcal{A}}=1/\|\tilde{\boldsymbol{u}}_{\mathcal{A}}\|$，得到归一化的向量 $\boldsymbol{u}_{\mathcal{A}}=A_{\mathcal{A}}\boldsymbol{X}_{\mathcal{A}}(\boldsymbol{X}_{\mathcal{A}}^{\mathrm{T}}\boldsymbol{X}_{\mathcal{A}})^{-1}\mathbf{1}_{\mathcal{A}}$。沿此方向更新对响应变量的估计 $\hat{\boldsymbol{\mu}}_{\mathcal{A}}$，

$$\boldsymbol{\mu}(\gamma)=\hat{\boldsymbol{\mu}}_{\mathcal{A}}+\gamma\boldsymbol{u}_{\mathcal{A}} \tag{6.70}$$

与二维的情形类似，随着γ从零开始增大，$\mathcal{A}$中所标记的变量$\boldsymbol{X}_j(j\in\mathcal{A})$与残差的相关系数的绝对值，以相等的速率在减小。这是由于对$j\in\mathcal{A}$有

$$|c_j(\gamma)|=s_j\boldsymbol{X}_j^{\mathrm{T}}(\boldsymbol{y}-\boldsymbol{\mu}(\gamma))=s_j\boldsymbol{X}_j^{\mathrm{T}}(\boldsymbol{y}-\hat{\boldsymbol{\mu}}_{\mathcal{A}})+\gamma s_j\boldsymbol{X}_j^{\mathrm{T}}\boldsymbol{u}_{\mathcal{A}}=\hat{C}-\gamma A_{\mathcal{A}}$$

与此同时，活动集$\mathcal{A}$之外的变量与残差的相关系数也在变化，对$j\notin\mathcal{A}$，记$a_j=\boldsymbol{X}_j^{\mathrm{T}}\boldsymbol{u}_{\mathcal{A}}$，那么

$$c_j(\gamma)=\boldsymbol{X}_j^{\mathrm{T}}(\boldsymbol{y}-\boldsymbol{\mu}(\gamma))=c_j-\gamma a_j$$

最大步长γ_j可以通过关系式$\left|c_j(\gamma)\right|=\hat{C}-\gamma_j A_{\mathcal{A}}$确定，即

$$\hat{\gamma}=\max{}_{j\in A_{\mathcal{A}}^c}\{\gamma_j\} \tag{6.71}$$

这个$\hat{\gamma}$使得$\left|c_j(\gamma)\right|$ $(j\in\mathcal{A})$减小，直到某个向量与残差的相关系数绝对值等于活动集与残差的相关系数绝对值。在下一步估计中，这个向量加入活动集之中，重复上面的步骤更新估计。

上面的步骤只是确定了对$\boldsymbol{y}$的估计，如何获得回归系数$\boldsymbol{\beta}$的估计呢？注意初始时，$\boldsymbol{\beta}=\boldsymbol{0}$。且有$\boldsymbol{u}_{\mathcal{A}}=A_{\mathcal{A}}\boldsymbol{X}_{\mathcal{A}}\boldsymbol{w}_{\mathcal{A}}$。由此可以确定$\boldsymbol{\beta}$的更新方向为

$$\hat{\boldsymbol{d}}=\boldsymbol{S}_{\mathcal{A}}A_{\mathcal{A}}\boldsymbol{w}_{\mathcal{A}}=\boldsymbol{S}_{\mathcal{A}}A_{\mathcal{A}}(\boldsymbol{X}_{\mathcal{A}}^{\mathrm{T}}\boldsymbol{X}_{\mathcal{A}})^{-1}\boldsymbol{1}_{\mathcal{A}}$$

其中，$\boldsymbol{S}_{\mathcal{A}}=\mathrm{diag}(s_j)_{j\in\mathcal{A}}$是对角矩阵。一步迭代后的回归系数为

$$\hat{\boldsymbol{\beta}}_{\mathcal{A}+}=\hat{\boldsymbol{\beta}}_{\mathcal{A}}+\hat{\gamma}\hat{\boldsymbol{d}} \tag{6.72}$$

注意在下一步迭代初始，新加入变量的回归系数为0。

2. 最小角回归的 LASSO 修正

只需将以上算法稍作修改，就能得到 LASSO 在不同λ下的估计。LASSO 与最小角回归唯一的不同在于，LASSO 多了以下限制条件（见习题 5(b)）：

$$\mathrm{sign}(\hat{\beta}_j)=\mathrm{sign}(\hat{c}_j) \tag{6.73}$$

即当前$\boldsymbol{\beta}$系数的估计值必须与相关系数符号一致。为了在 LARS 算法中实现此限制，只需在每步计算时确定$\boldsymbol{\beta}$各分量符号改变的步长；若其小于 LARS 步长，那么在符号改变点停止 LARS 当前步，从$\mathcal{A}$中移除符号改变的变量，再进行下一步计算。

具体地说，可以通过(6.72)式确定当前活动变量回归系数的符号改变点。对于$\hat{\boldsymbol{\beta}}_{\mathcal{A}+}$的第$k$个分量$\hat{\boldsymbol{\beta}}_{\mathcal{A}+}(k)$，假设$\hat{\beta}_{\mathcal{A}}(k)$和$\hat{d}(k)$分别是对应向量$\hat{\boldsymbol{\beta}}_{\mathcal{A}}$、$\hat{\boldsymbol{d}}$的第$k$个分量，那么活动集中的第$k$个分量符号改变点为

$$\gamma_k=-\hat{\beta}_{\mathcal{A}+}(k)/\hat{d}(k)$$

最近的下一个符号改变点位

$$\tilde{\gamma}=\min_{\gamma_k>0}\{\gamma_k\}$$

如果不存在$\gamma_k>0$，那么$\tilde{\gamma}=\infty$。由该式计算的步长将与(6.71)式计算的步长比较。如果$\tilde{\gamma}>\hat{\gamma}$，那么 LARS 执行步长$\hat{\gamma}$并进入下一步 LARS 计算。如果$\tilde{\gamma}\leqslant\hat{\gamma}$，那么 LARS 执行步长$\tilde{\gamma}$，在$\tilde{\gamma}$处从活动集$\mathcal{A}$中移除符号改变的变量，进入下一轮计算。

最小角回归与 LASSO 的路径比较如图 6.41 所示。两个图形上端的数字表示计算的步骤，由图可见，LARS 一共计算了 10 步，LASSO 计算了 12 步。图形下端的数字表示系数压缩比例，假设 $\hat{\boldsymbol{\beta}}=(\hat{\beta}_1,\hat{\beta}_2,\cdots,\hat{\beta}_p)^{\mathrm{T}}$ 是当前计算的系数，$\bar{\boldsymbol{\beta}}=(\bar{\beta}_1,\bar{\beta}_2,\cdots,\bar{\beta}_p)^{\mathrm{T}}$ 是全模型的回归系数，那么系数压缩比例为

$$\frac{\sum_i|\hat{\beta}_i|}{\sum_i|\bar{\beta}_i|}$$

注意 LASSO 在第 10 步时，计算的第 7 个变量的回归系数符号发生了改变，在第 11 步这个变量又被重新纳入活动集。

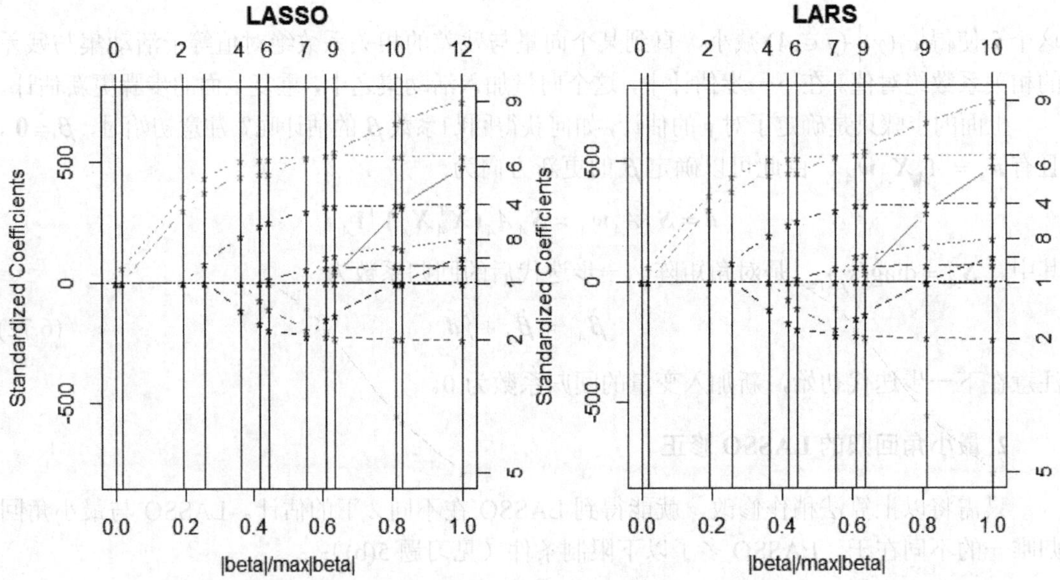

图 6.41 糖尿病数据 LASSO 路径与 LARS 路径比较

最右端的数字从上到下排序为：9、3、6、4、8、7、10、1、2、5

3. 最小角回归的分阶段回归修正

对 LARS 算法做出调整，也能得到分阶段回归算法。由 6.2.4 节的介绍可知，分阶段回归对响应变量估计 $\hat{\boldsymbol{\mu}}$ 的更新由很多步长为 ε 的计算步骤组成。假设在接下来的 N 次更新中，第 j 个变量 $\boldsymbol{X}_j$ 被选择 N_j 次。令 $\boldsymbol{P}=\dfrac{1}{N}(N_1,N_2,\cdots,N_p)^{\mathrm{T}}$，且 $\boldsymbol{P}_{\mathcal{A}}$ 是角标对应于 $\mathcal{A}$ 的 $\boldsymbol{P}$ 的子向量。那么对 $\hat{\boldsymbol{\mu}}_{\mathcal{A}}$ 的更新可表示为

$$\hat{\boldsymbol{\mu}}_{+}=\hat{\boldsymbol{\mu}}_{\mathcal{A}}+N\epsilon\boldsymbol{X}_{\mathcal{A}}\boldsymbol{P}_{\mathcal{A}} \tag{6.74}$$

与 LARS 的更新表达式比较

$$\boldsymbol{\mu}(\gamma)=\hat{\boldsymbol{\mu}}_{\mathcal{A}}+\gamma_{\mathcal{A}}\boldsymbol{u}_{\mathcal{A}}=\hat{\boldsymbol{\mu}}_{\mathcal{A}}+\gamma A_{\mathcal{A}}\boldsymbol{X}_{\mathcal{A}}(\boldsymbol{X}_{\mathcal{A}}^{\mathrm{T}}\boldsymbol{X}_{\mathcal{A}})^{-1}\boldsymbol{1}_{\mathcal{A}} \tag{6.75}$$

易见，(6.74)式与(6.75)式一致的必要条件是，(6.75)式中的 $\boldsymbol{w}_{\mathcal{A}}=A_{\mathcal{A}}(\boldsymbol{X}_{\mathcal{A}}^{\mathrm{T}}\boldsymbol{X}_{\mathcal{A}})^{-1}\boldsymbol{1}_{\mathcal{A}}$ 可以表达为变量 $\boldsymbol{X}_j\,(j\in\mathcal{A})$ 的非负线性组合，即 $\boldsymbol{w}_{\mathcal{A}}$ 属于集合

$$C_A = \left\{ v = \sum_{j \in A} s_j \boldsymbol{X}_j P_j,\ P_j > 0 \right\}$$

若 $\boldsymbol{w}_A$ 不属于 C_A，则计算 $\boldsymbol{w}_A$ 在 C_A 中的投影 $\boldsymbol{w}_A^p$，并将 LARS 的更新表达式(6.75)式修改为

$$\boldsymbol{\mu}(\gamma) = \hat{\boldsymbol{\mu}}_A + \gamma \boldsymbol{X}_A \boldsymbol{w}_A^p$$

如此得到 LARS 的分阶段回归修正。最小角回归与 LASSO 的路径比较如图 6.42 所示。除了第 7 个变量，分阶段回归的其他变量回归系数都保持单调增加。

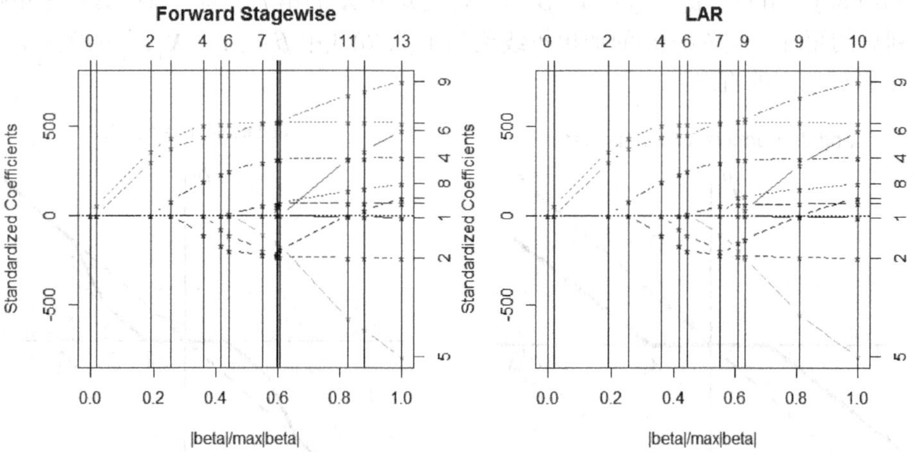

图 6.42　糖尿病数据分阶段回归路径与 LARS 路径比较

6.4.5　其他惩罚项及 Oracle 性质

本小节介绍其他惩罚项形式，讨论让惩罚项具有 Oracle 性质的条件。Shooting 算法能够扩展到这些惩罚项形式，Friedman[9]对此类算法做了总结并延伸。

对于惩罚项 $p(\beta_j)$，我们考虑一般的目标函数形式

$$\frac{1}{2}\| \boldsymbol{y} - \boldsymbol{X}\boldsymbol{\beta} \|^2 + \sum_{j=1}^{p} p_\lambda(\beta_j) \tag{6.76}$$

之前介绍的 LASSO 和岭回归都可以视为它的特例。当 $p_\lambda(\beta_j) = \lambda |\beta_j|$ 时，(6.76)式便成为 LASSO，而当 $p_\lambda(\beta_j) = \lambda \beta_j^2$ 时得到岭回归。

一种自然的拓展方式是考虑以下惩罚项

$$p_\lambda(\beta_j) = \lambda |\beta_j|^q \ (q \geqslant 0) \tag{6.77}$$

此类惩罚项的回归被称为 Bridge Regression[8,11]。只有当 $q \leqslant 1$ 时，$p_\lambda(\beta_j) = \lambda |\beta_j|^q$ 在 $\beta_j = 0$ 点不可导，使得一些回归系数恰好为 0[6]；只有当 $q \geqslant 1$ 时，得到凸的惩罚项，便于计算。因此 $q = 1$ 的地位特殊。当 $q = 0$ 时，(6.77)式对应最优子集回归。

另一种思路是考虑 LASSO 与岭回归的线性组合。Zou 和 Hastie[17]引入 Elastic-Net，它的惩罚项为

$$p_\lambda(\beta_j) = \lambda \sum_{j=1}^{p} (\alpha \beta_j^2 + (1-\alpha)|\beta_j|) \tag{6.78}$$

其中 $0 \leqslant \alpha \leqslant 1$。这种方法能像 LASSO 那样选择变量，也能如岭回归那样具有压缩系数的功能，一般不会过度压缩系数，能处理组(group)效应问题，并能处理 $p>n$ 的情况。当 $\alpha=1$ 时退化为岭回归，当 $\alpha=0$ 时退化为 LASSO。(6.78)式与(6.77)式相比有更高的计算效率，并且可以在一定程度上逼近(6.77)式。仿照(6.68)式的推导过程，当用 Shooting 算法求解(6.76)式且惩罚形式为的回归问题时，只需将算法 6.3 中第 3 步迭代表达式替换为(6.79)式（习题 6）。

$$\beta_j = \frac{\operatorname{sign}(\boldsymbol{X}_j^{\mathrm{T}}\boldsymbol{\varepsilon}_{-j})(|\boldsymbol{X}_j^{\mathrm{T}}\boldsymbol{\varepsilon}_{-j} - \lambda_1|)_+}{1+\lambda_2} \tag{6.79}$$

其中，与(6.68)式相同，$\boldsymbol{\varepsilon}_{-j} = \boldsymbol{y} - \boldsymbol{X}_{-j}\boldsymbol{\beta}_{-j}$，$\boldsymbol{X}_j$ 是矩阵 $\boldsymbol{X}$ 的第 j 个列向量；$\boldsymbol{X}_{-j}$ 是矩阵 $\boldsymbol{X}$ 移除第 j 列后的矩阵。图 6.43(a)的加粗折线刻画了(6.76)式中 β_j 与 $z=\boldsymbol{X}_j^{\mathrm{T}}\boldsymbol{\varepsilon}_{-j}$ 的关系，虚线是斜率为 1 且过原点的直线。

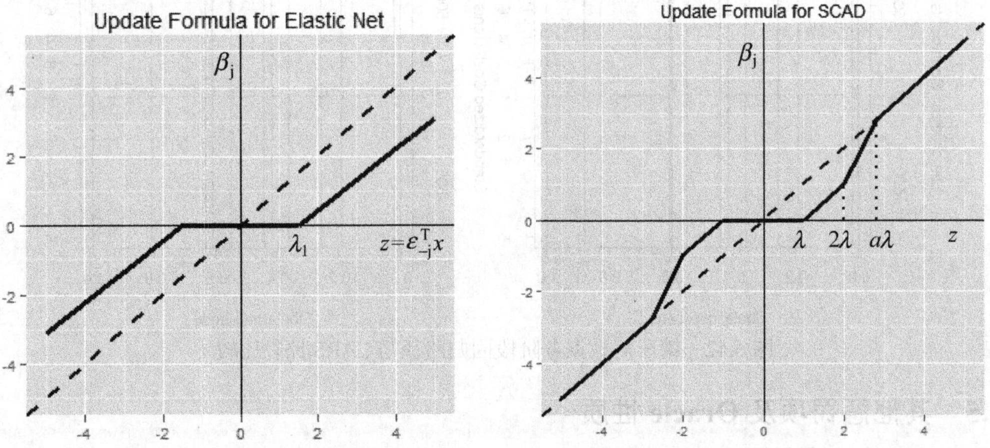

(a) Elastic Net 的迭代公式　　　　(b) SCAD 的迭代公式

图 6.43　Elastic Net 和 SCAD 的迭代表达式图

在(6.76)式中，尽管惩罚项 $p_\lambda(\beta_j)$ 的存在使得最小二乘估计更为精确，但由于惩罚的存在使得估计值 $\hat{\beta}$ 始终是有偏的（估计期望的绝对值比真实值的绝对值小）。为了克服这一缺陷，可以在 β_j 有足够高的显著性时，取消对系数的惩罚。Fan[6]提出了 SCAD(Smoothly Clipped Absolute Deviation)惩罚项，它的导数形式为

$$p_\lambda'(\beta_j) = \lambda\left\{I\left(\left|\beta_j\right| \leqslant \lambda\right) + \frac{\left(a\lambda - \left|\beta_j\right|\right)_+}{(a-1)\lambda} I\left(\left|\beta_j\right| > \lambda\right)\right\}\operatorname{sign}\left(\beta_j\right)$$

其中 $a>2$ 为常数。用 Shooting 算法解带此惩罚项的(6.76)式，β 各分量的迭代更新表达式为（习题 6）

$$\boldsymbol{\beta}_j = \begin{cases} \boldsymbol{\varepsilon}_{-j}^{\mathrm{T}}\boldsymbol{X}_j, & \left|\boldsymbol{\varepsilon}_{-j}^{\mathrm{T}}\boldsymbol{X}_j\right| > a\lambda \\ \operatorname{sign}\left(\boldsymbol{X}_j^{\mathrm{T}}\boldsymbol{\varepsilon}_{-j}\right)\left(\left|\boldsymbol{X}_j^{\mathrm{T}}\boldsymbol{\varepsilon}_{-j}\right| - \lambda\right)_+, & \left|\boldsymbol{\varepsilon}_{-j}^{\mathrm{T}}\boldsymbol{X}_j\right| < 2\lambda \\ \left\{(a-1)\boldsymbol{\varepsilon}_{-j}^{\mathrm{T}}\boldsymbol{X}_j - \operatorname{sign}\left(\boldsymbol{\varepsilon}_{-j}^{\mathrm{T}}\boldsymbol{X}_j\right)a\lambda\right\}/(a-2), & \text{其他} \end{cases} \tag{6.80}$$

由(6.80)式可见，当 $\boldsymbol{X}_j$ 与残差 $\boldsymbol{\varepsilon}_j$ 的相关性足够高，即 $\left|\boldsymbol{X}_j^{\mathrm{T}}\boldsymbol{\varepsilon}_{-j}\right| > a\lambda$，我们没有再对 β_j 进行

惩罚。图 6.43(b)的加粗折线刻画了(6.80)式中 β_j 与 $z=\boldsymbol{X}_j^{\mathrm{T}}\boldsymbol{\varepsilon}_{-j}$ 的关系，虚线是斜率为 1 且过原点的直线。与图 6.43(a)不同的是，当 $\left|\boldsymbol{X}_j^{\mathrm{T}}\boldsymbol{\varepsilon}_{-j}\right|>a\lambda$ 时实线与虚线重合，此时没有对系数压缩。

非凸惩罚 SCAD 在一定程度上消除了由惩罚项带来的偏差。为了考虑 SCAD 在样本量趋于无穷（$n\to\infty$）时的极限性质，用 λ_n 表示样本量为 λ_n 时所选择的调节系数 λ，且用 $\boldsymbol{\beta}^0=(\beta_1^0,\cdots,\beta_p^0)^{\mathrm{T}}$ 表示真实的回归系数。

首先，我们希望 SCAD 中 $z=\boldsymbol{X}_j^{\mathrm{T}}\boldsymbol{\varepsilon}_{-j}$ 被惩罚的区域逐渐缩小到零，即使得 $\lambda_n\to 0$。因为随着样本量的增大，$z=\boldsymbol{X}_j^{\mathrm{T}}\boldsymbol{\varepsilon}_{-j}$ 在迭代中收敛到真值 β_j^0；因此，对于 $\beta_j^0\neq 0$，将逐渐消除惩罚带来的偏差。

此外，在 $\lambda_n\to 0$ 的过程中，我们也希望保持着对系数为零项（$\beta_j^0=0$）的惩罚。这样可让我们以较高的概率得到真实的非零系数集合 $\mathcal{A}=\{j:\beta_j^0\neq 0\}$。为了保持对所有 $\beta_j^0=0$ 项的惩罚，$\lambda_n\to 0$ 的速度不能太快，即惩罚区域缩小的速度不能太快。λ_n 的速度应该比 $1/\sqrt{n}$ 慢——这是 $z=\boldsymbol{X}_j^{\mathrm{T}}\boldsymbol{\varepsilon}_{-j}$ 收敛到真值的速度。

Fan[6]证明了在 $\lambda_n\to 0$，$\sqrt{n}\lambda_n\to\infty$ 的条件下，SCAD 具有以下 Oracle 性质：

（1）$P(\beta_{\mathcal{A}^c}=0)\to 1$。

（2）$\hat{\beta}_{\mathcal{A}}$ 以 $\sqrt{n}$ 的速率收敛到 $\beta_{\mathcal{A}}^0$，且到达最优估计效率。

顾名思义，Oracle 性质指“事先知道”β^0 的非零分量，且以最优估计效率对它们进行估计；而对于其他分量，估计值依概率 1 收敛到 0。

正如在文章中 Fan[6]指出的那样，Oracle 性质直接和统计学中极大似然估计的 super-efficiency[12]概念相关。设样本 $u_1,u_2,\cdots,u_n$ 独立同分布来自正态分布 $N(\theta,1)$，令 $\bar{u}_n=(1/n)\sum_{i=1}^{n}u_i$ 且 $0\leqslant t<1$，构造估计量

$$\hat{\theta}_n=\begin{cases}t\bar{u}_n, & |\bar{u}_n|<n^{-c}\\ \bar{u}_n, & |\bar{u}_n|\geqslant n^{-c}\end{cases}$$

与 SCAD 类似，$|\bar{u}_n|<n^{-c}$ 构成了估计量的惩罚区域，且当 $0<c<1/2$ 时，我们可以确保惩罚区域缩小到零，但缩小的速度又比 $1/\sqrt{n}$ 慢。此时，若真值 $\theta=0$，那么估计的效率为 t^2——优于 $\theta\neq 0$ 的最优估计效率 1。

最后，简要介绍 Adaptive LASSO，它是一种 LASSO 的两步回归修正。它的惩罚项形式为

$$p_\lambda(\beta_j)=\frac{|\beta_j|}{|\hat{\beta}_j|^q}$$

其中，$\hat{\beta}_j$ 是 β 系数的 $n^{1/2}$-相合估计。估计系数时，第一步可以通过 LASSO 计算 $\hat{\beta}_j$，并用交叉验证选择调节参数 λ。第二步，再将 $\hat{\beta}_j$ 代入 Adaptive LASSO，再次用交叉验证选择参数 λ。这样所得到的估计量也具有 Oracle 性质，参见 Zou[17]。

6.4.6 软件实现

JMP 中实现本节的功能全部依赖于 R 包。LASSO、LARS、分阶段回归可以使用 R 包中的 lars，且已有 JMP 中的 R 插件可供下载。Elastic Net 可用 R 包中的 elasticnet，SCAD 可用 R 包中的 ncvreg，Adaptive LASSO 则包含于 R 包 parcor 中。

6.5 总 结

- □ 线性回归模型。假设响应变量 $\boldsymbol{Y}$ 服从 $N(\boldsymbol{X\beta},\sigma^2\boldsymbol{I})$，对回归系数 $\boldsymbol{\beta}$ 进行估计。它的估计方法有最小二乘和极大似然，且两者是等价的。
- □ 模型选择。在模型复杂度与模型预测能力间权衡的方法。模型训练误差通常乐观地估计了误差，测试误差、期望误差能更客观地估计模型的误差。期望误差可以用交叉验证、自助法估计。此外，AIC、BIC、C_p 统计量等，直接在训练误差与模型自由度间权衡，计算简单、不需要假设检验。
- □ 逐步回归。离散的回归模型选择方法，也是一种贪心算法，每次加入或移除一个变量。在变量数较多是，效率比最优子集回归高。
- □ 广义线性模型。对线性回归模型的扩充，对更多类型的响应变量建模。响应变量可以是二元的、计数的、非负的等。模型估计方法为极大似然估计。
- □ 系数压缩。在极小负对数似然函数同时加入惩罚项。如果惩罚项是回归系数的二范数则得到岭回归，它对方差较小的主成分有较大的惩罚。如果回归系数是一范数，则得到 LASSO，它能将一些系数压缩为 0，从而起到变量选择的作用。
- □ 最小角回归。一种路径算法，它的解路径有分段线性的特点。它比逐步回归保守，比分阶段回归激进。经过适当的调整，最小角回归能得到 LASSO 或分阶段回归的解路径。它的优点是计算快，与线性回归的最小二乘计算量相当。
- □ Oracle 性质。高维线性回归的基本假设为回归系数是稀疏的，即真实模型的变量远远少于备选变量。Oracle 性质是回归系数估计的渐进性质，就像提前知道模型中的真实变量，其他变量回归系数被估计为 0 的概率趋于 1，这些真实变量达到最优的估计效率。
- □ LASSO 选择正确的模型条件较强。为此，提出了非凸惩罚项 SCAD 和两步估计方法 Adaptive LASSO。它们都具有 Oracle 性质。

6.6 讨论题目

1. 验证关系(6.41)式以及(6.43)式。
2. 验证 6.2.2 节中的泊松分布 $P(\lambda)$ 和伽玛分布 $G(\mu,\nu)$ 都属于指数族。
3. 推导 6.3.1 节中 Logistic 回归的 Newton-Raphson 迭代表达式。
4. 对 6.3.6 节中的数据进行逐步回归，并将结果进行比较。
5. （LASSO 的性质）沿用 6.4.4 节的符号，考虑 Lagrange 形式的 LASSO 问题

$$L(\boldsymbol{\beta})+\lambda\sum_j\left|\beta_j\right|$$

其中 $L(\boldsymbol{\beta})=\sum_i\left(y_i-\sum_j x_{ij}\beta_j\right)^2$，且 $\lambda>0$.

(a)将 β_j 分解为两个正的自由参数之差，即 $\beta_j=\beta_j^+-\beta_j^-$ 且 $\beta_j^+\geqslant 0$，$\beta_j^-\geqslant 0$。于是 LASSO 的 Lagrange 形式等价于

$$L(\boldsymbol{\beta})+\lambda\sum_j(\beta_j^++\beta_j^-)$$

在新的参数β_j^+、β_j^-下，Lagrange 对偶函数为

$$L(\boldsymbol{\beta})+\lambda\sum_j\left(\beta_j^+ + \beta_j^-\right)-\sum_j\lambda_j^+\beta_j^+ -\sum_j\lambda_j^-\beta_j^-$$

此对偶函数的 Karush-Kuhn-Tucker 最优解条件为

$$\frac{\partial L(\boldsymbol{\beta})}{\partial\beta_j}+\lambda-\lambda_j^+=0$$

$$-\frac{\partial L(\boldsymbol{\beta})}{\partial\beta_j}+\lambda-\lambda_j^-=0$$

$$\lambda_j^+\beta_j^+=0$$

$$\lambda_j^-\beta_j^-=0$$

（b）KKT 条件意味着$2\lambda=\lambda_j^+ + \lambda_j^-$，且以下 4 种情形成立

$$\lambda=0\Rightarrow\frac{\partial L(\boldsymbol{\beta})}{\partial\beta_j}=0,\forall j$$

$$\beta_j^+>0,\lambda>0\Rightarrow\lambda_j^+=0,\frac{\partial L(\boldsymbol{\beta})}{\partial\beta_j}=-\lambda,\beta_j^-=0$$

$$\beta_j^->0,\lambda>0\Rightarrow\lambda_j^-=0,\frac{\partial L(\boldsymbol{\beta})}{\partial\beta_j}=\lambda,\beta_j^+=0$$

$$\beta_j^+=\beta_j^-=0,\lambda>0\Rightarrow\left|\frac{\partial L(\boldsymbol{\beta})}{\partial\beta_j}\right|\leqslant\lambda$$

在归一化假设(6.59)式、(6.60)式下$\frac{\partial L(\boldsymbol{\beta})}{\partial\beta_j}$对$\boldsymbol{X}_j$与残差的相关系数，实际上$\frac{\partial L(\boldsymbol{\beta})}{\partial\beta_j}=-\hat{c}_j$，$\hat{c}_j$由(6.69)式定义。由此可得(6.73)式成立。

（c）假设λ在一个区间(γ_0,γ_1)上，按$\hat{C}=\max_j\{|\hat{c}_j|\}$，且$\mathcal{A}=\{j:|\hat{c}_j|=\hat{C}\}$定义的活动集保持不变，借助 KKT 条件可得

$$\hat{\boldsymbol{\beta}}(\lambda)=\hat{\boldsymbol{\beta}}(\lambda_0)+(\lambda-\lambda_0)\boldsymbol{\gamma}_0$$

其中向量$\boldsymbol{\gamma}_0=\boldsymbol{S}_{\mathcal{A}}(\boldsymbol{X}_{\mathcal{A}}^{\mathrm{T}}\boldsymbol{X}_{\mathcal{A}})^{-1}\mathbf{1}_{\mathcal{A}}$。由此可得 LASSO 解的分段线性性质。

6.（推导迭代表达式）仿照一范数惩罚项迭代更新表达式的推导过程，推导其他惩罚项的迭代更新表达式(6.79)式和(6.80)式。

7. 将 6.4.6 节中提及的软件包在 JMP 中实现连接，并比较不同惩罚项对糖尿病数据回归结果的影响。

8. 请对最小角回归和向前分阶段回归的估计过程相似性进行理论分析。

9. 假设有输入$\boldsymbol{x}(i)\in\mathbb{R}^d$和输出$y(i)\in\{0,1\},i=1,2,\cdots,n$。

（1）y的 Logistic 回归模型是什么？

（2）叙述拟合 Logistic 回归模型的基本原理。

（3）写出 Logistic 回归模型拟合的最优化问题表示，给出数值方法求解的基本计算步骤。

（4）有关模型建立：

① 解释什么是过拟合？过拟合会产生怎样的问题？

② 试叙述 AIC 准则，解释怎样用 AIC 准则对 Logistic 回归模型进行模型选择。

（5）解释下面的技术怎样被用来解决 Logistic 回归的过拟合问题？

① 测试集(Test Data set)

② 交叉验证(Cross Validation)

③ 罚极大似然(Penalized Maximum likelihood)

（6）比较两种分类方法——LDA 和 Logistic 回归在南非心脏病数据上的分类效果，在训练数据上比较各自的分类误差。

6.7 推荐阅读

[1] Akaike, Hirotugu. A new look at the statistical model identification [J]. IEEE Transactions on Automatic Control, 1974, 19 (6): 716-723. doi:10.1109/TAC.1974.1100705. MR0423716.

[2] Bhat H S, Kumar N. On the derivation of the Bayesian Information Criterion [OL]. 2010. http://nscs00.ucmerced.edu/~nkumar4/BhatKumarBIC.pdf.

[3] Beckman R J, Trussel H J. The distribution of an arbitrary Studentized residual and the effects of updating in multiple regression[J]. *Journal of Americal Statistical Association*, 1974, 69: 199-201.

[4] Burnham K P, Anderson D R Model Selection and Multimodel Inference: A Practical Information-Theoretic Approach[M]. Second Edition. Springer, 2001.

[5] Efron B, Hastie T, et al. Least Angle Regression[J]. *Annals of Statistics* 2003, **32**(2): 407-499.

[6] Fan J. Li R. Variable Selection via nonconcave penalized likelihhod and its Oracle Property[J]. *JASA*, 2001, 96: 1348-1360.

[7] Fang Y. Asymptotic equivalence between cross-validation and Akaike Information Criteria in mixed effects models[J]. *Jornal of Data Science,* 2011, 9: 15-21.

[8] Frank I, Friedman, J. A statistical view of some chemometircs regression tools[J]. *Technometrics*, 1993, 35: 10-148.

[9] Friedman J. Hastie T, Hofling H, Tibshirani R. Pathwise Coordinate Optimization[J]. *Annals of Applied Statistics*, 2007, 1: 302-332.

[10] Fahrmeir L, Tutz G. Multivariate Statistical Modeling Based On Generalized Linear Models[M]. Second Edition. Springer, 2001.

[11] Fu W. Penalized Regression: the Bridge versus the Lasso[J]. *Journal of Computational and Graphical Statistics*, 1998, 7: 397-416.

[12] Hodges J L, Lehmann E L. Some problems in minimax point estimation[J]. *Ann. Math. Statist.,* 1950, 21: 182-197.

[13] Hurvich C M, Tsai C L. Regression and Time Series Model Selection in Small Samples[J]. *Biometrika*, 1989, 76: 297-307.

[14] Rao C R, Toutenburg H, Shalabh, Heumann C. *Linear Models and Generalizations: Least Squares and Alternatives*[M]. 3rd Edition. Springer, 2008.

[15] Sall J. Leverage Plot for General Linear Hypothesis[J]. *The American Statistician,* 1990, 44(4): 308-315.

[16] Tibshirani. Regression analysis and selection via the Lasso[J]. *Journal of the Royal Statisitcal Society Series* B, 1996, 58: 267-288.

[17] Zou, Hastie. Regression and Variable Selection via the Elastic Net[J]. *Journal of the Royal Statisitcal Society Series B,* 2005, 35: 2173-2192.

[18] 王松桂，陈敏，陈立萍. 线性统计模型——线性回归与方差分析[M]。北京：高等教育出版社，1999.

第7章 图 模 型

本章内容

- □ 图模型基本概念
- □ 图矩阵
- □ 随机图模型
- □ 基于回归的图模型估计
- □ 基于似然的图模型估计
- □ 谱聚类

本章目标

- □ 掌握图模型的原理
- □ 使用 R 进行基于回归的图模型结构估计
- □ 比较基于似然和回归的两种图模型估计的差异

图模型是统计学中一个新的研究领域，用于刻画复杂系统中多个变量或观测之间的关系，是高维数据结构信息提取中的重要工具，其基本思想是通过揭示多维随机向量的相依结构刻画变量之间的条件独立性。目前图模型方法已被广泛用于基因、医学、信息以及经济学等领域。近几年对稀疏图建模提取结构的算法发展很快，其中主要有两个分支，一类是基于似然函数的惩罚算法，另一类是基于回归技术的。Graphical LASSO 是 Friedman[3] 于 2007 年提出的，是在似然函数上增加惩罚项进行图模型估计的方法，该算法使用最速下降方法，速度较快。MB 和 SPACE 算法是回归算法的典型。其中 MB 算法将图模型视为是由每个顶点对其他顶点做邻域选择所产生的链接图的叠加，于是 MB 算法赋予每个顶点相同比例以保证选择等量与之连通的边，这是从每个顶点最低链接需要的角度描述图的一种方式。SPACE 算法则将稀疏图看成是对顶点实施不等权重影响导致的相对组合的一般形式。权重由一个顶点的辐射强度在所有顶点辐射强度分布中的位置决定，一个顶点的辐射强度是该顶点对其他顶点的偏相关系数之和，辐射强度分布是所有顶点辐射强度的分布。当一个顶点的辐射强度较大，则该顶点分配较大的权重，允许该顶点选择更多边与之连通，当一个顶点的辐射强度较小，则该顶点分配较小的权重，限制该顶点选择与更多边连通。本章将着重介绍这些内容。

7.1 图模型基本概念和性质

一个图 G 是由顶点的集合 V 和连接顶点的边集 $E \subset V^2$ 所构成，记为二元组 (V,E)。图的一条边就是一个顶点对。如果图中每一条边都是无序的顶点对，那么这个图称为无向图；如果图中每一条边都是有序的顶点对，那么这个图称为有向图。图 7.1 显示的是一个含有 7 个顶点 7 条边的无向图。

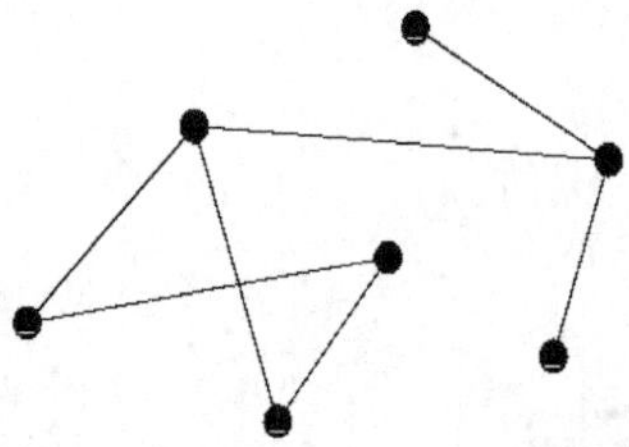

图 7.1 含有 7 个顶点 7 条边的无向图

如果两个顶点 $X,Y \in V$ 之间有一条边相连，那么称 X,Y 互为邻居，记为 $X \sim Y$。顶点 v 的邻居集合叫做 v 的邻域，记作 $\Gamma(v)$。对于顶点 $X_1,X_2,\cdots,X_p$ 如果有：$X_{i-1} \sim X_i$，$i=2,3,\cdots,p$，则称其为一条路径。集合 $\Gamma(v)$ 中元素的个数 k_v 叫做顶点的度。若记顶点集 $V=\{1,2,\cdots,p\}$，则它们的度形成的序列 $\{k_1,k_2,\cdots,k_p\}$ 叫做度序列。

在无向图中，人们关心的主要统计特征有：

1. 度（degree）及其分布：一个顶点 v 的度是指与该顶点连接的边的数量，网络的度分布一般用 $p(k)$来表示，它的含义是网络中的任一个顶点的度为 k 的概率。在无向网络中是指一序列 $f_1,f_2,f_3,\cdots,f_d,\cdots$，其中 f_d 是指度为 d 的顶点个数占网络顶点总数的比例。类似地，我们可以分别定义有向网络中的顶点入度分布以及顶点出度分布，这里就不再详细说明。在社交网络中顶点度分布以幂率分布最为常见，幂律分布具有如下形式：

$$f_d \propto d^{-\alpha}$$

其中，α 为正常数。度值的分布是网络的重要几何性质，大量实际网络存在幂律形式的度分布，称为无标度网络（scale free networks）。

2. 最短距离：两点的最短路径定义为所有连通两点的通路中，所经过的其他顶点最少的一条或几条路径，最短距离即该最短路径的长度，其平均值称为网络的平均最短距离。

3. 簇系数（clustering coefficient）：该统计量反映的是网络集团化的程度，一个顶点的簇系数表示为与该顶点相连的所有顶点之间相连的边数与最大可能边数的比值，簇系数表示了和一个顶点相连的顶点集中的连通性。如图 7.2 所示。

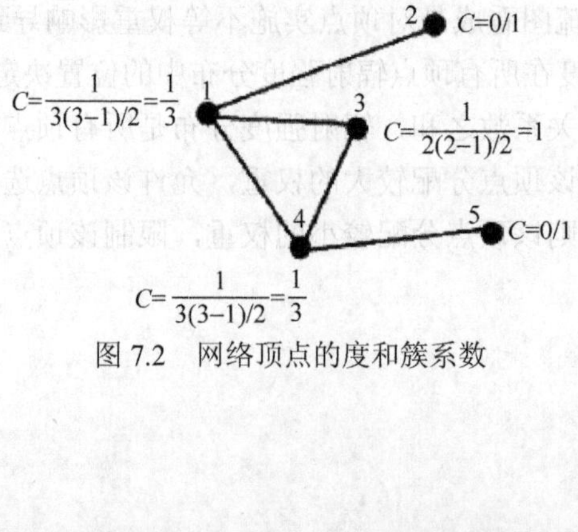

图 7.2 网络顶点的度和簇系数

4. 小世界特性（small world property）：网络同时具有较大平均集聚系数和较小平均最短距离的特性。

5. 无标度特性（scale free property）：网络的连接分布满足幂次定律，即任何顶点与其他 k 个顶点相连接的概率正比于 k^{-c} ($P(k)\sim k^{-c}$ ，其中 c 为常数)。

6. 集团结构（community structure）：指网络顶点间的连接程度各不相同所形成的结构，集团内部顶点的连接程度明显高于不同集团顶点之间的连接程度。

在有向图中，顶点的度有入度和出度之分。顶点 v 的入度，表示终点是 v 的有向边的数目；v 的出度，表示起点是 v 的有向边的数目。

在实际的情形中，图的每一条边会赋予一个实数权重，这时候的图就是加权图。当有一个边的端点是同一个点时，称为环边，两个顶点之间如果有多条边，称为多重边，如果一个图没有环边也没有多重边，则称这样的图为简单图，含有环边或多重边的图叫做多重图。还有一种图，它的一条边可以连接任意数目的顶点，而不是规定的两个顶点，称为超图。

考虑简单图的情况，如果有两个图 $G=(V,E)$ 和 $G'=(V',E')$ ，并且 $V'\subset V$ ， $E'\subset E$ ，那么图 G' 叫做图 G 的子图。由定义可知，一个子图是顶点集的子集 U $(U\subset V)$ 和子集 U 内顶点间的边构成的。图的任意两个顶点之间都有边的连接时，称为全图。

将图 G 的顶点集 V 划分为 S 和 $V-S$ 两部分，叫做图 G 的一个切分或分割。S 和 $V-S$ 之间的边的数目叫做切规模。

设图 G 的顶点数为 $|V|=n$ ，边数为 $|E|=m$ ，那么 n 称为图 G 的阶，m 称为图 G 的规模。不难知道，图 G 的最大规模为所有可能的无序顶点对的数目，即 $n(n-2)/2$ 。如果 $|V|=n$ ，$|E|=m=n(n-2)/2$ ，这时图 G 是一个全图派系，记为 K_n 。

在加权图中，与度类似的概念是强度。在无向加权图中，它是与顶点相连的所有边的权重之和；在有向加权图中，也有类似的入强度和出强度的概念。

顶点 v 的传递性或者聚类系数 c_v 是它的 k_v 个邻居之间实际存在的边的数目与所有可能存在的边的数目 $k_v(k_v-1)/2$ 之比。c_v 表示了顶点 v 的一对邻居之间有边相连的概率，或者说是 v 与它的一对邻居形成三角形的概率。

一条路径 $P=(V(P),E(P))$ ，其中 $V(P)=\{x_0,x_1,\cdots,x_l\}$ ，

$$E(P)=\{x_0x_1,x_1x_2,\cdots,x_{l-1}x_l\}$$

顶点 x_0 和 x_l 叫做的 P 的端点，l 叫做 P 的长度。

称一组顶点是独立的，如果其中任意两个顶点之间都不是邻居；称一组边是独立的，如果其中任意两条边之间都没有共同的端点；称两条路径是独立的，如果它们只有端点是相同的。

一个环路是一个闭合的路径，即它的两端点是重合的，而其他顶点是不重合的。

如果图中任意两顶点之间至少存在一条路径，那么这个图叫做连通图。两顶点间长度最短的路径的长度叫做它们的距离。连通图中最大的顶点距离称作连通图的直径。如果图中某两个顶点间没有路径，那么这个图可以划分为至少两个连通子图。图中每个最大的连通子图都叫做连通成分。

没有环路的图称为森林。连通的森林称为树。在树当中，两顶点间仅存在一条路径。顶点数为 n 的树拥有 $n-1$ 条边。如果移除树的任意一条边，那么它不连通了；如果在树中增添一条边，那么它至少会有一个环路。所以，如果给定图的阶，那么树是最小连通、最大

非周期（即无环）的图。包含图中所有顶点的树叫做图的生成树。每个连通图中都存在生成树。在加权图中，边的权重之和最小（大）的生成树叫做最小（大）生成树。

如果图 G 的顶点集 V 可以划分为两个不相交的子集 V_1 和 V_2，并且图 G 的边只存在于 V_1 和 V_2 之间，不存在于 V_1 或 V_2 的内部，那么称图 G 为二分图。类似地可以定义 r-分图（$r>2$），即多分图。

7.1.1 图矩阵

图的全部结构信息都蕴含在它的邻接矩阵 $\boldsymbol{Y}$ 当中，$\boldsymbol{Y}$ 的元素 y_{ij} 满足：

$$y_{ij}=\begin{cases}1, & \text{如果顶点 } i \text{ 和 } j \text{ 有边相连}\\ 0, & \text{如果顶点 } i \text{ 和 } j \text{ 无边相连}\end{cases} \tag{7.1}$$

无向图的邻接矩阵是对称的，有向图的邻接矩阵一般是非对称的。对于简单图来说，邻接矩阵的对角元都是 0。不难知道，顶点 i 的度 $k_i=\sum_j y_{ij}$。

对于加权图，可以类似定义权矩阵 $\boldsymbol{W}$，其中的元素 W_{ij} 表示从顶点 i 到顶点 j 的边的权重。如果顶点 i 和 j 之间没有边的话，那么 $W_{ij}=0$。

邻接矩阵 $\boldsymbol{Y}$ 的特征值的集合叫做图的谱。图的谱在图论当中扮演着重要的角色，很多图问题都可以通过计算矩阵的特征值和特征向量得以解决的，比如图扩散、谱聚类。

另一个重要的图矩阵是拉普拉斯矩阵 $\boldsymbol{L}=\boldsymbol{D}-\boldsymbol{Y}$，其中 $\boldsymbol{D}$ 是对角矩阵，它的对角元 $D_{ii}=k_i$。矩阵 $\boldsymbol{L}$ 通常又叫做非标准化拉普拉斯矩阵。还有所谓的标准化拉普拉斯矩阵，主要有两种形式：$\boldsymbol{L}_{\text{sym}}=\boldsymbol{D}^{-1/2}\boldsymbol{L}\boldsymbol{D}^{-1/2}$ 和 $\boldsymbol{L}_{\text{rw}}=\boldsymbol{D}-1\boldsymbol{L}=\boldsymbol{I}-\boldsymbol{D}-1\boldsymbol{A}=\boldsymbol{I}-\boldsymbol{T}$。$\boldsymbol{L}_{\text{sym}}$ 是对称的；$\boldsymbol{L}_{\text{rw}}$ 是不对称的，它与图上的随机游走密切相关。所有的拉普拉斯矩阵都可以直接扩展到加权图的情形。图的拉普拉斯矩阵与很多问题相关，比如图的连通性、同步化、扩散与图分割。可以发现，标准化或非标准化拉普拉斯矩阵的每一行之和等于 0，这意味着它至少有一个 0 特征值，并且对应的特征向量的所有分量都相等，比如$(1,1,\cdots,1)$。有趣的是，拉普拉斯矩阵有多少个 0 特征值，那么在图中就有多少个连通成分。于是连通图的拉普拉斯矩阵仅有一个 0 特征值，并且所有其他的特征值都是正的。拉普拉斯矩阵的特征向量通常用于谱聚类。特别地，第二小特征值对应的特征向量（叫做费德勒向量）在图的二分割中有应用。

7.1.2 概率图模型概念和性质

图模型中一般假设数据来自多元正态分布，即 p 维随机向量 $\boldsymbol{X}\sim N_p(\boldsymbol{\mu},\boldsymbol{\Sigma})$。其中，随机向量 $\boldsymbol{X}$ 的每个维度对应一个所研究的个体。例如，当研究股票联动关系时，随机向量 $\boldsymbol{X}$ 为 p 支股票在某个交易日的连续对数收益率；当研究基因控制关系时，随机向量 $\boldsymbol{X}$ 为 p 个基因在一次实验中的对数表达量。

这些个体间的相关关系被协方差矩阵 $\boldsymbol{\Sigma}$ 所描述。此外在图模型中，$\boldsymbol{\Omega}=\boldsymbol{\Sigma}^{-1}=(\omega_{ij})$ 被称为聚集矩阵（concentration matrix 或 precision matrix）。该矩阵的元素与偏相关系数 ρ_{ij} 有如下关系：

$$\rho_{ij}=-\frac{\omega_{ij}}{\sqrt{\omega_{ii}\omega_{jj}}}$$

由此可以看出，对于$i \neq j$，如果$\boldsymbol{\Omega}$矩阵中的$\omega_{ij}=0$，那么实际上第i个个体和第j个个体条件不相关。在高斯图模型中，规定对于$i \neq j$，如果$\omega_{ij} \neq 0$，那么顶点i与顶点j有一条边相连；反之则没有边相连。

此外，我们知道，对于高斯分布，不相关和独立是等价的。因此，对于高斯图模型有以下三条等价的性质。这些性质描述了高斯图模型中，一条边是否存在的含义。也正因为这些性质，高斯图模型属于条件独立图（conditional independence graph）。

1. 成对马尔可夫性

对任意两个非相邻的顶点i和j，当给定其他顶点$a=V\setminus\{i,j\}$，这两个顶点条件独立，即$i \perp j \mid a$。例如，x_1与x_2在图 7.3 中不相邻，给定其他顶点$a=\{x_3,x_4,x_5,x_6\}$，x_1与x_2条件独立，$x_1 \perp x_2 \mid a$。

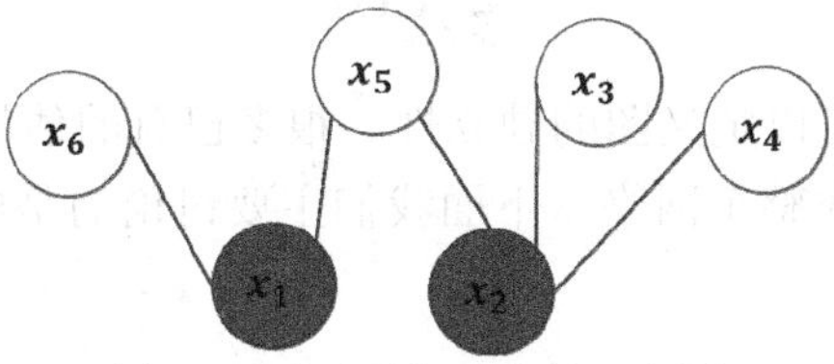

图 7.3　成对马尔可夫性示意图

2. 局部马尔可夫性

对图中任意一个顶点i，给定其邻域顶点$N=\{v \mid (v,i) \in E\}$，该顶点与图中剩余顶点$b=V\setminus(\{i\} \cup N)$条件独立，符号表示为$i \perp b \mid N$。考虑图 7.4 中的顶点$x_2$，它的邻域$N=\{x_3,x_4,x_5\}$，于是我们有$x_2 \perp \{x_1,x_6\} \mid N$。

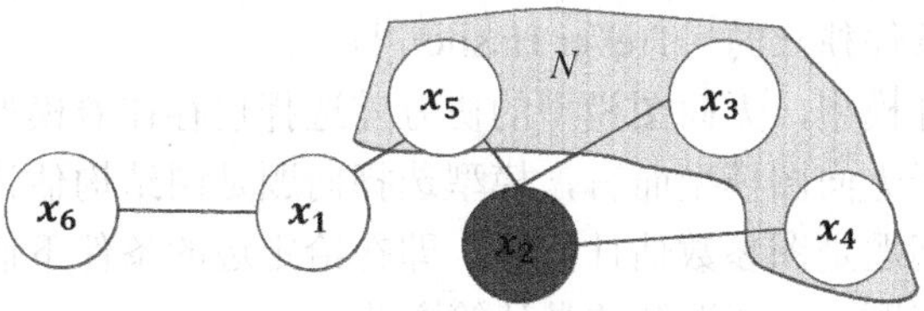

图 7.4　局部马尔可夫性示意图

3. 全局马尔可夫性

对于非空的集合a,b,c，若集合a将集合b、集合c分离——即从集合b到集合c的任一路径必须经过a，那么在给定a后集合 b、c 条件独立，用符号表示为$c \perp b \mid a$。例如图 7.5 中有$\{x_3,x_4\} \perp \{x_6,x_7\} \mid \{x_1,x_2,x_5\}$。

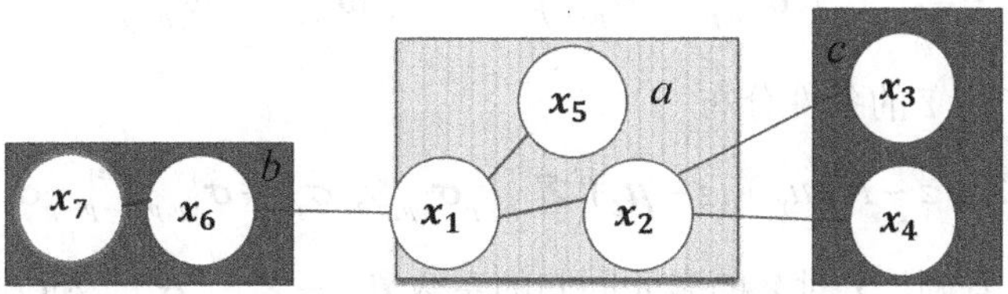

图 7.5　全局马尔可夫性示意图

在以上三个性质中，成对马尔可夫性最弱，全局马尔可夫性最强。如果分布有连续的概率密度函数，那么这三条性质是等价的。特别地，在多元正态分布下，这三条性质是等价的。

全局马尔可夫性质使得我们可以将图分解成很多独立的小块，从而简化计算和提高了可解释性。这里我们引入团的概念，“团”（clique）是一个子图，同时它又是一个全图。如果一个团在任意添加一个顶点之后不再成为团，那么称这个团为极大团。

马尔可夫图上的联合概率密度函数可以分解为

$$f(x)=\frac{1}{Z}\prod_{c\in C}\phi_c(x_c)$$

其中 C 是网络中的极大团集合。

$$Z=\sum_{x\in X}\prod_{c\in C}\phi_c(x_c)$$

是归一化常数。根据该式可以定义图的独立性。很多已有的估计和计算图的方法是先计算出每个独立的团，然后合成整个网络。下面我们主要讨论的是成对马尔可夫图（Koller 和 Friedman[11]）。

7.2 协方差选择

如文献综述中所归纳的：估计图模型可以转化为估计聚集阵的问题，这样大大简化了先估计一列变量的联合分布再计算其边际分布的方法。而把估计图模型的问题转化为估计聚集阵的问题是基于下面的理论基础。

定理 7.1 矩阵 $\boldsymbol{\Omega}=(\omega_{ij})$ 包含了变量之间的条件相关关系，若 $\omega_{ij}=0$，则变量 X_i、X_j 在给定其他变量下是条件独立的（Trever Hastie[12]）。

类似于一般的统计模型，无向图模型的协方差选择也存在着模型选择、模型拟合和统计推断三类问题。对于无向图模型而言，模型选择问题是图结构估计问题，也就是边的存在性估计；模型拟合问题是图参数估计问题，即在给定边的条件下估计边的强弱；统计推断问题是模型应用的问题，主要涉及的是计算方法。

7.2.1 用回归估计图模型

假设顶点集 $\boldsymbol{X}=(X_1,X_2,\cdots,X_p)^{\mathrm{T}}$ 是联合正态的，我们把顶点集 $\boldsymbol{X}$ 剖分为 $(\boldsymbol{Y},Z)^{\mathrm{T}}$，其中 $\boldsymbol{Z}=(X_1,X_2,\cdots,X_{p-1})^{\mathrm{T}}$ 且 $Y=X_p$，它们的协方差矩阵、聚集矩阵也有对应划分

$$\boldsymbol{\Sigma}=\begin{pmatrix}\boldsymbol{\Sigma}_{-p,-p} & \boldsymbol{\sigma}_{-p,p}\\ \boldsymbol{\sigma}^{\mathrm{T}}_{-p,p} & \sigma_{pp}\end{pmatrix},\quad \boldsymbol{\Omega}=\begin{pmatrix}\boldsymbol{\Omega}_{-p,-p} & \boldsymbol{\omega}_{-p,p}\\ \boldsymbol{\omega}^{\mathrm{T}}_{-p,p} & \omega_{pp}\end{pmatrix}$$

然后我们有给定 $\boldsymbol{Z}$ 的 Y 的条件分布

$$Y\mid \boldsymbol{Z}=z\sim N\left(\mu_Y+(z-\boldsymbol{\mu}_Z)^{\mathrm{T}}\boldsymbol{\Sigma}^{-1}_{-p,-p}\boldsymbol{\sigma}_{-p,p'},\ \sigma_{pp}-\boldsymbol{\sigma}^{\mathrm{T}}_{-p,p}\boldsymbol{\Sigma}^{-1}_{-p,-p}\boldsymbol{\sigma}_{-p,p}\right) \tag{7.2}$$

从上式中可以看到，Y 对 Z 的多元回归的系数 $\boldsymbol{\beta}_{-p}=\boldsymbol{\Sigma}^{-1}_{-p,-p}\boldsymbol{\sigma}_{-p,p}$ 和(7.2)式中条件均值的

形式是一致的。且由 $\boldsymbol{\Sigma\Omega}=\boldsymbol{I}$ 可知 $\boldsymbol{\Sigma}_{-p,-p}\boldsymbol{\omega}_{-p,p}+\boldsymbol{\sigma}_{-p,p}\omega_{pp}=\mathbf{0}$，因此

$$\boldsymbol{\beta}_{-p}=\boldsymbol{\Sigma}_{-p,-p}^{-1}\boldsymbol{\sigma}_{-p,p}=-\boldsymbol{\omega}_{-p,p}/\omega_{pp}$$

通过以上的论述，我们知道回归和估计聚集阵有直接的关系，所以可以用回归方法对聚集阵进行一列一列的估计，这就是文献综述中所说的邻域选择方法。

为了简便，假设 $\boldsymbol{X}=(X_1,X_2,\cdots,X_p)^{\mathrm{T}}$ 服从均值为 $\mathbf{0}$，方差为 $\boldsymbol{\Sigma}$ 的正态分布。$x_1,x_2,\cdots,x_n$ 是它的 n 个样本，且每个样本可表示为 $\boldsymbol{x}_k=(x_{k1},x_{k2},\cdots,x_{kp})^{\mathrm{T}}(k=1,2,\cdots,n)$。

定理 7.2 对 $j=1,2,\cdots,p$，式子 $X_j=\sum_{k=j}\beta_{jk}X_k+\epsilon_j$ 中，ϵ_j 和 X_{-j} 不相关当且仅当

$$\boldsymbol{\beta}_{-j}=-\boldsymbol{\omega}_{-j,j}/\omega_{jj}$$

且有 $\mathrm{Var}(\varepsilon_j)=1/\omega_{jj}$

定理 7.2 发现了偏相关系数和回归系数的关系。传统的估计图模型的方法是使用逐步回归对每个顶点的邻域进行估计：

$$\min_{\beta_{-j}}\left\{\sum_{i=1}^{n}\left(x_{ij}-\sum_{k=j}\beta_{jk}x_{jk}\right)\right\},\quad j=1,2,\cdots,p$$

估计方法可以是前向的（边集是为空），也可以是后向的。可以使用 AIC 或 BIC 准则去停止。

进行以上模型选择的第二种方法是：通过假设检验选择顶点，如果一个顶点不能通过系数为 0 是 $1-\alpha$ 的显著性时，认为这两个顶点间没有边。

Meinshausen 和 Buhlmann[7]提出在图的每个顶点和其他顶点做一个 LASSO 回归（邻域选择方法），即对固定的 j 求解以下最优化问题

$$\min_{\beta_{-j}}\left\{\sum_{i=1}^{n}\left(x_{ij}-\sum_{k\neq j}\beta_{jk}x_{ik}\right)^2+\lambda\sum_{k=j}\left|\beta_{jk}\right|\right\}\tag{7.3}$$

求得回归系数后，利用残差得到对 ω_{jj} 的估计 $\hat{\omega}_{jj}$，随后可得到 $\omega_{-j,k}$ 的估计：

$$\hat{\boldsymbol{\omega}}_{-j,k}=-\hat{\omega}_{jj}\boldsymbol{\beta}_{-j}\tag{7.4}$$

该方法已被证明对于高维系数图是一致的。但是该方法有两个主要的限制：（1）所估计出来的矩阵不是对称阵（不能保证 β_{jk} 与 $\beta_{kj}(k\neq j)$ 方向的一致性），从而导致在效率上的损失和邻域选择上的矛盾；（2）如果在每个 LASSO 回归中使用相同的罚，那么每个顶点的邻域顶点的个数就差不多，这会导致图模型的估计丧失真实性，即不能发现 Hub。

J.Peng 等[9]引进了图模型的联合稀疏回归模型，又称 SPACE 算法，该方法是对(7.3)式的改进，把所有顶点信息汇入一个最优化表达式中

$$\min_{\beta_{-1},\cdots,\beta_{-p}}\left\{\sum_{j=1}^{p}\sum_{i=1}^{n}\left(x_{ij}-\sum_{k\neq j}\beta_{jk}x_{ik}\right)^2+\lambda\sum_{j=1}^{p}\sum_{k\neq j}\left|\beta_{jk}\right|\right\}\tag{7.5}$$

但是表达式(7.5)却不够简洁，为此令 $p(p-1)/2$ 维向量

$$\boldsymbol{B}=\left(\beta_{(1,1)},\beta_{(1,2)},\cdots,\beta_{(1,p)},\beta_{(2,3)},\cdots,\beta_{(2,p)},\cdots,\beta_{(p-1,p)}\right)^{\mathrm{T}}$$

包含所有参数。且令 $\tilde{\boldsymbol{X}}_j=\left(x_{1j},x_{2j},\cdots,x_{nj}\right)^{\mathrm{T}}$ 包含第 j 个顶点的所有样本，且对 $i<j$ 有 np 维向量

$$\boldsymbol{Z}_{(i,j)}=\left(\boldsymbol{0}^{\mathrm{T}},\cdots,\boldsymbol{0}^{\mathrm{T}},\tilde{\boldsymbol{X}}_j^{\mathrm{T}},\boldsymbol{0}^{\mathrm{T}},\cdots,\boldsymbol{0}^{\mathrm{T}},\tilde{\boldsymbol{X}}_i^{\mathrm{T}},\boldsymbol{0}^{\mathrm{T}},\cdots,\boldsymbol{0}^{\mathrm{T}}\right)^{\mathrm{T}}$$

其中每个 $\boldsymbol{0}$ 是 p 维向量，$\tilde{\boldsymbol{X}}_j$ 位于第 i 个向量分块，$\tilde{\boldsymbol{X}}_i$ 位于第 j 个向量分块。进一步定义 $(n\cdot p)\times\left(p(p-1)/2\right)$ 矩阵

$$\boldsymbol{x}=\left(\boldsymbol{Z}_{(1,1)},\boldsymbol{Z}_{(1,2)},\cdots,\boldsymbol{Z}_{(1,p)},\boldsymbol{Z}_{(2,3)},\cdots,\boldsymbol{Z}_{(2,p)},\cdots,\boldsymbol{Z}_{(p-1,p)}\right)$$

以及 np 维向量

$$\boldsymbol{y}=\left(\tilde{\boldsymbol{X}}_1^{\mathrm{T}},\tilde{\boldsymbol{X}}_2^{\mathrm{T}},\cdots,\tilde{\boldsymbol{X}}_p^{\mathrm{T}}\right)$$

于是(7.5)式可写为更简洁的形式

$$\min_{\boldsymbol{B}}\left\{\left\|\boldsymbol{y}-\boldsymbol{x}\boldsymbol{B}\right\|^2+\lambda\sum_{i<j}\left|\beta_{(i,j)}\right|\right\} \tag{7.6}$$

(7.6)式可以用 6.4.3 节的 Shooting 算法求解，也可用 6.4.3 节介绍的方法求解，可以证明后一种方法有类似的迭代表达式（习题 2）。得到对 $\beta_{jk}\left(j\neq k\right)$ 的估计后，依然利用残差得到对 $\omega_{jj}\left(j=1,2,\cdots,p\right)$ 的估计，再借用关系式 (7.4) 得到对整个 $\boldsymbol{\Omega}$ 矩阵的估计。

Shooting 方法是一种迭代估计参数的方法，其基本思想是：给定 $\left(\beta_1,\cdots,\beta_p\right)$ 一个初值，然后每一步都固定 $p-1$ 个变量，用一元 LASSO 更新一个变量。如此迭代直至收敛，过程如下。

$$\begin{array}{cccc} & \vdots & & \\ \beta_1 & \hat{\beta}_2 & \cdots & \hat{\beta}_p \\ \hat{\beta}_1 & \beta_2 & \cdots & \hat{\beta}_p \\ & \vdots & & \\ \hat{\beta}_1 & \hat{\beta}_2 & \cdots & \beta_p \\ & \vdots & & \end{array}$$

但是最优化问题(7.6)涉及 $p\times(p-1)/2$ 个自由变量，用 Shooting 算法求解的效率会比较低。J.Peng 等[9]在已有 Shooting 算法的基础上发展了有效率的 Active-Shooting 算法。其思想是：

第 1 步先用 Shooting 算法找到系数的一个非零 Active 集。

第 2 步用 Shooting 算法更新目前 Active 集的系数直到收敛。

第 3 步在全变量集上用 Shooting 算法再做一遍，如果在这个过程中变量的系数没有改变，那么把这个系数作为最终估计的系数。否则回到第 2 步。算法原理如下：

$$\begin{array}{ccccccccc} 0 & \cdots & 0 & \beta_j & \cdots & & 0 & \cdots & 0 \\ 0 & \cdots & 0 & & \cdots & \beta_j' & 0 & \cdots & 0 \\ & & & & \vdots & & & & \\ \beta_1 & \cdots & 0 & & \cdots & & 0 & \cdots & 0 \\ & & & & \vdots & & & & \end{array}$$

SPACE 算法是针对稀疏的高维的低样本的图模型，相比于传统的图模型算法，它更稳健，速度更快，而且相比于 GLASSO 算法，它更善于发现图结构。

7.2.2 基于最大似然框架的方法

本小节从多元正态分布协方差的极大似然估计出发，构造高维问题的估计方法。回顾 p 维多元正态分布 $N_p(\boldsymbol{\mu},\Sigma)$ 的概率密度函数为

$$f(\boldsymbol{x}) = \frac{1}{(2\pi)^{\frac{p}{2}}|\boldsymbol{\Sigma}|^{1/2}}\exp\left\{-\frac{1}{2}(\boldsymbol{x}-\boldsymbol{\mu})^{\mathrm{T}}\boldsymbol{\Sigma}^{-1}(\boldsymbol{x}-\boldsymbol{\mu})\right\}$$

假设有 n 个样本 $\boldsymbol{x}_1,\boldsymbol{x}_2,\cdots,\boldsymbol{x}_n$ 来自 $N_p(\boldsymbol{\mu},\boldsymbol{\Sigma})$，样本的对数似然函数表达为

$$\ln\prod_{i=1}^{n} f(\boldsymbol{x}_i) \propto -\frac{1}{2}\sum_{i=1}^{n}(\boldsymbol{x}_i-\boldsymbol{\mu})^{\mathrm{T}}\boldsymbol{\Omega}(\boldsymbol{x}_i-\boldsymbol{\mu})+\frac{n}{2}\ln|\boldsymbol{\Omega}| = -\frac{n}{2}\mathrm{tr}(\boldsymbol{\Omega S})+\frac{n}{2}\ln|\boldsymbol{\Omega}|$$

最大似然等价于令以下目标函数最小

$$\mathrm{tr}(\boldsymbol{\Omega}S)-\ln|\boldsymbol{\Omega}|$$

高维问题（$p \gg n$）中，需要对目标的优化变量控制，为此，引入如下约束条件：

$$\sum_{i\neq j}|\sigma_{ij}| \leqslant t$$

带约束的最优化与以下拉格朗日形式等价

$$\min_{\boldsymbol{\Omega}>0}\left\{\mathrm{tr}(\boldsymbol{\Omega S})-\ln|\boldsymbol{\Omega}|+\lambda\sum_{i\neq j}|\omega_{ij}|\right\} \tag{7.7}$$

$\lambda \geqslant 0$ 为调节参数，$\boldsymbol{\Omega}>\mathbf{0}$ 表示在正定矩阵中搜索最优解。注意，这里并未对对角元素 $\omega_{ii}(i=1,2,\cdots,p)$ 惩罚，因为对角元的惩罚促使最优解有较大的方差。

对此最优化问题，Yuan, Lin[8]、Banerjee, d'Aspremont[1]则使用分块坐标下降算法，Friedman 等[3]提出了 GLASSO 算法。

1. 分块坐标下降算法

Banerjee, d'Aspremont[1]给出(7.7)式的一系列等价形式。这些等价形式不是本节的重点，但写在这里是为了给 GLASSO 算法做铺垫。与 Banerjee, d'Aspremont[1]的不同之处在于，本节未在(7.7)式中惩罚对角元 $\omega_{ii}(i=1,2,\cdots,p)$。因此本节得到的一系列最优化表达式与 Banerjee, d'Aspremont[1]提出的略有不同。

首先，(7.7)式可以写成以下式子，其中 $\boldsymbol{U}$ 的元素绝对值的最大值被 λ 控制，且对角元素都为零。

$$\min_{\boldsymbol{\Omega}>\mathbf{0}}\max_{\substack{\|\boldsymbol{U}\|_\infty\leqslant\lambda\\ U_{ii},\cdots,U_{pp}=0}}\left\{\mathrm{tr}(\boldsymbol{\Omega S}+\boldsymbol{U})-\ln|\boldsymbol{\Omega}|\right\}$$

上式将(7.7)式中的 l_1 惩罚项转化为求最大值的问题。注意对于 $i\neq j$，只有 $U_{ij}=\mathrm{sign}(\sigma_{ij})\cdot\lambda$，才可能达到最大值解。

通过交换最大值、最小值符号，得到对偶问题

$$\max_{\substack{\|U\|_\infty \leqslant \lambda \\ U_{ii},\cdots,U_{pp}=0}} \min_{\boldsymbol{\Omega}>0} \left\{ \operatorname{tr}\left(\boldsymbol{\Omega S}+\boldsymbol{U}\right)-\ln\left|\boldsymbol{\Omega}\right| \right\} \tag{7.8}$$

现在，先求解最小的最优化问题。目标函数对 $\boldsymbol{\Omega}$ 矩阵求导数，并令其为零，得到

$$\boldsymbol{S}+\boldsymbol{U}-\boldsymbol{\Omega}^{-1}=\mathbf{0} \tag{7.9}$$

即 $\boldsymbol{\Omega}=\left(\boldsymbol{S}+\boldsymbol{U}\right)^{-1}$。因此，(7.8)式等价于

$$\max_{\substack{\|U\|_\infty \leqslant \lambda \\ U_{ii},\cdots,U_{pp}=0}} \left\{ p+\ln\left|\boldsymbol{S}+\boldsymbol{U}\right| \right\}$$

如果令 $\boldsymbol{W}=\boldsymbol{S}+\boldsymbol{U}$，那么有

$$\max\left\{ \ln|\boldsymbol{W}| : \|\boldsymbol{W}-\boldsymbol{S}\|_\infty \leqslant \lambda, W_{ii}=S_{ii}\left(i=1,2,\cdots,p\right) \right\} \tag{7.10}$$

注：（1）虽然(7.7)式是求聚集矩阵 $\boldsymbol{\Omega}$ 的估计，但转换后的(7.10)所得的 $\boldsymbol{W}$ 矩阵，实际上是对协方差矩阵 $\boldsymbol{\Sigma}$ 的估计。

（2）若(7.7)式中对 $\boldsymbol{\Omega}$ 矩阵的对角元进行惩罚，那么与(7.10)对应，我们得到以下表达式

$$\max\left\{ \ln|\boldsymbol{W}| : \|\boldsymbol{W}-\boldsymbol{S}\|_\infty \leqslant \lambda \right\}$$

并且，最优解的对角元一定满足 $W_{ii}=S_{ii}+\lambda\left(i=1,2,\cdots,p\right)$。

Banerjee 和 d'Aspremont[1]运用坐标分块下降算法（block coordinate descent）解最优化问题(7.10)。先初始化 $\boldsymbol{W}=\boldsymbol{S}$。然后，他们把 $\boldsymbol{W}$ 和样本协方差矩阵 $\boldsymbol{S}$ 分块表示为

$$\boldsymbol{W}=\begin{pmatrix} \boldsymbol{W}_{11} & \boldsymbol{w}_{12} \\ \boldsymbol{w}_{12}^{\mathrm{T}} & w_{22} \end{pmatrix},\ \boldsymbol{S}=\begin{pmatrix} \boldsymbol{S}_{11} & \boldsymbol{s}_{12} \\ \boldsymbol{s}_{12}^{\mathrm{T}} & s_{22} \end{pmatrix} \tag{7.11}$$

其中，$\boldsymbol{W}_{11}$ 和 $\boldsymbol{S}_{11}$ 都是 $\left(p-1\right)\times\left(p-1\right)$ 的矩阵，$\boldsymbol{w}_{12}$ 和 $\boldsymbol{s}_{12}$ 都是 $p-1$ 维向量。然后，通过以下式子对 $\boldsymbol{w}_{12}$ 更新

$$\boldsymbol{w}_{12}=\arg\min_{y}\left\{ \boldsymbol{y}^{\mathrm{T}}\boldsymbol{W}_{11}^{-1}\boldsymbol{y} : \|\boldsymbol{y}-\boldsymbol{s}_{12}\|_\infty \leqslant \lambda \right\} \tag{7.12}$$

通过行（列）的变换使得目标列在最后一行（列），解最优化问题(7.12)，更新对 $\boldsymbol{W}$ 的估计。这样重复直到收敛。

算法 7.1 （分块坐标下降算法）

1: 令 $\boldsymbol{W}=\boldsymbol{S}$ 且 $j=0$

2: **repeat**

3: 令 $j=(j+1) \bmod p$

4: 对矩阵 $\boldsymbol{W}$ 进行行列变换，将第 j 行、第 j 列移至最后一行、最后一列，解对应的最优化问题(7.12)，更新 $\boldsymbol{w}_{12}$ 对应元素。

5: 还原矩阵 $\boldsymbol{W}$ 的初始行、列排序。

6: **until convergence**

7: 输出矩阵 $\boldsymbol{W}$

算法 7.1 的收敛性在 Banerjee 和 d'Aspremont[1]的文章中予以说明。我们注意到，在算法第一步，我们将 $\boldsymbol{W}$ 矩阵初始化为非负定矩阵 $\boldsymbol{S}$；算法 7.1 能够保持 $\boldsymbol{W}$ 的非负定性。这些结论总结为以下定理（习题）。

定理 7.3 分块坐标下降算法（算法 7.1）收敛，得到 ϵ -精度次优解。并且如初始矩阵非负定（或正定），那么 $\boldsymbol{W}$ 矩阵保持非负定（或正定）。

注 如果在(7.7)式中对对角元进行惩罚，那么只需修改算法 7.1 的第一行为 $\boldsymbol{W}=\boldsymbol{S}+\lambda\boldsymbol{I}$。此时初始矩阵正定，由定理 7.3 可知，算法 7.1 保持 $\boldsymbol{W}$ 矩阵的正定性。

可以证明，只要初始矩阵是正定的，那么通过(7.12)式更新的矩阵依然是正定的。

2. GLASSO 算法

受 Banerjee 和 d'Aspremont[1]的启发，Friedman 等[3]提出了比算法 7.1 更简单且高效的算法——Graphical LASSO 算法，简称为 GLASSO 算法。

对于问题(7.12)，可通过以下等价的对偶形式更新 $\boldsymbol{w}_{12}=\boldsymbol{W}_{11}\boldsymbol{\beta}$，

$$\min_{\beta}\left\{\frac{1}{2}\left\|\boldsymbol{W}_{11}^{\frac{1}{2}}\boldsymbol{\beta}-\boldsymbol{b}\right\|^{2}+\lambda\|\boldsymbol{\beta}\|_{2}\right\} \tag{7.13}$$

其中，$\boldsymbol{b}=\boldsymbol{W}_{11}^{-1/2}\boldsymbol{s}_{12}$。这实际上是一个 LASSO 问题，可以利用 6.4 节中介绍的路径算法或逐坐标优化算法求解。其中，后一种算法在高维稀疏问题中尤为有效。

为了证明(7.7)式与(7.13)式等价，计算(7.7)式对 $\boldsymbol{\Omega}$ 的下微分（sub-gradient）并令其为零，得到(7.7)式最优解需要满足的等式：

$$\boldsymbol{S}-\boldsymbol{W}+\lambda\boldsymbol{\Gamma}=\boldsymbol{0} \tag{7.14}$$

这里利用了关系式 $\frac{\partial}{\partial\boldsymbol{\Omega}}\log|\boldsymbol{\Omega}|=\boldsymbol{\Omega}^{-1}=\boldsymbol{W}$，且 $\frac{\partial}{\partial\boldsymbol{\Omega}}\operatorname{tr}(\boldsymbol{\Omega}\boldsymbol{S})=\boldsymbol{S}$。在(7.14)式中，矩阵 $\boldsymbol{\Gamma}=(\boldsymbol{\Gamma}_{ij})$ 中的元素满足：如果 $\omega_{ij}\neq 0$，有 $\boldsymbol{\Gamma}_{ij}=\operatorname{sign}(\omega_{ij})$；否则如果 $\boldsymbol{\Omega}_{ij}=0$，$\boldsymbol{\Gamma}_{ij}\in(-1,1)$。

此时，按照(7.11)式将(7.14)式的矩阵分块，(7.14)式右上角的矩阵块满足

$$\boldsymbol{s}_{12}-\boldsymbol{w}_{12}+\lambda\boldsymbol{\gamma}_{12}=\boldsymbol{0} \tag{7.15}$$

而另一方面，(7.13)式的次微分等式为

$$\boldsymbol{W}_{11}\boldsymbol{\beta}-\boldsymbol{s}_{12}+\lambda\boldsymbol{v}=\boldsymbol{0} \tag{7.16}$$

其中，$\boldsymbol{v}$ 是与 $\boldsymbol{\beta}$ 同维度的向量，且当 $\beta_i\neq 0$ 时，$v_i=\operatorname{sign}(\beta_i)$，当 $\beta_i=0$ 时，$v_i\in[-1,1]$。现在，可以看出当 $\boldsymbol{\gamma}_{12}$ 与 $\boldsymbol{w}_{12}$ 是(7.15)式的解时，$\boldsymbol{\beta}=\boldsymbol{W}_{11}^{-1}\boldsymbol{w}_{12}$ 与 $\boldsymbol{v}=-\boldsymbol{\gamma}_{12}$ 是(7.16)式的解；反之亦然。由此可猜想(7.15)式与(7.16)式的等价性。因此，最后需要证明的便是 $\boldsymbol{\gamma}$ 与 $\boldsymbol{v}$ 正负号相反。由于 $\boldsymbol{W}\boldsymbol{\Omega}=1$，按分块矩阵的形式有以下式子成立：

$$\begin{pmatrix}\boldsymbol{W}_{11} & \boldsymbol{w}_{12}\\ \boldsymbol{w}_{12}^{\mathrm{T}} & w_{22}\end{pmatrix}\begin{pmatrix}\boldsymbol{\Omega}_{11} & \boldsymbol{\omega}_{12}\\ \boldsymbol{\omega}_{12}^{\mathrm{T}} & \omega_{22}\end{pmatrix}=\begin{pmatrix}\boldsymbol{I} & \boldsymbol{0}\\ \boldsymbol{0}^{\mathrm{T}} & 1\end{pmatrix} \tag{7.17}$$

由此可知 $\boldsymbol{W}_{11}\boldsymbol{\omega}_{12}+\omega_{22}\boldsymbol{w}_{12}=\boldsymbol{0}$，即 $\boldsymbol{\omega}_{12}=-\omega_{22}\boldsymbol{W}_{11}^{-1}\boldsymbol{w}_{12}$。综上，我们证明了(7.7)式与(7.13)式的等价性。

基于(7.13)式，对算法 7.1 的第 4 步进行修改，得到以下算法。

算法 7.2 (GLASSO)

令 $\boldsymbol{W}=\boldsymbol{S}$，$j=0$

repeat

  令 $j=(j+1) \bmod p$

  对矩阵 $\boldsymbol{W}$ 进行行列变换，将第 j 行、第 j 列移至最后一行、最后一列，解对应的最优化问题(7.13)，得到 $p-1$ 维向量 $\hat{\boldsymbol{\beta}}$。

  用 $\boldsymbol{w}_{12}=\boldsymbol{W}_{11}\boldsymbol{\beta}$ 填充行列变换前的 $\boldsymbol{W}$ 矩阵第 j 行第 j 列的相应非对角元素。

  还原矩阵 $\boldsymbol{W}$ 的初始行、列排序。

until convergence

输出矩阵 $\boldsymbol{W}$

3. 已知图结构的推断

Hastie 等[12]发现在已知图结构下，可以用最大似然框架对聚集阵进行参数估计。已知图结构，相当于已知 $\boldsymbol{\Omega}=\boldsymbol{\Sigma}^{-1}$ 中有多少位置确定为 0。对应最优化问题也就变成一个限制条件下的最优化问题。这类问题已经有了很多解法，其中大多数是从图的 clique 分解来进行。

假设 E 是 $\boldsymbol{\Omega}$ 中非零元素的位置，那么此时的最优化目标函数为

$$\log|\boldsymbol{\Omega}|-\operatorname{tr}(\boldsymbol{S}\boldsymbol{\Omega})-\sum_{(j,k)} r_{jk}\omega_{jk}$$

其中

$$r_{jk}=\begin{cases}\lambda, & (j,k)\notin E\\ 0, & \text{其他}\end{cases}$$

解此最优化问题的思路类似于算法 7.2，只是在每步更新时略有差异。对以上改进过的似然函数求偏导（即把最优化问题转化为等式求解）得

$$\boldsymbol{W}-\boldsymbol{S}-\boldsymbol{\Gamma}=\mathbf{0}$$

其中 $\boldsymbol{\Gamma}=(r_{jk})$。这里依然按(7.11)式将矩阵 $\boldsymbol{W}$ 分块，且与(7.16)式对应有

$$\boldsymbol{W}_{11}\boldsymbol{\beta}-\boldsymbol{s}_{12}-\boldsymbol{\gamma}_{12}=\mathbf{0}$$

其中 $\boldsymbol{\beta}=\boldsymbol{W}_{11}^{-1}\boldsymbol{w}_{12}$。然后在 $\boldsymbol{W}_{11},\boldsymbol{\beta},\boldsymbol{s}_{12}$ 中均去掉 $\boldsymbol{\gamma}_{12}$ 中不等于 **0** 的那些行和列。得到新的等式：

$$\boldsymbol{W}_{11}^{*}\boldsymbol{\beta}^{*}-\boldsymbol{s}_{12}^{*}=\mathbf{0}，\text{即 } \boldsymbol{\beta}^{*}=\boldsymbol{W}_{11}^{*}\boldsymbol{s}_{12}$$

加上相应的 0 元得到 $\hat{\boldsymbol{\beta}}$，并更新 $\boldsymbol{w}_{12}=\boldsymbol{W}_{11}\hat{\boldsymbol{\beta}}$，直到收敛为止。

例 7.1 GLASSO 用于股票联动分析。股票联动分析是投资者和学者所关心的问题。投资者利用其中的联动关系寻找投资机会、构造投资组合。而学者从中发现政策、公共自然事件对资本市场的影响。传统的线性回归、事件序列方法只能同时处理有限支股票。借助本章介绍的图模型，我们同时处理成百上千支股票，发现其中的联动关系。

打开光盘中的“finReturns.txt”数据。数据选取 2011 年 1 月 4 日至 2012 年 7 月中国股市金融板块每日收益率数据，涉及 155 个交易日 34 支股票，其中 3 支保险股、15 支证券

股、16 支银行股。每行代表一支股票，每列是一个交易日的观测。其中，对于类型一列，1 表示银行股、2 表示证券股、3 表示保险股。注意数据中存在缺失数据，关于缺失数据的处理参考习题 5。R 包 spaceExt 实现了 EM 算法与 SPACE、GLASSO 方法的结合，能够处理缺失数据。用户需要安装此包才能运行该程序。

最终估计的图结构如图 7.6 所示。BIC 为 252.41。$\boldsymbol{\Omega}$ 的估计也在一个新的数据表中输出。从图 7.6 可以发现，银行股、证券股分成了两大类。

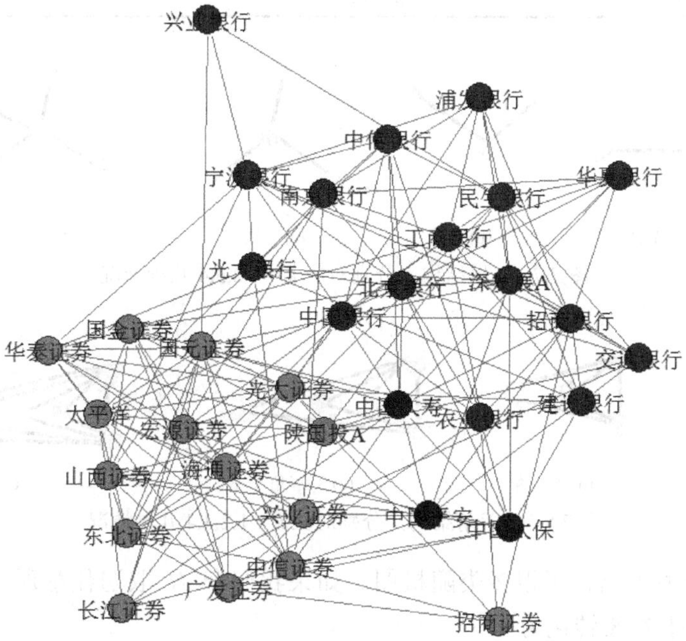

图 7.6 SPACE 估计的图结构

7.3 指数族图模型

7.3.1 基本定义

概率统计中指数族概率分布包含了一大类常用分布，如二项分布、正态分布、卡方分布等，且具有很好的性质。仿照指数族概率分布的定义，我们可以定义指数族图模型。它描述各种图结构的概率分布，帮助我们理解特征结构、因素在图形成中所起到的作用。概率空间由固定顶点数的邻接矩阵构成。令 $\boldsymbol{Y}=(Y_{ij})$ 是一个 $p\times p$ 随机邻接矩阵，$\boldsymbol{y}=(y_{ij})$ 是其一个具体的实现值。于是指数族图模型（exponential random graph models）的概率密度可以表示为

$$P(\boldsymbol{Y}=\boldsymbol{y})=\left(\frac{1}{\kappa}\right)\exp\left\{\sum_{H}\theta_H g_H(\boldsymbol{y})\right\} \tag{7.18}$$

其中，H 是一种图结构（configuration），一些常用的图结构总结于表 7.1。$g_H(\boldsymbol{y})$ 是关于这个结构的统计量，θ_H 是对应的参数，κ 是归一化常数。

表 7.1 常用图结构总结

名称	描述
边	连接两点的边
k-星	由一顶点发散出的 k 个边的结构，如图 7.7 所示
k-三角	有共同边的 k 个三角形，如图 7.8 所示
交错求和的 k-星	见(7.20)式
交错求和的 k-三角	见(7.21)式

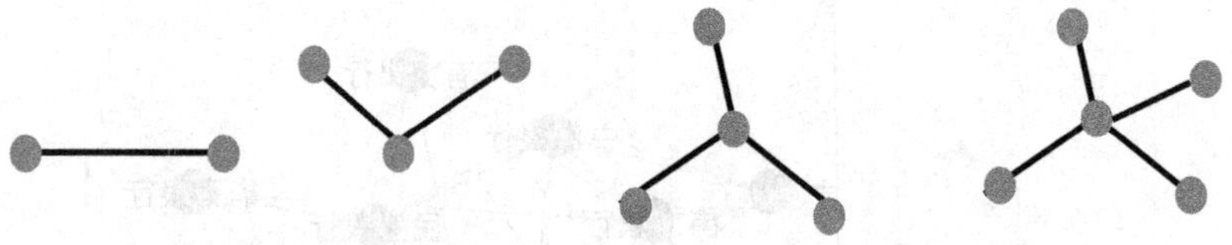

(a) 边 (b) 2-星 (c) 3-星 (d) 4-星

图 7.7 k-星结构，分别对应 $k=1,2,3,4$ 几种情况

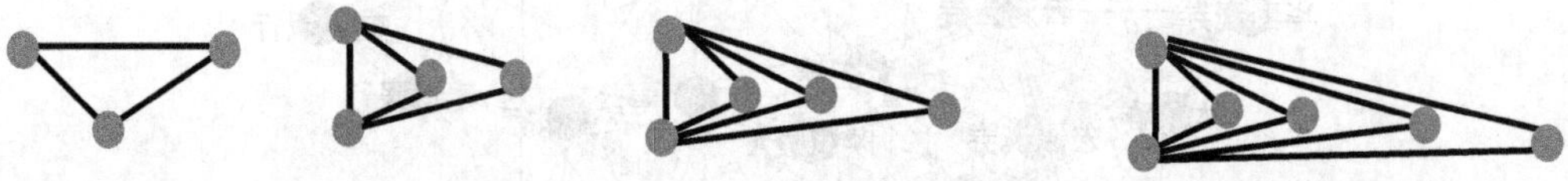

(a) 1-三角 (b) 2-三角 (c) 3-三角 (d) 4-三角

图 7.8 k-三角结构，分别对应 $k=1,2,3,4$ 几种情况

指数族图模型也包含了很多类随机图。如果我们令 H 取遍任意顶点对 (i,j)，且令 $g_{ij}(y)=y_{ij}$，此时(7.18)转化为

$$P(\boldsymbol{Y}=\boldsymbol{y})=\left(\frac{1}{\kappa}\right)\exp\left\{\sum_{i,j}\theta_{ij}\boldsymbol{y}_{ij}\right\}$$

于是得到伯努利随机图，Y_{ij} 的取值与 $Y_{p,q}$ 是独立的 $(i,j)\neq(p,q)$，即任一条边是否存在是与其他边独立的，且某一条边存在的概率为

$$P(Y_{ij}=1)=\exp(\theta_{ij})\Big/\left[1+\exp(\theta_{ij})\right]$$

然而这个模型一共有 $p\times p$ 个参数，过多的参数给参数估计带来困难。为简便可以令 $\theta_{ij}=\theta$ 使参数个数减少到 1 个。但这样，图中任意一条边存在的概率都相等。可以考虑更复杂一些的模型，设顶点被分成两组 A,B，每组内的有边的概率相同，组间的顶点也以特定的概率有边相连。

$$P(\boldsymbol{Y}=\boldsymbol{y})=\left(\frac{1}{\kappa}\right)\exp\left\{\theta_1\sum_{i,j\in A}y_{ij}+\theta_2\sum_{i,j\in B}y_{ij}+\theta_1\sum_{i\in A,j\in B}y_{ij}+\theta_3\sum_{i\in B,j\in A}y_{ij}\right\}$$

由上可见，伯努利随机图的结构 H 对应表 7.1 中的“边”。令 $S_1(\boldsymbol{y})=\sum y_{ij}$ 为边的数目，$S_k(\boldsymbol{y})$ 表示图中 k-星的数目（$0\leqslant k\leqslant p-1$），$T(\boldsymbol{y})$ 表示图中三角的数目，那么概率密度函数

$$P(\boldsymbol{Y}=\boldsymbol{y})=\left(\frac{1}{\kappa}\right)\exp\left\{\sum_{k=1}^{p-1}\theta_k S_k(\boldsymbol{y})+\theta_T T(\boldsymbol{y})\right\} \tag{7.19}$$

将得到马尔可夫随机图[2]——对图中任意一条边 (i,j)，给定共有顶点的边集合

$$\{(p,q): p=i\text{或}q=j,\text{但}(p,q)\neq(i,j)\}$$

那么边 (i,j) 的存在与否，独立于图中的其他边。

但是，以上模型在现实中并不一定能很好地拟合数据，所拟合的分布经常是退化分布。交错 k-星统计量（alternating k-star statistics）能够避免问题，它减少了参数的个数，且给复杂的结构以较小的权重。它定义为

$$g_{\text{AKS}}^{\lambda}(\boldsymbol{y})=\sum_{k=1}^{p-1}(-1)^k\frac{S_k(\boldsymbol{y})}{\lambda^{k-2}} \tag{7.20}$$

$\lambda>1$ 是权重参数,可以指定也可以从数据中估计。还可以定义交错 k-三角统计量（alternating k-triangle statistics），详见文献[5]和[10]。

$$g_{\text{AKS}}^{\lambda}(\boldsymbol{y})=\sum_{k=1}^{p-1}(-1)^k\frac{T_k(\boldsymbol{y})}{\lambda^{k-2}} \tag{7.21}$$

此外，$g_H(\boldsymbol{y})$ 还可以用于描述外生变量信息。例如，在社交网络分析中，希望探讨什么因素促成了两个人的熟识关系。如果要考虑职业在其中所起的作用，那么可以令

$$g_{ij}(\boldsymbol{y})=y_{ij}I(Ocu_i=Ocu_j) \tag{7.22}$$

其中，Ocu_i 表示第 i 个人的职业，$I(\cdot)$ 是示性函数。同样，为了减少参数，可以令 $\theta_{ij}=\theta$。类似地，用 Age_i 表示第 i 个人的年龄，为了考虑两个人年龄差距对熟识关系的影响，可以令

$$g_{ij}(\boldsymbol{y})=y_{ij}\left|Age_i-Age_j\right|。$$

指数族图模型的参数具有特别的解释。对于 $\boldsymbol{y}$，令 $\boldsymbol{y}_{ij}^{+}$、$\boldsymbol{y}_{ij}^{-}$ 是两个对应的矩阵。$\boldsymbol{y}_{ij}^{+}$ 的 (i,j)、(j,i) 位置上的元素是 1，其他位置元素与 $\boldsymbol{y}$ 相同；$\boldsymbol{y}_{ij}^{-}$ 的 (i,j)、(j,i) 位置上的元素是 0，其他位置元素与 $\boldsymbol{y}$ 相同。那么边 (i,j) 存在的几率的对数为

$$\log\left[\frac{P(\boldsymbol{Y}=\boldsymbol{y}_{ij}^{+})}{P(\boldsymbol{Y}=\boldsymbol{y}_{ij}^{-})}\right]=\sum_{H}\theta_H\left[g_H(\boldsymbol{y}_{ij}^{+})-g_H(\boldsymbol{y}_{ij}^{-})\right] \tag{7.23}$$

因此参数 θ_H 反映了 $g_H(\cdot)$ 每增加一个单位，对数几率增加 θ_H。例如，(7.19)式中的 θ_T 表示：这条边的存在使图结构中每多一个三角形结构，这条边存在的对数几率就增加 θ_T。再如，假设(7.22)式的参数是 θ_{ij}^{o}，那么这条边的存在使图结构中多一条边——连接同职业人的边，这条边存在的对数几率就增加 θ_{ij}^{o}。

7.3.2 参数估计及假设检验

概率随机图模型参数估计采用极大似然估计，对于观测 y，其对数似然为

$$\sum_{H}\theta_H g_H(\boldsymbol{y})-\log\kappa$$

为了简便，将所有参数计入向量$\boldsymbol{\theta}$，所有$g_H(\boldsymbol{y})$放入向量$\boldsymbol{g}(\boldsymbol{y})$，且由于$\kappa$是$\boldsymbol{\theta}$的函数，将其记为$\kappa(\boldsymbol{\theta})$。于是对数似然写为

$$\boldsymbol{\theta}^{\mathrm{T}}\boldsymbol{g}(\boldsymbol{y})-\log\kappa(\boldsymbol{\theta}) \tag{7.24}$$

除了极其简单的情况，几乎不可能对此求解最优化问题。因为归一化常数$\kappa(\boldsymbol{\theta})$需要大量计算，它等于

$$\kappa(\boldsymbol{\theta})=\sum_{\boldsymbol{y}}\exp\left\{\boldsymbol{\theta}^{\mathrm{T}}\boldsymbol{g}(\boldsymbol{y})\right\}$$

外面的求和号取遍所有$\boldsymbol{y}$，共有$2^{\binom{p}{2}}$种可能——即便不是很大的p，这个求和也是非常困难的。因此可以考虑蒙特卡罗逼近。首先选择固定的参数$\boldsymbol{\theta}_0$，且记

$$r(\boldsymbol{\theta},\boldsymbol{\theta}_0)=(\boldsymbol{\theta}-\boldsymbol{\theta}_0)^{\mathrm{T}}\boldsymbol{g}(\boldsymbol{y})-\left(\log\kappa(\boldsymbol{\theta})-\log\kappa(\boldsymbol{\theta}_0)\right) \tag{7.25}$$

可见求解(7.25)式的最值与求解(7.24)式的最值等价。此时，

$$\log\kappa(\boldsymbol{\theta})-\log\kappa(\boldsymbol{\theta}_0)=\log\frac{\kappa(\boldsymbol{\theta})}{\kappa(\boldsymbol{\theta}_0)}$$

且有

$$\begin{aligned}\frac{\kappa(\boldsymbol{\theta})}{\kappa(\boldsymbol{\theta}_0)}&=\sum_{\boldsymbol{y}}\frac{\exp\left\{\boldsymbol{\theta}^{\mathrm{T}}\boldsymbol{g}(\boldsymbol{y})\right\}}{\kappa(\boldsymbol{\theta}_0)}=\sum_{\boldsymbol{y}}\frac{\exp\left\{\boldsymbol{\theta}^{\mathrm{T}}\boldsymbol{g}(\boldsymbol{y})\right\}}{\exp\left\{\boldsymbol{\theta}_0^{\mathrm{T}}\boldsymbol{g}(\boldsymbol{y})\right\}}\times\frac{\exp\left\{\boldsymbol{\theta}_0^{\mathrm{T}}\boldsymbol{g}(\boldsymbol{y})\right\}}{\kappa(\boldsymbol{\theta}_0)}\\&=E_{\boldsymbol{\theta}_0}\left[\mathrm{e}^{(\theta-\theta_0)^{\mathrm{T}}g(y)}\right]\end{aligned}$$

也就是在$\boldsymbol{y}$服从参数为$\boldsymbol{\theta}_0$的指数族图模型分布假设下，对$\mathrm{e}^{(\theta-\theta_0)^{\mathrm{T}}g(y)}$求期望。这个求解期望的问题就可以使用蒙特卡罗模拟，对计算的期望取对数，再代入(7.25)式便可求解参数的极大似然估计，详见文献[6]。

为了逼近上述积分，可以采用 Gibbs 采样。每步根据(7.23)式调整一条边，即按照(7.23)式设定的概率，将y_{ij}设置为 0 或 1。这样重复M步（称为 burn-in 样本量），使得马尔可夫链达到平衡状态后，每隔N步取一个样本。M和N都是事先设定的值。假设一共得到L个样本$\boldsymbol{y}_1,\boldsymbol{y}_2,\cdots,\boldsymbol{y}_L$，于是可采用以下逼近，

$$E_{\boldsymbol{\theta}_0}\left[\mathrm{e}^{(\theta-\theta_0)^{\mathrm{T}}g(y)}\right]\approx\sum_{l=1}^{L}\exp\left\{(\boldsymbol{\theta}-\boldsymbol{\theta}_0)^{\mathrm{T}}\boldsymbol{g}(\boldsymbol{y}_l)\right\}$$

最后估计得到参数$\hat{\boldsymbol{\theta}}$后，如何评价拟合优度呢？也可以采用 Gibbs 采样，从参数为$\hat{\boldsymbol{\theta}}$的模型中抽样，并从样本中计算一些统计量（如$k$-三角的个数）的分布，最后检测观测$\boldsymbol{y}$对应统计量是否在这个分布中很异常（严重偏离均值或众数）。若没有发现异常，则说明模型拟合较为理想。

例 7.1（续） 股票联动网络建模检验 基于 7.2.3 节所估计的图结构，我们可以进一步利用指数随机图模型挖掘信息。例如去讨论银行、证券、保险股票内部以怎样的概率连接。用C_i表示第i支股票的类别（1 表示银行，2 表示证券，3 表示保险）。在模型中纳入以下统计量：

（1）同属于银行股，$g_1(\boldsymbol{y})=\sum_{i<j}y_{ij}\times I(C_i=1)\times I(C_j=1)$

（2）同属于证券股，$g_2(\boldsymbol{y})=\sum_{i<j} y_{ij}\times I(C_i=2)\times I(C_j=2)$

（3）同属于保险股，$g_3(\boldsymbol{y})=\sum_{i<j} y_{ij}\times I(C_i=3)\times I(C_j=3)$

此外，还考虑了两个图结构统计量 $\text{Edges}=\sum_{i<j} y_{ij}$ 以及 3-三角。

表 7.2 股票数据随机模型估计结果

统计量	参数估计值	标准差	p 值
Edges	–2.0337	0.1835	$<1\text{e}-04$
$g_1(\boldsymbol{y})$	0.5094	0.2309	0.02776
$g_2(\boldsymbol{y})$	0.8508	0.2468	0.00061
$g_3(\boldsymbol{y})$	2.3892	1.2493	0.05634
3-三角	0.7158	0.2119	0.00078

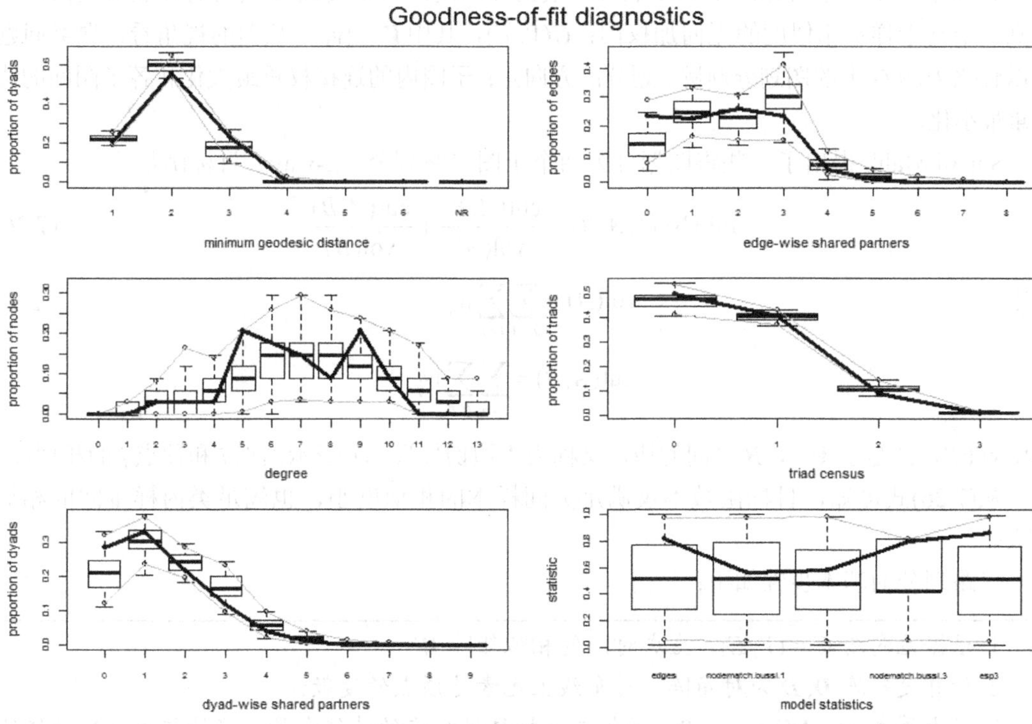

图 7.9 拟合优度检验

R 包 ergm 实现了随机图模型的估计，此包需要包 statnet 的支持。利用 7.2.3 节估计的 $\boldsymbol{\Omega}$，计算顶点的偏相关系数，偏相关系数大于 0.05 的边保留，作为观察样本 $\boldsymbol{y}$ 用于 ERGM 模型估计。

运行 7.2.3 节的代码后，得到估计的 $\boldsymbol{\Omega}$ 表格，再对此表运行代码“随机图模型.jsp”(代码运行可能需要较长的时间)。参数估计结果如表 7.2 所示，由于估计的随机性，每次估计结果可能不同。由图 7.9 可见，股票属于同一类别，都会显著地增加它们连接的可能性。此外，3-三角也是一个显著的结构。

从估计的 ERGM 模型中抽取 50 个样本，各统计量（详见 ergm 包）的分布如图 7.9 中箱线图所示。粗线所连接的点是实际样本 $\boldsymbol{y}$ 的统计量。可见 $\boldsymbol{y}$ 的统计量并未显著地偏离抽取的样本，说明模型拟合效果很好。

7.4 谱聚类

7.4.1 聚类和图划分

传统的聚类算法主要是建立在凸球形的样本空间上。当样本空间不凸时，算法会陷入“局部”最优。为了能在任意形状的样本空间上聚类，且收敛于全局最优解，最近开始尝试直接利用数据点间的相似关系矩阵的特征根的性质进行聚类。这类聚类算法的基本原理是类内数据间的相似度大，类间的相似度小,而相似矩阵则是诠释这一信息的最佳方式。如果将每个数据样本看作图中的顶点 v，根据样本间的相似度将顶点间的边赋权重值，就得到一个基于样本相似度的无向加权图：$G(V, E)$，其中 $V=\{v\}$ 。从图的视角看，聚类问题可以转化为图 G 上的图划分问题。划分的方向是：子图内的连接权重最大化和各子图间的边权重最小化。

Shi 和 Malik 提出了一些将图划分为两个子图二路划分（2-way）目标函数

$$\min \mathrm{Ncut}(A,B)=\frac{\mathrm{cut}(A,B)}{\mathrm{vol}(A)}+\frac{\mathrm{cut}(A,B)}{\mathrm{vol}(B)} \tag{7.26}$$

其中

$$\mathrm{vol}(A)=\sum_{i\in A}\sum_{i\neq j} w_{ij}$$

$$\mathrm{cut}(A,B)=\sum_{i\in A}\sum_{j\in B} w_{ij}$$

其中 cut(A，B)是子图 A，B 之间的边，又称为“边切集”，w_{ij} 表示顶点 i 和顶点 j 的相似度。

从(7.26)式可知，目标函数不仅满足类间样本的相似度小，也满足类内样本间的相似度大。

二路划分的基本步骤如下：

---

1. 根据无向图 $G=(V,E)$，生成对应的相似矩阵 $\boldsymbol{W}$;
2. 计算度矩阵 $\boldsymbol{D}$, $\boldsymbol{D}$ 为对角阵，对角线上元素是顶点的度数;
3. 求出等式$(\boldsymbol{D}-\boldsymbol{W})\,\boldsymbol{x}=\lambda \boldsymbol{D}\boldsymbol{x}$ 的第二小特征根对应的特征向量，将特征向量按特征值的大小分为两类，可以以中值为界划分;
4. 判断两类是否需要继续划分，可以通过计算 Ncut 目标函数的值得到，如果目标函数小于阈值，则转到步骤 1 进行递归分隔。

同时划分多个子图的多路划分 k-路的目标函数为

$$\mathrm{Ncut}(V_1,\cdots,V_k)=\frac{\mathrm{cut}(V_1,V_1^c)}{\sum_{i\in V_1}\sum_{j\in V_1^c} w_{ij}}+\cdots+\frac{\mathrm{cut}(V_k,V_k^c)}{\sum_{i\in V_k}\sum_{j\in V_k^c} w_{ij}}$$

多路划分的基本步骤与二路划分的基本步骤相似，具体如下：

1. 根据无向图 $G=(V,E)$，生成对应的相似矩阵 $\boldsymbol{W}$，计算度矩阵 $\boldsymbol{D}$, $\boldsymbol{D}$ 为对角阵；

2. 求出 $(\boldsymbol{D}-\boldsymbol{W})\boldsymbol{x}=\lambda \boldsymbol{D}\boldsymbol{x}$ 的第 2 至第 $n+1$ 小特征根对应的 n 个特征向量，使用 k-均值算法对这 n 个特征向量进行聚类得到 k' 个类，从 3 和 4 中任选一步进行计算；

3. 合并 k' 个类，每次合并要使下式最小化

$$\text{Ncut}_k = \frac{\text{cut}(A_1, A_1^c)}{\sum\limits_{i\in A_1}\sum\limits_{j\in A_1^c} w_{ij}} + \ldots + \frac{\text{cut}(A_k, A_k^c)}{\sum\limits_{i\in A_k}\sum\limits_{j\in A_k^c} w_{ij}}$$

直到剩下 k 个类为止，这里的 k 是事先指定的划分结果类别数。

4. 将 k' 个类视为一个无向图的 k' 个顶点，k' 个类之间的相似度定义为 $\text{assoc}(A_i, A_j)$，其中 $\text{assoc}(A_i, A_j)=\sum\limits_{x\in A_i}\sum\limits_{y\in A_j} w_{xy}$，并视为无向图的边，由此可以构造无向图 $G'=(V', E')$，然后使用前面介绍的二路划分算法对 G' 进行递归划分。

除了 Ncut 目标函数外，还有 Hagen 和 Kahng 提出的 RatioCut[14]和 Ding 等提出的 MinMaxCut[15]。三个目标函数中，RatioCut 只考虑类间相似性最小，且最易产生“倾斜”的划分。而 MinMaxCut 与 Ncut 一样满足类内样本间的相似度大而类间样本的相似度小的原则，与 Ncut 具有相似的行为。其中 RatioCut 的目标函数如下：

$$\text{RatioCut}(A_1,\cdots,A_k) = \frac{1}{2}\sum_{i=1}^{k}\frac{W(A_i,\bar{A}_i)}{|A_i|} = \sum_{i=1}^{k}\frac{\text{cut}(A_i,\bar{A}_i)}{|A_i|}. \tag{7.27}$$

7.4.2 谱聚类

谱图理论具有很长的历史，它是利用矩阵理论和线性代数理论来研究图的邻接矩阵，根据矩阵的谱来确定图的性质，从而实现图的划分的方法。谱图理论分析的基础是图的拉普拉斯矩阵，它是 Fiedler[16]提出来的。假设 $G(V, E)$是一个无向加权图，v_i，v_j 顶点之间带有非负权重 $w_{ji}=w_{ij}\geqslant 0$，若 $w_{ij}=0$，表示顶点 v_i、v_j 之间无边相连，无向加权图 G 的邻接矩阵定义为 $\boldsymbol{W}=(w_{ij}), i,j=1,2,\cdots,n$。

1. 图的未标准化拉普拉斯矩阵和性质

图的未标准化拉普拉斯矩阵定义如下：

$$\boldsymbol{L}=\boldsymbol{D}-\boldsymbol{W}$$

定理 7.4 $\boldsymbol{L}$ 矩阵满足下面的性质：

1. 对于任意的向量 $\boldsymbol{f}\in\mathbb{R}^n$，我们有

$$\boldsymbol{f}^{\mathrm{T}}\boldsymbol{L}\boldsymbol{f} = \frac{1}{2}\sum_{i,j=1}^{n} w_{ij}(f_i - f_j)^2$$

2. $\boldsymbol{L}$ 是对称半正定矩阵；

3. $\boldsymbol{L}$ 有 n 个非负实值特征根 $0=\lambda_1\leqslant\lambda_2\leqslant\cdots\leqslant\lambda_n$。

证明 1. d_i 为对角矩阵 $\boldsymbol{D}$ 的第 i 行第 i 列对角元，根据 $\boldsymbol{D}$ 的定义，$d_i=\sum_{j=1}^{n}w_{ij}$，于是

$$\begin{aligned}\boldsymbol{f}^{\mathrm{T}}\boldsymbol{L}\boldsymbol{f}&=\sum_{i=1}^{n}d_i f_i^2-\sum_{i,j=1}^{n}f_i f_j w_{ij}\\&=\frac{1}{2}\Big(\sum_{i=1}^{n}d_i f_i^2+\sum_{j=1}^{n}d_j f_j^2-2\sum_{i,j=1}^{n}f_i f_j w_{ij}\Big)\\&=\frac{1}{2}\Big(\sum_{i=1}^{n}\sum_{j=1}^{n}w_{ij}f_i^2+\sum_{j=1}^{n}\sum_{i=1}^{n}w_{ij}f_j^2-2\sum_{i,j=1}^{n}f_i f_j w_{ij}\Big)\\&=\frac{1}{2}\sum_{i,j=1}^{n}w_{ij}(f_i-f_j)^2\end{aligned}$$

2. 由于 $\boldsymbol{D}$ 是对角矩阵，$\boldsymbol{W}$ 是对称矩阵，易知 $\boldsymbol{L}$ 是对称的，同时对于任意向量 $\boldsymbol{f}\in\mathbb{R}^n$，由性质 1 知 $\boldsymbol{f}^{\mathrm{T}}\boldsymbol{L}\boldsymbol{f}\geqslant 0$，从而 $\boldsymbol{L}$ 是对称半正定矩阵。

3. 根据 $\boldsymbol{L}$ 的定义式，可以知道 $\boldsymbol{L}$ 的对角元素 l_{ii} 是顶点 v_i 的度，非对角线元素 $l_{ij}=-w_{ij}$，故而有 $\boldsymbol{L}$ 的所有行和及列和都为 0，可知矩阵 $\boldsymbol{L}$ 总有一个特征值为 0，又 $\boldsymbol{L}$ 是半正定对称矩阵，故而有 $\boldsymbol{L}$ 的特征值均为非负实数。

定理 7.5 无向加权图 G 未标准化的拉普拉斯矩阵 $\boldsymbol{L}$ 的最小特征根 0 的重数(multiplicity) m 等于图 G 的连通分支(connected components) $A_1,A_2,\cdots,A_k$ 的个数，所对应的特征向量的非零元素属于同一连通分支。

证明 先讨论图 G 是连通图的情况。记 $\boldsymbol{f}$ 是特征根 0 对应的特征向量，则 $\boldsymbol{L}\boldsymbol{f}=0$，根据矩阵乘法结合律和定理 7.4 中的结论，有

$$0=\boldsymbol{f}^{\mathrm{T}}\boldsymbol{L}\boldsymbol{f}=\frac{1}{2}\sum_{i,j=1}^{n}w_{ij}(f_i-f_j)^2$$

由于图 G 是连通的，任意两顶点 v_i，v_j 的权重 $w_{ij}>0$。若上式为 0，则必有 $f_i=f_j$，因此，向量 $\boldsymbol{f}$ 的元素为同一常数，可以化为 n 维向量$(1,1,\cdots,1)$。

若 G 不是连通图，我们假定顶点按照其所属的连通分支排序，在该假定下得到的邻接矩阵 $\boldsymbol{W}$ 和拉普拉斯矩阵 $\boldsymbol{L}$ 均具有分块对角矩阵的形式(block diagonal form)：

$$\boldsymbol{L}=\begin{pmatrix}\boldsymbol{L}_1&&&\\&\boldsymbol{L}_2&&\\&&\ddots&\\&&&\boldsymbol{L}_k\end{pmatrix}$$

注意到每个矩阵块 $(\boldsymbol{L}_i)_{n_i\times n_i}$ 是图 G 第 i 个连通分支，即连通图 $A_i(i=1,2,\cdots,k)$ 所对应的拉普拉斯矩阵，设 $\boldsymbol{L}_i$ 关于 λ_i 对应的特征向量是 $(\boldsymbol{x}_{i1},\cdots,\boldsymbol{x}_{in_i})$，根据矩阵基本理论，$\lambda_i$ 是 $\boldsymbol{L}$ 的特征值，对应的特征向量为

$$(\underbrace{0,\cdots,0}_{\sum_{j=1}^{i-1}n_j\text{个}},\underbrace{x_{i1},\cdots,x_{in_i}}_{n_i\text{个}},\underbrace{0,\cdots,0}_{\sum_{j=i+1}^{k}n_j\text{个}})，$$

即 $\boldsymbol{L}_i$ 的特征值对应的特征向量在其他矩阵块对应的位置添上 0 后即为 $\boldsymbol{L}$ 的同一特征值所对

应的特征向量。由于 A_i 是连通图，根据我们已经证明的结论，$\boldsymbol{L}_i$ 有特征根 0，且对应的特征向量是 $\boldsymbol{i}_{n_i}=(1,\cdots,1)_{n_i}$，则 $\boldsymbol{L}$ 关于 0 的特征向量为 $(\underbrace{0,\cdots,0}_{\sum_{j=1}^{i-1}n_j\text{个}},\underbrace{1,\cdots,1}_{n_i\text{个}},\underbrace{0,\cdots,0}_{\sum_{j=i+1}^{k}n_j\text{个}})$，于是 $\boldsymbol{L}$ 的特征根 0 的重数对应了图 G 的连通分支数，所对应的特征向量的非零元素属于同一连通分支。

2. 图的标准化的拉普拉斯矩阵

图的标准化的拉普拉斯矩阵有两种形式：

$$\boldsymbol{L}_{\text{sym}}=\boldsymbol{D}^{-1/2}\boldsymbol{L}\boldsymbol{D}^{-1/2}$$
$$\boldsymbol{L}_{\text{rw}}=\boldsymbol{D}^{-1}\boldsymbol{L}=\boldsymbol{I}-\boldsymbol{D}^{-1}\boldsymbol{W}$$

定理 7.6（$\boldsymbol{L}_{\text{sym}}$ 和 $\boldsymbol{L}_{\text{rw}}$ 的性质） 标准化的拉普拉斯矩阵具有如下性质：

1. 对于任意的向量 $\boldsymbol{f}\in\mathbb{R}^n$，我们有

$$\boldsymbol{f}^{\mathrm{T}}\boldsymbol{L}_{\text{sym}}\boldsymbol{f}=\frac{1}{2}\sum_{i,j=1}^{n}w_{ij}\left(\frac{f_i}{\sqrt{d_i}}-\frac{f_j}{\sqrt{d_j}}\right)^2.$$

2. λ 是 $\boldsymbol{L}_{\text{rw}}$ 的关于 $\boldsymbol{u}$ 的特征根当且仅当 λ 是 $\boldsymbol{L}_{\text{sym}}$ 的关于 $\boldsymbol{w}=\boldsymbol{D}^{1/2}\boldsymbol{u}$ 的特征根；

3. λ 是 $\boldsymbol{L}_{\text{rw}}$ 的关于 $\boldsymbol{u}$ 的特征根当且仅当 λ 和 $\boldsymbol{u}$ 满足：$\boldsymbol{L}\boldsymbol{u}=\lambda\boldsymbol{D}\boldsymbol{u}$；

4. $\boldsymbol{L}_{\text{sym}}$ 和 $\boldsymbol{L}_{\text{rw}}$ 有 n 个非负实值特征根 $0=\lambda_1\leqslant\lambda_2\leqslant\cdots\leqslant\lambda_n$。

证明 1. 与定理 7.4 的证明类似，有

$$\begin{aligned}\boldsymbol{f}^{\mathrm{T}}\boldsymbol{L}_{\text{sym}}\boldsymbol{f}&=\sum_{i=1}^{n}f_i^2-\sum_{i,j=1}^{n}w_{ij}f_if_j\sqrt{\frac{d_i}{d_j}}\\&=\frac{1}{2}\left(\sum_{i=1}^{n}f_i^2+\sum_{j=1}^{n}f_j^2-2\sum_{i,j=1}^{n}w_{ij}f_if_j\sqrt{\frac{d_i}{d_j}}\right)\\&=\frac{1}{2}\left(\sum_{i,j=1}^{n}w_{ij}\frac{f_i^2}{d_i}+\sum_{i,j=1}^{n}w_{ij}\frac{f_j^2}{d_j}-2\sum_{i,j=1}^{n}w_{ij}f_if_j\sqrt{\frac{d_i}{d_j}}\right)\\&=\frac{1}{2}\sum_{i,j=1}^{n}w_{ij}\left(\frac{f_i}{\sqrt{d_i}}-\frac{f_j}{\sqrt{d_j}}\right)^2\end{aligned}$$

2. 易证

$$\begin{aligned}\boldsymbol{L}_{\text{rw}}\boldsymbol{u}=\lambda\boldsymbol{u}&\Rightarrow\boldsymbol{u}-\boldsymbol{D}^{-1}\boldsymbol{W}\boldsymbol{u}=\lambda\boldsymbol{u}\\&\Rightarrow(\boldsymbol{D}^{1/2}\boldsymbol{u})-\boldsymbol{D}^{-1/2}\boldsymbol{W}\boldsymbol{D}^{-1/2}(\boldsymbol{D}^{1/2}\boldsymbol{u})=\lambda(\boldsymbol{D}^{1/2}\boldsymbol{u})\\&\Rightarrow\boldsymbol{L}_{\text{sym}}(\boldsymbol{D}^{-1/2}\boldsymbol{u})=\lambda(\boldsymbol{D}^{-1/2}\boldsymbol{u})\\&\Rightarrow\boldsymbol{w}=\boldsymbol{D}^{-1/2}\boldsymbol{u}\end{aligned}$$

同时，若 $\boldsymbol{w}=\boldsymbol{D}^{-1/2}\boldsymbol{u}$，易得 $\boldsymbol{L}_{\text{rw}}\boldsymbol{u}=\lambda\boldsymbol{u}$，故得证。

3. 易证

$$
\begin{aligned}
\boldsymbol{L}_{\mathrm{rw}}\boldsymbol{u}=\lambda\boldsymbol{u} &\Rightarrow \boldsymbol{u}-\boldsymbol{D}^{-1}\boldsymbol{W}\boldsymbol{u}=\lambda\boldsymbol{u}\\
&\Rightarrow (\boldsymbol{D}-\boldsymbol{W})\boldsymbol{u}=\lambda\boldsymbol{D}\boldsymbol{u}\\
&\Rightarrow \boldsymbol{L}\boldsymbol{u}=\lambda\boldsymbol{D}\boldsymbol{u}
\end{aligned}
$$

同时，若 $\boldsymbol{L}\boldsymbol{u}=\lambda\boldsymbol{D}\boldsymbol{u}$，也可推出 $\boldsymbol{L}_{\mathrm{rw}}\boldsymbol{u}=\lambda\boldsymbol{u}$，故得证。

4. 由 $\boldsymbol{L}_{\mathrm{rw}}$ 的所有行和及列和都为 0 可知 $\boldsymbol{L}_{\mathrm{rw}}$ 有特征根 0，由性质 2 的结论可知 0 也是 $\boldsymbol{L}_{\mathrm{sym}}$ 的特征根，又 $\boldsymbol{L}_{\mathrm{sym}}$ 满足性质 1，可知 $\boldsymbol{L}_{\mathrm{sym}}$ 是对称的半正定矩阵，故而其特征向量满足：$0=\lambda_1\leqslant\lambda_2\leqslant\cdots\leqslant\lambda_n$，根据结论 2，$\boldsymbol{L}_{\mathrm{rw}}$ 的特征向量也满足该条件。

定理 7.7 无向加权图 G 对应的标准化拉普拉斯矩阵 $\boldsymbol{L}_{\mathrm{rw}}$ 和 $\boldsymbol{L}_{\mathrm{sym}}$ 最小特征根 0 的重数(multiplicity) m 等于图 G 的连通分支（connected components）$A_1,A_2,\cdots,A_k$ 的个数，所对应的特征向量的非零元素属于同一连通分支。

证明 与定理 7.5 的证明类似。

3. 谱聚类算法

假定有 n 个数据点，用相似度函数 $s_{ij}=s(x_i,x_j)$ 度量数据点 x_i，x_j 之间的相似度，记相似度矩阵为 $\boldsymbol{S}=(s_{ij})_{i,j=1,2,\cdots,n}$。下面给出谱聚类算法（spectral clustering algorithms）的基本步骤。

（1）基于 $\boldsymbol{L}$ 的谱聚类算法（unnormalized spectral clustering）

输入：相似矩阵 $\boldsymbol{S}\in\mathbb{R}^{n\times n}$，聚类的类别数 k

• 根据输入的数据建立相似图 G，记 $\boldsymbol{W}$ 为其加权邻接矩阵

• 计算图 G 的未标准化拉普拉斯矩阵 $\boldsymbol{L}$，计算 $\boldsymbol{L}$ 的前 k 个特征向量，按从小到大的顺序记作 $u_1,u_2,\cdots,u_k$

• 由 k 个特征向量作为列向量组成矩阵 $\boldsymbol{U}\in\mathbb{R}^{n\times k}$，将矩阵 $\boldsymbol{U}$ 的每一行 $\boldsymbol{y}_i\in\mathbb{R}^k$，$i=1,2,\cdots,n$，使用 K-means 算法聚成 k 类 $C_1,C_2,\cdots,C_k$

输出：样本点集合 $A_1,A_2,\cdots,A_k$，$A_i=\{j\mid y_i\in C_k\}$

（2）基于 $\boldsymbol{L}_{\mathrm{rw}}$ 的谱聚类算法（Normalized spectral clustering）

输入：相似矩阵 $\boldsymbol{S}\in\mathbb{R}^{n\times n}$，聚类的类别数 k

• 根据输入的数据建立相似图 G，记 $\boldsymbol{W}$ 为其加权邻接矩阵

• 计算图 G 的未标准化拉普拉斯矩阵 $\boldsymbol{L}$，通过 $\boldsymbol{L}\boldsymbol{u}=\lambda\boldsymbol{D}\boldsymbol{u}$ 计算 $\boldsymbol{L}_{\mathrm{rw}}$ 的前 k 个特征向量，按从小到大的顺序记作 $\boldsymbol{u}_1,\boldsymbol{u}_2,\cdots,\boldsymbol{u}_k$

• 由 k 个特征向量作为列向量组成矩阵 $\boldsymbol{U}\in\mathbb{R}^{n\times k}$，将矩阵 $\boldsymbol{U}$ 的每一行 $\boldsymbol{y}_i\in\mathbb{R}^k$，$i=1,2,\cdots,n$，使用 K-means 算法聚成 k 类 $C_1,C_2,\cdots,C_k$

输出：样本点集合 $A_1,A_2,\cdots,A_k$，$A_i=\{j\mid y_i\in C_k\}$

（3）基于 $\boldsymbol{L}_{\text{sym}}$ 的谱聚类算法（Normalized spectral clustering）

输入：相似矩阵 $\boldsymbol{S}\in\mathbb{R}^{n\times n}$，聚类的类别数 k

● 根据输入的数据建立相似图 G，记 $\boldsymbol{W}$ 为其加权邻接矩阵

● 计算图 G 的标准化拉普拉斯矩阵 $\boldsymbol{L}_{\text{sym}}$，计算 $\boldsymbol{L}_{\text{sym}}$ 的前 k 个特征向量，按从小到大的顺序记作 $u_1,u_2,\cdots,u_k$

● 由 k 个特征向量作为列向量组成矩阵 $\boldsymbol{U}\in\mathbb{R}^{n\times k}$，将 $\boldsymbol{U}$ 的每一行的模标准化为 1，构成新的矩阵 $\boldsymbol{T}$，即令 $t_{ij}=u_{ij}\Big/\left(\sum_k u_{ik}^2\right)^{1/2}$，将矩阵 $\boldsymbol{T}$ 的每一行 $\boldsymbol{y}_i\in\mathbb{R}^k$，$i=1,2,\cdots,n$，使用 K-means 算法聚成 k 类 $C_1,C_2,\cdots,C_k$

输出：样本点集合 $A_1,A_2,\cdots,A_k$， $A_i=\{j\mid y_i\in C_k\}$

上述三种谱聚类算法使用了不同形式的拉普拉斯矩阵，可以看到谱聚类的主要技巧在于通过拉普拉斯特征映射方法（Laplacian eigenmap）将数据集 $\boldsymbol{x}_i$ 转换成 $\boldsymbol{y}_i\in\mathbb{R}^k$，再进行 K-均值聚类。

4. 谱聚类与图分割问题

这部分我们将介绍谱聚类算法与图分割问题的联系。

（1）从比率割方法到基于 $\boldsymbol{L}$ 的谱聚类算法

① $k=2$ 时的比率割

先从二分割的情况说起，我们的目标为

$$\min_{A\subset V}\text{RatioCut}(A,\bar{A}) \tag{7.28}$$

为了方便问题的解决，首先定义向量 $\boldsymbol{f}=(f_1,f_2,\cdots,f_n)'\in\mathbb{R}^n$：

$$f_i=\begin{cases}\sqrt{|\bar{A}|/|A|}, & v_i\in A\\ -\sqrt{|A|/|\bar{A}|}, & v_i\in\bar{A}\end{cases} \tag{7.29}$$

定理 7.4 介绍过，未标准化拉普拉斯矩阵 $\boldsymbol{L}$ 对任意向量 $\boldsymbol{f}$ 有：$\boldsymbol{f}^{\mathrm{T}}\boldsymbol{L}\boldsymbol{f}=\dfrac{1}{2}\sum_{i,j=1}^{n}w_{ij}(f_i-f_j)^2$ 。将新定义的向量 $\boldsymbol{f}$ 代入，有

$$\begin{aligned}\boldsymbol{f}^{\mathrm{T}}\boldsymbol{L}\boldsymbol{f}&=\frac{1}{2}\sum_{i,j=1}^{n}w_{ij}(f_i-f_j)^2\\&=\frac{1}{2}\sum_{i\in A,j\in\bar{A}}w_{ij}\left(\sqrt{\frac{|\bar{A}|}{|A|}}+\sqrt{\frac{|A|}{|\bar{A}|}}\right)^2+\frac{1}{2}\sum_{i\in A,j\in\bar{A}}w_{ij}\left(-\sqrt{\frac{|\bar{A}|}{|A|}}-\sqrt{\frac{|A|}{|\bar{A}|}}\right)^2\\&=\sum_{i\in A,j\in\bar{A}}w_{ij}\left(\frac{|\bar{A}|+|A|}{\sqrt{|A||\bar{A}|}}\right)^2\\&=\text{cut}(A,\bar{A})\left(\frac{|A|+|\bar{A}|}{|A|}+\frac{|A|+|\bar{A}|}{|\bar{A}|}\right)\\&=|V|\,\text{RatioCut}(A,\bar{A})\end{aligned} \tag{7.30}$$

同时，又有

$$\sum_{i=1}^{n} f_i = \sum_{i\in A}\sqrt{\frac{|\bar{A}|}{|A|}} - \sum_{i\in \bar{A}}\sqrt{\frac{|A|}{|\bar{A}|}} = |A|\sqrt{\frac{|\bar{A}|}{|A|}} - |\bar{A}|\sqrt{\frac{|A|}{|\bar{A}|}} = 0$$

即 $\boldsymbol{f}$ 和 n 维向量 $i_n = (1,1,\cdots,1)^{\mathrm{T}}$ 正交，记作 $\boldsymbol{f} \perp \boldsymbol{i}_n$。$f$ 的模满足：

$$\|\boldsymbol{f}\|^2 = \sum_{i=1}^{n} f_i^2 = |A|\frac{|\bar{A}|}{|A|} + |\bar{A}|\frac{|A|}{|\bar{A}|} = n$$

结合这些结论，我们把最小化(7.28)式的问题通过(7.29)式离散化放松为如下的命题：

$$\min \boldsymbol{f}^{\mathrm{T}}\boldsymbol{L}\boldsymbol{f}, \boldsymbol{f} \text{ 按(7.29)式定义 } \boldsymbol{f} \perp \boldsymbol{i}_n, \|\boldsymbol{f}\| = \sqrt{n} \tag{7.31}$$

这是一个 NP 难问题，为了求解进一步放松约束条件，将 $\boldsymbol{f}$ 放松到实数域上：

$$\min \boldsymbol{f}^{\mathrm{T}}\boldsymbol{L}\boldsymbol{f}, \ \boldsymbol{f} \perp \boldsymbol{i}_n, \|\boldsymbol{f}\| = \sqrt{n} \tag{7.32}$$

记未标准化拉普拉斯矩阵 $\boldsymbol{L}$ 的第二小的特征根为 λ_2（最小特征根是 0，若图是连通的，0 对应的特征向量为 $\boldsymbol{i}_n$，不满足 $\boldsymbol{f} \perp \boldsymbol{i}_n$；若图有 m 个连通分支，则 0 有 m 重，对应的特征向量的元素不是 1 就是 0，亦不满足与 $\boldsymbol{i}_n$ 正交，故取第二小的特征根），根据瑞利商定理（Rayleigh-Ritz theorem），$\lambda_2 = \min\limits_{f\perp i, f\neq 0} \dfrac{\boldsymbol{f}^{\mathrm{T}}\boldsymbol{L}\boldsymbol{f}}{\|\boldsymbol{f}\|^2}$，根据(7.30)式和(7.32)式，有

$$\lambda_2 = \min_{f\perp i, f\neq 0} \frac{\boldsymbol{f}^{\mathrm{T}}\boldsymbol{L}\boldsymbol{f}}{\|\boldsymbol{f}\|^2} = \min_{f\perp i, f\neq 0} \frac{|V|\,\mathrm{RatioCut}(A,\bar{A})}{n} = \min_{f\perp e, f\neq 0} \mathrm{RatioCut}(A,\bar{A})$$

也就是说比率割的宽松解由图 G 的未标准化拉普拉斯矩阵 $\boldsymbol{L}$ 的第二小的特征根 λ_2 对应的特征向量 $\boldsymbol{f}$ 给出，$\boldsymbol{f}$ 又称为费德勒（fiedler）向量，λ_2 的大小衡量了图分割的效果，越小效果越好。为了得到图分割原本的解，我们需要把实数域上的宽松解 $\boldsymbol{f}$ 重新变换到离散指示向量空间上，一个直接的想法是通过 $\boldsymbol{u}_2$ 的每个元素是大于 0 还是小于 0 来判断对应的点是属于哪一类：

$$\begin{cases} v_i \in A, & \text{若} f_i \geqslant 0 \\ v_i \in \bar{A}, & \text{若} f_i \leqslant 0 \end{cases}$$

上述方法简单直观，但在 $k>2$ 的情况下将不再适用。谱聚类采用的方法是将 $\boldsymbol{f}$ 向量的每个元素 f_i 视作一个样本点，对这 n 个样本点再进行 K-均值聚类，分成 C 和 $\bar{C}$ 两类，原样本点的聚类结果由下式给出：

$$\begin{cases} v_i \in A, & \text{若} f_i \in C \\ v_i \in \bar{A}, & \text{若} f_i \in \bar{C} \end{cases}$$

② $k>2$ 时的比率割

k 取大于 2 的任意整数时比率割的最小化宽松解可通过与 k 为 2 的情况类似的方法得到。给定图 G 顶点集 V 聚类的类别数 k，首先定义第 j 类的指示向量 $h_j = (h_{1j}, h_{2j}, \cdots, h_{nj})^{\mathrm{T}}$：

$$h_{ij} = \begin{cases} 1/\sqrt{A_i}, & \text{若} v_i \in A_j \\ 0, & \text{其他} \end{cases} \quad (i=1,2,\cdots,n;\ j=1,2,\cdots,k) \tag{7.33}$$

记 $\boldsymbol{H}_{n\times k}=(h_{ij})$，由一个样本点只能属于 k 类之一可知矩阵 $\boldsymbol{H}$ 的列向量彼此正交，由 $\boldsymbol{H}$ 的定义知其列向量的模为 1，即 $\boldsymbol{H}^{\mathrm{T}}\boldsymbol{H}=\boldsymbol{I}$ 。与(7.30)式类似，可以得到

$$\boldsymbol{h}_j^{\mathrm{T}}\boldsymbol{L}\boldsymbol{h}_j=\frac{\operatorname{cut}(A_j,\bar{A}_j)}{|A_j|}$$

同时又有：$\boldsymbol{h}_j^{\mathrm{T}}\boldsymbol{L}\boldsymbol{h}_j=(\boldsymbol{H}^{\mathrm{T}}\boldsymbol{L}\boldsymbol{H})_{jj}$（读者可自行证明）

综合上述结论有：

$$\operatorname{RatioCut}(A_1,\cdots,A_k)=\sum_{i=1}^{k}(\boldsymbol{H}^{\mathrm{T}}\boldsymbol{L}\boldsymbol{H})_{ii}=\operatorname{tr}(\boldsymbol{H}^{\mathrm{T}}\boldsymbol{L}\boldsymbol{H})$$

同样可以把最小化比率割 $\operatorname{RatioCut}(A_1,\cdots,A_k)$ 问题离散化放松为如下的问题：

$$\min_{A_1,\cdots,A_k}\operatorname{tr}(\boldsymbol{H}^{\mathrm{T}}\boldsymbol{L}\boldsymbol{H}),\boldsymbol{H}\text{ 由(7.33)式定义，}\boldsymbol{H}^{\mathrm{T}}\boldsymbol{H}=\boldsymbol{I}$$

同样地，为了求解进一步将 $\boldsymbol{H}$ 的取值放松到连续的实数域上：

$$\min_{A_1,\cdots,A_k}\operatorname{tr}(\boldsymbol{H}^{\mathrm{T}}\boldsymbol{L}\boldsymbol{H}),\boldsymbol{H}^{\mathrm{T}}\boldsymbol{H}=\boldsymbol{I}\tag{7.34}$$

根据瑞利商定理，(7.34)式的解由拉普拉斯矩阵 $\boldsymbol{L}$ 的前 k 个特征值所对应的特征向量作为列向量构成的矩阵给出，也就是我们前面提到的矩阵 $\boldsymbol{U}$。同样地，对矩阵 $\boldsymbol{U}$ 的行向量使用 K-均值聚类，把实数域上的连续解变换到离散空间上，这就是基于 $\boldsymbol{L}$ 的谱聚类算法的由来。

（2）从规范割方法到基于标准化拉普拉斯矩阵谱聚类算法

与从比率割方法转换到基于未标准化拉普拉斯矩阵的谱聚类算法的思路基本一致，我们首先讨论 $k=2$ 的情况。定义类别指示向量 $\boldsymbol{f}$：

$$f_i=\begin{cases}\sqrt{\operatorname{vol}(\bar{A})/\operatorname{vol}(A)}, & \text{若 } v_i\in A\\ -\sqrt{\operatorname{vol}(A)/\operatorname{vol}(\bar{A})}, & \text{若 } v_i\in \bar{A}\end{cases}\tag{7.35}$$

根据矩阵 $\boldsymbol{D}$ 的定义，有 $(\boldsymbol{Df})^{\mathrm{T}}\boldsymbol{i}_n=\boldsymbol{0}$ ，$\boldsymbol{f}^{\mathrm{T}}\boldsymbol{Df}=\operatorname{vol}(V)$ ，

$$\begin{aligned}\boldsymbol{f}^{\mathrm{T}}\boldsymbol{L}\boldsymbol{f}&=\sum_{i\in A,j\in\bar{A}}w_{ij}\frac{(\operatorname{vol}(A)+\operatorname{vol}(\bar{A}))^2}{\operatorname{vol}(A)\operatorname{vol}(\bar{A})}\\&=\sum_{i\in A,j\in\bar{A}}w_{ij}\left(\frac{\operatorname{vol}(\bar{A})+\operatorname{vol}(A)}{\operatorname{vol}(A)}+\frac{\operatorname{vol}(\bar{A})+\operatorname{vol}(A)}{\operatorname{vol}(\bar{A})}\right)\\&=\operatorname{vol}(V)Ncut(A,\bar{A})\end{aligned}$$

最小化规范割函数的问题则通过(7.35)式离散化放松为

$$\min\boldsymbol{f}^{\mathrm{T}}\boldsymbol{L}\boldsymbol{f},\boldsymbol{f}\text{按(7.35)式定义},\boldsymbol{Df}\perp\boldsymbol{i},\boldsymbol{f}^{\mathrm{T}}\boldsymbol{Df}=\operatorname{vol}(V)$$

同样地，为了求解进一步将 $\boldsymbol{f}$ 的取值放松到连续的实数域上：

$$\min\boldsymbol{f}^{\mathrm{T}}\boldsymbol{L}\boldsymbol{f},\boldsymbol{Df}\perp\boldsymbol{i},\boldsymbol{f}^{\mathrm{T}}\boldsymbol{Df}=\operatorname{vol}(V)\tag{7.36}$$

将 $\boldsymbol{f}$ 改写为 $\boldsymbol{f}=\boldsymbol{D}^{-1/2}\boldsymbol{g}$ ，(7.34)式可以改写为

$$\min\boldsymbol{g}^{\mathrm{T}}\boldsymbol{D}^{-1/2}\boldsymbol{L}\boldsymbol{D}^{-1/2}\boldsymbol{g},\boldsymbol{g}\perp\boldsymbol{D}^{1/2}\boldsymbol{i},\|\boldsymbol{g}\|^2=\operatorname{vol}(V)\tag{7.37}$$

注意到 $D^{-1/2}LD^{-1/2}=L_{\text{sym}}$，根据瑞利商定理，(7.37)式的解由矩阵 L_{sym} 的第二小特征根对应的特征向量给出。

若 $k>2$，同样定义第 j 类的指示向量为

$$h_{ij}=\begin{cases}1/\sqrt{\text{vol}(A)}, & \text{若} v_i\in A_j\\ 0, & \text{若} v_i\in \overline{A}_j\end{cases}\quad (i=1,2,\cdots,n;j=1,2,\cdots,k) \tag{7.38}$$

记 $H_{n\times k}=(h_{ij})$，同样地有 $H^{\text{T}}H=I$，$h_i^{\text{T}}Lh_i=\text{cut}(A_i,\overline{A}_i)/\text{vol}(A_i)$，最小化规范割的问题可以放松为如下问题：

$$\min_{A_1,A_2,\cdots,A_k} \text{tr}(H^{\text{T}}LH), H\text{由(7.38)式定义}, H^{\text{T}}DH=I \tag{7.39}$$

将 H 的取值放松到连续实数域上，将 H 改写为 $H=D^{-1/2}T$，(7.39)式可以改写为

$$\min_{A_1,A_2,\cdots,A_k} \text{tr}(T^{\text{T}}D^{-1/2}LD^{1/2}T), T^{\text{T}}T=I \tag{7.40}$$

根据标准化拉普拉斯矩阵 L_{sym} 得到矩阵 T，再对矩阵 T 的行向量使用 K-均值聚类，把实数域上的连续解变换到离散空间上，这就是基于 L_{sym} 的谱聚类算法的由来。

7.5 总 结

□ 图是由点和边构成的二元组(V,E)。点可以代表人、组织或者其他研究对象，边则描述了点与点之间的联系。图可用邻接矩阵 $Y=(y_{ij})$ 表示，若 $y_{ij}=1$ 则说明点 i 与点 j 之间有边相连，否则没有边相连。拉普拉斯矩阵用于刻画图的内部结构，被用于图的聚类问题。

□ 高斯图模型具有马尔可夫性。从弱到强的三个马尔可夫性为：成对马尔可夫性、局部马尔可夫性和全局马尔可夫性。它们对于高斯图模型都是等价的。

□ 如果假设数据来自正态分布，那么协方差选择问题对应图结构估计。估计方法有罚极大似然、基于回归两类方法，它们都利用了一阶惩罚项来提高估计效率。与 6.4 节对应，我们可以考虑各种惩罚项来一步提升模型选择的效果。

□ 随机图模型描述邻接矩阵的概率分布，它可以从估计图中提取结构信息、外生变量信息。它的估计方法为极大似然估计，由于计算困难，所以需要借助蒙特卡罗方法。拟合优度检验从估计模型中抽取样本，对这些样本计算一些统计量的分布，然后看实际观察的对应统计量在这个分布中是否“离群”。

□ 谱聚类使用相似矩阵的特征向量表示原始数据，在降维后的空间上使用 k-均值聚类数据，这种方法在高维稀疏数据分析上具有高效的特点。

7.6 讨 论 题 目

1. 用 $f(X_1|X_2,\cdots,X_p)$ 表示给定 $X_2,\cdots,X_p$ 的情况下 X_1 的条件密度函数。证明如果

$$f(X_1|X_2,\cdots,X_p)=f(X_1|X_3,\cdots,X_p)$$

那么有 $X_1 \perp X_2 | X_3,\cdots,X_p$。

2. 计算(7.6)式的逐分量更新（Shooting）迭代表达式。

3. 证明定理 7.3。

4. 利用关系式(7.17)可知

$$\boldsymbol{\omega}_{12} = -\boldsymbol{W}_{11}^{-1}\boldsymbol{w}_{12}\omega_{22}$$

$$\omega_{22} = 1/(w_{22} - \boldsymbol{w}_{12}^{\mathrm{T}}\boldsymbol{W}_{11}^{-1}\boldsymbol{w}_{12})$$

以及 $\hat{\boldsymbol{\beta}} = \boldsymbol{W}_{11}^{-1}\boldsymbol{w}_{12}$，考虑 GLASSO 在得到协方差矩阵的估计后，如何能以较低的成本，得到对聚集矩阵的估计。

5. 假设数据 $\boldsymbol{y}_1,\boldsymbol{y}_2,\cdots,\boldsymbol{y}_n \sim N(\boldsymbol{0},\boldsymbol{\Sigma})$，且不同的观测在不同的位置存在缺失。这是估计图结构可以采用 EM 算法方法。对于每一个观测 $\boldsymbol{y}_i = (y_{i1},\cdots,y_{ip})^{\mathrm{T}}$，记观测分量的下表集合为 $O_i = \{j : y_{ij}\ 有观测\}$，缺失分量的下表集合为 $M_i = \{j : y_{ij}\ 缺乏\}$，那么对第 i 个观测，给定观测到的分量 $\boldsymbol{y}_i^{o_i}$，缺失分量 $\boldsymbol{y}_i^{m_i}$ 的条件分布为

$$\boldsymbol{y}_i^{m_i} | \boldsymbol{y}_i^{o_i} \sim N\left(\boldsymbol{\Sigma}^{(m_i,o_i)}[\boldsymbol{\Sigma}^{(o_i,o_i)}]^{-1}\boldsymbol{y}_i^{o_i}, \boldsymbol{\Sigma}^{(o_i,o_i)} - \boldsymbol{\Sigma}^{(m_i,o_i)}[\boldsymbol{\Sigma}^{(o_i,o_i)}]^{-1}\boldsymbol{\Sigma}^{(o_i,m_i)}\right)$$

对于回归或罚极大似然的方法，假设 $\hat{\boldsymbol{\Omega}}^k$ 是第 k 步的估计值，我们可以利用这个关系式对目标函数求期望（E 步），(7.7)式转化为

$$\log(\det(\boldsymbol{\Omega})) - \mathrm{tr}(E[\boldsymbol{S} | \boldsymbol{y}_1^{o_1}, \boldsymbol{y}_2^{o_1}, \cdots, \boldsymbol{y}_n^{o_n}, \hat{\boldsymbol{\Omega}}^k]\boldsymbol{\Omega}) - \lambda \|\boldsymbol{\Omega}\|_1$$

再用原有的最优化方法求解(M 步)，得到更新 $\hat{\boldsymbol{\Omega}}^{k+1}$。R 包 GLASSO 实现了 Graphical LASSO，试结合此包实现 EM 算法与 GLASSO 的结合。

6. 6.4 节中介绍的非凸惩罚项、两步估计方法也能用于图结构的估计中。思考这些对一范数惩罚项的改进如何应用于图模型中，对于图模型，Oracle 性质应该如何陈述。

7. R 包 ergm 实现的图结构远多于表 7.1 所列举的。试在其帮助文档中找出这些结构，并理解这些结构的含义。

8. 将随机图模型应用于议员数据，考虑图各种结构、党派等因素对连接形成的影响。

9. 对议员数据应用谱聚类，发现社群结构。

7.7 推荐阅读

[1] Banerjee O, Chaout L E, D'Aspremont A. Model Selection Through Sparse Maximum Likelihood Estimation for Multivariate Gaussian or Binary Data[J]. Journal of Machine Learning Research, 2008, 9: 485-516.

[2] Frank O, Strauss D. Markov graphs[J]. *Journal of American Statistical Association*[J], 1986, 81(395): 832-842.

[3] Friedman J, Hastie T, Tibshirani R. Sparse Inverse Covariance Estimation with the Graphical Lasso[J]. Biostatistics, 2007. 9: 485-516.

[4] Guo J, Levina E, et al. Joint Estimation of Multiple Graphical Models[J]. Biometrika, 2011, 98(1): 1-15.

[5] Hunter D R. Curved exponential family models for social networks[J]. Social Networks, 2007, 29: 216-230.

[6] Hunter D, Handcock M. Inference in curved exponential family models for networks[J]. *Journal of Computational and Graphical Statistics*. 2006, 15(3): 565-583.

[7] Meinshausen N, Buhlmann P. High Dimensional Graphs and Variable Selection with the Lasso[J]. Annals of Statistics. 2006, 34: 1436-1462.

[8] Yuan M, Lin Y. Model Selection and Estimation in the Gaussian Graphical Model[J]. Biometrika, 2007, 94(1): 19-35.

[9] Peng J, Zhu J, et al. Partial Correlation Estimation by Joint Sparse Regression Models[J]. Journal of the American Statistical Association, 2009. 104(486): 735-746.

[10] Sniders T, Pattison P, et al. New specifications for exponential random graph models[J]. *Sociological Methodology,* 2006. 36(1): 99-153.

[11] Koller D, Friedman N, Getoor, L, Taskar B. Graphical Models in a Nutshell[C]. L. Getoor and B. Taskar, editors, *Introduction to Statistical Relational Learning*[M], 2007.

[12] Hastie T, Tibshirani R, Friedman J. The elements of statistical learning[M]. 2nd Edition, New York: Springer, 2009.

[13] Shi J, Malik J. Normalized cuts and image segmentation[J]. IEEE Transactions on Pattern Analysis and Machine Intelligence, 2000, 22(8): 888-905.

[14] Hagen L, Kahng A. New spectral methods for ratio cut partitioning and clustering. IEEE Trans. Computer-Aided Design, 1992, 11(9): 1074-1085.

[15] Ding C, He X, Zha H, Gu M, Simon H. A min-max cut algorithm for graph aprtitioning and data clustering[C]. In Proceedings of thd_rst IEEE International Conference on Data Mining (ICDM), 2001, 107-114. Washington, DC, UAS: IEEE Computer Society.

[16] Fiedler M. Algebraic connectivity of graphs[J]. Czechoslovak Math. J., 1973, 23: 298-305.

第 8 章　客户关系管理

本章内容

- □ 协同推荐模型
- □ 客户价值随机模型

本章目标

- □ 掌握协同推荐算法的适用条件
- □ 掌握两种协同过滤算法
- □ 了解客户价值随机模型

企业存在的秘密在于其创造的产品或服务可以源源不断地传达一种影响力，以维持紧密共生的客户关系，赋予企业更为可靠的理性存在。这种影响力的大小也可以通过客户对企业所提供的产品或服务的反应方式做出判断，客户的需求与企业的供给之间的关系建造是影响力的基础，客户关系管理的核心是透过客户关系的状态和变化把握企业的成长性。迈克尔.R.所罗门在《消费行为学》一书中指出：早期的消费行为更侧重购买和积累购买经验，事实上存在也同样重要，除了应该知道人们为什么买东西以外，也需要尝试理解产品、服务或消费活动对我们生活更广泛的客观贡献，而这种贡献恰恰就是客户的行为。当下，许多的产品和服务的营销都迅速卷入互联网，其中有两个网络备受关注，一是传媒网络，一是支付网络。透过这两个网络，前者让消费者参与新产品的创造与传播中，通过它可以洞察客户的个性化需要；后者引导消费者的流变速度和发展速度，可以产生对客户价值的动态认识。本章将介绍两个基于以上两类网络的客户关系管理模型：一是协同推荐模型，一是客户价值模型。

8.1　协同推荐模型

伴随着互联网电子商务的发展，信息超载已远远超出人们的处理能力，及时为客户过滤不必要的项目是实现异构管理、有效利用网络资源、消除“木桶效应”、增强整体处理性能的重要策略。推荐系统就是一种专门面向客户的网络信息过滤技术，其核心是推荐算法。推荐系统的应用领域常有两个基本特征：客户面临信息过载和客户选择范围过大。Malone, T.提出了三种信息过滤方式：基于认知、基于经济、基于社会。这三种类型分别对应三种推荐技术：人口统计过滤、基于内容过滤和协同推荐，分别如下：

1. 人口统计学的推荐（demographic-based recommendation）

根据系统客户的基本信息发现客户的相关程度。

对所有客户建立人口统计学的档案，寻找与 A 客户的人口统计学特征相似的 B 客户，由于 A，B 具有相同的人口统计学的特征(性别、年龄、职业等)，而认为 A，B 具有较高的关联度。从而把 B 偏好的项目，推荐给 A。这类推荐方式的优点是适用于冷启动问题。不足是仅仅在人口统计学的特征上给出推荐，推荐的精准度不高。比如两个具有相同年龄和职业的女性对于化妆品的选择可能完全不同，但人口统计学资料很难体现客户在需求上的差异，用于优化推荐的基础数据如所需产品的潜在用途较难取得。

2. 基于内容的推荐（content-based recommendation）

根据所推荐项目的元数据，发现项目或者内容的相关性，也被称为通过对选项的“人口统计学”特征，寻找相似的项目。

比如说 A 项目的类型是“野外用品”，B 项目的类型也是“野外用品”，那么这两类项目具有相似性，同时一个客户对于 A 项目感兴趣，那么系统会对其推荐 B 项目。这种推荐方式需要对项目进行分析和建模，推荐的质量依赖于对项目描述的完整程度。一般应用中观察到的关键词和标签被认为是描述项目元数据的一种简单有效的方法。不足是项目相似度的分析仅仅依赖于项目本身的特征，未加入个体差异对项目的态度。

3. 协同过滤的推荐算法（collaborative filtering recommendation）

协同过滤最早是 20 世纪中期出现的，主要解决传统算法在数据的稀疏性和项目数较多情况下的推荐设计问题。第一个系统是由 Goldberg 于 1992[1]年实现，他利用办公伙伴等与被推荐人有密切生活接触的人进行相似性推荐。目前协同推荐在信息过滤和电子商务得到广泛应用，包括推荐书籍、酒店、电影、CD 等，还有商业网站（例如 amazon.com，match.com，movielens.org 和 allmusic.com）等。通常情况下，协同推荐系统处理的数据问题包含两方面的变量——用户和选择条目。推荐的目标是预测用户对某些未知条目的评分。Terveen 和 Hill 提出了预测的三个基本要求：许多人参与该系统；系统中必须有一种简单的方法表示用户对条目的喜爱与否的等级；所研究的算法能将相似的用户联系起来。

8.1.1 基于邻域的算法

传统的基于邻域的算法（简称 KNN 算法）基本步骤如下：

1. 收集客户资讯，计算客户 u 与客户 v 之间的相似度 s_{uv}；

2. 预测客户 u 对项目 i 的评分，先找出对项目 i 打过分的客户，再从这些客户中找出前 k 个与客户 u 相似度最高的客户记为 $S^k(u;i)$，以相似度 s_{uv} 为权重估计客户 u 对项目 i 的偏好得分 r_{ui}：

$$\hat{r}_{ui} = \frac{\sum_{v \in S^k(u;i)} s_{uv} r_{vi}}{\sum_{v \in S^k(u;i)} s_{uv}} \tag{8.1}$$

3. 产生推荐，可以根据分值进行 TOP-N 推荐，或者对最近邻客户的记录进行关联推荐。

考虑到用户之间打分水平的不同，实际中常使用下列公式估计 r_{ui}：

$$r_{ui} = \mu_u + C\sum_{v\in S^k(u;i)} s_{uv}(r_{vi} - \mu_v)$$

μ_u 是用户 u 的平均打分，$\mu_u = \dfrac{1}{\#\{I_u\}}\sum_{I_u} r_{uk}, I_u$ 是用户 u 的所有打分构成的集合。

1. 相似度的度量

度量客户之间、项目之间的相似性有很多方法，下面以客户 u 和 v 之间的相似性计算为例。记客户 u 和客户 v 共同评分的项目集合为 I_{uv}，首先从评分矩阵得到客户 u 与 v 共同评价的项目的评分，再计算这两个向量的相似度。主要的方法有：

（1）皮尔逊相关系数

$$\mathrm{sim}(u,v) = \frac{\sum_{i\in I_{uv}}(r_{ui} - \bar{r}_u)(r_{vi} - \bar{r}_v)}{\sqrt{\sum_{i\in I_{uv}}(r_{ui} - \bar{r}_u)^2}\sqrt{\sum_{i\in I_{uv}}(r_{vi} - \bar{r}_v)^2}}$$

$$\bar{r}_u = \frac{1}{\#\{I_u\}}\sum_{i\in I_{uv}} r_{ui}, \bar{r}_v = \frac{1}{\#\{I_{uv}\}}\sum_{i\in I_{uv}} r_{vi}$$

（2）余弦相似度

记客户 u 和客户 v 对 I_{uv} 集合中的项目评分向量分别为 $\boldsymbol{u},\boldsymbol{v}$，相似度可以通过这两个向量的余弦夹角表示：

$$\mathrm{sim}(u,v) = \cos(\boldsymbol{u},\boldsymbol{v}) = \frac{\boldsymbol{u}\cdot\boldsymbol{v}}{\|\boldsymbol{u}\|\|\boldsymbol{v}\|} = \frac{\sum_{i\in I_{uv}} r_{ui}r_{vi}}{\sqrt{\sum_{i\in I_{uv}} r_{ui}^2}\sqrt{\sum_{i\in I_{uv}} r_{vi}^2}}$$

（3）调整的余弦

$$w_{uv} = \frac{\sum_{i\in I_{uv}}(r_{ui} - \bar{r}_i)(r_{vi} - \bar{r}_i)}{\sqrt{\sum_{i\in I_{uv}}(r_{ui} - \bar{r}_i)^2}\sqrt{\sum_{i\in I_{uv}}(r_{vi} - \bar{r}_i)^2}}$$

稀疏性是推荐系统中的常见问题，比如在电影推荐问题上，客户只有在比较多的电影上评分比较相似，对客户之间的相似性的确定才比较高。如果项目很多，由于客户只对所有项目中的一小部分进行评分，通常而言评分矩阵 $\boldsymbol{R}$ 极为稀疏。例如在光盘的 Movielens 数据集中评分矩阵缺失元素比例为 93.64%。在客户评分数据极端稀疏的情况下，两个客户共同评分的项目集合 I_{uv} 的数目可能非常小，即使客户在这样小的项目集合上评分非常相似，也不能断定它们之间的相似性就会很高，因此在客户评分数据极端稀疏的情况下，上述相关相似性度量方法存在一定的弊端。

考虑到上述问题，在相似度的计算中引入一个罚项 λ，设 I_{uv} 的元素个数为 n_{uv}，用上述方法计算得到的两个客户的相关性为 ρ_{uv}，则客户 u 和客户 v 的相似度为

$$s_{uv} = \frac{n_{uv}}{n_{uv} + \lambda}\rho_{uv} \tag{8.2}$$

这种方法最早由 Bell 等引入到 Netflix 竞赛中，其合理性可以从贝叶斯方法的角度来理

解。假设真实的 ρ_{uv} 独立服从正态分布：$\rho_{uv} \sim N(\mu, \tau^2)$，$\mu$ 和 τ^2 是已知的参数，若假设：$\hat{\rho}_{uv} \mid \rho_{uv} \sim N(\rho_{uv}, \sigma_{uv}^2)$，$\sigma_{uv}^2$ 是已知参数，则可以用后验分布的均值作为 ρ_{uv} 的一个估计：

$$E(\rho_{uv} \mid \hat{\rho}_{uv}) = \int \rho_{uv} P(\rho_{uv} \mid \hat{\rho}_{uv}) \mathrm{d}\rho_{uv} = \frac{\tau^2 \hat{\rho}_{uv} + \sigma_{uv}^2 \mu}{\tau^2 + \sigma_{uv}^2}$$

如果简单地选取 $\mu = 0$，$\sigma_{uv}^2 = \lambda$ 就能得到(8.2)式。

2. 传统 KNN 算法的不足和改进算法

KNN 算法的原理简单直观，便于理解，而且会激励客户为了得到好的推荐结果而及时修改过时的评分，和矩阵分解算法相比，KNN 算法实现简单且不需要对许多参数进行调整，但传统的 KNN 算法也有其不足。

（1）在 KNN 算法中，相似度不仅受邻居选择的影响也影响最终的评分预测值，其作用十分关键。目前度量相似度有多种方法，不同的 KNN 模型可能采用不同的度量方法，引入不同的罚项，相似度的计算比较随意，缺乏统一的选择标准。

（2）传统的 KNN 算法没有考虑邻居之间的相互影响。例如在基于项目的 KNN 算法中，项目 i 与其邻居 $j \in N(i;u)$ 的相似度的计算是独立的，未考虑 j 与集合 $N(i;u) - \{j\}$ 的相关性，这样可能重复地计算某些信息。

（3）式(8.1)中的权重之和限定为 1，若一个客户与其每个邻居都很不相似时常会导致过度拟合。

针对传统 KNN 算法的上述不足，Robert M.Bell 和 Yehuda Koren[4]对传统 KNN 算法进行了改进，提出了邻域插值权重法（jointly derived neighborhood interpolation weights）和全局邻居模型（global neighborhood model）。

邻域插值权重法在预测客户 u 对项目 i 的评分时，先运用之前定义的相似度找到客户 u 的 k 个邻居 $S^k(u;i)$。与之前不同，客户 u 邻居分值的权重 θ_{uv}^i 通过确定(8.3)式的最优解得到，这就将权重的确定内化为求解二次最小化问题：$\min \sum_{v \neq u} (\hat{r}_{ui} - \sum_{v \in S^k(u;i)} \theta_{uv}^i r_{vi})^2$。

$$\hat{r}_{ui} = \sum_{v \in S^k(u;i)} \theta_{uv}^i r_{vi} \tag{8.3}$$

无论是传统的 KNN 算法还是邻域插值权重算法都是基于邻域的算法，只利用了局部的信息，实现局部的最优，优点是能够发现局部很强的关系，却难以从整体上把握数据。基于此，全局邻居模型在邻域插值权重法的基础上扩展为全局范围内进行优化。

$$\hat{r}_{ui} = \sum_{v \in R(i)} \theta_{uv} r_{vi} \tag{8.4}$$

(8.3)式和(8.4)式的不同主要体现在：①全局邻居模型对所有评价过项目 i 的客户的评分值进行加权，而不是仅考虑前 k 个邻居；②权重不再基于特定的项目 i，对于所有项目，客户 u 和客户 v 的相似度相同。

例 8.1　实验在 Movielens 数据集上进行，研究数据由 Movielens 网站提供。我们选择了从 1997 年 9 月 19 日至 1998 年 4 月 22 日这 9 个月间 Movielens 网站注册用户的信息及其对部分电影的评价。它包含 943 名用户的人口学信息以及这些用户对 1682 部电影中相关电影的评价；共有 100000 条数据信息可供分析。

采用推荐系统在检验样本集 D_T 上的均方误差（RMSE）对推荐系统的效果进行测评：

$$\text{RMSE} = \sqrt{\frac{\sum_{(u,i)\in D_T}(r_{ui} - \hat{r}_{ui})^2}{|D_T|}}$$

将预测分值进行取整后可以考察在检验样本集上的预测正确率。同时，若定义高于 4 分的电影为高分电影，低于 2 分的电影为低分电影，可以计算推荐系统对高分电影及低分电影的正确识别率。将这四个指标作为衡量推荐系统效果的主要测评指标。

采用皮尔逊相关系数计算 ρ_{uv}，得到 $s_{uv} = \dfrac{n_{uv}}{n_{uv} + \lambda}\rho_{uv}$。$\lambda$ 的取值多少才是合适？对不同的 λ 值进行实验，结果见表 8.1。

表 8.1 测评指标随 λ 变化的结果

λ	RMSE	正确率	对高分电影的识别率	对低分电影的识别率
10	1.0512	36.77%	64.65%	21.86%
15	0.9049	42.13%	71.09%	33.88%
20	1.0502	36.78%	65.88%	21.95%
50	1.0487	36.47%	66.46%	22.18%
100	1.0475	36.46%	66.25%	22.46%

可以看到当 $\lambda = 15$ 时算法的效果最好。

8.1.2 矩阵分解模型

在实践中我们发现由于数据的维度比较高，运算的速度比较慢，同时数据中难免包含一些噪声。降维是一种有效的提高运算效率和过滤数据噪声的方法。比较直接的降维方法是奇异值分解。矩阵分解模型（latent factor model）的目的在于通过矩阵分解提取出客户和项目的潜在特征。早期预测缺失值主要通过奇异值分解的方法，首先对缺失元素赋予初始值，例如用项目的平均得分补全评分矩阵 $\boldsymbol{R}$，补全后的评分矩阵记为 $\tilde{\boldsymbol{R}}$，然后对 $\tilde{\boldsymbol{R}}$ 运用奇异值分解：

$$\tilde{\boldsymbol{R}} = \boldsymbol{U\Sigma V}^{\mathrm{T}}$$

其中 $\boldsymbol{U} \in \boldsymbol{R}^{N\times K}$，$\boldsymbol{V} \in \boldsymbol{R}^{M\times K}$，$\boldsymbol{\Sigma} \in \boldsymbol{R}^{K\times K}$，$\boldsymbol{\Sigma}$ 是一个对角阵，对角线是 $\tilde{\boldsymbol{R}}$ 的奇异值。选取 $\tilde{\boldsymbol{R}}$ 矩阵的前 k 个最大的奇异值组成对角阵 $\boldsymbol{\Sigma}_k$，同时找到 $\boldsymbol{U}, \boldsymbol{V}$ 中和这 k 个奇异值对应的列向量，组成 $\boldsymbol{U}_k$ 和 $\boldsymbol{V}_k$，将这三个矩阵重新相乘，得到：

$$\hat{\boldsymbol{R}} = \boldsymbol{U}_k\boldsymbol{\Sigma}_k\boldsymbol{V}_k^{\mathrm{T}}$$

$\hat{\boldsymbol{R}}$ 即为评分矩阵 $\boldsymbol{R}$ 的最终补全矩阵。其中 $\boldsymbol{U}$ 中的向量被称为左奇异向量，$\boldsymbol{V}$ 中的向量被称为右奇异向量，向量被压缩的维度称为 r。奇异值分解广泛地应用在文本挖掘中，用于提取文档的特性和词的特性。同样地，如果将 $\boldsymbol{R}$ 矩阵进行奇异值分解，我们可以认为左奇异向量提取了客户的一些特征，而右奇异向量提取了项目的一些特征，$\boldsymbol{\Sigma}$ 矩阵则衡量了这些特征的重要程度。以电影推荐数据 Movielens 为例，将左奇异向量和右奇异向量都取二维后投影到平面上，如图 8.1，其中深色的点代表客户，浅色的点代表电影，两个客户投影后离得越远说明越不相似，故客户间的相似度可以用投影后向量的余弦夹角来衡量。实际应用

中 r 的取值应根据奇异值的大小来选取。这样计算相似度还有一个好处，便于及时更新。假设新进入一个客户 d，客户 d 对 n 部电影中的一部分进行了打分，其评分向量是 $\boldsymbol{r}_d$，由：

$$\boldsymbol{RV\Sigma}^{-1} = \boldsymbol{U\Sigma V}^{\mathrm{T}}\boldsymbol{V\Sigma}^{-1} = \boldsymbol{U}$$

可知可以通过如下方式将客户 d 进行投影：$\boldsymbol{r}_d\boldsymbol{V\Sigma}^{-1}$，于是可以计算出客户 d 与其他原有客户的余弦相似度。

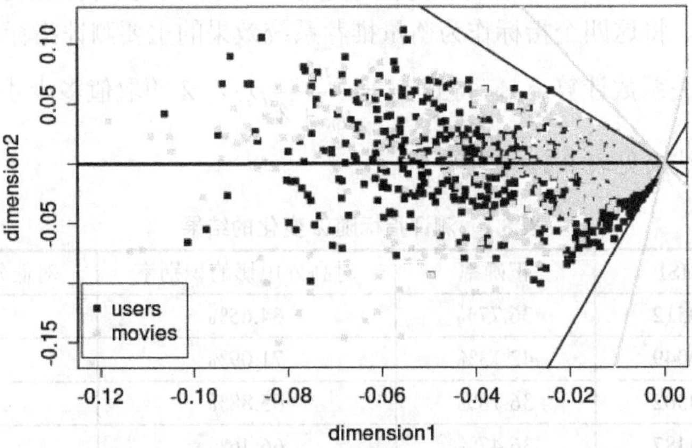

图 8.1 二维映射图

对不同的 r 值进行实验，结果如表 8.2 所示。

表 8.2 不同 r 值实验结果

r	奇异值占比	RMSE	正确率	高分电影识别率	低分电影识别率
2	3.43%	1.0655	36.14%	68.40%	21.17%
10	7.98%	1.0475	36.87%	69.67%	19.77%
20	11.64%	1.0582	36.01%	63.87%	17.82%
100	33.52%	1.1524	30.57%	35.74%	17.27%
550	89.42%	1.2415	27.34%	15.10%	14.68%

可以看到，当 r 取 10 的时候算法的效果最好，此时奇异值的比重只占到所有奇异值之和的 7.98%。然而再增加 r，可以看到算法的效果反而下降，当 r 增至 550 时，虽然奇异值占比达 89.42%，然而算法的表现却很差。这从一定程度上佐证了数据中包含噪声。

利用 SVD 分解的主要缺点是：这个方法需要对缺失值进行补全，从而会将一个稀疏矩阵转化为一个稠密矩阵，对稠密矩阵进行 SVD 分解的时间和空间复杂度都非常高，当数据集规模很大时，运算效率比较低。同时对缺失值进行补全的随意性比较强，很可能歪曲评分信息，引入更多的误差，导致算法不够稳健。于是，后来有研究人员提出了基于梯度下降法的矩阵分解模型，该方法最早由 Simon Funk 引入到 Netflix 竞赛中。

1. 基础矩阵分解模型

基础矩阵分解模型（basic matrix factorization）认为客户不是直接对项目产生兴趣，而是对几个特征感兴趣，故而其目标是通过矩阵分解提取出客户和项目潜在的特征，将客户和产品映射到同一因子空间上，客户特征向量和项目特征向量的匹配程度衡量客户对该项目的喜爱程度。用数学符号表示即为：找到两个矩阵 $\boldsymbol{P}$ 和 $\boldsymbol{Q}$ ，使得它们相乘近似等于评分矩阵 $\boldsymbol{R}$ ，即

$$\hat{\boldsymbol{R}}_{N\times M}=\boldsymbol{P}_{N\times f}\times\boldsymbol{Q}_{N\times f}^{\mathrm{T}}\approx\boldsymbol{R}_{N\times M}$$

通过矩阵分解提取出 f 个特征，一个客户 u 对一个项目 i 的打分可以通过客户特征向量 $\boldsymbol{p}_u\in\mathbb{R}^f$ 和项目特征向量 $\boldsymbol{q}_i\in\mathbb{R}^f$ 的点乘来得到，其中 q_i 衡量了项目 i 在这 f 个特征上的表现，$\boldsymbol{p}_u$ 衡量了客户 u 对这 f 个特征的喜爱程度，即

$$\hat{r}_{ui}=\boldsymbol{p}_u^{\mathrm{T}}\boldsymbol{q}_i$$

向量 $\boldsymbol{p}_u$ 和 $\boldsymbol{q}_i$ 可以通过优化如下的损失函数进行训练：

$$C(D)=\sum_{(u,i)\in D_A}(r_{ui}-\boldsymbol{p}_u^{\mathrm{T}}\boldsymbol{q}_i)^2+\lambda(\|\boldsymbol{p}_u\|^2+\|\boldsymbol{q}_i\|^2) \tag{8.5}$$

其中 D_A 是训练集，即已知的评分值，$(r_{ui}-\boldsymbol{p}_u^{\mathrm{T}}\boldsymbol{q}_i)^2$ 代表预测值和实际评分之间的平方误差，$\lambda(\|\boldsymbol{p}_u\|^2+\|\boldsymbol{q}_i\|^2)$ 是正则化因子，防止训练过拟合，λ 是正则化系数。求解这个优化问题通常有两种方法，一种是交叉最小二乘法（alternative least squares），另一种是随机梯度下降法（stochastic gradient descent）。前一种方法会涉及矩阵求逆的问题，计算起来比较麻烦，后一种方法需要求梯度进行迭代，比较简单，运算效率较高，下面介绍这种算法。

2. 随机梯度下降法

梯度下降法通常用于最小化和函数的问题，其基本思想是基于以下原理：若实值函数 $F(\boldsymbol{x})$ 在点 $\boldsymbol{x}_n$ 处可微且有定义，那么函数 $F(\boldsymbol{x})$ 在 $\boldsymbol{x}_n$ 点沿着梯度相反的方向 $-\nabla F(\boldsymbol{x}_n)$ 下降最快。因而若 $\boldsymbol{x}_{n+1}=\boldsymbol{x}_n-\alpha\nabla F(\boldsymbol{x}_n)$ ，（$\alpha>0$ ，为一个表示学习速率的足够小的数），那么 $F(\boldsymbol{x}_n)\geqslant F(\boldsymbol{x}_{n+1})$ 。随机梯度下降算法的原理是用随机选取的训练集的子集估计目标函数的梯度值。

在(8.5)式中对 $\boldsymbol{p}_u$ ， $\boldsymbol{q}_i$ 求偏导如下：

$$\frac{\partial C}{\partial \boldsymbol{p}_u}=-2\boldsymbol{q}_i e_{ui}+2\lambda\boldsymbol{p}_u$$

$$\frac{\partial C}{\partial \boldsymbol{q}_i}=-2\boldsymbol{p}_u e_{ui}+2\lambda\boldsymbol{q}_i$$

然后，运用随机梯度下降法对 $\boldsymbol{p}_u$ ， $\boldsymbol{q}_i$ 进行迭代更新：

$$\boldsymbol{p}_u\leftarrow\boldsymbol{p}_u+\alpha(\boldsymbol{q}_i e_{ui}-\lambda\boldsymbol{p}_u)$$

$$\boldsymbol{q}_i\leftarrow\boldsymbol{q}_i+\alpha(\boldsymbol{p}_u e_{ui}-\lambda\boldsymbol{q}_i)$$

当检验样本集上的 RMSE 开始增加时，停止迭代。

该方法的不足是：在靠近极小值时速度会减慢；在处理一些复杂的非线性函数，例如之字形下降的函数时会出现问题。

3. 带偏差项的矩阵分解模型（matrix factorization models with bias）

在矩阵分解模型的基础上，后来很多研究人员又提出了许多改进模型。在上节中提到过 Movielens 评分数据中包含一部分噪声数据，噪声数据会影响算法的精度，使得客户和项

目之间的交互作用变得模糊不易把握。因此，在运用协同过滤算法之前应先过滤掉与交互作用本身无关的评分数据的固有趋势。其中最著名的是由 Paterek[5]提出的 RSVD 模型。RSVD 模型主要是考虑到不同的客户和项目具有不同的打分尺度，模型形式如下：

$$\hat{r}_{ui} = \mu + b_u + b_i + \boldsymbol{p}_u^{\mathrm{T}} \boldsymbol{q}_i$$

其中记 μ 为评分数据的全局均值，b_u 是客户偏差项，描述客户评分的相对高低，假如 u 是一个比较严格的客户，评分总是相对偏低，则 b_u 取负值。同样地，b_i 是项目偏差项，描述项目的平均得分的相对高低。

b_u 和 b_i 可以通过(8.6)式得到

$$b_i = \frac{\sum_{u \in R(i)} (r_{ui} - \mu)}{|R(i)| + \lambda_2}, b_u = \frac{\sum_{i \in R(u)} (r_{ui} - \mu - b_i)}{|R(u)| + \lambda_3} \tag{8.6}$$

其中 λ_2 和 λ_3 为压缩系数。模型参数(b_i，b_u，$\boldsymbol{p}_u$，$\boldsymbol{q}_i$)可以通过优化如下的损失函数进行训练：

$$C(D) = \sum_{(u,i) \in D_A} (r_{ui} - \mu - b_i - b_u - \boldsymbol{p}_u^{\mathrm{T}} \boldsymbol{q}_i)^2 + \lambda(b_i^2 + b_u^2 + \| \boldsymbol{p}_u \|^2 + \| \boldsymbol{q}_i \|^2)$$

同样地，采用随机梯度下降法进行迭代更新，当检验样本集上的 RMSE 开始增加时，停止迭代：

$$\begin{aligned} b_u &\leftarrow b_u + \alpha(e_{ui} - \lambda \boldsymbol{b}_u) \\ b_i &\leftarrow b_i + \alpha(e_{ui} - \lambda \boldsymbol{b}_i) \\ \boldsymbol{p}_u &\leftarrow \boldsymbol{p}_u + \alpha(\boldsymbol{q}_i e_{ui} - \lambda \boldsymbol{p}_u) \\ \boldsymbol{q}_i &\leftarrow \boldsymbol{q}_i + \alpha(\boldsymbol{p}_u e_{ui} - \lambda \boldsymbol{q}_i) \end{aligned}$$

除了基于邻域的算法和矩阵分解方法之外，图模型在评分推荐中也有着广泛的应用。协同过滤也可以用图算法表示。这里着重介绍了静态算法，而客户和产品的信息是动态改变的，比如新用户加入和新旧产品的更替，用户选择或评价已存在，不应有太大的改变。另外，现在已经有很多评价指标被提出来对现有的推荐系统结果进行评价。例如准确率、召回率、平均打分值、产品平均度、差异性等。不同应用背景的系统在不同的评价指标下表现出来的效果是不同的，不同数据集的结果也不尽一样. 针对不同的推荐系统，如何选择合适的评价指标对推荐效果进行评判是当前推荐系统和模型研究的热点问题。

8.2 客户价值随机模型

8.2.1 客户价值的定义

客户价值是衡量企业商业能力的重要标志，是发展客户关系和提高市场竞争力的基础。正是因为如此，识别或预测客户的价值就成为一个非常重要的课题。随着企业数据收集和分析系统越来越强大，成功开发一个客户终生价值的估计模型将成为企业商务智能中的一项不可或缺的重要组成部分。

市场研究理论比较普遍的关于客户价值的定义是 Kotler[6]提出的“企业从客户处所获取的收益和企业为吸引及服务客户的成本相比较，收益超过成本的部分即客户价值”，根据这个定义，客户的价值即为企业从客户处获得的净收益，净收益是时点值，只能反映瞬时客户对企业的赢利贡献，缺乏过程评价和收益的可能性等随机因素的影响等问题，由于对客户价值系统性考虑不足，因而实用价值不高。

第一个问题是用怎样的数据衡量客户的价值，Kotler[6]的客户价值定义中主张了财务数据对客户价值的体现。Dwyer[7]提出了一套系统模型计算客户价值，将客户流失预测引入到客户价值分类模型中，将客户划分为永久流失和暂时流失两种状态，体现了客户价值的动态变化。Berger，Nasr[8]进一步将客户按照流失可能性划分 5 类，可以实现对每一类客户价值的估计，得到 5 类模型，但它们的方法不能用于单一客户的价值估计。而 Hughes[2]提出基于行为变量的客户价值直接计算方法，该模型使用 3 种指针：最近购买时间（recency）、购买频次（frequency）及购买金额（monetary）用以分析客户的价值，Stone[9]更在 Hughes 研究的基础上将该模型用于信用卡客户的价值。以上 3 个变量是企业交易数据库都可以提取的信息，该方法首先将连续的 RFM 数据离散化为几种状态级别类型，计算相应类型的概率分布及其时间变化，传统上常常根据 RFM 级别对消费者行为特征进行价值聚类，从而把握客户的分群消费价值结构。2004 年台湾的郭瑞祥[10]等学者结合 Stone 的框架给出了基于 RFM 状态的马氏链转移参数预测模型，该模型考虑了多时期 RFM 消费价值结构的变化，给出了客户价值的两阶段参数预测方法。

8.2.2　客户价值分析模型

图 8.2 所示为研究客户价值分析模型的建构架构图。目标是估计客户价值，我们这里假设了客户的价值由 4 部分的工作构成：

1. 客户购买行为的概率分布模型；
2. 马尔可夫链中不同客户的购买行为状态；
3. 使用马尔可夫链描述客户购买行为；
4. 根据贝叶斯公式推导客户在已观察到前期购买行为状态时，其下期购买行为状态的后验概率分布。

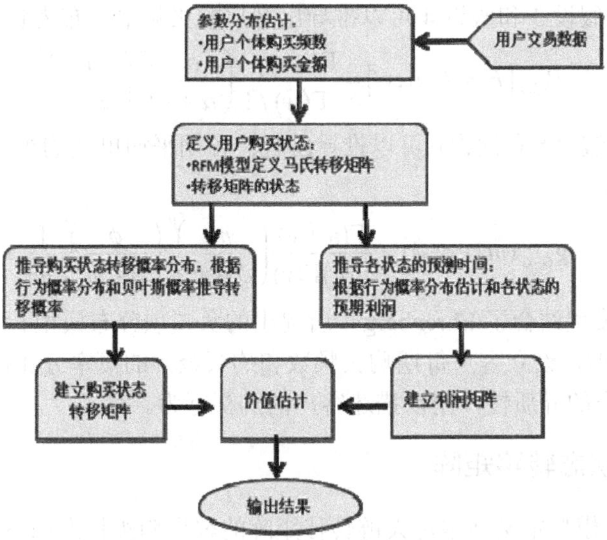

图 8.2　估计模型的计算步骤

购买行为概率模型可以由 6 个基本的客户个体购买行为假设构成，使用该 6 个假设可以描述客户的购买行为，并建构随机模型。6 大假设如下：

1. 假设客户购买频率和购买金额两个不同的行为维度互相独立，不具有相关性。因此这两个行为概率分布的参数互相独立。

2. 假设客户的购买状态转移行为符合马尔可夫链的假设，这表示客户下一期购买状态发生的概率只与上一期的购买状态有关。

3. 假设个体客户购买频率 f 为泊松分布：

$$P_f\left[F=f\middle|\lambda\right]=\mathrm{e}^{-\lambda}\frac{\lambda^f}{f!},\quad \lambda>0 \tag{8.7}$$

公式(8.7)中显示，在单位时间平均购买次数为 λ 时，单位时间内购买次数为 f 时购买频率的概率。

4. 考虑到客户的异质性，假设个体客户单位时间平均购买次数 λ 的先验分布为 Γ 分布：

$$g_\lambda\left(\lambda\mid w,\alpha\right)=\frac{\alpha^w}{\Gamma(w)}\lambda^{w-1}\mathrm{e}^{-\alpha\lambda},\quad w>0,\alpha>0 \tag{8.8}$$

5. 假设个体客户发生购买行为的每期平均单次购买金额为 Γ 分布，因为购买金额不可能为负，于是定义采用更具有弹性、并且符合购买金额不为负的 Γ 分布：

$$g_m(m\mid u,\theta)=\frac{\theta^u}{\Gamma(u)}m^{u-1}\mathrm{e}^{-\theta m},\quad u>0,\theta>0 \tag{8.9}$$

公式(8.9)中，m 代表各期平均单次购买金额。由此可以得到客户各期平均单次购买金额的均值为 u/θ。

6. 考虑到客户的异质性，这里假设 Γ 分布的平均值 u/θ 随着不同客户而变动，为简化模型，案例将 u 定义为常数值，利用 θ 捕捉每位客户购买金额行为的不同，假设客户平均单次购买金额的 Γ 分布的参数 θ 符合另一个 Γ 分布：

$$g_\theta(\theta\mid v,\varphi)=\frac{\varphi^v}{\Gamma(v)}\theta^{v-1}\mathrm{e}^{-\varphi\theta},\quad v>0,\varphi>0 \tag{8.10}$$

定理 8.1 根据假设 3 和假设 4 可以推导出客户购买频率分布为负二项分布：

$$P_{NBD}\left[F=f\mid\alpha,w\right]=\frac{\Gamma(w+f)}{\Gamma(w)f!}\left(\frac{\alpha}{\alpha+1}\right)^w\left(\frac{1}{\alpha+1}\right)^f \tag{8.11}$$

定理 8.2 根据假设 5 和假设 6 可以推导出客户各期平均单次购买金额的概率密度函数为 Γ-Γ 混合型函数：

$$g_{G-G}(m\mid u,v,\phi)=\frac{\Gamma(u+v)}{\Gamma(u)\Gamma(v)}\left(\frac{m}{\phi+m}\right)^u\left(\frac{\phi}{\phi+m}\right)^v\frac{1}{m} \tag{8.12}$$

注 以上随机模型结合了 Ehrenberg[11]所提出的负二项分布模型和 Colombo, Jiang[12]提出的 Γ-Γ 混合型模型，设立客户每期购买频数和购买金额的概率分布假设，并利用参数的先验分布 Γ 体现客户的异质性，用以描述客户的购买行为。

8.2.3 客户购买状态转移矩阵

首先根据 RFM 模型定义马尔可夫链转移矩阵的客户购买状态如下：RFM 定义为某一期期初及上一期期末时点值，状态假设为有限个，具体数值如下：其中 R 表示自最近发生购买行为一期计起，距现在已有几期没有购买行为发生，状态数取从 0 到 r，$R=0$ 表示最近一期有购买行为发生，$R=r$ 表示距离最近已连续 r 期无购买行为。例如，如果一名客户第一期有购买行为，那么在第二期初及第一期末的 R 为 0，如果客户在第 t 期有购买，但是第 $t+1, t+2, \cdots, t+r(r\geqslant 1)$期没有购买，那么在第 $t+r$ 期初及第 $t+r-1$ 期末的 R 为 1；F 表示当期购买频数，为 1 到 f 种状态，f 表示有 f 次购买，数值越大表示购买的频数越多；M 为 1 到 m 种状态。此外，F 与 M 为客户最近一期发生购买行为时的购买频数和平均单次购买金额状态，这里的购买频数为单期内的总购买次数。作为数据预处理的一部分，如果当客户最近购买期间 R 的状态为 $r+1$，可以表示至少已有 $r+1$ 期以上未有交易，可以将其判定为已流失的客户，并且不会再转移到其他状态，将 $R=r+1$ 称为吸收态。因此在这样的假设下，当客户上一期状态为 $R=r+1$ 时，该客户下一期转移到状态 $R=r+1$ 的概率为 1，转移到其他状态的概率将会为 0。

在实务中，可以根据历史资料的情况和具体需求预测部门对其客户行为的经验，直接决定适当的 r 值作为吸收状态。客户的状态用(R,F,M)表示，因此客户状态共有 $(r+1)\times f\times m+1$ 种情形。

1. 客户购买状态的转移情况

图 8.3 为客户购买状态转移，$P_{(\mathrm{ijk,lmn})}$表示当客户当期的购买状态为(i, j, k)时，下一期会转移到状态为(l, m, n)的概率。举例说明状态转移的情况：客户在期初的状态是$(R, F, M)=(i, j, k)$，如果当期客户曾购买商品，而且他购买频数量为 m、平均单次购买金额状态为 n，该客户在本期末或下期初的状态为$(R, F, M)=(0, m, n)$，这时称客户该期末及下期初的状态由(i, j, k)转移到$(0, m, n)$。如果客户在这一期没有购买，那么他的状态由(i, j, k)转移到$(1, j, k)$。

2. 建立购买状态转移矩阵

根据前一小节所述的客户购买状态转移情形，可以得知，假设客户前一期的购买状态为$(R, F, M)=(i, j, k)$，当客户下一期发生购买行为时，其可能转移的购买状态必为 $R=0$ 的各种购买状态之一，如果客户下一期没有发生购买行为，则其必转移至$(R, F, M)=(i+1, j, k)$的购买状态。图 8.3 即为客户前后期可能的转移情形。因此可以定义客户购买状态的转移矩阵为 $(r+1)\times f\times m+1$ 行乘以 $(r+1)\times f\times m+1$ 列的矩阵。

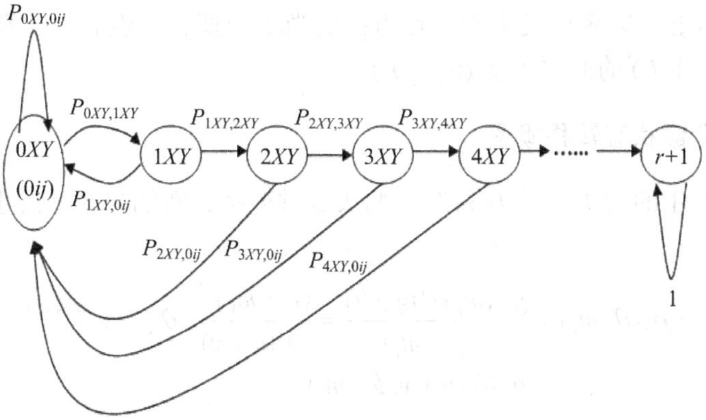

图 8.3 状态转移图示

3. 根据贝叶斯概率推导状态转移矩阵

由于当前研究假设客户购买频率(F)和购买金额(M)独立，所以分开讨论其个体转移概率，再结合两者计算客户的 RFM 购买状态转移概率，并讨论特殊情境下的状态转移概率。

$$
\boldsymbol{P}=\left[\begin{array}{cccccc|ccccc}
P_{(011,011)} & P_{(011,012)} & P_{(011,013)} & P_{(011,014)} & \cdots & P_{(011,0fm)} & P_{(011,111)} & 0 & \cdots & 0 & 0\\
P_{(012,011)} & P_{(012,012)} & P_{(012,013)} & P_{(012,014)} & \cdots & P_{(012,0fm)} & 0 & P_{(012,112)} & \cdots & 0 & 0\\
P_{(013,011)} & P_{(013,012)} & P_{(013,013)} & P_{(013,014)} & \cdots & P_{(013,0fm)} & 0 & 0 & \cdots & 0 & 0\\
P_{(014,011)} & P_{(014,012)} & P_{(014,013)} & P_{(014,014)} & \cdots & P_{(014,0fm)} & 0 & 0 & \cdots & 0 & 0\\
\vdots & \vdots & \vdots & \vdots & \cdots & \vdots & \vdots & \vdots & \cdots & \vdots & \vdots\\
P_{(111,011)} & P_{(111,012)} & P_{(111,013)} & P_{(111,014)} & \cdots & P_{(111,0fm)} & 0 & 0 & \cdots & 0 & 0\\
\vdots & \vdots & \vdots & \vdots & & \vdots & \vdots & & & & \\
P_{(211,011)} & P_{(211,012)} & P_{(211,013)} & P_{(211,014)} & \cdots & P_{(211,0fm)} & 0 & 0 & \cdots & 0 & 0\\
\vdots & \vdots & \vdots & \vdots & & \vdots & \vdots & \vdots & & \vdots & \vdots\\
P_{(rfm,011)} & P_{(rfm,012)} & P_{(rfm,013)} & P_{(rfm,014)} & \cdots & P_{(rfm,0fm)} & 0 & 0 & \cdots & 0 & P_{(rfm,r+1)}\\
0 & 0 & 0 & 0 & \cdots & 0 & 0 & 0 & \cdots & 0 & 1
\end{array}\right]
$$

4. 推导购买频率状态转移概率

定理 8.3 根据贝叶斯概率及公式，当观察到已发生的购买频数状态 $R=r_1$ 和 $F=f_1$ 时，购买频率概率分布的参数 λ 的事后概率密度函数如下：

$$
\begin{aligned}
\rho_\lambda(\lambda \mid r_1, f_1) &= \frac{\left(1+r_1+\alpha\right)^{f_1+w}}{\Gamma(f_1+w)}\lambda^{f_1+w-1}\mathrm{e}^{-\lambda(1+r_1+\alpha)} \\
&= g_\lambda(\lambda \mid f_1+w,\ 1+r_1+\alpha)
\end{aligned} \tag{8.13}
$$

根据(8.7)式及(8.13)式，可以推导出当转移矩阵中起始状态为 $R=r_1$ 和 $F=f_1$ 时，下一期购买频数的事后概率如下：

$$
f_f(f_2 \mid f_1, r_1) = \frac{\left(1+r_1+\alpha\right)^{f_1+w}}{\Gamma(f_1+w)f_2!}\frac{\Gamma(f_2+f_1+w)}{\left(2+r_1+\alpha\right)^{f_2+f_1+w}} \tag{8.14}
$$

可根据客户购买频数状态的转移概率同时定义最近购买期间状态转移概率：假设当转移矩阵中起始状态为 $R=r_1$ 和 $F=f_1$ 时，下一期会转移到 $(r,f)=(0,f_2)$ 的概率为 $f_f(f_2 \mid f_1, r_1)$，此时 $f_2>0$，表示下一期客户发生购买行为；而当下一期客户没有发生购买行为时，客户转移到 $(r,f)=(r_1+1,f_1)$ 的概率为 $f_f(0 \mid f_1, r_1)$。

5. 推导购买金额状态转移概率

在观察到已发生的购买金额为 m_1 时，购买金额概率分布的参数 θ 的事后概率密度函数如(8.15)式：

$$
\begin{aligned}
\rho_\theta(\theta \mid m_1) &= \frac{g_m(m_1 \mid \theta)g_\theta(\theta)}{g_{G-G}(m_1)} = \frac{\left(\phi+m_1\right)^{u+v}}{\Gamma(u+v)}\theta^{u+v-1}\mathrm{e}^{-\theta(m_1+\phi)} \\
&= g_\theta(\theta \mid u+v, \phi+m_1)
\end{aligned} \tag{8.15}
$$

根据(8.9)式和(8.15)式，可推导当观察到购买金额为 m_1 时，下一期购买金额的事后概率密度函数如下：

$$
\begin{aligned}
f_m(m \mid m_1) &= \int_0^{\infty} g_m(m \mid \theta)\rho_\theta(\theta \mid m_1)\mathrm{d}\theta \\
&= \frac{m^{u-1}(\phi + m_1)^{u+v}\Gamma(2u+v)}{\Gamma(u)\Gamma(u+v)(m_1+m+\phi)^{2u+v}}
\end{aligned} \tag{8.16}
$$

但因购买金额为连续性的变量，所以其每一个状态应定义为某个范围。因此，为了估计购买金额状态转移概率，根据(8.12)式及(8.15)式推导当观察到客户前期的购买金额 m_1 属于某一购买金额状态时(假设此购买金额状态范围为：$a_1 < m_1 < b_1$)，下一期购买金额的事后概率密度函数如(8.17)式：

$$
\begin{aligned}
f_m(m \mid a_1 < m_1 < b_1) &= \frac{P(m) \cap P(a_1 < m_1 < b_1)}{P(a_1 < m_1 < b_1)} \\
&= \frac{\displaystyle\int_{a_1}^{b_1} \frac{m^{u-1}(\phi + m_1)^{u+v}\Gamma(2u+v)}{\Gamma(u)\Gamma(u+v)(m_1+m+\phi)^{2u+v}} W \mathrm{d}m_1}{\displaystyle\int_{a_1}^{b_1} \frac{\Gamma(u+v)}{\Gamma(u)\Gamma(v)}\left(\frac{m}{\phi+m}\right)^u \left(\frac{\phi}{\phi+m}\right)^v \frac{1}{m}\mathrm{d}m}
\end{aligned} \tag{8.17}
$$

$$
W = \left[\frac{\Gamma(u+v)}{\Gamma(u)\Gamma(v)}\left(\frac{m_1}{\phi+m_1}\right)^u \left(\frac{\phi}{\phi+m_1}\right)^v \frac{1}{m_1}\right]
$$

根据(8.17)式即可推导购买金额状态转移概率，假设当观察到客户前期购买金额状态为 $a_1 < m_1 < b_1$ 时，则此客户下一期购买金额 m_2 转移至某一购买金额状态（假设此购买金额状态范围为：$a_2 < m_2 < b_2$）的事后概率如下：

$$
f_m(a_2 < m_2 < b_2 \mid a_1 < m_1 < b_1) = \int_{a_2}^{b_2} f_m(m_2 \mid a_1 < m_1 < b_1)\mathrm{d}m_2 \tag{8.18}
$$

6. 完整的客户购买状态转移概率

根据购买频数和购买金额的状态转移概率，以及客户的购买频率和金额独立的假设，可推导出客户 RFM 状态的转移概率如(8.19)式

$$
f_{r,f,m}(r_1+1, f_1, a_1 < m_1 < b_1 \mid r_1, f_1, a_1 < m_1 < b_1) = f_f(0 \mid f_1, r_1) \tag{8.19}
$$

(8.19)式表示当客户下一期没有发生购买行为时的购买状态转移概率，客户购买状态从 $(R, F, M)=(r_1, f_1, a_1 < m_1 < b_1)$ 转移至 $(r_1+1, f_1, a_1 < m_1 < b_1)$。

同理可推导出当客户下一期发生购买行为时的购买状态转移概率如下：

$$
\begin{aligned}
& f_{r,f,m}(0, f_2, a_2 < m_2 < b_2 \mid r_1, f_1, a_1 < m_1 < b_1) \\
& = f_f(f_2 \mid f_1, r_1) f_m(a_2 < m_2 < b_2 \mid a_1 < m_1 < b_1), \quad f_2 > 0
\end{aligned} \tag{8.20}
$$

(8.20)式表示当客户购买状态从 $(R, F, M)=(r_1, f_1, a_1 < m_1 < b_1)$ 转移至 $(0, f_2, a_2 < m_2 < b_2)$ 时的概率。

8.2.4 利润矩阵

1. 利润矩阵

利润矩阵即为不同购买状态下客户对企业的平均利润贡献所构成的矩阵。例如，当客

户的购买状态为(0,1,1)时，对于企业的利润贡献如(8.21)式：

$$G_{(0,1,1)}=\overline{g}_{(0,1,1)}\overline{Q}_{(0,1,1)}-\overline{C}_{(0,1,1)} \tag{8.21}$$

其中

$G_{(0,1,1)}$：代表在该种状态下，客户的利润贡献额；

$\overline{g}_{(0,1,1)}$：为该客户的购买频数，此例中其值为 1；

$\overline{Q}_{(0,1,1)}$：为该客户的购买金额状态的平均单次购买金额；

$\overline{C}_{(0,1,1)}$：代表花费在该名客户的营销成本。

因此相对应于转移矩阵的$[(r+1)\times f\times m+1]$列乘以利润矩阵 $\boldsymbol{G}$ 可以建立(8.22)式：

$$\boldsymbol{G}=\begin{bmatrix} E\left[\overline{g}_{(0,1,1)}\overline{Q}_{(0,1,1)}-\overline{C}_{(0,1,1)}\right] \\ E\left[\overline{g}_{(0,1,2)}\overline{Q}_{(0,1,2)}-\overline{C}_{(0,1,2)}\right] \\ \vdots \\ E\left[\overline{g}_{(0,f,m-1)}\overline{Q}_{(0,f,m-1)}-\overline{C}_{(0,f,m-1)}\right] \\ E\left[\overline{g}_{(0,f,m)}\overline{Q}_{(0,f,m)}-\overline{C}_{(0,f,m)}\right] \\ -\overline{C}_{(1,1,1)} \\ \vdots \\ -\overline{C}_{(r+1)} \end{bmatrix} \tag{8.22}$$

其中

$\overline{g}_{(X,Y,Z)}$ 代表客户的购买频率；

$\overline{Q}_{(X,Y,Z)}$ 代表各种购买状态下客户平均单次购买金额；

$\overline{C}_{(X,Y,Z)}$ 代表各种购买状态下企业对该名客户的营销成本；

$E[\;]$代表期望值。

利润矩阵中，每一列的值代表各购买状态下客户的预期利润，由(8.9)式可知，当购买状态 R 等于 0 时，表示客户发生购买行为，因此有利润产生，而当 R 不等于 0 时，表示客户没有发生购买行为，故预期利润贡献为 0。

2. 估计利润矩阵

根据购买行为的随机模型以及(8.12)式，可以推导出利润矩阵中各购买金额状态的平均单次购买金额的期望值如(8.23)式：

$$E(\overline{Q}_{(0,f_1,a_1<m_1<b_1)})=\left(\frac{1}{\left(\int_{a_1}^{b_1}\frac{\Gamma(u+v)}{\Gamma(u)\Gamma(v)}\left(\frac{m}{\varphi+m}\right)^u\left(\frac{\varphi}{\varphi+m}\right)^v\frac{1}{m}\mathrm{d}m\right)}\right) \times\left(\int_{a_1}^{b_1}m_1\frac{\Gamma(u+v)}{\Gamma(u)\Gamma(v)}\left(\frac{m_1}{\varphi+m_1}\right)^u\left(\frac{\varphi}{\varphi+m_1}\right)^v\frac{1}{m_1}\mathrm{d}m_1\right) \tag{8.23}$$

由于在估计购买金额的最后一个状态时，因为此状态定义为大于某个金额，因此在估计其期望值时，我们把(8.23)式中的 b_1 以过去数据里每期平均单次购买金额的最大值代入，而不是以无限大(∞)代入，因为如以 $b_1=\infty$ 代入(8.23)式，其结果将会发散或造成严重高估的现象。

可估计最后一个购买频率状态的购买频率的期望值如(8.24)式：

$$E\left[\bar{g}_{(0,f_1\geqslant f,m_1)}\right]=\sum_{f_1=f}^{\infty}\frac{f_1\dfrac{\Gamma(w+f_1)}{\Gamma(w)f_1!}\left(\dfrac{\alpha}{\alpha+1}\right)^{w}\left(\dfrac{1}{\alpha+1}\right)^{f_1}}{\sum\limits_{f_2=f}^{\infty}\dfrac{\Gamma(w+f_2)}{\Gamma(w)f_2!}\left(\dfrac{\alpha}{\alpha+1}\right)^{w}\left(\dfrac{1}{\alpha+1}\right)^{f_2}} \tag{8.24}$$

8.2.5 客户价值的计算

根据客户状态转移矩阵以及利润矩阵，可以计算出各种状态下客户在未来的每一期中对于企业的利润贡献，此外，计算客户价值可以分为以下两种计算方式：

1. 在有限期间内计算客户价值

以有限期间来计算客户价值的计算如(8.25)式：

$$\boldsymbol{V}^{\mathrm{T}}=\sum_{t=1}^{T}\left[(1+d)^{-1}\boldsymbol{P}\right]^{t}\boldsymbol{G} \tag{8.25}$$

其中：$\boldsymbol{V}^{\mathrm{T}}$ 为客户在未来 T 期所创造的价值，$\boldsymbol{P}$ 为客户转移矩阵，$\boldsymbol{G}$ 代表利润矩阵，d 代表折现率，t 为客户购买期间距今的期数。

2. 在无限期间下计算客户价值

以无限期来计算客户价值的计算如(8.26)式：

$$\begin{aligned}\boldsymbol{V}&\equiv\lim_{T\to\infty}\boldsymbol{V}^{\mathrm{T}}=\sum_{t=1}^{\infty}\left[(1+d)^{-1}\boldsymbol{P}\right]^{t}\boldsymbol{G}\\&=\left[(1+d)^{-1}\boldsymbol{P}\right]\left[\boldsymbol{I}(1+d)^{-1}\boldsymbol{P}\right]^{-1}\boldsymbol{G}\end{aligned} \tag{8.26}$$

其中：$\boldsymbol{V}$ 为客户未来所创造的总价值，$\boldsymbol{P}$ 为客户转移矩阵，$\boldsymbol{G}$ 代表利润矩阵，d 代表折现率，$\boldsymbol{I}$ 为单位矩阵，$\boldsymbol{t}$ 为客户购买期间距今的期数。

8.3 案例：银行卡消费客户价值模型

银行卡是由银行发行、供客户办理存取款业务的金融服务工具的总称，自 20 世纪 70 年代以来，随着电子计算机的发展，银行卡在世界范围类迅猛发展，在我国也不例外，据统计，目前我国平均每人拥有 2 张银行卡。与此同时，电子商务的发展使得利用银行卡直接支付变得越来越普遍，对于银行而言，留住那些经常使用银行卡交易的客户也至关重要，这不仅在于保持客户的总量，更重要的是大客户倾向于利用银行卡做大宗交易。由此来看，银行通过分析每月客户的刷卡金额，是可以对客户进行细分的，利用细分结果，就能够对价值高的客户进行重点的细心维护，进而优化维护成本，提高银行的效益。

为了对客户进行细分，仅仅通过单个月的消费数据是不够的，因为客户每个月的消费不可能是相对稳定的，他总是存在着一些变动。为了利用这种变动信息，我们将消费者分成不同的消费类型，通过各月份的数据得到消费者在不同类型的转移概率，并假定每个月的转移概率都相等，那么就可以使用本章介绍的客户价值模型计算经过无穷的期数后，每类客户能够为银行带来的最终价值，也即客户所属该类别相对于银行的价值。

1. 数据结构

本案例选择了两个连续期 *R*（最近一次消费），*F*(本月刷卡频数)以及 *M*（本月消费金额）三个变量构建 RMF 客户价值模型。数据表中每一行代表一个客户，列分别代表了两个月的 *R*，*F*，*M* 变量。本数据集共收集了 3057 名银行卡客户的刷卡信息，共六个变量。数据结构如表 8.3 所示，详见数据光盘中的 RFM.xls。

表 8.3　RMF 数据结构

核心客户号	第一月 *R*	第一月 *F*	第一月 *M*	第二月 *R*	第二月 *F*	第二月 *M*
1000000033	2	32	526910.3	0	77	1451200
1000001882	0	226	4926261	0	197	33386508
1000002849	25	1	2303	24	1	603
1000003080	0	28	3344180	0	39	4177271
⋮	⋮	⋮	⋮	⋮	⋮	⋮
1074574855	5	3	100000	3	9	598393.3

2. 合理选取 *R, F, M*

（1）合理选择 *R* 的状态数

R 表示最近一次消费，所谓最近一次消费是指顾客上一次来刷卡消费到本月底间隔的时间，在这里用天数表示。如某顾客在 7 月份最后一次交易在 20 号，距离 7 月底的时间为 11 天，那么该顾客的最近一次刷卡的 *R* 值为 11.理论上，上一次消费时间越近的顾客应该是比较好的顾客，对提供即时的商品或是服务也最有可能会有反应，有利于接受营销人员近期的促销活动等。不仅如此，最近才购买产品和服务后刷卡的客户，只要营销人员维护恰当，是最有可能再次消费，并培养成为忠实客户的客户。因此，对于 *R* 值越小的客户，其潜在的价值越高。

在一般客户价值模型中，习惯将 *R* 分成 5 类，*R*=1 到 *R*=5，他们将客户的价值从高到低分成五类。*R*=1 时，该类最近一次消费时间最短，客户潜在价值最大，*R*=5 时表示客户流失，价值为零。

为了合理确定每个样本所属的类别，理论上，可以由专家给出指导性意见，如当最近一次消费的间隔时间为 60 天或者以上时，就可以认为该客户属于第五类客户，即流失客户。在本案例中，由于只获得 3057 个样本数据（实际应用时数据量应比它大得多，当数据量为万级或者数十万级时，才能获得相对可靠的结果），为了使得各类中数据样本尽可能一样多，且类别的划分符合实际含义，我们首先观察这 3057 名客户第一个月第一次消费刷卡时间间隔的分布，见图 8.4。

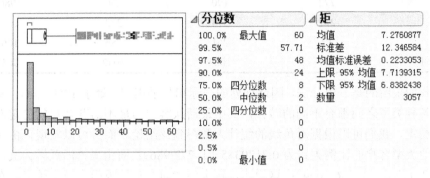

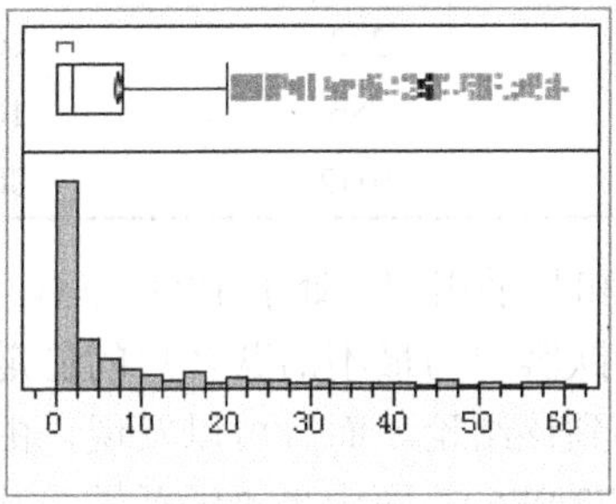

分位数

100.0%	最大值	60
99.5%		57.71
97.5%		48
90.0%		24
75.0%	四分位数	8
50.0%	中位数	2
25.0%	四分位数	0
10.0%		0
2.5%		0
0.5%		0
0.0%	最小值	0

矩

均值	7.2760877
标准差	12.346584
均值标准误差	0.2233053
上限 95% 均值	7.7139315
下限 95% 均值	6.8382438
数量	3057

图 8.4　直方图及分位数

由图 8.4 可以看出，大部分客户第一次刷卡时间为 0，而且 90%的客户第一次刷卡行为小于 24 天，我们还可以得到第二月的 *R* 变量分布描述图，可以得到类似的结果，在综合考虑实际含义和各类有充分的样本量的情形下，将第一次刷卡间隔小于 15 的定义为 1，表示潜在的高价值客户，而大于 15 以上的客户则称为潜在流失客户（注意，这是一种极端方式，在实际应用中，在有充分数据的条件下，读者可以参照传统的五分法进行）。由此得到新的关于 *R* 的转移矩阵如表 8.4 所示。

表 8.4　*R* 转移矩阵

*R*1*R*2	1	2	行和
1	2455	208	2663
2	180	214	394
列和	2635	422	3057

该表表示无论在第一月还是在第二月中，潜在高价值客户虽然都发生了转移，但是总量确是相对稳定的，而且在第一月为潜在高价值客户时，第二月向流失客户转移的可能性较小，而当处在潜在流失组时，其转向潜在高价值组的可能性较大。

（2）合理选择 *F* 状态数

F 表示消费频率，是指顾客在限定期内的消费次数。在此处则表示客户在一个月内的刷卡次数。一般认为最常购买的顾客，也是满意度最高的顾客。这样的客户构成消费群体的基础。从客户价值的角度来看，消费频率越高的客户，其价值也就越大。

在通常的 RFM 模型中，习惯将客户五等分，这五等相当于组成客户忠诚度的阶梯。频率最低的一组成员称为“最不活跃客户”，依次增强直到第五组“最活跃客户”，市场营销的目的在于使底层客户向高层转化。

在本案例中，考虑到样本量等原因，将样本实行 3 等分。*F*=1，表示最活跃客户，*F*=2，表示一般活跃客户，*F*=3 表示最不活跃客户。我们给出客户从第一个月到第二个月转移情况，如表 8.5 所示。

表 8.5 *F* 转移矩阵

$F1\backslash F2$	1	2	3	行和
1	772	190	24	986
2	202	573	232	1007
3	17	261	786	1064
列和	991	1024	1042	3057

由于我们采用的是三等分法，因此行列的边际和几乎相同，处于 1000 左右。从表中可以发现，各种类型之间都有不同的转移，其中最活跃客户与最不活跃客户的稳定性比一般活跃客户稳定，我们可以根据对角线的统计人数得到该结论。而且可以发现，由最活跃客户转为其他类型客户的比例大致为 0.2170385（1–772/986）；而由最不活跃转为其他客户的比例为 0.2612782（1–786/1064）；这说明，刷卡消费对客户的吸引力越来越多，有更多的客户倾向于提高他的刷卡频率，表示该项业务处于上升期。

（3）合理选择 *M* 状态数

M 是消费金额，它表示客户在该段时期内的平均每次消费金额。消费金额是最为重要的变量，按照习惯做法，依然是将全部客户依照平均每次消费的金额高低分成五大类，$M=1$ 时表示消费金额最高，$M=5$ 时消费金额最低。

本案例中，考虑各种因素，我们只将 *M* 的状态分成三大类，$M=1$ 时表示平均消费高，$M=2$ 表示平均消费金额一般，$M=3$ 时表示平均每次消费金额低。由此，可以得到两个月的转移矩阵如表 8.6 所示。

表 8.6 *M* 状态转移矩阵

$M1\backslash M2$	1	2	3	行和
1	620	220	179	1019
2	256	550	213	1019
3	143	249	627	1019
列和	1019	1019	1019	3057

从该表可以发现，各类之间均发生了转移，且在类别的两种极端类别中未发生转移的客户大概都为 60%，而在中间的类别中，则有一半的客户保持着消费习惯，而有 256 名客户向更高层的消费类别转移，213 名客户向更低层的客户转移，这似乎说明，客户平均消费的金额倾向于向高类别转移。

综合 *R*, *F*, *M* 的分析结果，我们可以发现，越来越多的客户刷卡频率提高，平均消费金额也有增长趋势，这对银行业而言是个好消息。

3. RFM 分类依据汇总

（1）*R* 状态划分依据

表 8.7 *R* 状态划分依据

R 状态	客户该月发生购买行为最短时间间隔
1	[0~15]
2	(15~]

（2）F 状态划分依据

表 8.8 *F* 状态划分依据

F 状态	第一月分类依据(*F*)	第二月分类依据(*F*)
1	（27， +∞]	（25， +∞]
2	（7，27]	（6，25]
3	[0,7]	[0,6]

（3）M 状态划分依据

表 8.9 *M* 状态划分依据

M 状态	第一月分类依据(*M*)	第二月分类依据(*M*)
1	(62873.426, +∞]	(53233.181, +∞]
2	(11346.262,62873.426]	(8378.048，53233.181]
3	[0, 11346.262]	[0, 8378.048]

4. 计算转移概率矩阵

经过上面的分析，所有样本被分为 18 类，且各类别之间可能都有转移关系，因此可以计算这 18 类客户之间的转移概率矩阵。使用 3057 个样本两个月的样本数据，计算客户转移矩阵；该矩阵为 $(2\times3\times3)\times(2\times3\times3)$ 的矩阵；部分结果如下：

表 8.10 转移概率矩阵

(*R*,*F*,*M*)	(1,1,1)	(1,1,2)	(1,1,3)	…	(2,3,3)
(1,1,1)	0.439176	0.155837	0.126794	…	0.000334
(1,1,2)	0.181337	0.389591	0.150878	…	0.000397
(1,1,3)	0.101294	0.176379	0.444134	…	0.00117
⋮	⋮	⋮	⋮	…	⋮
(2,3,3)	0.001024	0.001784	0.004491	…	0.246883

表注：$(1,1,1)\to(1,1,1)$ 的转移概率 0.439176；其中的顺序为 (R,F,M)；
$(1,1,1)\to(1,1,2)$ 的转移概率 0.155837;
$(1,1,2)\to(1,1,1)$ 的转移概率 0.181337；以此类推。

为了更好地理解和观察转移概率矩阵，做出图 8.5。

该图是将转移矩阵进行了可视化，其中 Var1 表示第一个月的状态，而坐标值 1～18 代表了 18 类，其中 1 表示（1,1,1），2 表示（1,1,2），以此类推，直到 18 表示第（2,3,3）类；Var2 则表示第二个月的状态，坐标值含义相同。

对应的转移概率越大，相对应的小方块颜色也就越深。从该转移矩阵我们可以发现有四个明显的方块区域，这代表着不同的 R 组合，每个方块内部，还可以看到有 9 个明显的中等方块，这是代表着不同的 F 组合；在每个中等方块中包含了 9 个小方块，它们表示不同的 M 组合。之所以呈现这样明显的特征，说明了客户在转移中体现出一定的规律性，在之前的 R,F,M 选择类别数目时对他们进行过分析，读者可以对照上表验证结论。

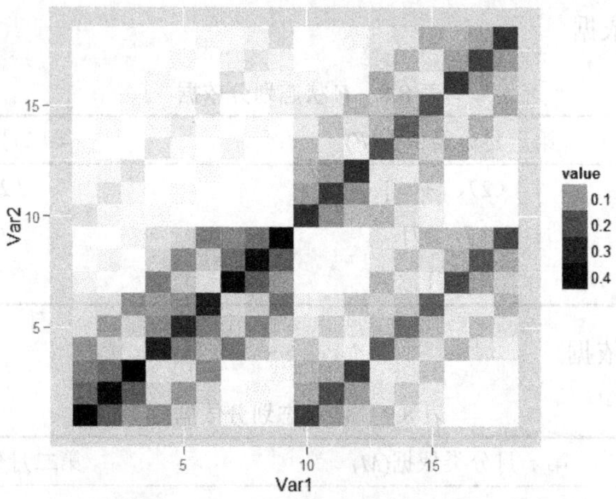

图 8.5　转移概率矩阵可视化图

5. 利润矩阵及客户价值

利润矩阵实际上为一列向量，代表每类客户为银行创造的价值，它是对第一个月的消费金额按照 R, F, M 进行的分类汇总求和。在得到利润矩阵 $\boldsymbol{G}$ 后，利用公式：

$$\boldsymbol{V} \equiv \lim_{T\to\infty}\boldsymbol{V}^{\mathrm{T}} = \sum_{t=1}^{\infty}\left[\left(1+d\right)^{-1}\boldsymbol{P}\right]^{t}\boldsymbol{G} = \left[\left(1+d\right)^{-1}\boldsymbol{P}\right]\left[\boldsymbol{I}\left(1+d\right)^{-1}\boldsymbol{P}\right]^{-1}\boldsymbol{G}$$

假设取 $d = 0.02$。那么就可以计算得到客户的价值，并进行排名得表 8.11。

表 8.11　各类客户的总价值及排名

R	F	M	$\boldsymbol{G}$	总价值	排名
1	1	1	3797480.13	52970762275	16
1	1	2	17065073.02	53109179122	15
1	1	3	58522347.64	53483613401	13
1	2	1	25546769.61	56256683092	10
1	2	2	181869801.2	56748235317	8
1	2	3	857797679.7	58005072977	7
1	3	1	318682104.6	59811996554	4
1	3	2	2710317451	60907600017	2
1	3	3	7991090516	63558017293	1
2	1	1	0	52730812516	18
2	1	2	0	52834857436	17
2	1	3	0	53112698055	14
2	2	1	378594.82	55537471043	12
2	2	2	208385.4	55862022668	11
2	2	3	3554746.08	56684225685	9
2	3	1	2237099.58	58355050939	6
2	3	2	62742102.72	59031160825	5
2	3	3	20151753.35	60655212934	3

从该表中，我们可以看到，尽管从 R, F, M 的分析中，我们知道，（1,1,1）表示最近购买、使用频率最高，且单笔消费最大的客户最大，但是其最终只是排在第 16 位，这是因为这类客户在样本中所占的比例相对较小，总利润也就相对较低，而第（1,3,3）类别的客户创造了最多的价值。除此之外，读者可以尝试使用平均利润代替该出的总利润进行计算，所获得的排名和这里应该是不同的。

8.4 推荐阅读

[1] Goldberg D, Nichols D, Oki B M, Terry D. Using collaborative filtering to weave an information tapestry[J]. Communications of the ACM, 1992, 35 (12): 61-70.

[2] Hughes A. Strategic database marketing: the master plan for starting and managing a profitable, customer-based marketing program[A].Irwin Professional, 1994.

[3] Yehuda Koren, Yahoo Research. Matrix Factorization Techniques for Recommender Systems [C]. Chris Volinsky In IEEE computer, 2009, 42(8): 30-37.

[4] Robert M Bell, Yehuda Koren. Scalable Collaborative Filtering with Jointly Derived Neighborhood Interpolation Weights[J]. Seventh IEEE International Conference on Data Mining, 2007: 43-52.

[5] Paterek. A. Improving regularized singular value decomposition for collaborative filtering[C]. in: KDD-Cup and Workshop. ACM press, 2007.

[6] Kotler P. Marketing Management [M]. International Edition. Prentice Hall, 2000.

[7] Dwyer F, Robert. Customer Lifetime Valuation to Support Marketing Decision Making[J]. Journal of Direct Marketing, 1989, 3: 8-15.

[8] Berger Paul D, Nada I, Nasr. Customer Lifetime Value: Models and Applications[J]. Journal of Interactive Marketing, 1998, 12: 17-29.

[9] Stone Bob. Successful Direct Marketing Methods[M]. Lincolnwood, IL: NTC Business Books, 1995, 29-35.

[10] 郭瑞祥，蒋明晃，陈宏毅. 顾客价值分析之随机模型建立及实证[J]. 管理学报, 2004, 21(5): 675-692.

[11] Ehrenberg A S C. The Pattern of Consumer Purchases[J]. Applied Statistics, 1959, 8(1): 26-41.

[12] Colombo Richard, Weina Jiang. A Stochastic RFM Mode[J]. Journal of Interactive Marketing, 1999, 13: 2-12.

第 9 章　社会网络分析

本章内容

- □ 社会网络概述
- □ 科研机构合作网络案例

本章目标

- □ 了解社会网络的基本概念和各项功能
- □ 能够在 *R* 中进行网络数据准备
- □ 掌握社会网络模型评价方法

9.1　社会网络概述

9.1.1　社会网络概念与发展

社会是一个复杂的系统，社会中的成员通过一些关系形成团体，这些团体的存在形式、组成机理和相互影响是社会学关注的焦点，正如查尔斯·霍顿·库利在《社会过程》一书中对社会的定义是：社会是一个由形式或过程构成的有机体，其中每个形式或过程都在与其他形式或过程的互动中生存和成长，这些形式或过程的结合成为一个紧密的整体，整体中一个部分发生变化将会对其他部分产生影响。

社会网络分析（Social Network Analysis）是观察社会关系和社会结构的研究方法，有较长的历史。早在 19 世纪末，Émile Durkheim、Ferdinand Tönnies 等人开始研究社会网络。Tönnies 指出共同的价值观、信仰或者其他因素使得个体间形成关联，从而形成社会群体。在十九、二十世纪交替时，Georg Simmel 第一个借助社会网络术语思考社会群体之间的关系。社会网络理论起源于 20 世纪 20～30 年代英国人类学的研究，由著名英国人类学家拉德克利夫·布朗提出，他从社会网络关系或人际关系出发来分析和解释社会现象，提供了一个介于微观和宏观之间的结构分析社会研究方法。之后，以费舍尔（Claude S. Fischer）、韦尔曼（B. Wellman）、雷顿（B. Leighton）和格兰诺维特（M. Granovetter）等人为代表的城市社会学家则继承了社会人类学有关社会网络的理论，并将之应用于现代城市社会的研究中。20 世纪 60～70 年代，除纯粹方法论以外，网络形式也吸引了越来越多的学者，社团（clique）\ 同位群（block）、社会圈（social circle）等网络概念的出现丰富了网络理论的内容。在这个时期，网络模型也开始出现，典型的研究如著名的“六度分隔”理论，150定律、小世界模型等。其中，六度分隔理论是1967年由哈佛大学心理学教授Stanley Milgram提出的，在对现实人际网络进行试验时，发现“六度分隔”现象，指出“任意一个人和任意陌生人之间的间隔不会超过6个人，也就是说，最多通过6个人一个人就能认识任何另一个陌生人。”按照六度分隔理论的解释，每个人的社交圈都可以不断放大，最后形成一个大型网络。2002年，Watts教授将媒介换成E-mail，验证了在虚拟网站中“六度分隔理论”同样适用。

150定律（rule of 150）由英国牛津大学人类学家罗宾·邓巴（Robin Dunbar）提出，也称为邓巴数字。该定律指出，人类智力将允许人类拥有稳定社交网络的人数是148人，四舍五入大约是150人。罗宾·邓巴研究了猿猴的智力，认为人的大脑新皮层大小有限，提供的认知能力只能使一个人维持与大约150个人的稳定人际关系，这一数字是人们拥有的、与自己有私人关系的朋友数量。

社会网络按物理特性分为两类，一类是接触类社会网络，也称为预设关系网络，适用于相对比较封闭的系统，比如学校师生网络、公司董事网络等，具有总体数据量较小的特点；另一类是通信社会网络，包括手机电话网络、微博、BBS、论坛、在线交友以及各种功能性网络（收藏、发布、共享、点击等关系），其中感兴趣的常常并非预设的关系，具有总体数量较多，关系不固定等特点。由于这些关系常常和网络的功能有密切的联系，于是发现网络社区结构是揭示网络结构和功能之间关系的重要基础。对于网络社区结构的研究得到很多领域学者的关注。20世纪90年代末，物理学家开始研究网络模型及其性质，这些研究类似于宏观层面的统计物理。包括Barabasi、Newman以及Watt在内的研究者们，提出了一种可以视为与Erdos-Renyi-Gilbert model类似的模型，这种模型能控制网络增长，同时把边检测或权值的微小改变纳入模型之中。这些模型希望能产生“重要节点（hubs）”、“局部聚类(local clustering)”等现象。节点度数的分布一般服从幂律——类似于偏好增长模型（preferential attachment model）。Milgram在20世纪60年代的研究还提出了小世界模型，这个著名的模型有两大特点：（1）较短的平均距离，（2）较强的局部聚类效应。最近，统计物理模型被用于检测网络中的社区结构，代表人物如Girvan、Newman以及Backstrom等人的工作。

除网络模型以外，一些新兴网络也促进了社会网络分析方法的发展。

如早期生物网络中的代谢网络，网络节点代表酶作用物（例如ATP，ADP，H_2O等）；边代表主要的生化反应。酶可以参与生化反应中，与酶连接的另一个节点代表由这个酶参与的生化反应的产品。典型的网络统计特征如代谢网络的出度和入度都是幂律分布，且分布指数参数取值在2.0～3.0之间。代谢网络的平均路径与生物物种的分类无关，取值于3.3左右，而且代谢簇系数较大。另一个被广泛研究的生物网络是蛋白质相互作用网络。网络节点代表蛋白质，它们之间的连线表示蛋白质之间的某种物理相互作用。2001年，Jeong和Mason等人研究酵母（yeast）的蛋白质相互作用网络时发现网络的度分布遵循一个类似指数函数厚尾分布。廉价的高通量基因芯片也为生物网络分析提供了大量数据，研究者通过生物网络可以描述基因表达控制。正是基于表达控制，使得人体每个细胞虽然有全部DNA，但却分化有不同的功能。基因表达对病毒、原核生物、真核生物也至关重要，可通过在需要时表达相应蛋白来增加它们的适应能力。基因表达为蛋白质的过程可分为多个步骤，都可被纳入建模范畴。这其中的互动关系涉及 DNA、RNA 与蛋白质。除了这种基因蛋白网络外，研究者感兴趣的还有：微观层面的蛋白质结合网络、新陈代谢网络、神经元网络等，以及宏观层面的生态网络、捕食网络、流行病网络等。生物网络的研究，已经为致病基因发现、疾病的预防控制、生态系统保护提供了重要指导。

信息网络是另一类重要的网络，包括因特网页面的相互连接、学术期刊文献的相互引用、论文的共同作者。互动关系包括友谊关系、交流关系、合作关系、资源交换关系等。在人际关系网中，社团可能基于人的职业、年龄等因素形成；在文献引文网中，不同社团可能代表了不同的研究领域；在万维网中，不同社团可能表示了不同主题的主页；在新陈代谢网、神经网中，社团可能反映了功能单位；在食物链网中，社团可能反映了生态系统中的子系统。在网络性质和功能的研究中，社团结构也有显著的表现。例如，在网络动力学的研究中，当外加能量处于较低水平时同一社团的个体就能达到同步状态；在网络演化的研究中，相同社团内的个体可能最终连接在一起。人们希望了解网络结构特点、认识这些结构如何随时间变化、发现哪些是热点的资源或主题。因特网页面网络被世界各大搜索引擎采用，用来分析不同页面的重要程度，对搜索结果排序。搜索引擎还通过词汇在页面中共同出现的关系网络，给出搜索提示。社会网络分析已成为社会学、人口学、心理学的重要工具，在致病基因发现、反恐安全等问题上发挥着作用。

与此同时，统计网络也开始得到飞快的发展（或称为复杂系统）。在统计网络中，用节点表示研究对象，边表示这些点的相互关系，通过统计建模分析复杂关系。现代意义下的统计网络，不再有简单的拓扑结构，而是在描述客观的复杂世界。另一方面，虽然一张图可能来自实际的确切观测，但统计图模型依然假设此图的实现有随机成分，通过统计模型可以对随机成分建模。统计网络已在诸多领域取得成功，被用来描述社会关系、计算机互联、文献引用关系、基因蛋白质关联等。在推荐系统、物理学、经济学等方面也能见到它的身影。比如在经济领域，经济学家通过对各个经济因素的统计网络建模来理解经济结构差异对市场失灵的因果关系，基金公司通过债券股票间的联动网络管理投资等。

尽管统计网络在诸多领域取得成功，但它的理论还有待发展完善，而且仍然面临许多挑战。这些挑战主要来源于庞大的数据量以及更复杂的统计模型。这些问题是传统统计理论较少涉及的，解决它们还需要走较长的探索道路。统计网络的主要问题如下：

（1）网络可视化。虽然如今数据收集变得更加容易，伴随着大量数据的正是可视化分析的困难。当人们面临成千上万节点时，完整的可视化分析几乎是不可能做到的。通常需要简化、合并节点，也有通过边连接强度确定节点位置的局部可视化分析。这样的可视化分析，是否能提取与统计模型一致的信息，是一个有待回答的问题。

（2）计算能力。一些统计网络模型本身已经很难求得精确解，需要 MCMC 等方法逼近。如果要处理上百万个节点，统计模型的精确求解更是难以实现。而非精确解对于算法的起始点很敏感，这些都给统计推断带来困难。

（3）抽样。正是由于现实世界网络的庞大，我们只能利用抽样的有限数据来对总体进行推断。然而，现实世界的网络也是复杂的，如何抽样才能减少估计的偏差构成统计网络的另一个挑战。

（4）网络节点与边的综合分析。在许多网络数据中，网络中的边也会存在一些属性。例如电子邮件、博客数据库中，其中包含内容等文本信息。如何将复杂的高维边属性纳入统计模型中也是一个有挑战性的问题。

统计网络面临的挑战远不止以上 4 点。由于现实世界的复杂性、涉及海量数据等原因，统计网络模型远比传统统计模型复杂。它也同样面临着传统的缺失数据问题、参数可识别性问题、预测、拟合优度检验问题等，但这些问题都更为复杂，不少问题还缺乏研究人员的关注。

9.1.2 社会网络的基本特征

社会网络的研究重点是认识和揭示网络特征。虽然有关网络社群的定义还没有得到统一，但目前为止最流行的社群定义为：一组节点内部之间相互连接较为紧密，而外部其他节点的连接较为稀疏，这组节点就构成了社群。

本节将介绍用于描述网络的一些基本概念：节点中心性，最短路径长度，聚类系数，网络直径。首先介绍这些概念的定义。

1. 中心性：表示一个重要节点在网络中的位置，比如特权性、优越性等。中心性常常有三种类型：程度中心度（degree centrality）、亲近中心性（closeness centrality）和中介性（betweenness centrality）。

（1）程度中心度：是指和该节点相关联的边的条数。对于有向图来说，又分节点的入度和出度，节点的入度是进入该节点的边的条数，节点的出度是指从该节点出发的边的条数。由定义可知，并非网络中所有的节点都有相同的度（即链接相同的边）。因此，研究节点的度分布（degree distribution）可以系统地了解整个网络的拓扑结构。

（2）亲近中心性：是以距离为概念计算一个节点的中心程度，与其他节点越近则中心程度越高，与其他节点越远离者，则中心性越低。定义如下：

$$C(v)=\left[\sum_{s\in G}d(v,s)\right]^{-1}$$

其中 G 是网络，s,v 是网络上的节点，$d(v,s)$ 是节点 v 到 s 的距离使用这个度量时需要留意以下情况：如果网络不是全连通的，那么一些节点由于不能连通到其他节点而导致中心性为无穷大。有向连通图要求将更加严格。

（3）中介性：衡量节点作为中间点连接其他节点对的能力，即节点作为桥梁作用的程度，具体定义如下：

$$B(v)=\sum_{s\neq t\neq v}\frac{\sigma(s,t\mid v)}{\sigma(s,t)}$$

其中，$\sigma(s,t\mid v)$ 是连接节点 s 和 t 并且经过节点 v 的最短路径的个数，$\sigma(s,t)=\sum_{v}\sigma(s,t\mid v)$。由定义知，中介衡量的是连接两个分离团体的枢纽作用。

2. 游走和最短路径长度：（walk）游走是指这样的交错序列 v_1，e_1，v_2，e_2，v_3，…，v_{k-1}，e_{k-1}，v_k，其中边 e_i 的两端节点为 v_i 和 v_{i+1}，表示从节点 v_1 出发到节点 v_k 结束。**游走的长度**是指游走中边的条数，例如上面的游走的长度为 k–1。**环**是指游走中首尾两个节点相同，例如 $v_1=v_k$。**路径**是指不存在重复节点和重复边的游走。不同节点之间**最短路径长度**是指这两点之间所有路径的长度的最小值。

3. 网络直径是指网络中所有节点之间最短路径长度的最大值。

4. 网络密度用以表示网络中节点的稠密程度，常用的定义是网络中边的个数占所有可能边个数的比例。对于一个无环、无多重边的网络 G 来说，它的密度为

$$\mathrm{den}(G)=\frac{|E|}{|V|(|V|-1)/2}$$

其中，$|E|$ 和 $|V|$ 分别表示边的个数以及节点的个数。

5. 节点的聚类系数反应的是节点“聚类”的能力，可以表示为与节点相连的连通三元组（connected triple）中三角形的比例。节点 v 的聚类系数可以表示为

$$\mathrm{cl}(v)=\frac{\tau_\Delta(v)}{\tau_3(v)}$$

其中，$\tau_\Delta(v)$ 为与节点 v 连接的三角形的个数，$\tau_3(v)$ 表示与节点 v 连接的连通三元组的个数。一个连通三元组，又称 2-star，是指由三个节点组成的子图，其中这三个节点由两条边连接。一个三角形是指由三个节点组成的完全图，其中三个节点相互之间都有边连接。

6. 网络的聚类系数是节点聚类系数的加权平均，也是对网络节点稠密程度的衡量。具体表示为

$$\mathrm{cl}_T(G)=\frac{3\tau_\Delta(G)}{\tau_3(G)}$$

其中，$\tau_\Delta(G)$ 为网络 G 中三角形的个数，$\tau_3(G)$ 表示网络 G 中连通三元组的个数。

根据分析的对象不同，社交网络的拓扑结构分析可以分为三类：一是对节点特征的分析，例如节点的度分布，节点的中间性，节点的中心性等；二是对边特征的分析，例如边的权重分布，边的中间性等；三是对整个图的拓扑特征的分析，例如整个网络的聚类系数，网络的平均路径长度等。当然这三类不是相互孤立的，它们之间存在着相辅相成的关系。例如通过节点的分布，我们可以了解整个网络的可能具有的特征。要计算整个网络的平均路径长度，我们仍需要计算每两个节点之间的最短路径长度。在分析具体社交网络时，可以根据分析的目标不同，而有所侧重。

社交网络的另一个基本特征是其具有社团结构或者模块结构，这一特征最早由 Girvan 和 Newman 于 2002 年引入[1]。总之，对网络中社团结构的研究是了解整个网络结构和功能的重要途径。在最近的几年里，大量的社群挖掘算法被提出，根据聚类的方式，大体上可以分为三类：层次聚类方法，最优化方法，块模型（block model）[2]方法。

层次聚类方法的特点是需要计算节点之间的相似度，相似度的计算包括余弦相似度，Jaccard 相似系数等，得到了节点之间的相似度矩阵之后，剩下的就是利用常见的层次聚类方法对节点进行聚类。

最优化方法通过对社群质量函数的最优化达到社群挖掘的目的。其中最流行的方法是基于模块值（modularity）[3]的方法，本章将重点介绍这种社群挖掘方法。

块模型方法主要由统计领域的学者在研究，通过先假设网络满足某种统计分布（例如假设任意两点之间的边数服从泊松分布），进而通过极大似然方法得到网络的社群[5]。

9.1.3 社群挖掘算法

Girvan 和 Newman 等人在 2004 提出了基于模块值的社群挖掘方法，定量地描述网络中的社团，衡量网络社团结构的划分。所谓模块化是指网络中连接社团结构内部顶点的边所占的比例与另外一个随机网络中连接社团结构内部顶点的边所占比例的期望值相减得到的差值。这个随机网络的构造方法为：保持每个顶点的社团属性不变，顶点间的边根据顶点的度随机连接。如果社团结构划分得好，则社团内部连接的稠密程度应高于随机连接网络的期望水平。用 Q 函数定量描述社团划分的模块化水平。模块值方法中运算速度较快的代表是 FN 算法。FN 算法可以应用于加权网络或者多重图的分析，核心思想是对模块值 Q 的最大化。其中模块值 Q 是评价图划分优劣的质量函数，FN 算法中 Q 的一般表达形式如下：

$$Q=\frac{1}{2m}\sum_{vw}\left(W_{vw}-P_{vw}\right)\delta\left(C_v, C_w\right), \tag{9.1}$$

其中 W_{vw} 表示实际图中顶点 v 和 w 之间的边数（在加权图，为边的权重）；m 是总边数（在加权图中，为权重之和），常数项 1/（2m）是为了将边数转化为边的密度；P_{vw} 表示零模型中顶点 v 和 w 之间期望的边数；C_v 表示节点 v 所属社群类别。如果 $C_{\text{v}} = C_{\text{w}}$（即顶点 v 和 w 属于同一个社群），示性函数 δ（$C_{\text{v}}, C_{\text{w}}$）= 1，否则为 0。

模块性的基本假设是：随机图是没有社群结构的。如果实际图与随机图差别很大，那么就认为这个实际网络图存在社群结构。所谓的差别在这里是通过比较实际图社群内的边密度和随机图对应的期望边密度来体现的，当前者比后者越大，就认为社群结构越明显。这里的期望边密度与我们选择的随机图有关，这个随机图我们称之为零模型，在公式由 P_{vw} 代表零模型。期望边密度是零模型边密度在所有可能实现下的平均。

标准模块性的零模型要求期望的度序列与实际的度序列一致。在这种零模型中，一个顶点 v 可以与图中的任意其他顶点 w 以概率 p_{vw} 相连，并且这种连接相互独立。顶点 v 与其他顶点连接的概率是 $p_v = k_v/2m$（k_v 是顶点 v 的度，2m 是所有顶点的度之和）。所以顶点 v 与 w 相连的概率是 $p_{vw} = p_v p_w = k_v k_w/(2m)^2$。于是顶点 v 与 w 之间期望的边数是 $P_{vw} = 2m\, p_{vw} = k_v k_w/(2m)$。因此这样的零模型就是在实际图的基础上以概率 p_v 对每条边的端点 v 进行随机化重连的结果。那么等式(9.1)变为

$$Q=\frac{1}{2m}\sum_{vw}\left(W_{vw}-\frac{k_v k_w}{2m}\right)\delta\left(C_v, C_w\right) \tag{9.2}$$

在涉及具体 FN 算法之前，需要定义两个变量：

$$e_{ij}=\frac{1}{2m}\sum_{vw}W_{vw}\delta\left(C_v, i\right)\delta\left(C_w, j\right) \tag{9.3}$$

$$a_i=\sum_j e_{ij} \tag{9.4}$$

其中，$m=\frac{1}{2}\sum_{vw}W_{vw}$。

根据上面的定义，e_{ij} 表示社群 i 和 j 之间的边数占整个图边数的比例；a_i 表示社群 i 中

顶点的度之和占整个图顶点的度之和的比例。表达式（9.2）等价于：

$$Q=\frac{1}{2m}\sum_{vw}\left(W_{vw}-\frac{s_v s_w}{2m}\right)\delta\left(C_v, C_w\right)=\sum_i\left(e_{ii}-a_i^2\right)。 \tag{9.5}$$

其中，$s_v=\sum_w W_{vw}$。

（1）FN 算法初始设定每一个顶点即为一个社群，共 n 个社群；然后朝着使整个图的 Q 值增长最快或下降最慢的方向逐对融合社群，$n-1$ 次融合之后，所有点组成一个社群，算法停止。Q 值最大时所对应的社群结构视为最佳社群结构。

FN 算法[1]的具体步骤如下：

（2）初始化原始网络为 n 个社群，即每个顶点就是一个社群；初始化 e_{ij} 和 a_i 为

$$e_{ij}=\begin{cases}1/(2m), & \text{如果顶点 } i \text{ 和 } j \text{ 有边相连,}\\ 0, & \text{其他,}\end{cases} \tag{9.6}$$

$$a_i=s_i/(2m), \tag{9.7}$$

其中 m 为网络中的总边数，s_i 为顶点 i 的度。在初始情况下，矩阵 $\boldsymbol{E}=(e_{ij})=\boldsymbol{W}/2m$，这里的 $\boldsymbol{W}$ 是邻接矩阵(权矩阵)。

（3）计算融合有边相连的社群 i 和 j 带来的模块性增量

$$\begin{aligned}\Delta Q_{ij}&=(e_{ii}+e_{jj}+e_{ij}+e_{ji}-(a_i+a_j)^2)-(e_{ii}-a_i^2+e_{jj}-a_j^2)\\&=e_{ij}+e_{ji}-2a_ia_j=2(e_{ij}-a_ia_j),\end{aligned} \tag{9.8}$$

融合最大 ΔQ_{ij} 对应的社群 i 和 j，并更新 Q 和矩阵 $\boldsymbol{E}$（将 $\boldsymbol{E}$ 中与社群 i 和 j 相关的行列相加）。注意这里只考虑有边相连的社群，是因为融合无边相连的社群不能带来 Q 值的增加（一般会使 Q 值减少）。

（4）重复进行第 2 步，直到所有顶点融合为一个社群为止。

9.1.4 模型的评价

模型的评价目前仍有很多种，例如来源于信息理论的归一化互信息（Normalized Mutual Information, NMI）[8]，数据挖掘与机器学习领域的校正的随机指数（adjusted rand index）[9]，其中 NMI 在社群挖掘算法评价中较为流行。

假设网络中真实社群集为 $T=\{T_1,T_2,\cdots,T_K\}$，K 为真实社群的个数，社群挖掘算法共得到 M 个社群，记为 $S=\{S_1,S_2,\cdots,S_M\}$，那么归一化互信息就表示为

$$\text{NMI}(S,T)=\frac{I(S,T)}{\left|H(S)+H(T)\right|/2},$$

$$I(S,T)=\sum_i\sum_j P\left(T_j\cap S_i\right)\log\frac{P\left(T_j\cap S_i\right)}{P\left(T_j\right)P\left(S_i\right)} \tag{9.9}$$

其中 $I(S,T)$ 为互信息，$H(S)=-\sum_i P\left(S_i\right)\log P\left(S_i\right)$ 为 S 的熵，NMI 取值范围为[0,1]，如果

[1] 相应 C++源代码详见 cs.unm.edu/~aaron/research/fastmodularity.htm

社群挖掘算法得到的结果与真实社群趋于相同，那么 NMI 取值越接近 1，反之 NMI 越接近 0。

模型评价标准不但可以用来比较社群挖掘方法得到结果与真实结果的差别，也可以衡量不同社群挖掘方法所得结果的差异。

9.2 案例：社会网络在学术机构合作关系上的研究

1. 背景介绍

学术成果的跨机构合作规律在基金管理、学术资源和知识函数中有广泛的应用前景，本案例旨在揭示学术机构的合作规律，形成对跨组织机构学术合作的差异认识。科研机构是研究人员从事学术活动的基本单元，学术成果构成了学术共同体合作实践的结果，科学家是科学交流的主体并最终决定跨界影响，是学科评价服务的最终用户。于是，建立在以学者研究行为为基础的学术共同体和学术机构群体科学交流活动不仅为跨界研究提供研究基础，而且基于文献下载数据所获得的跨界交流模式将有利于为学者研究提供更好的服务。

2. 数据描述

本案例的数据来源于国内人文社会科学的代表大学学者从中国知网下载文献的记录，这些数据包括文献的作者以及作者单位等信息。根据这些信息我们构建科研机构合作网络，其中网络节点表示科研机构（即文献作者所在的单位，简单起见，我们将科研机构局限于中国普通高等院校与中国科学院、中国社会科学院，以及与中国科研机构有合作关系的部分国外高校），网络中的边表示相应两个节点所代表的科研机构共同发表过文献，边的权重由对应的两个科研机构共同发表的文献数量所决定。

我们将要分析的科研机构合作网络是一个无向图，共有 177 个节点，773 条边，即共有 177 个不同的科研机构[2]，这些机构之间存在 733 个两两的合作关系。假设我们用 $G=(V,E)$ 表示科研机构合作网络，其中 V 表示节点集合，E 表示边的集合。网络边的权重定义如下：

$$W_{vw}=\sum_k \frac{\delta_v^k \delta_w^k}{\binom{n_k}{2}} \tag{9.10}$$

其中 W_{vw} 为机构 v 和 w 之间边的权重；n_k 表示论文 k 的不同科研机构数(不同作者单位数)；当机构 v 在论文 k 中出现时，δ_v^k 等于 1，否则为 0。

根据以上的边权重定义，不难发现一篇文献对整个科研机构合作网络只贡献一个单位的边权重。这一边的权重定义更为合理，避免了某篇文献因为由多个科研机构合作共同发表，而过高评估该篇文献对整个机构合作网络的影响。

[2] 为简单起见，本案例所分析的科研机构合作网络中的科研机构都仅限于中国大陆。

3. 网络描述

假设本案例涉及的数据存放在数据光盘中的"affiliations.txt"内。本案例的原始数据命名为 dt.txt，部分展示如图 9.1 所示，其中每一行表示一条边，第一、二列表示网络中的节点，第三列表示网络中边的权重。下面借助 R 的软件包 igraph 基于 dt 数据框构建无向图，并给出关于科研机构合作网络的基本信息。

	node1	node2	weight
1	沈阳工业大学	辽宁大学	5.33333333
2	沈阳工业大学	吉林大学	3
3	沈阳工业大学	中国科学院	3
4	首都经贸大学	中央财经大学	3
5	首都经贸大学	清华大学	2.33333333
6	首都经贸大学	北京大学	3.33333333
7	首都经贸大学	中国人民大学	4.83333333
8	武汉工程大学	中国地质大学	4
9	武汉工程大学	华中科技大学	3.33333333

图 9.1　科研机构合作网络数据

```
require(igraph)# 加载 R 包 igraph
g<-graph.data.frame(dt,directed=FALSE)#构建无向图
summary(g)#展示无向图 g 的基本信息
```

由上面的结果，我们知道本案例科研机构合作网络是一个无向图，共有 177 个节点，733 条边，节点有个"name"属性，边有一个"weight"属性，在 R 环境下要想获得节点的"name"以及边的"weight"属性，可以分别使用命令"V(g)$name"，"E(g)$weight"。显然函数"summary"给出的信息还是非常有限的，如果我们还需要了解科研机构合作网络的其他基本信息，例如图中的连通子图个数，图的密度，图的直径等，那么我们可以输入如下命令：

```
ncc<-clusters(g)$no # 连通子图的个数
isov<-sum(degree(g)==0)  # 游离节点个数，即节点度为 0 的节点数
diam<-diameter(g) #直径
graph.density<-graph.density(g)
   c("连通子图个数"=ncc,"游离节点个数"=isov,"图直径"=diam,"图密度"=graph.density)
```

运行上述代码，我们得到

```
连通子图个数    游离节点个数      图直径          图密度
 1.00000000      0.00000000     31.66666667    0.04705958
```

可以看出本案例所使用的科研机构合作网络是一个连通图，并且非常的稀疏，因为图的密度仅为 0.047。其中游离节点是指那些节点度为 0 的节点。如果想得到图中的节点个数或者图中边的个数，我们还可以分别使用函数 vcount，ecount。

通过上面的结果，我们对科研机构合作网络仅仅有了基本的了解，下面我需要进一步分析该网络的基本拓扑结构特征。分析网络的拓扑特征主要有以下几个方面：网络图的节

点度分布，节点的中间性分布，图的最短路径长度，图的聚类系数，网络的社群结构等。其中网络的社群结构分析将在下一节详细分析。

首先，我们分析机构合作网络中节点度的分布情况，相应的命令如下：

```
dg<-degree(g)                    #求节点的度
plot(as.matrix(table(dg)),xlab="Degree",ylab="Freq",pch=19)
x11()                            #新建 R 图形设备
bt<-betweenness(g)              #求节点的中间性值
plot(as.matrix(table(bt)),xlab="Betweenness",ylab="Freq",pch=19)
```

运行结果，如图 9.2 所示。

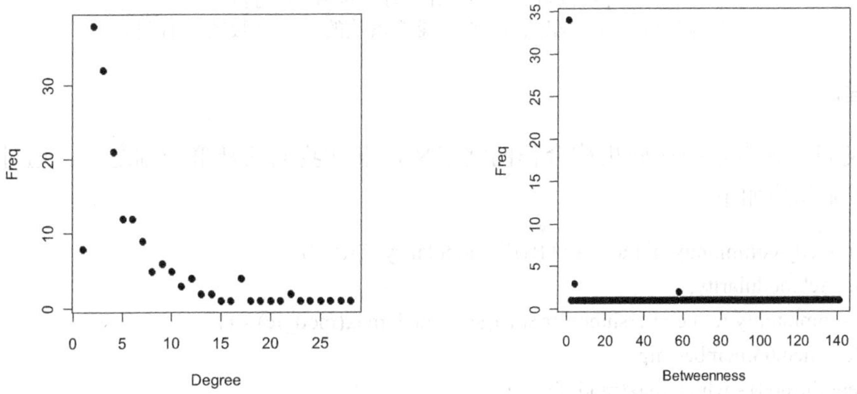

图 9.2 科研机构合作网络的节点度分布（左图）以及节点中间性分布（右图）

我们可以看出科研机构合作网络的节点度服从幂律分布，这是大多数社交网络的共同特征。节点度服从幂律分布的网络又称为无标度（scale-free）网络。描述科研机构合作网络的另两个重要度量是平均最短路径长度以及聚类系数。具体代码如下：

```
short.path<-shortest.paths(g,weights=NA) ##最短路径长度    short.path<-short.path[lower.tri(short.path)]
plot(table(short.path),col="gold",lwd=15,ylab="Freq")
ave.path<-average.path.length(g, directed=FALSE)
ave.path       # 平均路径长度
x11()
cc<-transitivity(g,type="local")    ##每个节点的聚类系数
hist(cc,freq = FALSE,border="green3",main="")
lines(density(cc),col=2)
transitivity(g)                       ##整个网络的聚类系数
```

运行结果如图 9.3 所示，图 9.3 左图表明科研机构合作网络中任意两个节点之间的最短路径长度在 5 步以内，长度为 3 的最短路径占多数，长度为 5 的路径只占很小的比例。图 9.3 右图是每一个节点的聚类系数密度函数图，节点的聚类系数越大，表明节点的邻居节点相连的概率越大。上述代码还计算了整个科研机构合作网络的平均最短路径长度为 2.69，整个网络的聚类系数为 0.26，因此，我们可以认为科研机构合作网络具有小世界模型。这里提取的小世界模型网络是指具有较小平均最短路径长度以及较大聚类系数的网络。

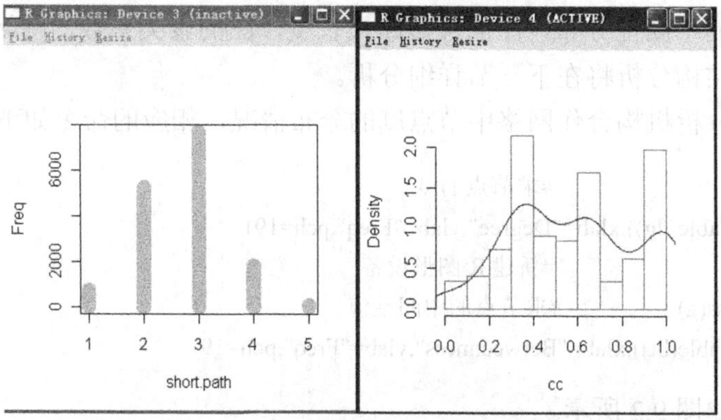

图 9.3 科研机构合作网络具有小世界模型特征，
最短路径长度分布（左图），节点聚类系数的密度函数图（右图）

4. R 程序

下面我们回到本章的科研机构合作网络案例，继续我们的社群挖掘之旅。通过使用 R 软件调用 FN 算法如下：

```
fc<-fastgreedy.community(g, merges=TRUE, modularity=TRUE);
mod_fc<-fc$modularity;
mem0<-community.to.membership(g, fc$merges, which.max(mod_fc) - 1);
mem_fc<-mem0$membership
cn0<-length(mod) - which.max(mod_fc) + 1;
color<-rainbow(cn0)[mem_fc+1]
color<-cols[mem_fc+1]
L<-layout.fruchterman.reingold(g)
par(mai=c(0,0,0,0))
plot(g,layout = L,vertex.size=4,vertex.color=color, vertex.label=NA)
```

运行结果如图 9.4 左图所示，得到社群挖掘结果之后，我们有必要查看每一个社群都由哪些机构构成。一种方法是在类似图 9.3 中，设置节点的标签为相应节点的名称；第二种方法是直接输出每一个社群中机构的名称。这里我们采用第二种方法，具体 R 命令如下：

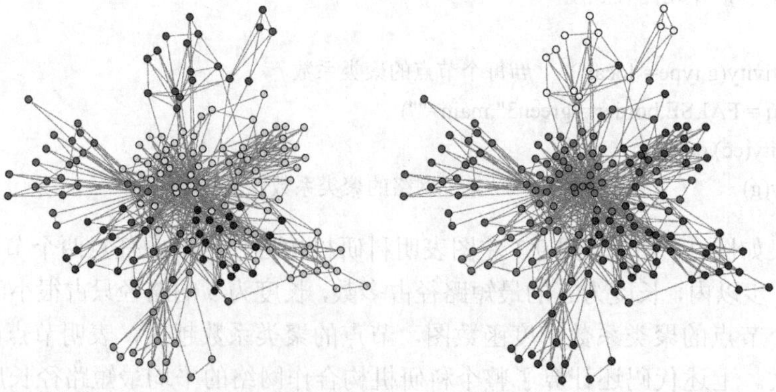

图 9.4 科研机构合作网络的社群挖掘结果，相同颜色的节点表示属于同一个社群。
左图：FN 算法社群挖掘结果，自动分成 9 个社群；右图：非负矩阵分解方法挖掘结果
（这里分成 9 个社群是人为设定的）

```
for(i in 1:length(mem0$csize))
{print(c("Community",i));print(V(g)$name[mem_fc==0])}
```

表 9.1 FN 算法对机构合作网络的社群挖掘结果

社群序号	科研机构名称						机构数
1	中国人民大学	北京大学	中国社会科学院	清华大学	北京师范大学	…	38
2	武汉大学	华中科技大学	中南大学	湖南大学	华中师范大学	…	22
3	中国科学院	吉林大学	哈尔滨工业大学	吉林农业大学	大连理工大学	…	22
4	复旦大学	浙江大学	上海交通大学	上海财经大学	华东师范大学	…	20
5	南京大学	南京农业大学	南京师范大学	中国矿业大学	南京财经大学	…	20
6	四川大学	西南财经大学	重庆大学	西南大学	西南交通大学	…	18
7	西安交通大学	西北大学	西北农林科技大学	西安理工大学	陕西师范大学	…	15
8	南开大学	山东大学	天津大学	济南大学	天津财经大学	…	12
9	中山大学	暨南大学	华南理工大学	华南师范大学	华南农业大学	…	10

运行结果整理后如表 9.1 所示（由于篇幅限制，只列出每一个社群中节点度最大的前 5 个科研机构），不难看出所得到的 9 个社群呈现明显的地理区域特征，例如第一个社群中主要的科研机构都是位于北京，例如中国人民大学、清华大学、北京大学等，第二个社群以武汉大学、华中科技大学、中南大学、湖南大学为主，这些科研机构主要位于湖北省、湖南省，第三个至第九个社群中的主要科研机构分别分布在中国的东北三省、上海和浙江、江苏、西北地区(以陕西省为主)、天津和山东、广州地区。中国科研机构之间的合作呈现出明显的区域特征，表明虽然现在的交通、通信已经很发达，使得学者之间的交流更有效率，但是物理上的距离依然是影响科研机构合作模式的重要因素。

在最优化方法中另一个较为流行的模型是非负矩阵分解。非负矩阵分解有着运算速度快，可解释性强等优点而受到越来越多学者的关注，同时非负矩阵分解技术也应用于图像处理、文本挖掘等多个领域。下面我们就利用非负矩阵分解方法对科研机构合作网络进行社群挖掘[9]。

首先我们需要创建一个可以进行非负矩阵分解的函数 NMF，详细代码见本章附录 A。成功创建非负矩阵分解函数 NMF 之后，我们就可以通过利用该函数进行社群挖掘了：

```
g.matrix=get.adjacency(g,attr="weight");
res<-NMF(g.matrix,9)## 分成 9 个社群
mem_nmf<-apply(res,1,which.max)## 每个节点的社群类别
par(mai=c(0,0,0,0))
require(RColorBrewer)##下面的调色板,需要事先安装 R 包 RColorBrewer
pal<-brewer.pal(9,"Set1")
crf <- colorRampPalette(pal, bias = 1)
cols <- crf(length(unique(mem_nmf)))
color<-cols[mem_nmf]   ##
plot(g,layout = L,vertex.size=4,vertex.color=color,vertex.label=NA)
```

结果如图 9.4 所示，从图中我们发现 FN 算法和非负矩阵方法挖掘的社群很相似，为了

得到它们之间精确的相似性，我们可以采用上一节提到的标准互信息（NMI）。另外我们还可以比较这两种方法得到的最终社群的模块值，具体的代码如下：

```
NMI(mem_nmf,mem_fc)## 计算标准互信息
max(mod_fc)##FN 算法得到的社群的模块值
modularity(g,mem_nmf,weight=E(g)$weight)
```

运行结果显示，FN 算法和非负矩阵分解得到的结果之间的标准互信息为 0.86，FN 算法得到的社群的模块值为 0.51，而非负矩阵分解方法得到的模块值为 0.50。因此可以看出上面的两个社群方法得到的结果很相似。需要注意的是非负矩阵分解方法得到的结果不唯一。

有关熵和互信息的计算可以参考 R 包“entropy”。R 包“NMF”提供了多种非负矩阵分解的算法，其中执行非负矩阵分解的函数为 nmf。

5. 小结

本节通过科研机构合作网络的案例，对社群挖掘方法做了简要讨论，并对相应的 R 编程做了详细的说明。通过对科研机构合作网络的社群挖掘发现，中国主流科研机构之间的合作存在明显的地理区域特征，这对中国科研资源的合理分配具有一定的参考价值。同时，借助科研机构合作网络，我们比较了两种主流社群挖掘方法，一种是基于模块值的 FN 算法，一种是具有很强的可扩展性，并已应用多个领域的非负矩阵分解方法。无论是从它们的社群模块值，还是两者的互信息，都说明两种方法的社群挖掘结果很相似。同时，这两种方法都具有计算复杂度低的特点。当然两种方法都有不足之处。例如，分辨率限制问题[10]是基于模块值的社群挖掘方法的一大不足。分辨率限制问题是指网络中一些规模较小但真实存在的社群不易被挖掘。非负矩阵分解方法的核心是非负矩阵分解技术，其缺点包括分解结果不唯一、零值问题等。想了解更多关于社群挖掘以及网络数据分析的读者可以参考文献[2]。

9.3 讨论题目

1. 利用 R 软件检验本章中科研机构合作网络的节点度分布是否服从幂律分布。

2. 分析空手道俱乐部网络的拓扑特征（该网络节点的度分布、节点的中间性，网络的直径、最短路径分布，网络的聚类系数）。使用 FN 算法和非负矩阵分解对空手道俱乐部网络进行社群挖掘，空手道俱乐部网络数据可以从下面网页下载：

http://www-personal.umich.edu/~mejn/netdata/。

9.4 推荐阅读

[1] Girvan M., Newman M.E.J. Community Structure in social and biological networks[J]. PNAS. 2002, 99: 7821-7826.

[2] Newman M.E.J. Communities, modules and large-scale structure in networks[J]. Nature Physics. 2011, 8: 25-31.

[3] Newman M. E. J, Girvan M. Finding and evaluating community structure in networks[J]. Phys Rev E .2004,

69: 026113. http://arxiv.org/pdf/condmat/0308217.pdf.
[4] Newman M. E. J. Fast algorithm for detecting community structure in networks[J]. PHYSICAL REVIEW E. 2004, 69(6): http://arxiv.org/pdf/cond-mat/0309508.pdf.
[5] Wang Y. J, Wong Y. J. Stochastic Blockmodels for Directed Graphs[J]. Journal of the AmericanStatistical Association, 1987, 82(8): 8-19.
[6] Ahn Y Y, et al. Link communities reveal multiscale complexity in networks[J]. Nature, 2010, 466: 761-764.
[7] Yunpeng Zhao, Elezaveta Levina, Ji Zhu. Community Extraction for Social networks, PNAS., 2011, 108(18): 7321-7326.
[8] Danon L, Díaz-Guilera A, Duch J, Arenas A. Comparing community structure identification[J]. Journal of Statistical Mechanics: Theory and Experiment, 2005, P09008. http://iopscience.iop.org/1742-5468/2005/09/P09008/pdf.
[9] Hubert L, Arabie P. Comparing partitions[J]. J Classif., 1985, 2(1): 193-218.
[10] Fortunato S, Barthélemy M. Resolution limit in community detection[J]. PANS., 2007, 104: 36-41.
[11] Fei Wang, Tao Li,Xin Wang, Shenghuo Zhu, Chris Ding. Community Discovery Using Nonnegative matrix factorization[J]. Data Ming and Knowledge Discovery, 2011, 22(3): 493-521.
[12] Fortunato S. Community Detectin in Graphs, Physical Reports, 2010, 486: 75-174.
[13] Newman M.E.J. Network: An Introduction[M]. Oxford University Press, 2010.
[14] Eric D. Kolaczyk Statistical Analysis of Network Data: Methods and Models[M]. Springer, 2009.
[15] http://bbs.sciencenet.cn/home.php?mod=space&uid=357889&do=blog&id=441919.
[16] Kolaczyk E D. Statistical Analysis of Network Data, Methods and Models[M]. Springer, 2009.
[17] Anna Goldenberg, Alice X Zheng, Stephen E Fienberg, Edoardo M Airoldi. A Survey of Statistical Network Models[J]. Foundations and Trends® in Machine Learning; 2009, 2(2), 129-233.

附录A　本章R程序

1. 非负矩阵分解函数

```
NMF<-function(A,K,eps=0.0001,niter=1000){
    ## A 为要分解的矩阵，K 事先给定的参数
    ##initiation with X0
    X0=matrix(rexp(nrow(A)*K,1),nrow(A))
    X_star=X0*(1/2+(A%*%X0)/(2*X0%*%t(X0)%*%X0))
    n=1;
    while(sum((X_star-X0)^2)>eps){
        X0=X_star;
        X_star=X0*(1/2+(A%*%X0)/(2*X0%*%t(X0)%*%X0))
        n=n+1;
        if(n>niter)
        break}
    ##normalize X_star as a probability matrix
    norm1=function(x){y=x/sum(x);return(y)}
    X_star=t(apply(X_star,1,norm1))
    return(X_star)
```

2. 计算标准互信息的函数

```
NMI<-function(X,Y){
NMI<-0
X<-as.character(X)
Y<-as.character(Y)
n<-length(Y)
PXY<-matrix(0,length(unique(X)),length(unique(Y)))
rownames(PXY)<-unique(X)
colnames(PXY)<-unique(Y)
for(i in 1:n) ##   compute the p(x,y)
{ PXY[X[i],Y[i]]<-PXY[X[i],Y[i]]+1    }
PXY<-PXY/n
PX<-apply(PXY,1,sum) ## compute the p(X)
PY<-apply(PXY,2,sum)
index0<-which(PXY!=0)
MI<-sum(PXY[index0]*log((PXY/(PX%*%t(PY)))[index0]))
HX<- -sum(PX*log(PX))
HY<- -sum(PY*log(PY))
NMI<-2*MI/(HX+HY)
return(NMI)
}
```

第 10 章　自然语言模型和文本挖掘

本章内容

- ☐ 自然语言模型方法概述
- ☐ 统计语言模型
- ☐ LDA 模型
- ☐ 基于主题模型的应用

本章目标

- ☐ 掌握向量空间模型的基本概念
- ☐ 了解统计语言模型
- ☐ 在文本分析中使用 LDA 模型

语言，即自然语言，是人类最自然最重要的交流工具，也是人类获得信息和表达信息的重要载体之一。随着信息数字化和网络化进程不断加快，线上交互媒体吸引了广大用户的参与，用户在线使用语言文字交流、协作、发布、分享和传播信息被实时记录下来，成为分析语言和理解社会的重要素材，研究热点包括文档分类、信息提取、文档聚组、主题建模、舆情分析、人际关系挖掘、微博应用等，这些应用的内容分析都离不开语言分析技术。本章将简要介绍自然语言三个比较典型的模型：向量空间模型、统计元语言模型和 LDA 模型，这些模型在文本挖掘过程中对解读由语言所产生的知识发挥着重要的作用。

自然语言是计算语言学的研究对象，早期主要的内容是自然语言处理(Natural Language Processing, NLP)，它是一种使用自然语言同计算机进行通信的技术，目标是使计算机“理解”自然语言，从而提高人们利用信息技术表达和理解文字的效率，常见的自然语言处理任务有分词（Word Segmentation 或 Word Breaker, WB）、信息抽取（Information Extraction, IE）：命名实体识别和关系抽取（Named Entity Recognition & Relation Extraction，NER）、词性标注（Part Of Speech Tagging, POS）、指代消解（Coreference Resolution）、句法分析（Parsing）、词义消歧（Word Sense Disambiguation, WSD）、语音识别（Speech Recognition）、语音合成（Text To Speech，TTS）、机器翻译（Machine Translation，MT）、自动文摘（Automatic Summarization）、问答系统（Question Answering）、自然语言理解（Natural Language Understanding）、字符识别（OCR）、信息检索（Information Retrieval，IR）等。随着语料库规模越来越大，语言模型成为研究的焦点，语言模型是描述自然语言内在规律的数学模型，构造语言模型是自然语言处理的核心任务。

早期的自然语言处理系统主要依靠语言学家撰写规则，机器编译规则，这种方法在海量知识面前费时费力，不能自动更新，各种语言规则彼此独立，无法兼顾不同语言的特点。20 世纪 80 年代后期，随着计算性能的提高，机器学习算法被引入到自然语言处理中，研究主要集中在统计模型上，这种方法采用大规模的训练语料（corpus）对模型的参数进行自动的学习，和之前的基于规则的方法相比，这种方法更具稳定性，已经广泛用于文本分类和机器学习等问题，称这类模型为统计语言模型。今天即使是语言学家也必须利用语料库提供的证据和实例，例如，Quirk 等编著的《英语语法大全》就利用了语料库的数据。近年来国外著名出版社编撰的英语词典，几乎没有一部不是在语料库的支持下完成的。统计语言模型的兴起也激发了文本挖掘的发展，文本挖掘也称 Web 内容挖掘，是以计算语言学、数理统计分析为理论基础，结合机器学习和信息检索技术，从文本数据中发现和提取独立于用户信息需求的文本集中的隐含知识，一般认为，它利用文本切分技术，抽取文本特征，将文本数据转化为能描述文本内容的结构化数据，然后利用特征降维等技术，形成结构化模式表示树，经模型评价提取稳定结构，根据该结构发现新的概念和获取相应的知识表示关系。文本挖掘的主要流程如图 10.1 所示。

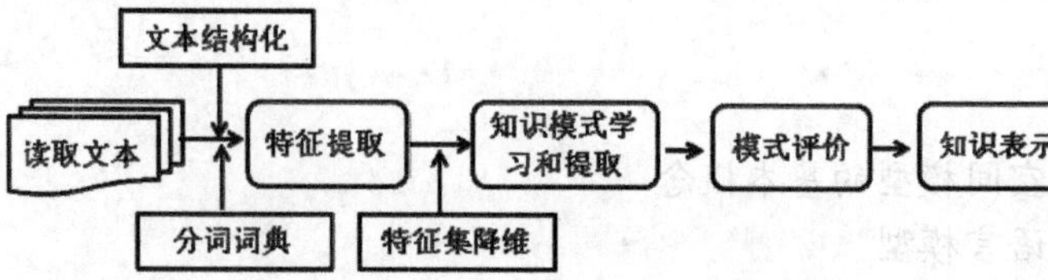

图 10.1 文本挖掘基本流程

文本挖掘中的语言模型经历了四个发展阶段：向量空间模型及统计语言模型、潜语义分析（LSA）、基于概率的模型到主题模型的发展历程。

10.1 向量空间模型

10.1.1 向量空间模型基本概念

文本分析的基础环节是实现文本数据的结构化表示，这称为文本的特征表示。将非结构化的文本数据转化为结构化的数据的过程中，首先要将文本进行分词处理，用这些词语作为代表文本的特征，然后计算特征在文本中的权重。向量空间模型（Vector Space Model, VSM）是目前最简便高效的文本表示模型之一，是由 G. Salton 于 1975 年提出来的，其基本思想是：给定一自然语言文档 $D=D$（t_1，w_1；t_2，w_2；…；t_N，w_N），其中 t_i 是从文档 D 中选出的特征项，比如实词或虚词，w_i 是项的权重，$1 \leqslant i \leqslant N$。为简化分析，通常不考虑 t_k 在文档中的先后顺序并要求 t_k 互异（即没有重复）。这时可以把 t_1，t_2，…，t_N 看成一个 N 维坐标系，而 w_1，w_2，…，w_N 为相应的坐标值，因而 D（w_1，w_2，…，w_N）被看成是 N 维空间中的一个向量，两个文档 D_1 和 D_2 之间的（内容）相关程度常常用它们之间的相似度 Sim（D_1，D_2）来度量。当文档被表示为文档空间的向量，可以借助于向量之间的某种距离来表示文档间的相似度，如果特征只有词构成，忽略词之间的逻辑顺序，那么也称这一表示为词袋（bag of words）格式。

在计算权重的时候，TFIDF 是一个常用的统计加权技术，用来评估一个词对于一个文本或者一个文集的重要程度。一个词的重要性会随着这个词在文本或者文集中出现的次数呈正比增加，但也会随着它在所有词汇中出现的频率的增加而减少，而 TFIDF 在对词语的加权计算中，综合考虑了这两方面的因素。设 d 是文本集中的文本，f 是文本集的特征，TFIDF 的计算公式如下：

$$W(f,d)=\frac{TF(f,d)\log_2(N/(n_f+0.01))}{\sqrt{\sum_{f\in d}\left[TF(f,d)\log_2(N/(n_f+0.01))\right]^2}}$$

上述计算公式综合考虑了如下 3 个因子：

（1）词频 $TF(f,d)$，特征词在文本中出现的频率，表示词对于描述文档的重要程度，其定义如下：设 f 为一个特征词，f 在文本 d 中出现的次数记为 m_{fd}，z 是 d 中的所有特征词，于是 $TF(f,d)=\dfrac{m_{fd}}{\max\limits_z m_{zd}}$。

（2）倒排文档频 IDF，度量特征词在文集中出现的频繁程度，用于削弱那些在语料中过于频繁出现的词的重要程度，因为这些词常常对文档没有显著的区分能力。常用的计算公式为：$IDF_f=\log_2(N/(n_f+0.01))$，其中 N 为文集中的文本总数，n_f 为出现该特征词的文本数。

（3）归一化因子：对每个文本的向量进行标准化。某些系统把词分成命名实体和内容词两类，视其对文档表达的重要度的不同赋予不同的权重。

10.1.2 特征选择准则

文本挖掘的一个核心任务是抽取文本特征，通过结构化数据提炼出新主题或获取与新概念相应的关系表示。常用的特征选择方法很多，其中常见的 4 种信息统计准则为信息增益、交叉熵、互信息、卡方统计量，具体介绍如下。

（1）信息增益（Information Gain, IG）。信息增益表示文本中包含某一个特征词时的平均信息量，定义为某一特征在文本中出现和不出现的信息熵之差。假定 c 是类别变量，C 是类别集合，d，f 的定义同上文，信息增益的计算公式[20]为

$$IG(f)=-\sum_{c\in C}P(c)\log_2(P(c))+P(f)\sum_{c\in C}P(c|f)\log_2(P(c|f))+P(\bar{f})\sum_{c\in C}P(c|\bar{f})\log_2(P(c|\bar{f}))$$

信息增益的不足之处在于它考虑了特征未出现的情况，也就是上述公式的第三部分。虽然某个特征词在文本中不出现对于判断文本的类别有一定的贡献，但是，也会带来更大的干扰，这就造成引起信息增益增大的部分是上述公式的第三部分而不是第二部分，从而使得信息增益的效果下降。

（2）交叉熵（Cross Entropy, CE）。交叉熵和信息增益非常相似，但是交叉没有考虑特征词未出现的情况，信息增益计算了出现与未出现两种情况的加权平均。交叉熵公式如下：

$$CE(f)=\sum_{c\in C}P(c|f)\log_2\left(\frac{P(c|f)}{P(c)}\right)$$

（3）互信息（Mutual Information, MI），互信息用于表示特征 f 和类别 c 之间的相关性。对于类别 c，特征 f 的互信息为

$$MI(f,c)=\log_2\left(\frac{P(f,c)}{P(c)P(f)}\right)$$

互信息的一个不足是它没有考虑特征词出现的频率，互信息经常选择的是稀有的出现次数较少的词。

（4）卡方统计量（CHi-square Statistics, CHS），卡方统计量也是表示特征和文本类别之间的相关性。但是和互信息不一样的是，它同时考虑了特征词出现与不出现的情况。对于类别 c，特征 f 的卡方统计量[20]为

$$\chi^2(f,c)=\frac{(P(f,c)P(\overline{f},\overline{c})\text{-}P(\overline{f},c)P(f,\overline{c}))}{P(c)P(f)P(\overline{c})P(\overline{f})}$$

在上面 4 种特征选择的方法中，互信息和卡方统计量表示的是特征值在某类中的重要程度，但通常情况下我们还需要特征词在一个文集中的重要程度，这可以通过如下两种方法获得：

（1）以特征在不同类中的评估函数值的平均值作为全局分值：$\chi^2_{\text{avg}}=\sum_{c\in C}P(c)\chi^2(f,c)$。

（2）以特征在不同类中的最大评估函数只作为该特征的全局分值：$\chi^2_{\text{avg}}=\max\{\chi^2(f,c)\}$。

此外，在计算上述 4 个特征选择函数的函数值时，还需要用到如下的信息：

$$P(c)=\frac{|c|}{|D|}$$

$$P(f)=\frac{TF(f,D)}{|D|}$$

$$P(\overline{f})=\frac{TF(\overline{f},D)}{|D|}$$

$$P(c|f)=\frac{TF(f,c)}{TF(f,D)}$$

$$P(c|\overline{f})=\frac{TF(\overline{f},c)}{TF(\overline{f},D)}$$

式中，$TF(f,c)$ 是 f 在 c 类文档中出现的次数；$TF(\overline{f},c)$ 是类别 c 中所有非 f 特征出现的次数。$TF(f,D)$ 是 f 在 D 类文档中出现的次数；$TF(\overline{f},D)$ 是整个文集 D 中所有非 f 特征出现的次数。$|c|$ 是 c 类文档集中文本的个数；$|D|$ 是整个文档集 D 中文本的个数。

10.2 统计语言模型

10.2.1 *n*-gram 模型

如果用变量 W 代表一个文本中顺序排列的 m 个词，即 $W=w_1w_2\cdots w_m$，统计语言模型的任务是给出任意词序列 W 在文本中出现的概率 $P(W)$。根据概率的乘积公式，$P(W)$可展开为

$$P(W)=P(w_1)P(w_2\mid w_1)P(w_3\mid w_1w_2)\cdots P(w_m\mid w_1w_2\cdots w_{m-1})$$

不难看出，为了预测词 w_m 出现的概率，必须已知它前面所有词的出现概率，从计算上来看这太复杂了。如果任意一个词 w_i 的出现概率只同它前面的 n–1 个词有关，与词所在的位置无关，问题就可以得到很大的简化。这时的语言模型叫做 n 元模型（n-gram），即

$$P(W)=P(w_1)P(w_2\mid w_1)P(v)\cdots P(w_i\mid w_{i-n+1}\cdots w_{i-1})\cdots\approx\Pi_{i=1,2,\cdots,m}P(w_i\mid w_{i-n+1}\cdots w_{i-1})$$

符号$\Pi_{i=1,2,\cdots,m}P(\cdots)$表示概率的连乘。实际使用的通常是 $n=2$ 或 $n=3$ 的二元模型(Bi-gram)或三元模型(Tri-gram)。以三元模型为例，近似认为任意词 w_i 的出现概率只同它紧邻前面的两个词有关，即

$$P(W) \approx \Pi_{i=1,2,\cdots,m}P(w_i \mid w_{i-1}\, w_{i-2})$$

实际中，这些概率参数主要是通过大规模语料库来估值的。比如三元概率有

$$P(w_i \mid w_{i-1}\, w_{i-2}) \approx \text{count}(w_{i-1}, w_{i-2}, w_i) / \text{count}(w_{i-1}\, w_{i-2})$$

式中 count(⋯) 表示一个特定词序列在整个语料库中出现的累计次数。

例 10.1 如给定训练句子集“<space> I am Sam </s>, <space> Sam I am </s>, <space> I do not like green eggs and ham </s>”，部分 Bi-gram 语言模型如下表所示：

P(I|<space>)=2/3=0.67	*P*(Sam|<space>)=1/3=0.33	*P*(am|I)=2/3=0.67
P(</s>|Sam)=1/2=0.50	*P*(Sam|am)=1/2=0.50	*P*(do|I)=1/3=0.33

例 10.2 Bigram 在语音识别或拼写搭配中的应用，一般通过计算极大似然估计构造语言模型，这是对训练数据的最佳估计，公式如下：

$$P(w_i \mid w_{i-1}) = \text{count}(w_{i-1}, w_i) / \text{count}(w_{i-1})$$

count(w_{i-1})如下：

I	Want	To	Eat	Chinese	Food	Lunch	English
2544	927	2417	746	158	1093	341	278

count(w_{i-1}, w_i)如下：

	I	Want	To	Eat	Chinese	Food	Lunch	English
I	5	827	0	9	0	0	0	2
Want	2	0	608	1	6	6	5	1
To	2	0	4	686	2	2	6	211
Eat	0	0	2	0	16	16	42	0
Chinese	1	0	0	0	0	1	1	0
Food	15	0	15	0	1	1	0	0
Lunch	2	0	0	0	0	0	0	0
English	1	0	1	0	0	2	0	0

则 Bigram 为

	I	Want	To	Eat	Chinese	Food	Lunch	English
I	0.002	0.33	0	0.0036	0	0	0	0.0008
Want	0.00083	0	0.2433	0.0004	0.00240	0.0024	0.002001	0.0004
To	0.00083	0	0.0016	0.2745	0.0008	0.0008	0.002401	0.08443
Eat	0	0	0.0008	0	0.0064	0.0064	0.016807	0

续表

	I	Want	To	Eat	Chinese	Food	Lunch	English
Chinese	0.0004	0	0	0	0	0.0004	0.0004	0
Food	0.06002	0	0.0060	0	0.0004	0.0004	0	0
Lunch	0.0008	0	0	0	0	0	0	0
English	0.0004	0	0.0004	0	0	0.0008	0	0

那么，句子“<space> I want english food </s>”的概率为

p(<space> I want english food)

= p(I|<space>)×P(want|I)×P(english|want)×P(food|english) =0.0000586

句子“<space> I want chinese food </s>”的概率为

p(<space> I want chinese food)

= p(I|<space>)×P(want|I)×P(chinese|want)×P(food|chinese) =0.0001173

于是，根据结果在拼写纠错提示中匹配 Chinese 优先于 English。

10.2.2 主题 *n*-元模型

n-元模型（*n*-gram）反映的是局部相关特性，但很多时候词汇也需要符合整体特征，特别是主题特征。在一定的语境中，人们会反复输入一些主题词汇。比如在专业研究中，假设共同关注的模型名叫 *n*-元模型“*n*-gram”，那么在反复论证的过程中，在输入 *n*-元模型这个字符串时，就期望“*n*-gram”出现的频数高于通用的“统计语言模型”等词汇，这种需求仅仅使用 *n*-gram 模型不容易解释，这时需要引入 Cache 模型，即

$$P(hz) = \lambda P_{\text{lm}}(hz) + (1-\lambda) P_{\text{cache}}(hz)$$

其中，P_{lm} 是刚刚介绍的语言模型；而 P_{cache} 表示也是语言模型，但它所使用的数据是用户近期输入的文字；λ 为赋权系数（$\lambda \in (0,1)$）。

这样虽然在通用模型的得分上“统计语言模型”高于“*n*-gram”，但由于有 cache 模型的参与，使得“*n*-gram”的 unigram 得分较高，从而可以得到一个调整。至于偏向于通用模型还是 cache 模型，则取决于用户输入的字串长度等方面的可靠性考虑，反映在模型上就是 λ 得分的高低。

任何语言都存在固定搭配现象，如中文的“虽然……但是”“除……之外”，这种语言现象反映的是一种句法结构。然而由于句法分析的准确性依然较低，直接使用句法分析的结果可行度不高，而且非常耗时。可以发现这种句式结构虽然突破了局部性约束，但却符合高频的特征，因此依然采用 *n* 元模型的统计方法。由于统计的是具有跨越性质的二元对，姑且把这种二元对叫做触发对（trigger），认为后一个词的出现不仅取决于前 $N-1$ 个词条，也可能被前面较长距离的词条触发，由此将公式改变为

$$P(hz) = \lambda_{\text{lm}} P_{\text{lm}}(hz) + \lambda_{\text{cache}} P_{\text{cache}}(hz) + \lambda_{\text{trigger}} P_{\text{trigger}}(hz)$$

不同的地方是加入了 trigger 模型的参与，其中各 λ 之和为 1。有了 trigger 模型，那么会加入句法结构的信息，比如在输入“虽然”之后，会启动所有与“虽然”相关的触发对集合，一旦后面的词汇命中集合就会给予 trigger 模型的加分，从而得到较高的模型得分。在不同的应用中，统计语言模型的变形还有很多变种，以弥补 *n*-gram 局部约束性质的不足。

10.3 LDA 模 型

向量空间模型通常具有很高的维数，权值忽略了术语之间的关系。从而使文档聚类提取语义的过程因维数灾难而导致相似性度量失去意义。基于此。在文本聚类研究中。人们探索将索引项 t_i 由可见的特征转换成潜在的语义特征。因而将 w_i 由词的权值转换为更高层次的权值，弥补了以词为特征的缺陷，而且很大程度上降低了聚类的维数。在计算语言学中，主题（topic）是一种重要的潜语义特征，主题定义为词项的概率分布．文档以词袋（bag of words）格式表示时，其维度可能是数万，若指定主题模型的主题个数固定，通过主题模型的训练，最终可形成有限个主题，则可以将词项空间中的文档变换到主题空间，得到文档新的精炼的表达。由于通常主题的个数远小于词项的个数，常使用主题模型进行降维。在以文本为处理对象的领域中，降维后的新坐标（即在主题上的分量）往往具有更显著的语义特征，得到的模型解释性更强。潜在语义模型主要有潜语义模型（Latent Semantic Analysis, LSA）和概率潜语义模型（Probabilistic Latent Semantic Analysis, PLSA）两类。潜语义模型的基本思想是：主题模型由一篇文档生成的语料构成，一篇新文档可以视为是一些主题分布的合成结果。语义信息可以通过一个词-文档共词矩阵分化产生，分化过程的降维是重要环节，词和文档可用欧氏空间中的点表示。Latent Dirichlet Allocation (LDA) 模型是一种典型的用于主题提取的概率潜语义模型，由 Blei 等[18]提出，是近年来提出的一种具有文本主题表示能力的非指导学习模型。作为一种产生式模型，LDA 模型已经成功地应用到文本分类，信息检索等诸多文本相关的领域。

（1）记号及术语

主题模型中，文本数据中最基础的变量单位是词语（word），一篇文档（document）是由若干个词语构成的，文档的主题（topic）则是由一系列相关联的词语构成。一篇文档假设为几个主题的生成结果，每个主题的体现程度不同，因此文档可以表示为几个主题的混合体。文档语料集（corpus）是由若干个文档构成的。

对于长度为 N 的文档（含有 N 个词语），有如下记号：

- 词语（word）是一个 N 维单位基准向量 w（unit-basis vector），单词列表中的第 n（$1\leqslant n\leqslant N$）个词语表示为 $w^n=1, w^m=0(m\neq n)$（上标表示向量 w 中的元素位置）。
- 文档（document）是由 N 个词语构成的矩阵，表示为 $\boldsymbol{w}=\{w_1,w_2,\cdots,w_N\}$，其中 w_i 表示文档中的第 i 个词语。
- 主题（topic）z 由一系列词语构成，在 LDA 模型中，主题 z 是一个潜变量，一个单词 w_i 对应一个主题 z_i，一篇长度为 N 的文档是几个主题的混合体 $\{z_1,z_2,\cdots,z_N\}$。主题 z 也是一个单位基准向量。
- 文档语料集（corpus）是 M 篇文档构成的集合，表示为 $D=\{\boldsymbol{w}_1,\boldsymbol{w}_2,\cdots,\boldsymbol{w}_M\}$。

（2）LDA 模型的建模原理

LDA 模型属于生成模型（generative model)，其建模过程是一个文档生成的过程。生成模型是指模型可以随机生成可观测的数据；LDA 模型可以随机生成一篇由若干个主题组成的文档。对于语料库中的每一篇文档，LDA 模型定义了如下生成过程（generative process）：

1. 以一定的概率在若干主题中选取某个主题；

2. 以一定的概率在选中的主题中选取某个词语。不断地选择 N 个词语，得到一篇长度为 N 的文档。

LDA 模型假设一篇文档中的主题序列 $\boldsymbol{z}=\{z_1,z_2,\cdots\}$ 是可交换顺序的（exchangeable），并且其中的每一个主题 z_i 服从参数为 θ 的多项分布，$z_i \sim \text{Multinomial}(\theta)$，根据 de Finetti 定理，对于所有的 N 个词语对应的主题有：$p(z_1,z_2,\cdots,z_N)=\int\prod_{i=1}^{N}p(z_i\mid\theta)p(\theta)\mathrm{d}\theta$；文档中的词语由给定主题的条件分布生成，即 $w_i \sim p(w_i\mid z_i)$。因此文档中词语和主题的概率模型可以表示为

$$p(\boldsymbol{w},\boldsymbol{z})=\int p(\theta)\left(\prod_{i=1}^{N}p(z_i\mid\theta)p(w_i\mid z_i)\right)\mathrm{d}\theta \tag{10.1}$$

直观来看，式 (10.1) 中 $p(z_i\mid\theta)$ 表示每个文档中各个主题出现的概率，可以理解为一篇文档中每个主题所占的比例；$p(w_i\mid z_i)$ 表示在每个主题中每个词语出现的概率。因而式 (10.1) 中的 $p(\boldsymbol{w},\boldsymbol{z})$ 表示的是每个文档中各个词语出现的概率。这个概率可以通过两个步骤得到：首先，对文档进行分词，得到一个词语列表，从而将文档表示为一个词语的集合；接下来，计算每个词语在列表中出现的频率，以这个频率作为这个词语在文档中出现的概率。因此，对于任意一篇长度为 N 的文档，$p(\boldsymbol{w},\boldsymbol{z})$ 是已知的，而 $p(z_i\mid\theta)$ 与 $p(w_i\mid z_i)$ 未知。LDA 模型的目的就是利用大量的文本数据 $p(\boldsymbol{w},\boldsymbol{z})$，通过训练得出 $p(z_i\mid\theta)$ 与 $p(w_i\mid z_i)$，从而获取文档的主题信息。

以上描述的是使用 LDA 模型生成一篇文档的过程，如果要通过 LDA 模型生成文档语料集（若干篇文档），还需要考虑不同文档的主题分布的差异。文档主题 $\boldsymbol{z}$ 的分布不同，对应的参数 θ 也就不同。因此，需要引入参数 θ 的概率分布来描述文档之间的差别。Blei 等[18]提出 LDA 模型时使用了参数为 α 的 Dirichlet 分布作为 θ 的概率分布，即 $\theta\sim\text{Dir}(\alpha)$。因此，全集中某一篇文档的概率模型可由式 (10.1) 进一步表示为

$$p(\boldsymbol{w}\mid\alpha)=\int p(\theta\mid\alpha)\left(\prod_{i=1}^{N}\sum_{z_i}p(z_i\mid\theta)p(w_i\mid z_i)\right)\mathrm{d}\theta \tag{10.2}$$

（3）LDA 模型

综上所述，LDA 模型的基本思想是：将每个文档表示为潜在主题（latent topics）的随机混合模型（概率分布），其中每个主题表示为一系列相关词语的概率分布。

具体地，LDA 模型生成一篇文档的步骤如下：

1. 选择 $N\sim\text{poission}(\xi)$，$N$ 为文档长度（文档中词语的数量）；

2. 选择 $\theta\sim\text{Dir}(\alpha)$，$\theta$ 为 k 维列变量，代表文档中 k 个主题发生的概率，其中 k 被假设为固定且已知的量；

3.对于 N 个词语中的每一个：

（a）选择主题 $z_i\sim\text{Multinomial}(\theta)$；

（b）在选定的主题 z_i 下选择词语 $w_i\sim p(w_i\mid z_i,\beta)$，其中 $p(w_i\mid z_i,\boldsymbol{\beta})$ 为给定的 z_i 条件下的多项分布，参数 $\boldsymbol{\beta}$ 是一个 $k\times N$ 的矩阵，$\beta_{ij}=P(w^j=1\mid z^i=1)$，表示主题 i 下生成单词 j 的概率。

LDA 模型的层次结构可以表示为图 10.2 所示的有向概率图模型，该图模型由外到内依次表示 LDA 模型的文档语料集层、文档层和词层。

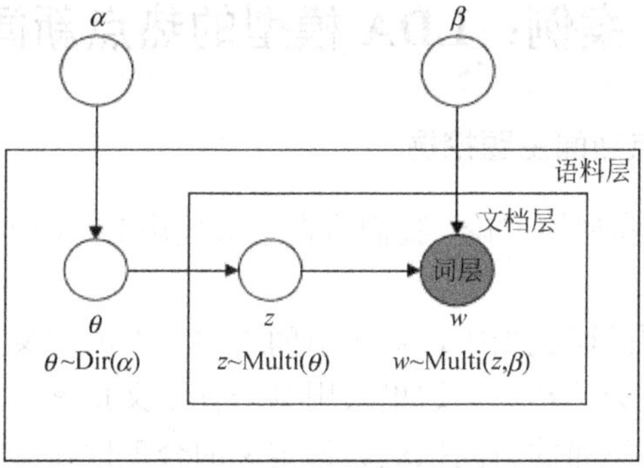

图 10.2 LDA 的图模型表示

图 10.2 中的图模型表示的概率模型是

$$p(\theta,\boldsymbol{w},\boldsymbol{z}\mid\alpha,\boldsymbol{\beta})=p(\theta\mid\alpha)\left(\prod_{i=1}^{N}p(z_i\mid\theta)p(w_i\mid z_i,\boldsymbol{\beta})\right) \tag{10.3}$$

其中，对于文档中的第 m 个主题（$1\leqslant m\leqslant k$，m 为整数），$p(z_i^m=1\mid\theta)=\theta_m$，因此对 θ 积分，并对文档中所有出现的主题 z_i 求和，得到一篇文档的边缘概率

$$p(\boldsymbol{w}\mid\alpha,\boldsymbol{\beta})=\int p(\theta\mid\alpha)\left(\prod_{i=1}^{N}\sum_{z_i}p(z_i\mid\theta)p(w_i\mid z_i,\boldsymbol{\beta})\right)\mathrm{d}\theta \tag{10.4}$$

式（10.4）表示的每一篇文档的概率模型与式（10.2）中的单个文档概率模型有相同的含义。将 M 个文档的边缘概率相乘，得到一个文档语料集 D 的概率模型

$$p(D\mid\alpha,\beta)=\prod_{d=1}^{M}\int p(\theta_d\mid\alpha)\left(\prod_{i=1}^{N_d}\sum_{z_{di}}p(z_{di}\mid\theta)p(w_{di}\mid z_{di},\beta)\right)\mathrm{d}\theta_d \tag{10.5}$$

（4）LDA 模型的参数估计

使用 LDA 模型对文本进行建模，实际上就是估计参数 α 和 β，其中参数 α 反映了主题的概率性质，而参数 β 反映了词语在给定主题下的概率性质。在使用极大似然法估计参数 α 和 β 时，需要最大化文本数据的对数似然函数

$$l(\alpha,\beta)=\sum_{d=1}^{M}\log p(w_d\mid\alpha,\beta) \tag{10.6}$$

但由于 θ 与 β 之间在潜变量上的耦合，$p(w_d\mid\alpha,\beta)$ 是无法直接求解的。Blei[18]提出 LDA 模型时，在 EM 算法中结合了变分推断来估计参数 α 和 β。Blei 使用的参数估计方法的思路可简要描述为：在 E-step 中使用变分推断求解对数似然函数的下界；在 M-step 中最大化所得对数似然函数下界，求出 α 和 β。不断迭代直到收敛得到 α 和 β 的最终估计值。

2004 年，Griffiths 和 Steyvers[13]在 Blei 提出的原始 LDA 模型上增加了参数 β 的先验 Dirichlet 分布，即 $\beta\sim\mathrm{Dir}(\eta)$。在此基础上，他们提出了用于这个 LDA 模型的估计压缩吉普抽样（collapsed Gibbs sampling）算法。压缩吉普抽样算法和 EM 算法下的变分推断在估计 LDA 模型参数时各具优点：EM 算法下的变分推断计算速度相对更快，而 Collapsed Gibbs sampling 的估计准确率更高[4]。在压缩吉普抽样算法的基础上，又提出了快速压缩吉普抽样（fast collapsed Gibbs sampling）算法，在保证了估计准确率的条件下，大大提高了估计的计算效率。

10.4 案例：LDA 模型的热点新闻发现

1. LDA 模型用于热点新闻主题挖掘

基于 10.3 节中 LDA 模型的理论，我们将在本节使用 LDA 模型挖掘食品安全方面的热点新闻主题。

在当前关于热点话题的研究当中，对于新闻“热点”的定义主要分为两种：基于媒体发布的热点和基于用户评论的热点。这里采用第一种定义角度，将热点新闻定义为：一段时间内，由新闻媒体多次发布的新闻报道。该定义的合理性在于新闻媒体作为新闻报道的发行者，对于新闻的收集、报道和发布都有着专业的、前瞻的判断，有很多事件在媒体未报道之前都没有引起公众的广泛关注，但一经媒体报道就成为了一段时间内的热点话题，因此从媒体发布的角度来定义热点新闻是合理的、有实际意义的。

根据 10.3 节中 LDA 模型的建模理论简介可知，在已知文档集主题数为 k 的情况下，使用 LDA 模型可以得到每篇文档中主题的概率分布,以及文档集中所有出现的主题的概率分布。因此，可以在 LDA 模型提取出的所有主题的概率分布中选取发生概率较大的前 H 个主题作为热点新闻主题，再从每个热点新闻主题的分布中选取发生概率较大的前 h 个词语作为该主题的关键词，选出的热点主题关键词的集合就可以作为一段时间内的热点新闻主题。

2. 用于食品安全热点新闻主题挖掘的 LDA 模型

（1）数据来源及数据特点

我们使用门户网站凤凰网中的“内地食品安全乱象”专题报道中“最新报道”板块 2012 年 1 月至 3 月的 81 篇新闻报道作为数据建立模型，旨在提取这个时间段内的热点新闻主题。凤凰网是我国最大的门户网站之一，该网站综合了新华网、新京报、人民网等多家权威新闻机构发布的新闻报道，因此可以认为从该网站获得的新闻报道具有一定的代表性和权威性。

从获取的新闻报道数据的总体情况来看，用于建模的新闻文本数据具有以下特点：

① 文档的标签较为混杂，有可能是类别、观点和领域进展等，所以第一步需要从标签中分离出需要的数据。

② 文档长度差别明显。我们用于建模的新闻报道中既有简短、凝练的新闻简讯，字数一般为 300 字左右，又有包含记者采访、调查记录的长达 2000 字的新闻报道。

③ 包含“流行词语”。用于建模的新闻报道中包含各种依据新闻报道创造出来的“流行词语”，例如“注胶虾”、“橡皮蛋”等词语，这些流行词语的存在对于判断热点新闻主题有很大的帮助，文档分词是将这些流行词语纳入建模数据的重要步骤。

（2）LDA 模型建模

建立 LDA 模型主要有三个步骤：①新闻报道分词和词性标注；②生成词频矩阵；③模型求解。

在报道的分词和词性标注部分，使用分词准确率较高的灵玖分词软件“LJParser”进行分词和词性标注。考虑到热点新闻主题大多表现为名词和部分动词，并且很多名词性或动词性的单字词（如“看”、“安”等）并不能很好地反映热点新闻的主题，因此在分词与词性标注以后，过滤掉数据中的单字词，只生成了名词和动词的词频矩阵。原始的新闻文本数据经过处理后得到两个包含文档信息、词语信息的数据矩阵：其中，矩阵 news_matrix

中包括文本编号（document ID）、文本序号（document No.）、词语编号（word ID）和词频（words frequencies）三个变量；矩阵 lexicon 中包括词语（word）、词语编号（word ID）和所有文档中的词频（total words frequencies）。利用 news_matrix 和 lexicon 两个矩阵中提供的数据，就可以构建文档与词语之间的关系。

我们使用了 R 软件中的 lda 程序包进行 LDA 模型求解。lda 程序包使用的是快速压缩吉普抽样算法求解 LDA 模型。使用该算法时，必须先给定主题个数 k 的取值以及参数 α 和 η 的初始值。参数 α 和 η 的估计值都是经反复迭代得出，因此其初始值的设定对模型最终结果影响不大，可采用随机数设定。参数 α 和 η 的初始值都设置为 0.1。主题个数 k 对 LDA 模型的最终建模结果有着重要影响：如果 k 过大，则导致本来是相同主题的类别被拆分；如果 k 过小，则许多本应分开主题被混杂在一起，影响对主题的判断、理解。通过反复试验、比较和判断，最终确定在主题个数 k 的取值为 35 时，LDA 模型提取文档主题的效果较好，因此，选择以 $k=35$，参数 α 和 η 的初始值为 0.1 进行建模。

（3）获取食品安全新闻热点主题

LDA 模型建模完成以后，得到了 k 个主题在文档集中的概率分布（即 LDA 模型中的 θ 参数），同时也得到了每篇文档主题的概率分布（即 LDA 模型中的 β 参数）。在所有主题的概率分布中，我们选择了发生概率最大的前 10 个主题；然后，再分别在每个选中的主题中，选取前 10 个词语作为该主题的热点关键字。根据建立的 LDA 模型，得到的凤凰资讯提供的 2012 年 1 月至 3 月“食品安全”热点新闻主题情况如表 10.1 所示。

表 10.1　2012 年 1 月至 3 月“食品安全”热点新闻主题提取结果

	Topic1	Topic2	Topic3	Topic4	Topic5	Topic6	Topic7	Topic8	Topic9	Topic10
关键词 1	食品	食品	犯罪	鸡蛋	猪肉	作坊	监测	天津	工人	麦当劳
关键词 2	记者	安全	工业	蛋黄	销售	执法	风险	水产	香干	记者
关键词 3	市场	监管	食盐	鸭蛋	被告	加工	合格	明胶	男子	声明
关键词 4	生产	工作	废渣	蛋清	生猪	人员	我国	批发	小时	牛肉
关键词 5	产品	问题	部门	金狮	案件	警方	卫生部	注入	豆腐	违规
关键词 6	部门	违法	盐业	女士	法院	造假	农产品	商贩	黑色	餐厅
关键词 7	中国	餐饮	安徽	超市	注水	黑窝	质检	批发商	锯末	三里屯
关键词 8	标准	重点	流入	制作	被告人	调查	评估	天津市	利奥	汉堡
关键词 9	没有	行为	案件	城市	有毒	液体	修订	大虾	区域	美国
关键词 10	公司	服务	江苏	蛋白	收购	联合	污染	无害	智障	曝光

根据表 10.1 所得结果，2012 年 1 月至 3 月“食品安全”方面的新闻第一热点 Topic 1 的关键词为{记者、食品、市场、生产、部门、产品、中国、标准、公司、没有}。从 Topic 1 提供的热点关键词来看，这些主题词内容概括、抽象，很难根据这些词语判断 Topic 1 指向何种具体的食品完全问题。为了解 Topic 1 反映的具体内容，我们使用 lda 程序包中的相关函数获取了与 Topic 1 最相关的前 10 篇新闻报道。这 10 篇新闻报道涵盖了奶粉、鱼类、酒类、肉类、食用油、超市商品和药品等各个方面存在的安全隐患、造假现象和监管方面的内容，通过仔细阅读，我们发现这些报道的内容和 Topic 1 中的关键词“食品”、“市场”、

"生产"、"销售"和"标准"有着很强的联系，因此可以认为 LDA 模型较为准确地提取了这些报道的主题词。我们认为，Topic 1 的关键词不能反映新闻报道的具体主题的原因有二：第一，虽然 LDA 准确地提取出了该主题的关键词，但是所提取的关键词本身的含义就比较概括、综合，因此无法具体反映对应新闻报道所指向的实际问题；第二，根据 Topic 1 最相关的前 10 篇新闻报道的内容，可猜测 Topic 1 是包含了多个细分类别新闻报道的集合，这些报道在大方向上一致（都是反映食品安全隐患和造假现象），但报道的侧重不同，同时每一个侧重方面的报道数量都比较少（每个侧重方面的报道只有 2 篇左右），因此 LDA 模型把这些报道合并为了一类，而这一类别占总报道数的比例最高，因此这一类新闻成为了最热点新闻。

除了 Topic 1 以外，其他 9 个 Topic 的关键词都能较为清楚地反映主题的内容。根据与各个 Topic 最相关的前 10 篇新闻报道，对 2012 年 1 月至 3 月"食品安全"热点新闻主题的改进结果如表 10.2 和表 10.3 所示。

表 10.2　2012 年 1 月至 3 月"食品安全"热点新闻主题 Top 1～Top 5

	Top 1 各类食品安全隐患	Top 2 食品安全监管	Top 3 "农业废渣盐"事件	Top 4 人造假禽蛋	Top 5 问题猪肉案件
关键词 1	食品	食品	犯罪	鸡蛋	猪肉
关键词 2	记者	安全	工业	蛋黄	销售
关键词 3	市场	监管	食盐	鸭蛋	被告
关键词 4	生产	工作	废渣	蛋清	生猪
关键词 5	产品	问题	部门	金狮	案件
关键词 6	部门	违法	盐业	女士	法院
关键词 7	中国	餐饮	安徽	超市	注水
关键词 8	标准	重点	流入	制作	被告人
关键词 9	没有	行为	案件	城市	有毒
关键词 10	公司	服务	江苏	蛋白	收购

表 10.3　2012 年 1 月至 3 月"食品安全"热点新闻主题 Top 6～Top 10

	Top 6 打击食品造假	Top 7 食品安全监测	Top 8 "明胶虾"事件	Top 9 劣质食物生产	Top 10 "麦当劳"曝光
关键词 1	作坊	监测	天津	工人	麦当劳
关键词 2	执法	风险	水产	香干	记者
关键词 3	加工	合格	明胶	男子	声明
关键词 4	人员	我国	批发	小时	牛肉
关键词 5	警方	卫生部	注入	豆腐	违规
关键词 6	造假	农产品	商贩	黑色	餐厅
关键词 7	黑窝	质检	批发商	锯末	三里屯
关键词 8	调查	评估	天津市	利奥	汉堡
关键词 9	液体	修订	大虾	区域	美国
关键词 10	联合	污染	无害	智障	曝光

通过对比 LDA 模型提取的热点新闻主题与用于建模的 81 篇新闻报道的内容，我们认为 LDA 模型在提取“食品安全”热点新闻主题的应用上有较好的效果。具体来看，LDA 模型在解决这一具体问题上的优点主要有两方面：

第一，LDA 模型准确地发现了所有新闻报道中的热点，并准确提取了热点的主题。LDA 模型发现的热点新闻大多在 81 篇新闻中进行了多次报道，并且报道篇幅较长。例如，第二热点“食品安全监管”这一主题在大多数报道中均有涉及；第三热点“‘农业废渣盐’事件”、第四热点“人造假禽蛋”和第五热点“问题猪肉案件”都是进行了连续、长篇报道的新闻事件。多次报道或长篇报道都体现了新闻发布媒体对这些主题的重视，LDA 模型能够将这些主题提取出来，说明了 LDA 模型能够准确地发现具有长期关注价值的热点并提取热点主题。

第二，LDA 模型能够为提取出的每一个主题推荐与主题相关的新闻报道，并且同一篇报道有可能会被归入不同的主题之下。这恰恰体现了 LDA 模型的关于文档主题的观点——“一篇文档往往会同时含有多个主题，只是每个主题在文档中的体现程度不同”，而这种观点符合人们对一篇文档主题的认识，是非常具有实际意义的。例如，第六热点“打击食品造假”和第九热点“劣质食物生产”都与 document ID 为 201201092 的新闻报道有很强的相关性，该报道名称为“北京一香干作坊被查处 工人打砸工具试图毁灭证据”，报道内容在“打击食物造假”和“劣质食物生产”两个主题上均有体现。

在有着明显优点的同时，LDA 模型也存在一些不足与缺陷。对于“食品安全热点新闻主题挖掘”这一实际应用，LDA 模型的缺陷体现在以下两点：

第一，确定主题数 k 的取值时，缺乏参照标准。在确定主题数 k 时，进行了多次试验，并且对比分析了每次试验的结果，才得出了 k 的较优取值。这个过程中涉及了主观判断和大量计算，当用于建模的数据量很大时，这种做法不但会消耗大量时间，而且可能无法得到 k 的全局最优取值。

第二，难以确定每一个主题下应当推荐的新闻报道的篇数。虽然“一篇文档含有多个主题，每个主题的体现程度不同”的观点符合人们对文档主题的认识。但是，这种观点会导致当每一个主题下要求推荐文档篇数过多时，靠后的文档（相关性较小的文档）会显得与主题中的关键词毫无关系。例如，我们使用 R 软件得到了与每个主题最相关的前 10 篇新闻报道，第九热点“劣质食物生产”中推荐的第 7 篇新闻题目为“北京拟审议 11 项法规草案：食品安全条例修订纳入计划”。虽然该报道涉及了“食品安全条例”等内容，但是报道的大部分内容与第九热点的主题关键词无关，可以认为该推荐没有实际意义。这种无效推荐产生的主要原因是要求推荐的报道篇数（10 篇）超过了与该主题有着强关联的报道篇数。因此，确定每一个主题下应当推荐的文档数是有实际意义而又存在困难的。

综上所述，LDA 模型在食品安全热点新闻主题挖掘这一实际问题中呈现了很好的效果，但是在模型参数设置等细节方面还需进一步地完善与改进。我们认为，LDA 模型也可应用于其他领域的热点新闻主题挖掘。

10.5 推 荐 阅 读

[1] Walls H S. Probabilistic Models for Topic Detecton and Tracking. *Acoustics, Speech, and Signal Processing, 1999. Proceedings.Vol 1*, 1999 *IEEE International Conference on.*

[2] Ferguson T S. A Bayesian Analysis of Some Nonparametric Problems[J]. *The Annals of Statistics*, 1973, 1(2): 209-230.

[3] Gimpel K. *Modeling Topics* [C]. (2006-12-11) Retrieved from www.cs.cmu.edu/~nasmith/LS2/gimpel.06.pdf

[4] Ian Porteous D N. Fast Collapsed Gibbs Sampling For Latent Dirichlet. *KDD'08 Proceedings of the 14th ACM SIGKDD international conference on Knowledge discovery anddata mining*, 2008.

[5] James Allen J C. Topic Detection and Tracking Pilot Study[C]. *Proceedings of the DARPA Broadcast News Transcription*, 1998.

[6] Kevin R, CaniniShi, Lei ShiLei. Online Inference of Topics with Latent Dirichlet Allocation[C]. Proceedings of the 12th International Conference on Artificial Intelligence and Staitistics, 2009.

[7] Khan M E. *Exchangeable Sequences, Polya's Urn and De Finetti's Theorem.* (2007-10) Retrieved from www.cs.ubc.ca/~emtiyaz/Writings/exchange.pdf.

[8] Kuan-Yu Chen, L L-c. Hot Topic Extraction Based on Timeline[J]. *IEEE transactions on knowledge and data engineering*, 2007, 19(8): 1016-1025.

[9] Loulwah AlSumait D B. On-Line LDA: Adaptive Topic Models for Mining Text Streams with Applications to Topic Detection and Tracking [J]. *ICDMIEEE Computer Society*, 2008: 3-12.

[10] Michael I, Jordan T B. *Lecture 1: History and De Finetti's Theorem.* (2010-01-20) Retrieved from www.cs.berkeley.edu/~jordan/courses/260.../lecture1.pdf.

[11] Ralf Krestel P F. Latent Dirichlet Allocation for Tag Recommendation. *RecSys '09 Proceedings of the third ACM conference on Recommender systems*, 2009.

[12] Teh Y W. *Dirichlet Process.* 2010. Retrieved from www.gatsby.ucl.ac.uk/~ywteh/research/npbayes/dp.pdf

[13] Thomas L, Griffiths M Steyvers. Finding scientific topics[C]. *Proceedings of the National Academy of Sciences USA, 2004, Vol.101,Suppl.1*: 5228-5235.

[14] Salton G, Wong A, Yang C S. A vector space model for automatic indexing[J]. Communications of the ACM, 1975, 18(11): 613-620.

[15] Jay M Ponte, Bruce Croft W. A language modeling approach to information retrieval[C]. In Proceedings of the 21st annual international ACM SIGIR conference on Research and development in information retrieval, SIGIR '98, pages 275-281, New York, NY, USA, 1998. ACM.

[16] Thomas K Landauer, Peter W Foltz, Darrell Laham. An Introduction to Latent Semantic Analysis[J]. Discourse Processes, 1998, (25): 259-284.

[17] Thomas Hofmann. Unsupervised learning by probabilistic latent semantic analysis[J]. Mach. Learn., 2001, 42: 177-196.

[18] David M Blei, Andrew Y Ng, Michael I Jordan. Latent dirichlet allocation[J]. J. Mach. Learn. Res., 2003, 3: 993-1022.

[19] Garside R, Leech G, Sampson G (eds.). The Computational Analysis of English: A Corpus-Based Approach. London: Longman, 1989.

[20] 朱明. 数据挖掘[M]. 合肥: 中国科学技术大学出版社, 2008.